国家出版基金项目
NATIONAL PUBLICATION FOUNDATION

离子液体丛书
SERIE BOOKS ON IONIC LIQUIDS

张锁江　韩布兴　丛书主编

离子液体毒性与生态环境安全

TOXICITY AND ECO-ENVIRONMENTAL SAFETY OF IONIC LIQUIDS

刘景富　李菊英　刘惠君　等　编著

化学工业出版社
·北京·

内容简介

《离子液体毒性与生态环境安全》是“离子液体丛书”分册之一。本书围绕离子液体的环境安全性这一关键科学问题，系统介绍了离子液体的基本性质、环境应用、环境行为、生态毒理效应及机制、环境污染修复等内容，可为离子液体的风险评估、绿色设计与风险管理提供基础理论与方法学参考。

本书可供相关领域的科技工作者和管理人员参考，也可作为高等院校和科研院所环境科学与工程、化学工程、生态毒理学等专业研究生、高年级本科生和教师的教学参考书。

图书在版编目（CIP）数据

离子液体毒性与生态环境安全/刘景富等编著. —北京：化学工业出版社，2024.8

（离子液体丛书）

ISBN 978-7-122-45731-8

Ⅰ.①离…　Ⅱ.①刘…　Ⅲ.①离子-液体-生态环境-生态安全-研究　Ⅳ.①X171.1

中国国家版本馆CIP数据核字（2024）第110154号

责任编辑：成荣霞　仇志刚
文字编辑：王云霞
责任校对：赵懿桐
装帧设计：王晓宇
出版发行：化学工业出版社
（北京市东城区青年湖南街13号　邮政编码100011）
印　　装：天津裕同印刷有限公司
787mm×1092mm　1/16　印张18¾　字数328千字
2025年10月北京第1版第1次印刷
购书咨询：010-64518888
售后服务：010-64518899
网　　址：http://www.cip.com.cn
凡购买本书，如有缺损质量问题，本社销售中心负责调换。
定　　价：198.00元　

"离子液体丛书"
编委会

IONIC LIQUIDS

Foreword

序

离子液体作为新一代绿色介质和功能材料，已成为国际绿色科技研究前沿。历经30年研究，进入了基础-应用迭代发展新阶段。我国的科学工作者在离子液体领域展现了高度的活跃性，2012年组织筹建了中国化工学会离子液体专业委员会，创办了亚太离子液体与绿色过程会议（APCIL）、全国离子液体与绿色过程学术会议，承办了第8届国际离子液体大会，以及以离子液体为主题的香山科学会议、双清论坛、学部论坛等，我国学者发表的离子液体文章数量已居世界首位，多项离子液体绿色技术实现产业示范应用，这无不显示着我国离子液体研究的快速成长。

鉴于目前大部分研究成果虽有部分科学家著书立作，却少有系统性梳理的现状，2020年，在南昌举行的第5届全国离子液体与绿色过程学术会议及离子液体专业委员会会议上，大家形成共识，集聚众智编撰“离子液体丛书”（以下简称“丛书”），以期为从事离子液体相关研究的学者、工程师等提供参考，进一步促进我国离子液体研究的发展。由此，在2020年12月举行的以“离子液体科学与工程”为题的中国科学院学部科学与技术前沿论坛上，对“丛书”进行内容规划，并最终形成了“丛书”的整体架构。“丛书”汇集了国内30余所高校、科研院所的近百位专家参编，共20余分册，集离子液体基础理论研究与应用研究为一体，首次全面清晰地勾勒离子液体知识及应用体系架构，力求系统全面且阐述深入，致力将该领域知识散点升华到方法学的高度，以期为读者提供更全面的知识。

在“丛书”完成之际，我对作出重要贡献的各分册主编以及参与编写的老师，致以诚挚的感谢！向化学工业出版社的相关编辑表示衷心的感谢！我坚信，我国学者一定能够在离子液体领域作出更多更好的成绩，以造福人类。

张锁江

2025年1月于北京

前言

Preface

离子液体因具有热稳定性好、不挥发、不易燃烧、溶解能力强、电化学窗口宽等优于传统溶剂的独特理化性质，能够有效地克服传统有机溶剂的使用所造成的生态环境与人体健康问题。另外，离子液体还具有可设计性，可以根据特定的应用需求，通过改变阴阳离子以及取代基的结构和组成进而改变离子液体的性质，设计制备出具有特定性能的离子液体。因此，离子液体被认为是环境友好的绿色溶剂，在石油化工、物理化学、电化学、材料科学、细胞生物学、环境科学等许多领域展现出巨大的应用潜力。但是，随着离子液体的大量生产和广泛使用，其本身可能作为一类新污染物进入环境，并与共存的其他环境污染物产生复合效应，给生态环境与人体健康带来负面影响，因此离子液体的生态环境安全性问题正得到越来越多的关注。深入研究离子液体的环境应用与生态和环境安全性，不仅可为环境污染防治提供新方法、新原理和新技术，还可为离子液体的生产、使用和处置提供指导，避免离子液体给生态环境带来负面效应，为社会的可持续发展作出重要贡献。

本书力图涵盖离子液体毒性和生态环境安全性研究方面的重要进展，简要介绍离子液体的基本性质和环境应用，详细讨论离子液体的环境行为、生态毒理效应及机制、毒性预测与风险评估、绿色设计与合成、环境污染修复，并简述离子液体的风险管理和未来挑战。希望本书能够对相关人员的学习和科研有所裨益。

本书是化学工业出版社、中国科学院过程工程研究所张锁江院士和中国科学院化学研究所韩布兴院士组织专家、学者编写的“离子液体丛书”中的一个分册，由江汉大学环境与健康学院刘景富研究员、深圳大学李菊英研究员、浙江工商大学刘惠君教授组织撰写，并提出撰写思路和提纲。本书的参编人员大多是在第一线从事离子液体环境应用、环境行为和生态毒理效应研究的科研人员。全书共分为 7 章。第 1 章绪论，撰写人员有江汉大学环境与健康学院刘景富研究员、中国科学院大学杭州高等研究院李鹏辉博士；第 2 章离子液体的环境行为，撰写人员有江汉大学环境与健康学院刘景富研究员、中国科学院大学杭州高等研究院李鹏辉博士；第 3 章离子液体的生态毒理效应及机制，撰写人员有浙江工商大学刘惠君教授、李志恒副研究员；第 4 章离子液体毒性预测与风险评估，撰写人员有浙江工商大学刘惠君教授、李志恒副研究员；第 5 章环境中离子液体的去除技术，撰写人员有深圳大学李菊英研究员、钱毅光副研究员；第 6 章离子液体的设计及合成，撰写人员有深圳大学李菊英研究员、张月超博士；第 7 章离子液体的风险管理和未来挑战，撰写人员有深圳大学李菊英研究员、丁腾达研究员。另外，还有若干研究生参加了部分章节的撰写工作。

本书涉及环境化学、分析化学、生态毒理学、计算化学、物理化学、环境科学、环境工程、生物学等许多基础学科和应用学科，是多学科交叉的研究成果汇集，可为离子液体安全性的科学评估、离子液体的绿色设计与风险管理提供基础理论和方法学参考。本书可为从事环境、化学、化工、能源等领域的科技人员及高等院校相关专业的师生提供参考。

在此谨向所有参与本书编著及核校的人员表示感谢！限于撰写人员的学识水平，本书存在不足之处在所难免，敬请广大读者不吝赐教！

编著者

目录

Contents

5

环境中离子液体的去除技术

179-216

6

离子液体的设计及合成

217-252

SERIE BOOKS ON **IONIC LIQUIDS**

IONIC LIQUIDS

1 绪论

1.1 离子液体的定义

离子液体（ionic liquids，ILs）是指全部由阴离子和阳离子组成的液体，通常是指在室温或者接近室温下呈液态并由离子构成的液体，也称室温离子液体或者室温熔融盐[1]。尽管氯化钾、氯化钠、氢氧化钾等离子化合物在高温下也能够以液体（熔融盐）的形式存在，也可以称为离子液体，但熔融盐所需的温度较高，因此其使用的范围受到限制。室温离子液体的离子具有高度的不对称性，在室温下能够以液体的形式存在，广泛应用于多个领域。广义上的离子液体包括高温的熔融盐和室温离子液体，狭义的离子液体就是指室温离子液体。本书中所讲的离子液体是指室温下呈液态的室温离子液体。由于离子液体完全由阴离子和阳离子组成，具有静电力、氢键、范德华力等独特的作用力，因此离子液体有许多异于传统溶剂的独特理化性质，如热稳定性好、不挥发、不易燃烧、熔点低、溶解能力强、电化学窗口宽等。离子液体还有一个关键的特征是可设计性强，根据特定的应用需求，研究人员可以通过改变阴阳离子以及取代基的结构和组成，进而改变离子液体的性质，设计出具有特定性能的离子液体。离子液体能够有效地克服传统有机溶剂的使用所造成的严重的环境、健康、安全以及设备腐蚀等问题，是环境友好的绿色溶剂，在石油化工、物理化学、电化学、材料科学、细胞生物学、环境科学等许多领域都得到了良好的应用，并展现出了巨大的工业应用潜力。

1.2 离子液体的性质

相比传统的溶剂，离子液体具有一些独特的性质。认识离子液体的性质，是开发离子液体应用的前提，也是研究离子液体毒性和环境行为的基础，更是评估离子液体生态环境风险的重要依据。本节简要介绍了离子液体的可设计性、挥发性、极性、溶解性、密度、黏度、熔点、表面张力、电化学性质和热稳定性。

1.2.1 可设计性

构成离子液体的阴离子和阳离子均具有活性基团，可以通过调节阴离子和阳离子的结构，得到具有特定功能的离子液体 [2-3]。因此，离子液体具有很强的可设计性（designability），这是离子液体显著的特征之一。正是由于离子液体可设计性强的特点，其种类越来越丰富，尤其是在2000年以后，科学家们设计出了多种类型的功能化离子液体，包括含有氨基、芳香基、烷基等特定官能团的离子液体，含有磁性离子或者基团的磁性离子液体，手性和非手性离子液体，等等。从理论上讲，离子液体有 10^{18} 种 [4]。随着人们应用需求的不断增加，离子液体的种类也会越来越丰富。

1.2.2 挥发性

传统的有机或者无机溶剂易挥发，在使用过程中容易挥发出溶剂，带来挥发性污染物的环境污染问题。相反，离子液体表现出难挥发性，它们在常温常压下几乎没有蒸气压，其饱和蒸气压几乎为零，在高温条件下也几乎不挥发，这就能够有效地避免挥发性污染物的污染问题，表现出显著的优势。因此，许多离子液体都被称为绿色溶剂，逐渐受到研究人员的青睐，展现出巨大的应用潜力。

1.2.3 极性

根据相似相溶原理，溶剂的极性（polarity）可以反映其溶解不同物质的能力，离子液体的极性同样是评价其对不同溶质溶解性的关键指标。传统溶剂的极性指标主要有四类：①化学反应的平衡和动力学速率常数；②溶剂的经验性质；③溶质的经验性质；④多参数组合指标 [5]。考虑到离子液体由阴阳离子组成、结构复杂且导电性强，许多溶剂的极性指标并不适用于离子液体，甚至表现出相反的结果 [6]。对于离子液体极性的研究来说，

30% 的研究使用介电常数和溶解度参数分析离子液体的极性，60% 的研究通过探针分子的光谱性质来表征离子液体的极性[7]。影响离子液体极性的因素主要有阴阳离子的结构和组成，但并不存在显著的规律。例如，氢键能够增强离子液体的极性，而烷基链的长度能够降低离子液体的极性[7-8]，咪唑类离子液体的极性与短链醇的极性相当。咪唑类离子液体的阴离子固定时，咪唑环上碳原子数在 2 ～ 6 范围内，离子液体的极性随碳原子数的增加而逐渐增强；而当碳原子数大于 6 时，离子液体的极性随碳原子数的增加而逐渐降低。使用者可以依据离子液体的极性和特定的应用目的，选择最合适的离子液体。

1.2.4 溶解性

由于离子液体均由阴离子和阳离子组成，且阴阳离子均能够引入特定的官能团，因此，离子液体能够溶解大部分的物质，展现出溶解性能好、溶解范围广的特点。离子液体能够溶解无机物、有机物甚至高分子化合物，常被用于萃取分离有机物和金属离子、萃取脱硫、溶解生物质等。离子液体还可以用于捕集废气中的二氧化碳、二氧化硫等气体。离子液体也是许多有机合成、催化反应等化学反应的理想介质，有助于均相反应的顺利进行。

1.2.5 密度

离子液体在室温下的密度（density，ρ）一般都大于水的密度，变化范围为 1.1 ～ 2.4g • cm^{-3}。影响离子液体密度的因素主要有温度、阴阳离子的结构和大小等。一般而言，当温度升高时，离子液体的体积会发生膨胀，引起离子液体的密度呈线性降低。例如，当温度升高 50℃时，离子液体的密度一般降低 2% ～ 3%[9]。当阴阳离子的结构发生改变时，可以引起阴阳离子之间的作用发生变化，进而影响离子液体的密度，因此，阴阳离子的结构对离子液体的密度具有显著的影响。当阳离子固定时，离子液体的密度随阴离子体积的增大而增大。例如，离子液体的阴离子为卤代碳硼烷时，离子液体的密度高达 2.15g • cm^{-3}[10]。当阴离子一定时，阳离子的体积越大，离子液体的密度反而越小。阳离子烷基链的长度和环数的增加，都会引起阳离子体积的增大。例如，随着阳离子环数的增加，内酰胺类离子液体的密度逐渐减小[11]；离子液体 [Amim][BF_6] 的密度随阳离子上烷基碳原子数的增加而逐渐降低（如图 1-1 所示）[12]。此外，外界杂质的引入也会影响离子液体的密度。例如，离子液体中如果含有水分，会导致离子液体密度的减小[13]。所以，分析测定离子液体的密度时，需要严格控制其他杂质的引入。

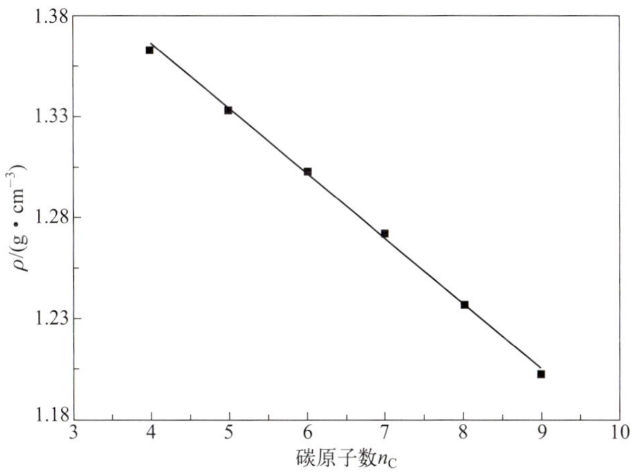

图 1-1 离子液体 [Amim][BF_6] 的密度随碳原子取代数的变化关系[12]

1.2.6 黏度

黏度（viscosity）是离子液体的关键传输性能指标，对离子液体的应用具有重要的影响。黏度用 η 表示，国际标准单位为帕斯卡秒（Pa・s），泊（P）或厘泊（cP）为非法定计量单位，换算关系为：1cP=10^{-3} Pa・s=1mPa・s，1P=10^{-1}Pa・s。离子液体中存在着氢键、范德华力、静电力等作用力，导致离子液体的流动性较差，因此，大多数离子液体的黏度都较高，一般在 0.02 ～ 40Pa・s 之间；即使是低黏度的离子液体，其黏度值也在 20 ～ 30mPa•s 之间，显著高于水等常规溶剂（黏度约为 1mPa•s）[14]。影响黏度的因素主要有阴阳离子的大小、温度、分子间作用力、特殊功能基团等。一般的趋势是，离子液体的黏度随离子尺寸的增大而减小，但更依赖于阴离子。对于阳离子（如咪唑阳离子和吡啶阳离子），其黏度在更强的范德华力作用下，随着烷基链长度的增加而增加。例如，$[C_nC_1im][TFSI]$的碳原子数 n 为 4、6 和 8 时，其黏度逐渐增加，分别为 49.0mPa・s、68.0mPa・s 和 91.0mPa・s。其黏度与温度的关系并不符合阿伦尼乌斯线性方程，更符合 Vogel-Tammann-Fulcher（VTF）公式。然而，含不对称阳离子的离子液体服从阿伦尼乌斯定律，含小而对称阳离子的离子液体不符合 VTF 方程。此外，含有—OH 和$\gt$C═O 等功能性基团的离子液体不遵循上述两种规律[15]。离子液体的黏度除了与离子的大小和形状有关外，还与分子间相互作用力密切相关。阴离子和阳离子的静电力和范德华力越强，离子液体的黏度越大。氢键同样对黏度有一定的作用，氢键相互作用越弱，离子液体的黏度越大。可见，离子液体的黏度是由多种因素共同决定的。

1.2.7 熔点

熔点（melting point，T_m）是评价离子液体的关键指标，也是离子液体重要的物理性质之一。常用差示扫描量热法（differential scanning calorimetry，DSC）测定离子液体的熔点。离子液体的熔点与其结构和化学组成密切相关，其影响因素主要有阴阳离子的结构、电荷分布、分子间作用力等。当阴离子一定时，随着阳离子结构对称性的降低、电荷分布均匀性的提高、阳离子体积的增大以及烷基取代链的增长，离子液体的熔点都会降低。例如，只有一个甲基取代基的 1- 丁基 -3- 甲基咪唑阳离子的对称性比 1- 丁基吡啶阳离子低，前者的熔点比后者的熔点低 100℃[16]；含 C_2 和 C_4 烷基的卤素类离子液体的熔点高于非卤素类离子液体，但碘化物类离子液体的熔点低于 188K；与氯化铝混合时，卤铝酸盐离子液体的熔点降低[17]。对于含有乙基的 1- 乙基 -3- 甲基咪唑六氟磷酸离子液体，其熔点的变化范围为 333 ～ 334K；而把乙基换成丁基时，其熔点的变化范围为 276 ～ 284K[18]。当固定阳离子时，阴离子尺寸越大，离子液体的熔点越低，含有氢键的阴离子，离子液体的熔点则会更高。

1.2.8 表面张力

表面张力（surface tension，γ）是指液体表面层产生的使其表面尽可能缩小的力，也是描述离子液体表面状态的重要参数。表面张力的大小用表面张力系数来衡量，表示单位长度上所受拉力的数值，国际标准单位为牛每米（$N \cdot m^{-1}$），$1N \cdot m^{-1}=1000mN \cdot m^{-1}$。离子液体的表面张力通常用表面张力仪和低温恒温槽进行测量。离子液体中阴阳离子的组成和结构能够显著影响离子液体的表面张力。就 $[C_n mim][TFSI]$ 离子液体而言，表面张力随 n 的增加而缓慢下降，但并非呈线性关系。在 25℃时，$[C_2mim][TFSI]$ 的表面张力为 35 ～ 42mN • m^{-1}；当 $n \geqslant 6$ 时，表面张力几乎保持不变，例如，$[C_{10}mim][TFSI]$ 的表面张力为 29 ～ 32mN • m^{-1}[19-20]。Sloutskin 等通过 X 射线反射率（X-ray reflectivity，XRR）在质子型离子液体的表面发现了一个 6 ～ 7Å（1Å=10^{-10}m）的表层，且表层的电子密度比其他离子液体高 10% ～ 12%，因此，质子型离子液体的表面张力更高。例如，$[EtNH_3][NO_3]$ 和 $[EtNH_3][HSO_4]$ 的表面张力分别为 47.3mN • m^{-1} 和 56.3mN • m^{-1}[21]。一般来说，液体的表面张力随温度的升高呈近似线性降低，可以用厄特沃什方程来描述[22]。不同于水和有机溶剂，离子液体的内聚能主要来源于静电力和范德华力，离子液体结构的组织层次较高，因此其表面张力一般大于传统的有机溶剂，如酸性离子液体 $[IBAC_4S][HSO_4]$ 在 30℃下的表面张力为 46.79mN • m^{-1}[23]。

1.2.9 电化学性质

离子液体的电化学性质（electrochemical properties）主要包括导电性和电化学窗口，良好的导电性和较宽的电化学窗口是离子液体得到电化学应用的关键原因。因此，本小节将从离子液体的导电性和电化学窗口两个方面介绍离子液体的电化学性质。离子液体的导电性用电导率来衡量。电导率是指离子液体溶液传输电流的能力，为电阻率的倒数，用 σ 表示，单位为毫西门子每厘米（mS • cm^{-1}）。由于离子液体完全由阴阳离子组成，含有大量的电荷载体，因此，离子液体的电导率较高，具有良好的导电能力，其电导率一般在 0.1 ～ 30mS • cm^{-1}。

影响离子液体电导率的因素有很多。首先，离子液体的电导率与其阴阳离子的组成和结构有关。离子液体的电导率通常随阳离子烷基链长度的增加而降低，对于含烷基胺和烷基咪唑阳离子的离子液体，其电导率随着烷基链长度的增加而降低。阴离子的电荷分布和电荷载体的数量都会影响离子液体的电导率，且其对电导率的影响更为显著。研究发现，对于含有 $[C_4C_1im]$ 的离子液体，其电导率的大小顺序依次为：$[TFSI]^-$ ＞ $[BF_4]^-$ ＞ $[OTf]^-$ ＞ $[CF_3CO_2]^-$ ＞ $[PF_6]^-$[24]。对于质子型离子液体，其较多的离域电荷和离子 - 离子相互作用导致此类离子液体具有更高的电导率，如 $[EtNH_3][NO_3]$ 的电导率达到了 26.9mS • cm^{-1}。其次，离子液体的电导率也与温度有关，可以用 VTF 方程很好地拟合。当温度升高时，构成离子液体的离子运动加速，离子液体的流动性增强，导致其电导率增大。例如，$[C_2C_1im][BF_4]$ 的电导率随温度的升高逐渐升高，其电导率在 25℃、100℃和 150℃时分别为 16mS • cm^{-1}、70mS • cm^{-1} 和 120mS • cm^{-1}[25]。当温度升高时，离子之间相互作用力减小，流动性增强，离子液体的黏度减小，离子液体的电导率与其黏度呈相反的关系。此外，离子液体的分子量、密度、离子尺寸等因素都能够影响离子液体的电导率。

离子液体的电化学窗口（electrochemical window，EW）是指离子液体不被电化学分解所能承受的最大电压，也即离子液体开始发生氧化反应的电位与发生还原反应的电位的差值。与常用的水溶液或者传统的有机溶剂相比，离子液体的电化学窗口较宽，大多数离子液体的电化学窗口为 4V 左右。离子液体电化学窗口的测试方法主要有线性扫描伏安法（linear sweep voltammetry，LSV）和循环伏安法（cyclic voltammetry，CV）。影响离子液体电化学窗口的因素有很多。首先，阴阳离子的种类对离子液体的电化学窗口起着决定性的作用。当阴离子均为 $[TFSI]^-$ 时，季铵类、吡咯类阳离子等的离子液体的电化学窗口较宽，锍类、吡啶类阳离子的离子液体的电化学窗口较窄。其次，离子液体的电化学窗口还与工作电极和参比电极的种类有关。离子液体的电化学窗口在不同工作电极下的大小顺序为钨（W）＞玻碳（glass carbon，GC）＞铂（Pt）≈金（Au），即钨是最好的工作电极材料[26]。此外，离子液体中的水、盐、氧气等杂质都能够影响离子液体的电化学窗口。例如，离子液体表面吸附的水分会显著降低离子液体的电化学窗口[27]；也有研究发现，添加少量的锂盐反而可以增大疏水性离子液体的电化学窗口[28]。因此，可以通过纯化离子液体来降低杂质对离子液体电化学窗口的影响。

1.2.10 热稳定性

离子液体的热稳定性（thermal stability）可以用热分解温度（T_d）来表征，热分解温度是指离子液体的质量开始降低时的温度，可以用热重分析（thermogravimetric analysis，TGA）来测定。鉴于离子液体难挥发的特性，离子液体的热分解温度决定了其呈液态的上限温度。一般而言，离子液体的热稳定性普遍较好，其热分解温度大部分都在300℃以上，这导致离子液体具有较宽的液相温度范围，或者说液程范围较宽。由此可见，与传统的有机和无机溶剂相比，离子液体展现出更宽的液程范围，这也是离子液体受到研究人员青睐的重要原因之一。离子液体的热稳定性与阴、阳离子的性质和种类有关。阴离子对离子液体热稳定性的贡献最大，例如，由胺或膦直接烷基化得到的离子液体容易发生烷基转移或者脱烷基反应，导致其稳定性相对较弱。阴离子对离子液体热稳定性的影响大小遵循如下规律：$[PF_6]^- > [(C_2F_5SO_2)_2N]^- > [CF_3SO_3]^- > [BF_4]^- > [(CF_3SO_2)_3C]^- \gg I^-$、$Br^-$、$Cl^-$。咪唑类离子液体通常比季铵类、哌啶类和吡啶类离子液体的热稳定性更好；阴离子的配位能力、亲核性和亲水性等也影响离子液体的热稳定性[29]。当阴离子相同时，阳离子的结构对离子液体的热稳定性也有一定的影响。例如，烷基取代咪唑盐阳离子2-C位上的氢时，咪唑类离子液体的热稳定性明显提高[30]。液程范围宽、良好的热稳定性也是离子液体具备较高的工业应用潜力的重要原因。

热导率（thermal conductivity）是评价离子液体热稳定性的另一个关键指标，在很大程度上决定了离子液体的冷却/加热效率和能量消耗/传递。离子液体的热导率同样取决于阴、阳离子的性质，其中阴离子的性质对离子液体热导率的影响更显著。研究发现，随着阳离子链的增长，离子液体的热导率仅有略微增加，而对3-甲基-1-烷基咪唑六氟磷酸盐离子液体热导率的影响可以忽略不计[31-32]。分子量也能够影响离子液体的热导率，

Ferreira 等研究了不同的季鏻基离子液体，发现热导率随分子量的增加呈线性下降的趋势[33]。此外，温度、流速、离子液体的黏度等因素均对离子液体的热导率存在一定的影响。一些典型离子液体的性质见表 1-1。

此外，不可燃烧或者阻燃性也是离子液体热稳定性的重要方面。相比传统的溶剂，由于离子液体完全由阴、阳离子组成，即使在高温条件下，离子液体也不可燃烧，展现出良好的热稳定性，这也是离子液体被称为绿色溶剂的重要原因之一。

表1-1 一些典型离子液体的性质[25]

类型		T_m 或 T_d 或 T_b/K	ρ/(g・m^{-3})	η/(mPa・s)	σ /(mS・m^{-1})	γ /(mN・m^{-1})
$[C_2C_1im]X$	X=Cl	361.75	1.1241	48.3	0.25	
	X=Br	352.00			10.60①	
	X=I	351.00			10.00②	
$[C_4C_1im]X$	X=Cl	314.10	1.0800	30.0	1.00③	54.70
	X=Br	346.10	1.3000	1500.0		
	X=I	188.10	1.4600	400.0		
$[C_2C_1im]Cl/AlCl_3(1:1)$		280.15	1.2941	17.80	22.60	
$[C_2C_1im]Cl/AlCl_3(1:2)$		177.15	1.3887	19.1	14.70	
$[C_4C_1im][BF_4]$		190.15	1.2035	100.0	3.50	43.84
$[C_4C_1im][PF_6]$		283.15	1.3709	258.0	1.46	37.28
$[C_4C_1im][CF_3CO_2]$		195.15	1.2152	73.0	2.80	
$[C_4C_1im]$[OTf]		290.15	1.3015	83.0	2.90	
$[C_4C_1im]$[TFSI]		270.15	1.4397	49.0	3.90	37.00
$[C_6C_1im]$[TFSI]		231.15	1.6400	68.0	2.20	
$[C_8C_1im]$[TFSI]		193.15	1.5902	91.0	1.30	
$[C_4mpyr][BF_4]$		288.45	1.2100④	163.0	2.50⑤	
$[C_4mpyr]$[TFSI]		299.00	1.4360	61.0	3.07	33.40
$[N_{2,6,6,6}]$[TFSI]		287.10	1.2886	187.0	0.89	34.10
$[P_{6,6,6,14}]$[TFSI]		206.10	1.0661	336.7		30.90
[Mptaz][OTf]⑥		201.55		129.0	4.10	
[Mptaz][TFSI]⑦		201.55	1.5200	87.0	4.90	
$[EtNH_3][NO_3]$		282.15	1.2160	32.0	26.90	47.30

续表

类型	T_m 或 T_d 或 T_b/K	ρ/(g·m^{-3})	η/(mPa·s)	σ /(mS·m^{-1})	γ /(mN·m^{-1})
$[EtNH_3][HSO_4]$	313.15	1.4380	128.0	4.40	56.30
$[EtNH_3][CH_3CH(OH)COO]$	216.15	1.1100	803.0	0.26	39.30
$[ETA][NO_3]$⑧	324.15	1.2650	113.0	9.30	50.60
$[C_4C_1im][HSO_4]$	349.00⑨	1.2815⑩	2147.3		
$[(HSO_3)C_3C_1im][HSO_4]$	579.15⑪	1.5017	1296.0		
$[(HSO_3)C_4C_1im][HSO_4]$	584.15⑪	1.4647	1427.0	7.57⑩	46.79⑩
$[IBAC_4S][HSO_4]$	543.15⑪	1.3532⑩	9450.0⑩		
$[(HSO_3)C_3mmim][HSO_4]$	682.00⑪	1.0753⑩	35.7⑩		35.60⑩
$[(HSO_3)C_3mmim][CF_3SO_3]$	747.10⑪	1.4545⑩	42895.0⑩		45.35⑩

注：温度为 298K（另有说明的除外），大气压为 101325Pa。

① 335.6K；② 348.1K；③ 313.16K；④ 312.8K；⑤ 303K；⑥ 1- 丙基 -4- 甲基 -1,2,4- 三唑三氟甲磺酸盐；⑦ 1- 丙基 -4- 甲基 -1,2,4- 三唑双（三氟甲磺酰基）亚胺盐；⑧乙醇铵硝酸盐；⑨热分解温度（T_d）；⑩ 303.5K；⑪沸点温度（T_b）。

1.3 离子液体的种类

组成离子液体的阴离子和阳离子的种类有很多，通过调节阴、阳离子的不同组合，可以合成出不同种类的离子液体。从理论上讲，离子液体的种类可能有 10^{18} 种，可以根据不同的应用目的，通过对阴、阳离子的调控，设计合成所需的离子液体 [4]。离子液体的阴离子主要包括卤素离子（Cl^-、Br^- 和 I^-）、$[TFSI]^-$、$[BF_4]^-$、$[PF_6]^-$ 等；阳离子主要有咪唑类阳离子、吡啶类阳离子、吡咯类阳离子、异喹啉类阳离子、哌啶类阳离子、季铵类阳离子、季𬭸类阳离子、四烷基胍阳离子等。根据分类依据不同，离子液体可以分为不同的类型。

1.3.1 按阳离子分类

根据组成离子液体阳离子的不同，可以将离子液体划分为咪唑类、吡啶类、吡咯类、异喹啉类、哌啶类、胍类、季铵盐类、季鏻盐类、锍盐类、胆碱类、三唑类、噻唑类等。其中，咪唑类离子液体研究得最多，也是最为常见的离子液体。

1.3.2 按阴离子分类

根据组成离子液体的阴离子的不同，可以将离子液体分为 $AlCl_3$ 型离子液体、非 $AlCl_3$ 型离子液体和其他特殊离子液体。$AlCl_3$ 型离子液体是研究最早的离子液体，可通过调节 $AlCl_3$ 与有机季铵盐的比例来合成，被称为第一代离子液体，主要应用于电化学方面。例如，20 世纪 70 年代，在开发高能电池时使用的 *N*- 烷基吡啶氯铝酸盐离子液体[34]；1982 年，通过调节 $AlCl_3$ 和 1- 乙基 -3- 甲基咪唑的摩尔比，合成了熔点不同的 1- 乙基 -3- 甲基咪唑氯铝酸盐离子液体[35]。但这类离子液体对水敏感，极易吸收空气中的水分，需要在真空或惰性气体中操作，导致该类离子液体的应用受到了很大的限制。为了克服 $AlCl_3$ 型离子液体的这些缺点，以 $[PF_6]^-$ 和 $[BF_4]^-$ 为代表的非 $AlCl_3$ 型离子液体应运而生，被称为第二代离子液体。这类离子液体在水和空气中都能够稳定存在，具有较好的酸催化活性，比 $AlCl_3$ 型离子液体有更广泛的应用领域，自此在全世界掀起了研究离子液体的热潮。非 $AlCl_3$ 型离子液体常见的阴离子有卤素离子、$[BF_4]^-$、$[PF_6]^-$、$[HSO_4]^-$、$[H_2PO_4]^-$、$[AlCl_4]^-$、$[CF_3SO_3]^-$、$[CH_3CH(OH)COO]^-$、$[SbF_6]^-$ 等。除这些常用的离子液体外，人们根据应用需求还不断地设计出了许多新型的功能化离子液体，如手性离子液体、磁性离子液体（含有磁性离子或者基团）、含特定功能团的离子液体（如氨基酸、芳香基烷基离子液体）。典型离子液体阳离子和阴离子的化学结构如图 1-2 所示。

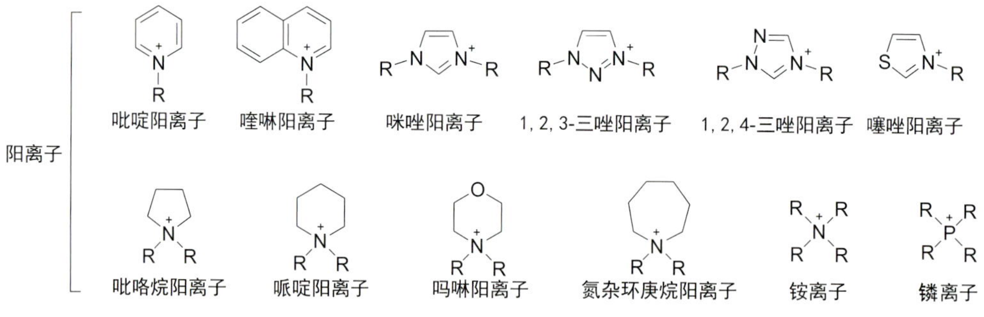

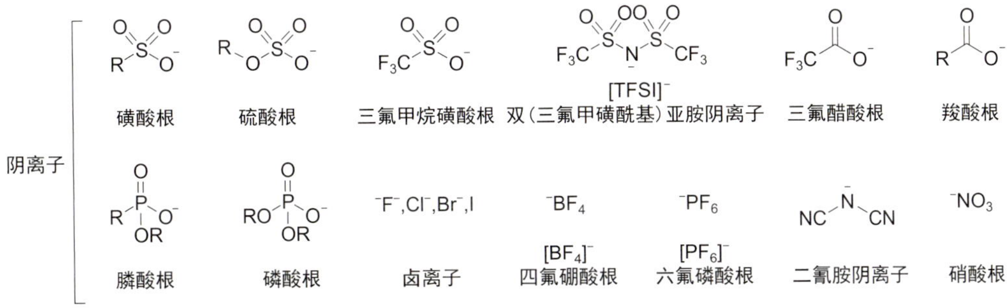

图 1-2 典型离子液体阳离子和阴离子的化学结构 [36]

1.3.3 按酸碱性分类

根据离子液体的酸碱性，又可以将其分为酸性离子液体、碱性离子液体及中性离子液体。酸性离子液体主要应用于催化领域，根据酸的类型又可以分为 Lewis 酸性离子液体、Brønsted 酸性离子液体和 Brønsted-Lewis 酸性离子液体。Lewis 酸性离子液体是指具有 Lewis 酸性的离子液体，通常以有机氯化盐与 Lewis 酸为原料合成，通过改变两者的比例可以获得不同的 Lewis 酸性离子液体。氯铝酸离子液体为常用的 Lewis 酸性离子液体，主要应用于催化领域。例如，研究人员以 $AlCl_3$ 和 $CuCl_2$ 协同催化作为 Lewis 酸性位点，合成了复合 Lewis 酸性离子液体，实现了 C_4 烷基化，且其催化活性明显优于传统的单金属盐催化剂 [37]。此外，也可以将 Lewis 酸 $AlCl_3$ 换成 BCl_3、$ZnCl_2$、$SnCl_2$ 等，合成不同类型的 Lewis 酸性离子液体。构成离子液体的阴离子或阳离子上带有提供质子官能团的离子液体，即为 Brønsted 酸性离子液体。典型的代表有咪唑类和磺酸根 Brønsted 酸性离子液体，均表现出优良的催化活性，常用于催化不同类型的反应，如烷基化、酯化以及醚化反应等 [38]。同时具有 Brønsted 酸性和 Lewis 酸性的离子液体，则称为 Brønsted-Lewis 酸性离子液体。与上述两种酸性离子液体相比，Brønsted-Lewis 酸性离子液体既可以改变 Brønsted 酸的强度，也可以改变 Lewis 酸的强度，以达到协同催化的目的，展现出更好的可调控性，在某些反应中表现出更好的催化效应。例如，研究人员合成 Brønsted-Lewis 酸性离子液体（[Hnoc]Cl/$ZnCl_2$ 1∶3），当其与柴油的质量比为 1∶20 时，柴油中硫的去除率能够达到 98.5%，且催化剂循环使用六次仍未表现出失活的现象[39]。

碱性离子液体包括 Brønsted 碱性离子液体和 Lewis 碱性离子液体。Brønsted 碱性离子液体是指能够接收质子（H^+）的碱性离子液体，主要由 OH^-、CO_3^{2-}、$H_2PO_4^-$、HSO_4^- 等阴离子设计而得到，如 [Bmim][OH]，但这类离子液体的研究相对较少。能够提供电子对的碱性离子液体，叫作 Lewis 碱性离子液体，又可以分为两类：一类是阴离子能够给出电子对的 Lewis 碱性离子液体，即阴离子具有潜在 Lewis 碱性，其阴离子主要有卤素离子、双氰胺根、乳酸根、羧酸根等；另一类是阳离子能够给出电子对的 Lewis 碱性离子液体，即阳离子具有潜在 Lewis 碱性，主要包括氮杂环类、胍类、胆碱类、引入碱性基团的阳离子等。

1.3.4 其他分类

离子液体还可以分为质子型离子液体（protic ILs，PILs）和非质子型离子液体（aprotic ILs，AILs）。质子型离子液体是由 Brønsted 酸和 Brønsted 碱通过质子转移得到，是离子液体的一个重要分支，其关键的特征是存在质子供体和质子受体，质子可以从酸转移到碱，能够构建氢键网络结构[40]。质子型离子液体主要应用于有机合成、色谱、生物应用、燃料电池、炸药、工业润滑油。除了质子型离子液体外的离子液体则为非质子型离子液体。

1.4 离子液体在环境中的应用

作为一种绿色溶剂，离子液体具有难挥发、热稳定性好、液程范围宽、溶解性好、良好的电化学性质等独特的理化性质，在化学合成、电化学、材料科学、分析化学、石油化工、物理化学、细胞生物学、环境科学等领域均有广泛的应用，展现出巨大的工业应用潜力。本小节将阐述离子液体在环境领域的应用，主要包括两方面：①离子液体在环境分析中的应用；②离子液体在环境污染控制中的应用。

1.4.1 离子液体在环境分析中的应用

环境样品的预处理和分离测定是环境分析化学的重要组成部分。由于离子液体优异的理化性质，其在环境分析中具有广泛的应用，本小节将从以下三个方面进行介绍：①离子液体在样品预处理中的应用；②离子液体在仪器分析中的应用；③离子液体在环境监测中的应用。

1.4.1.1 离子液体在样品预处理中的应用

萃取分离是常用的环境样品预处理技术之一，该技术的发展主要围绕如何开发合适的萃取剂，以提高其选择性和萃取效率，并减少有害物质的释放。与传统的有机溶剂相比，离子液体具有高黏度、较低的蒸气压、溶解性能好、难挥发等优点，这些优异的性能不仅对分析物具有良好的萃取能力，还能够避免有机溶剂挥发带来的环境污染。此外，鉴于离子液体的可调控性，通过对离子液体的进一步设计，能够提高分离提纯环境样品的能力，达到痕量或者是超痕量分析的要求。

（1）离子液体在传统萃取中的应用

传统的萃取方法主要包括液相萃取（liquid-phase extraction，LPE）和固相萃取（solid-phase extraction，SPE）。液相萃取是用溶剂分离和提取液体混合物中目标分析物的过程。固相萃取是利用固体萃取剂从液体基质中提取目标分析物的过程，主要包括除去吸附剂杂质和溶剂化吸附剂的活化过程、吸附目标分析物、用洗涤的方法去除干扰杂质、洗脱并收集待分析物等四个步骤。萃取剂可以显著地影响萃取的选择性、萃取效率和灵敏度等参数，因此，萃取剂的选择是萃取过程的关键环节，也是提高萃取效率的有效措施。无论采用液相萃取还是固相萃取，首先需要考虑的就是如何选择合适的萃取剂。离子液体由于其溶解范围广、难挥发等优异的性质，常被用于萃取分离中。离子液体可以代替传统有机溶剂作为萃取剂，促进萃取分离过程的进行。例如，Khachatryan 等以离子液体 1- 丁基 -3- 甲基咪唑六氟磷酸盐（$[Bmim][PF_6]$）为萃取剂，采用液相萃取的方法成功地将酚类物质分离出来[41]。

离子液体已在固相萃取中得到应用。可以利用离子液体对传统的萃取剂（如二氧化硅和C_{18}萃取剂）进行改性，以提高固相萃取的选择性。首先，离子液体修饰的萃取剂常用于金属离子的分离提纯。研究人员常用含有疏水性基团或者极性基团的离子液体修饰二氧化硅，再用这种改性的吸附剂提取环境中的Pb^{2+}，获得了较好的回收率[42]；Tokalıoğlu等用含1,8-萘酰亚胺正离子的离子液体包覆碳纳米球，形成一种新型吸附剂，以离子液体作为金属离子的螯合剂，可以用于快速萃取海水、废水、街道灰尘和香料样品中的微量铜和铅，检出限分别可以达到0.30μg・L^{-1}(Cu^{2+})和1.76μg・L^{-1}(Pb^{2+})[43]；离子液体改性的萃取剂能够从环境介质中分离提取Ni^{2+}、Sc^{3+}、Eu^{3+}、Am^{3+}等多种金属离子[44-46]；也有研究发现，离子液体修饰的磁性纳米颗粒能够有效提取人类头发和尿液中的Cu、Cd、Zn等重金属[47]。其次，离子液体修饰的萃取剂也可以用于分离浓缩环境中的有机污染物。研究表明，利用离子液体改性的二氧化硅颗粒作为特殊吸附剂，通过固相萃取法成功提取了丹参（*Salvia miltiorrhiza* Bunge）中的隐丹参酮（*Cryptotanshinone*）、丹参酮Ⅰ（*Tanshinone* Ⅰ）和丹参酮ⅡA（*Tanshinone* ⅡA），这种方法比采用未修饰的颗粒作为吸附剂的萃取效率高，回收率更好[48]。Wang等通过1-十六烷基-3-甲基咪唑溴盐（[C_{16}mim]Br）离子液体将丝瓜海绵纤维功能化，开发了一种低成本的吸附剂，能够有效地从水和茶中提取苯甲酰脲类农药——仅用70mg的吸附剂，苯甲酰脲类农药在水和茶中的检出限分别为0.14～0.21μg・L^{-1}和0.19～0.23μg・L^{-1}[49]。Zhang等开发了新型仿生多触角离子液体改性硅胶，并将其作为选择性吸附剂用于分离浓缩绿茶中的茶多酚，萃取机理可能是通过氢键、疏水相互作用和π-π相互作用进行萃取[50]。离子液体修饰的吸附剂还可以用于分离提取水环境中的氯磺隆、氯酚、多环芳烃（polycyclic aromatic hydrocarbons，PAHs）、硝基酚、有机酸、胺类、醛类等多种环境污染物[51-53]。此外，离子液体修饰的吸附剂还可以用于气体的收集。Wang等合成了1-乙基-3-甲基咪唑赖氨酸（[Emim][Lys]）离子液体，并将其固定在多孔聚甲基丙烯酸甲酯（PMMA）微球中，形成的[Emim][Lys]-PMMA吸附剂具有较好的热稳定性，且仍为多孔结构，能够有效捕获CO_2[54]。离子液体改性的固相萃取剂还可以用于提取分离生长素、抗生素、质粒DNA、蛋白质等。

虽然液相萃取和固相萃取已有大量的应用，但其操作步骤仍略显费时、烦琐，已经不能够完全满足现代仪器分析技术的需要。因此，样品前处理技术朝着微型化、操作简单、试剂用量少、自动化或半自动化的方向发展，例如固相微萃取（solid-phase microextraction，SPME）、液相微萃取（liquid-phase microextraction，LPME）、超临界流体萃取、浊点萃取等。下面将系统地介绍离子液体在新型萃取分离技术中的应用。

（2）离子液体在固相微萃取中的应用

固相微萃取是将少量的萃取吸附剂负载在固体载体上，随后将萃取材料通过顶空或直接浸泡模式放置在环境样品中进行目标分析物的富集。这种方法具有富集倍数高、灵敏度高、重现性好、受基质影响小、无需或仅需少量有机溶剂、便于携带进行现场采样等优点，在环境分析领域得到了广泛应用。由于离子液体具有易于调节的性质，它们是开发固相微萃取吸附剂非常具有吸引力的材料。目前，离子液体主要是作为吸附剂涂层在固相微萃取中得到应用，主要包括离子液体修饰的吸附剂涂层和聚合离子液体（polymeric ionic liquids，PILs）修饰的吸附剂涂层等。笔者研究组在此领域开展了系列研究：以 1- 辛基 -3- 甲基咪唑六氟磷酸盐（$[C_8mim][PF_6]$）离子液体作为固相微萃取的纤维涂层，采用固相微萃取技术成功从涂料中分离富集苯、甲苯、乙苯、二甲苯[55]；将 1- 己基 -3- 甲基咪唑三 (五氟乙基) 三氟磷酸盐（$[C_6mim][FAP]$）离子液体涂在改性的不锈钢丝上，采用直接浸提固相微萃取，从水中成功分离提取了有机磷酸酯，由于离子液体的强疏水性和稳定性，萃取 65 次后，萃取效率并未发生降低[55]。Pang 等通过溶胶 - 凝胶化学将硅基材料与 1- 十六烷基 -3- 甲基咪唑双 (三氟甲磺酰基) 亚胺盐（$[C_{16}mim][TFSI]$）结合，开发了一种杂化固相微萃取涂层，同样可以用于分离富集水环境中的有机磷酸酯，最低检出限可以达到 $1\mu g \cdot L^{-1}$[56]。

聚合离子液体改性的吸附剂涂层可以有效地用于提取环境中的极性化合物。例如，研究人员将聚合离子液体交联到固相微萃取纤维上，采用顶空固相微萃取法从水环境中分离提取了水杨酸类、二氨基苯甲酸酯、邻氨基苯甲酸甲酯等防晒剂，最低检出限可以达到 $2.8 \sim 26ng \cdot L^{-1}$[57]；Sun 等将掺杂氧化石墨烯的 1-(3- 氨基丙基)-3-(4- 乙烯基苄基) 咪唑 4- 苯乙烯磺酸酯单体与 1,6- 二 (3- 乙烯基咪唑 -1- 基) 己烷双 (六氟磷酸) 盐交联共聚合制备出氧化石墨烯增强的聚合离子液体，用于固相微萃取中，可以有效地从水环境中萃取六种酚类化合物，并且能够获得较低的检出限[58]。此外，碳纳米管（carbon nanotubes，CNTs）、聚咔唑等也可以使用离子液体或者聚合离子液体进行改性，用于固相微萃取分离测定环境中的内分泌干扰物（endocrine disrupting chemicals，EDCs）、丙烯酰胺、PAHs、邻苯二甲酸酯类等环境污染物[59]。

（3）离子液体在液相微萃取中的应用

液相微萃取是利用微量萃取溶剂和分析物之间不同的分配系数，集采样、分离和浓缩于一体，实现目标物的萃取富集，主要包括单滴微萃取（single drop microextraction，SDME）、中空纤维膜液相微萃取（hollow fiber membrane liquid-phase microextraction，HFLPME）和分散液相微萃取（dispersive liquid-phase microextraction，DLPME）。离子液体已经被广泛应用于液相微萃取中，从环境中提取富集多种环境污染物。磁性离子液体（magnetic ionic liquids，MILs）是一类具有磁性功能的离子液体，最近也被作为萃取剂用于液相微萃取，分离提取环境中的污染物。本小节将介绍离子液体在液相微萃取中的一些应用。

① 单滴微萃取　用色谱注射器将萃取溶剂的单个微滴以直接浸泡或者以顶空的形式暴露于样品基质中，萃取完成后，将微滴注入色谱系统进行分析，该方法快速、易于操作，可对分析物进行预富集，具有良好的灵敏度。Liu 等最早将离子液体用作单滴微萃取的萃取剂，用于多种环境污染物的分离提取，发现 [C_8mim][PF_6] 可以直接浸泡或顶空的方式有效地提取 PAHs[60]。Wen 等分别以 1- 丁基 -3- 甲基咪唑六氟磷酸盐（[Bmim][PF_6]）离子液体和二乙基二硫代氨基甲酸酯（diethyl dithiocarbamate，DDTC）作为萃取剂和螯合剂，从水环境中有效地分离 Cu^{2+}[61]，并利用这种离子液体从水环境中提取甲基环戊二烯三羰基锰、镉等[62-63]。也有研究发现，以 [C_6mim][TFSI] 离子液体作为萃取剂，采用顶空的方式，可以有效地从水环境中分离提取三氯苯甲醚，并且获得了较高的选择性和灵敏度[64]。

磁性离子液体最近也被用作萃取剂，广泛应用于单滴微萃取，以分离提取环境中的污染物。在磁性离子液体 - 单滴微萃取中，磁铁有助于将磁性离子液体直接悬浮在水溶液或萃取瓶的顶空中，即使在强烈的搅拌下，也可以从磁铁棒上悬浮更大体积的微滴，以延长取样时间，进而有效地提高了萃取效率。An 等以两种磁性离子液体（$[P_{6,6,6,14}]_2[MnCl_4]$ 和 $[N_{8,8,8,1}]_2[MnCl_4]$）为萃取剂，以顶空的方式进行单滴微萃取，可以从水样中有效地萃取挥发性芳香族化合物[65]。研究发现，在低压条件下，以 $[P_{6,6,6,14}][Mn(hFacac)_3]$ 磁性离子液体为萃取剂，通过顶空方式进行单滴微萃取，萃取短链游离脂肪酸，比在常压条件下达到了更好的检出限（14.5 ～ 216μg·L^{-1}），且达到平衡的时间更短[66]。在另一项研究中，研究人员将亲水性 1- 乙基 -3- 甲基咪唑四异硫氰酸钴 (Ⅱ)（$[C_2mim]_2[Co(SCN)_4]$）磁性离子液体应用于单滴微萃取，可以在 10min 内从自来水、池塘水和废水中提取 9 种氯苯，最低检出限达到 4 ～ 8ng·L^{-1}[67]。

② 中空纤维膜液相微萃取　该技术将萃取溶剂置于中空纤维膜内腔形成受体相，使分析物从水溶液（供体相）中渗透到受体相中，实现目标物的分离富集。主要过程包括：首先，将中空纤维膜浸泡在有机溶剂中，使中空纤维膜壁孔中充满有机溶剂并形成液膜，随后将中空纤维膜腔注满萃取剂，置于样品溶液中进行萃取，萃取完成后用微量进样器吸出萃取剂，进样分析测定。中空纤维膜液相微萃取又可以分为两相萃取和三相萃取两种不同的萃取模式。两相萃取是中空纤维膜的腔内充满的萃取剂与负载在其多孔壁内有机溶剂的成分一样，而三相萃取是中空纤维多孔壁的有机溶剂与填充萃取剂的成分不一样。离子液体可以作为中空纤维膜液相微萃取的萃取剂，用于两相中空纤维膜液相微萃取，分离环境介质中的污染物。

Ma 等利用 $[Bmim][PF_6]$ 离子液体作为中空纤维膜液相微萃取的萃取剂，从水样中成功分离提取了苯、甲苯、乙苯、二甲苯，并进行气相色谱分析[68]。研究发现，以 1- 己基 -3- 甲基咪唑三 (五氟乙基) 三氟磷酸盐（[Hmim][FAP]）离子液体为萃取剂时，这种离子液体对防晒剂具有较高的亲和力，从而能够从水中有效地分离出防晒剂[69]。Hsu 等分别以 1- 己基 -3- 甲基咪唑六氟磷酸盐（$[C_6mim][PF_6]$）离子液体和 1-(2- 吡啶偶氮)-2- 萘酚（PAN）为萃取剂和螯合剂，通过中空纤维膜液相微萃取的方法有效地从人类的尿液中分离出 Co^{2+} 和 Ni^{2+}，最低检出限分别为 0.09ng·mL^{-1} 和 0.03ng·mL^{-1}[70]。

然而，萃取相中的离子液体容易损失，为了克服这个问题，López-López 等将含有离子液体萃取溶剂的中空纤维两端密封，防止萃取过程中离子液体浸出到样品溶液中，以甲基三辛基铵硫代水杨酸盐（$[N_{8,8,8,1}][TS]$）离子液体和甲基三辛基铵 4- 甲硫基苯甲酸盐（$[N_{8,8,8,1}][MTBA]$）离子液体为中空纤维膜液相微萃取的萃取相，能够有效萃取 Cd^{2+}、Cr^{4+}、Cu^{2+}、Ni^{2+}、Pb^{2+}；以 $[P_{6,6,6,14}]^+$ 类离子液体为萃取相时，可定量提取 Ag^+[71]。

离子液体也可以作为添加剂，用于三相中空纤维膜液相微萃取，从环境中提取分离污染物。例如，Tao 等分别以离子液体和三辛基氧化膦（TOPO）为液膜和载体，通过三相中空纤维膜液相微萃取的方法从环境水体中萃取了 5 种磺胺类药物，5 种药物的检出限为 0.1 ～ 0.4μg • L^{-1}[72]。Liu 等以 1- 丁基 -3- 甲基咪唑氯盐（[Bmim]Cl）离子液体为添加剂，用于三相中空纤维膜液相微萃取，从水环境中有效地分离出碱性、酸性和中性有机化合物 [73]。Wang 等分别以 $[Bmim][PF_6]$ 离子液体和 1- 壬醇为受体相和支持液膜相，通过三相中空纤维膜液相微萃取可以从茶叶中萃取邻苯二甲酸酯，富集因子高达 200[74]。Zeng 等将 1- 丁基 -3- 甲基咪唑四氟硼酸盐（$[Bmim][BF_4]$）离子液体和金属螯合剂（DDTC）加入萃取相中，可以显著提高络合物的萃取率，最高可达 3.5 倍 [75]。Pimparu 等使用商用 Aliquat-336 离子液体作为支持液膜相，开发了一种在线中空纤维膜液相微萃取方法，从环境水样中成功提取了 Cr^{6+}[76]；也有研究人员采用商用 Aliquat-336 离子液体和 NaCl 溶液分别作为萃取相和受体溶液，通过离子液体支持膜的离子交换，有效地促进了 Cr^{6+} 的分离提取过程 [77]。

③ 分散液相微萃取　该技术是在水溶性分散剂存在下，将分析物从样品基质预富集到密度大的萃取相中，也可以称为液 - 液 - 液微萃取。首先，将微量的疏水有机溶剂和分散剂注入样品溶液中，疏水有机溶剂作为分析物的萃取相，分散剂作为一种与水和萃取溶剂均可混溶的有机改性剂，用于促进萃取相在溶液中形成微滴；随后，萃取相通过离心回收并注入色谱系统进行分析测定。与传统的液相萃取技术相比，分散液相微萃取具有溶剂消耗低、萃取量大、萃取效率高等优点。离子液体分散液相微萃取主要包括传统的分散液相微萃取、温度控制离子液体 - 分散液相微萃取（TCIL-DLPME）和超声辅助 - 离子液体 - 分散液相微萃取（USA-IL-DLPME），已经被广泛应用于提取和富集多种污染物。本小节主要介绍离子液体在分散液相微萃取分离富集有机污染物和金属离子中的应用。

传统的离子液体 - 分散液相微萃取以离子液体为萃取剂，以与水互溶的有机溶剂作为分散剂。在大多数离子液体 - 分散液相微萃取的应用中，常用疏水的离子液体作为萃取剂。例如，1- 己基 -3- 甲基咪唑六氟磷酸盐（$[C_6mim][PF_6]$）离子液体价格低廉且难溶于水，常作为离子液体 - 分散液相微萃取的萃取剂，用于分析水环境中的 PAHs、杂环类杀虫剂、有机磷农药等 [78-79]。然而，亲水性离子液体也可以用于原位分散液相微萃取，此时将亲水性离子液体和离子交换剂加入样品溶液中，通过离子交换反应生成难溶于水的离子液体，增大离子液体与水相的接触面积，可以提高对目标物的富集倍数。例如，Yao 等以 1- 丁基 -3- 甲基咪唑氯盐（[Bmim]Cl）为提取剂，同时添加双 (三氟甲磺酰基) 亚胺锂 (Li[TFSI])，两者反应生成难溶于水的 1- 丁基 -3- 甲基咪唑双 (三氟甲磺酰基) 亚胺盐 ([Bmim][TFSI])，能够有效萃取 PAHs，回收率为 84% ～ 115%[80]。还有研究以疏水性的 $[Bmim][PF_6]$ 离子液体和亲水性的 $[Bmim][BF_4]$ 离子液体分别作为萃取剂和分散剂，通过离子液体 - 分散液相微萃取的方法，成功地从水环境中分离出三氯生和三氯卡班 [81]。

温度控制离子液体 - 分散液相微萃取是基于离子液体的溶解度受温度的影响较大而发展起来的萃取技术。该技术是利用高温条件下离子液体在水中的溶解度增大，萃取剂的比表面积增大，使得少量的萃取剂也能有效地富集目标物；而在较低温度下，离子液体在水中的溶解度减小，从而达到萃取分离的目的。例如，Wang 等以 1- 己基 -3- 甲基咪唑六氟磷酸盐（$[C_6mim][PF_6]$）离子液体为萃取剂，通过控制温度从水中分离富集三嗪类和苯基脲类农药 [82]；Zhou 等用相同的方法有效地从水中分离出菊酯类农药、有机磷农药和 DDT 及其代谢产物 [83-84]。

超声辅助 - 离子液体 - 分散液相微萃取是在萃取过程中不添加分散剂，通过超声的方法促进萃取剂在水相中的分散以及分析物在萃取剂中的溶解，以获得良好的萃取效率。研究人员以 $[C_6mim][PF_6]$ 作为萃取剂，通过超声辅助的方法从水环境中萃取分离了芳香胺化合物、铬等 [85-86]。Wang 等以 $[C_8mim][PF_6]$ 为萃取剂，在超声的作用下成功萃取了双酚 A（bisphenol A，BPA）[87]。

由于离子液体萃取金属离子的效果不好，在萃取过程中可以向样品溶液中加入螯合剂，以增强离子液体对金属离子的亲和力。例如，Akhond 建立了一种气体辅助的离子液体 - 分散液相微萃取测定矿泉水中 Cu^{2+} 的方法，此方法分别以 [C_6mim][PF_6] 离子液体和氩气为提取剂和分散剂，采用盐酸羟胺直接将矿泉水中的 Cu^{2+} 还原为 Cu^{+}，再以新钴碱为螯合剂将 Cu^{+} 萃取至离子液体，富集因子高达 122，且在矿泉水分析中未观察到明显的基质效应 [88]。此外，研究人员也用不同的离子液体萃取相和金属螯合剂，有效地分离富集 Cr^{3+}、Au^{3+}、Ag^{+}、As^{3+}、As^{5+}、Pb^{2+}、Cd^{2+}、Co^{2+}、Tl^{3+}、Hg^{2+} 等金属或类金属离子 [89-91]。

除了上述应用外，离子液体也应用于原位分散液相微萃取，这种方法比传统的分散液相微萃取具有更高的富集倍数，且减少了有机溶剂的使用。例如，Wang 等开发了一种注射器原位分散液相微萃取法，用于从蜂蜜样品中提取苯甲酰脲类杀虫剂。该方法是将四丁基铵氯盐（[$N_{4,4,4,4}$]Cl）离子液体与 $NaPF_6$ 进行反应，生成不溶于水的离子液体；在不需要任何分散剂或搅拌的情况下，生成的离子液体可以成功富集苯甲酰脲类杀虫剂；在不需要离心的情况下，直接用注射器将含有目标物的离子液体提取出来，用于分析测定，方法的最低检出限可以达到 0.21 ～ 0.42μg • L^{-1}[92]。Suárez 等开发了一种在线注射式分散液相微萃取方法，用于水环境中防晒剂的分离富集 [93]。原位分散液相微萃取也可以用于从水环境中分离提取酚类、杀菌剂、苯脲类农药、三嗪类除草剂等污染物。

然而，离子液体为萃取剂进行分散液相微萃取时，往往需要离心、过滤等复杂的步骤。为了避免这些操作，磁性离子液体逐渐受到研究人员的青睐。磁性离子液体在用于萃取时，可以通过磁分离来回收萃取后的磁性离子液体，避免了离心、过滤等复杂的过程。因此，磁性离子液体也常被用于分散液相微萃取，受到了研究人员的关注。研究人员对比了苄基三辛基铵溴三氯合铁酸盐（[$N_{8,8,8,B}$][$FeCl_3Br$]）、甲氧基苄基三辛基铵溴三氯合铁酸盐（[$N_{8,8,8,MOB}$][$FeCl_3Br$]）和 1,12- 二（3- 苄基苯并咪唑 -3- 基）十二烷双（三氟甲磺酰基）亚胺盐溴三氯合铁酸盐（[$(Bbnim)_2C_{12}$][TFSI][$FeCl_3Br$]）等三种不同的铁基磁性离子液体萃取剂，对水环境中的 PAHs 进行分离提取，发现以 [$N_{8,8,8,B}$][$FeCl_3Br$] 为萃取剂时，PAHs 的萃取效果最好 [94]。Yu 等以四氯锰酸盐磁性离子液体作为萃取剂，通过分散液相微萃取的方法成功地分析测定了水环境中的药物、PAHs、酚类、杀虫剂 [95]。此外，磁性离子液体 - 分散液相微萃取还可以用于分离提取环境介质中的激素类、大肠埃希菌、DNA 等 [96-97]。

④ 其他　离子液体还在超临界流体萃取、浊点萃取等分离技术中得到应用。离子液体常与超临界流体萃取联合使用，用于核废物的处理。例如，Wang 等以磷酸三丁酯（TBP）和 1- 丁基 -3- 甲基咪唑双（三氟甲磺酰基）亚胺盐（[Bmim][TFSI]）离子液体分别为螯合剂和萃取剂，先将铀酰离子 UO_2^{2+} 提取到离子液体中，再利用超临界 CO_2 流体成功分离出 UO_2^{2+}，实现了 UO_2^{2+} 的有效分离 [98]。Pavagadhi 等利用 1- 丁基 -3- 甲基咪唑六氟磷酸盐（[Bmim][PF_6]）离子液体，建立了一种浊点萃取的方法，用于测定天然水体中的微囊藻毒素 [99]。

1.4.1.2 离子液体在仪器分析中的应用

（1）离子液体在气相色谱分离中的应用

由于离子液体具有热稳定性好、极性高、可调节性强等优异性能，其在气相色谱（gas chromatography，GC）和多维气相色谱（multidimensional gas chromatography，MDGC）中常被用作固定相。与传统的聚二甲基硅氧烷（polydimethylsiloxane，PDMS）和聚乙二醇（polyethylene glycol，PEG）固定相相比，离子液体固定相能够与多种溶剂发生相互作用，对多种目标物都具有独特的选择性，因此，离子液体作为色谱分析的固定相，受到研究人员的广泛关注。

目前，离子液体在气相色谱和多维气相色谱中作为固定相使用的主要有以下几类：

① 单阳离子固定相。如咪唑类、季鏻类、季铵类、锍类、吡啶类等离子液体固定相，其中以含有咪唑阳离子的离子液体研究最广泛。例如，当以端羟基单阳离子咪唑类离子液体为固定相时，可以显著提高固定相的热稳定性，并改善其色谱选择性 [100]。

② 双阳离子固定相。相比传统的单阳离子离子液体固定相，双阳离子离子液体具有更高的热稳定性。Talebi 等以双（三氟甲磺酰基）亚胺为阴离子，制备了 12 种双阳离子的离子液体毛细管气相色谱柱，用于脂肪酸甲酯的分离，发现烷基间隔链的结构差异对固定相的极性和选择性有很大的影响 [101]。

③ 聚合离子液体固定相。包括两大类。一类是通过离子液体上双键的

交联聚合而得到聚合离子液体固定相，它具有更高的热稳定性和较低的流失性。如聚3-乙烯基-1-苄基咪唑双（三氟甲磺酰基）亚胺盐P([Vbnim][TFSI]）固定相具有良好的色谱选择性和热稳定性[102]。Ho等提出一种新型主链型咪唑离子液体聚合物作气相色谱固定相，对包括醇类、邻苯二甲酸酯类、多环芳烃类等极性和高极化的溶质显示出较高的分离效率[103]。另一类是将离子液体通过化学反应键合到聚硅氧烷固定相，这种固定相具有很好的成膜性、色谱性能和热稳定性。

④ 含有金属离子的离子液体固定相。例如，Anderson等以含有多种螯合剂的银基离子液体为固定相，可以有效地分离测定石蜡和烯烃。此类固定相的分离选择性与金属离子的类型有关[104-105]。

⑤ 商品化的离子液体固定相。由于离子液体在气相色谱中表现出优异的分离性能，随着研究的逐渐推进，已经有商品化的离子液体固定相进入市场。例如，Armstrong等开发的水溶性离子液体固定相（Watercol 1460、Watercol 1900和Watercol 1910），可以有效地分离测定痕量的水[106-107]。稳定性更高的i-series系列离子液体固定相（如SLB-IL76i、SLB-IL11i等）也成功进入市场。一种用于分离PAHs混合物的离子液体固定相，即SLB-IL-PAH，同样已经商业化。随着研究人员对离子液体的认识更加深入，将会有越来越多的离子液体固定相进入市场，为色谱技术的发展做出新的贡献。

（2）离子液体在高效液相色谱中的应用

高效液相色谱（high performance liquid chromatography，HPLC）是一种用于分离复杂混合物的常用分析技术。离子液体在HPLC中的应用主要包括两个方面：

① 用作HPLC流动相的添加剂，咪唑类和氨基类离子液体在这方面应用较多。高效液相色谱分离时，在流动相中加入少量离子液体，离子液体阳离子可以通过离子交换过程与固定相强烈相互作用，从而有效抑制硅基固定相中残留的游离硅醇基团的作用，这可以改善HPLC的峰形、分辨率、谱带宽度和保留时间等，且离子液体添加剂对流动相的pH值影响很小。例如，Han等研究发现，将1-烷基-3-甲基咪唑离子液体作为流动相的添加剂，可以有效提高β-内酰胺类抗生素的分离效率[108]；当在流动相里添加少量的咪唑类离子液体[$C_n$mim]Cl（n=4、6、8和12）时，可以有效地提高汞离

子的分离效率[109]。

② 离子液体也可以直接作为HPLC的固定相，主要优点是基于离子液体的可调控性，进而改变固定相的性质。例如，离子液体改性二氧化硅颗粒作为HPLC的固定相，可以有效地分离测定一些常见的有机物，如PAHs[110]。Wang等开发了一种基于季铵、叔胺和磺酸基团的两性离子液体并将其用作HPLC的固定相，可以显著提高HPLC的分离效率[111]。

（3）离子液体在逆流色谱和毛细管电泳中的应用

离子液体也可以应用在逆流色谱（counter-current chromatography，CCC）中，以离子液体作为改性剂，加入双相液体系统中，可以显著改善逆流色谱的分离效果。Müller等报道了基于离子液体的双相体系的逆流色谱，用于非极性脂类化合物的纯化，当正庚烷、氯仿与1-癸基-3-甲基咪唑三氟甲磺酸盐（$[C_{10}mim][OTf]$）离子液体的体积比为3∶3∶1时，分离提纯的效果较好[112]。由于离子液体具有较高的电导率和良好的可调控性，也可以在毛细管电泳（capillary electrophoresis，CE）中用作支持电解质或运行缓冲液的添加剂，主要用于酚类、芳香族酸类、金属离子、糖类、药物、对映体以及氨基酸、蛋白质等化合物的分析[113-116]。

1.4.1.3 离子液体在环境监测中的应用

由于离子液体性能优异，它们在环境监测中也有一定的应用。研究发现，离子液体可以被制成传感器，用于监测指示环境中的SO_x、CO_2、NH_3、有机气体、无机离子等污染物，具有潜在的应用价值。例如，咪唑类和吡咯类离子液体用在多孔膜电极和平板装置中，可以有效监测H_2、O_2、NH_3、HCl和一些挥发性有机物。然而，由于环境湿度会改变离子液体的黏度，影响传感器的机制及其响应，这些设备还没有在市场上应用。随着研究人员对离子液体的认识不断加深，这些问题都会逐渐得到解决，离子液体在环境监测方面的应用也会逐渐成熟。

1.4.2 离子液体在环境污染控制中的应用

随着人类社会的不断发展，环境污染越来越严重，而人们对环境质量的要求也越来越高，环境保护越来越受到人们的重视。离子液体作为一种绿色的功能材料，已在水、大气、土壤、固体废物等污染控制研究中得到应用，展现出一定的潜力。离子液体在环境污染控制中的应用主要是基于离子液体具有良好的萃取能力、广泛的溶解性、优异的可设计性等。常用于环境污染控制的离子液体有咪唑类、季铵盐类、季鏻盐类等。本小节将介绍离子液体在大气污染控制、水污染控制、土壤污染控制以及固体废物资源化中的应用。

1.4.2.1 离子液体在大气污染控制中的应用

离子液体可以溶解酸性气体和挥发性有机物（volatile organic compounds，VOCs），常被用于吸收大气中的废气和VOCs，其应用可以分为源头控制和末端控制。在大气污染源头控制方面，离子液体可以用于燃料油的脱硫，即在燃烧之前利用离子液体脱除燃料油中的含硫化合物，从源头上减少燃料油在使用过程中SO_x气体的排放。常用于萃取脱硫的离子液体阳离子主要为咪唑类和吡啶类，阴离子主要有Lewis酸类、氟磷酸类、氟硼酸类、磷酸类等，它们对稠环噻吩类含硫化合物，尤其是二苯并噻吩具有很好的选择性。天然气中存在酸性气体（如CO_2、H_2S等）会降低其燃料价值，离子液体作为一种绿色的溶剂，可以有效去除天然气中的CO_2和H_2S，提高天然气的纯度，从而提高天然气的燃烧价值[117-119]。

此外，离子液体也可以在大气污染末端吸收产生的酸性气体和VOCs，有效地改善大气环境质量。传统的烟气脱硫主要有干法脱硫、湿法脱硫、催化脱硫等，利用离子液体脱除烟气中的SO_2是烟气脱硫的一次创新，具有吸收快、捕集效率高、稳定性好、可以多次回收利用等优点。研究发现，胍盐类离子液体（[TMG][L]）可以吸收烟气中的SO_2，在减压或加热条件下可实现SO_2的脱附，且离子液体可以循环使用。咪唑类离子液体也可以用于烟气中SO_2的去除：1-乙基-3-甲基咪唑乙酸盐负载的活性炭对SO_2的吸附要优于单纯的活性炭，且这种离子液体对SO_2的选择性要高于NO_2；SO_2在1-（2-二乙氨基乙基）-3-甲基咪唑硫氰酸盐（[Et_2NEmim][SCN]）离子液体中的溶解度达到了1.207g • g^{-1}。此外，离子液体还可以用于吸收CO_2、H_2S等酸性气体[120-124]。离子液体也用于去除大气中的VOCs，此类离子液体主要有咪唑类、季铵盐类。研究发现，1- 丁基 -3- 甲基咪唑双（三氟甲磺酰基）亚胺盐（[Bmim][TFSI]）离子液体可以有效吸收去除甲苯，在 20℃和 50mL • min^{-1} 流速下，甲苯的吸收率大于 94%，且离子液体至少可以循环使用 5 次，其吸收甲苯的效率保持不变。季铵盐离子液体三己基十二烷基鏻双氰胺盐可以作为甲醇的吸收剂，有效地去除废气中的甲醇 [125-127]。总之，离子液体在吸收大气中的酸性气体和 VOCs 时，具有吸收效率高、成本低、可多次循环使用的优点，具有很好的发展前景。

1.4.2.2 离子液体在水污染控制中的应用

目前，离子液体在水污染控制中的应用主要表现在两个方面：

① 去除废水中的重金属。研究人员以双硫腙作为螯合剂，成功地将 Hg^{2+}、Pb^{2+}、Cd^{2+} 从水相中萃取到 [Bmim][PF_6] 中。由于它们在离子液体与水中的分配系数随 pH 值改变而改变，可以反萃取重金属离子，实现重金属和离子液体的回收再利用。在不存在螯合剂的情况下，1- 辛基 -3- 甲基咪唑盐离子液体同样能够将 Hg^{2+} 从水相中萃取分离，且阴离子的浓度越高，萃取速度越快。最近，研究人员又开发了新型的功能化离子液体，用于去除废水中的重金属。例如，研究人员将冠醚结构引入离子液体中，通过改变共价键接枝的咪唑阳离子，调节冠醚功能化离子液体对 Cs^+ 和 Sr^{2+} 的萃取选择性；季铵盐离子液体与氧化石墨烯（graphene oxide，GO）形成的离子液体 - 氧化石墨烯复合材料，可以高效地吸附 Cr^{6+}，重复循环使用 12 次，吸附效果仍没有变化，具有去除制革废水中铬的潜力；也有研究发现，基于周期性介孔有机硅的巯基功能化的离子液体（PMO-IL-SH）可以通过其表面上巯基（—SH）和离子之间的相互作用，有效吸附水溶液中的 Hg^{2+} 和 Pb^{2+}，且该过程是吸热、自发的。研究表明，增加离子液体碳链的长度，有利于提高离子液体从水溶液中分离重金属的能力 [128-132]。

② 去除含酚废水、制药废水、印染废水等废水中的有机污染物。磁性的三己基十四烷基鏻四氯合铁酸盐 [$3C_6PC_{14}$][$FeCl_4$] 可以用于去除含酚废水中的酚类有机物，且比非磁性的离子液体展现出更高的提取效率。研究人员也开发了新型的功能离子液体材料，如新型的超分子离子液体凝胶可以有效去除印染废水中的阳离子染料（如罗丹明 B），重复使用 20 次，对污

染物的去除效率仍保持不变[133-134]。在水污染控制的应用中，离子液体具有可重复使用、去除效果好等特点，展现出了巨大的应用潜力。

1.4.2.3 离子液体在土壤污染控制中的应用

在土壤污染控制中，离子液体同样主要用于去除土壤中的重金属和有机污染物。离子液体对土壤中重金属和有机污染物的修复具有去除效果好、可多次回收循环使用、有效减弱修复材料对土壤的毒性效应等特点。铬、铅、砷❶、汞、镉等为土壤中常见的重金属污染物，利用离子液体去除这些污染物已有相关的研究。研究人员利用 1- 丁基 -3- 甲基咪唑氯盐（[Bmim]Cl）离子液体修复 Cr 污染的土壤，能够有效提取 Cr；[Bmim][BF_4] 和 [Bmim][PF_6] 均能够有效去除土壤中的 As^{3+}；人们也开发了具有类似离子液体性质的低共熔溶剂（DES），与天然表面活性皂苷混合，可去除污染土壤中的 Pb，其去除率大于 72%；新型的功能化离子液体也可以用于去除土壤中的 Pb、Cd、Hg 等重金属污染物。离子液体去除土壤中的有机污染物主要为残留在土壤中的农药类有机污染物。研究人员先用 [Bmim][PF_6] 提取土壤中残留的萘，然后通过超临界 CO_2 流体将离子液体进行回收利用，回收率高达 83.8%，且离子液体可以循环使用。疏水性的 [Bmim][PF_6] 和亲水性的 [Bmim]Cl 都可以用于提取蒙脱石中的狄氏剂、六氯苯和五氯苯酚，其中对狄氏剂的提取效率最高，而对于冰川土壤中的这几种有机污染物，[Bmim][PF_6] 比 [Bmim]Cl 的提取效率要高。需要指出的是，土壤的类型能够影响离子液体对土壤中有机污染物的提取效率[135-141]。

1.4.2.4 离子液体在固体废物资源化中的应用

离子液体在固体废物资源化中的应用包括离子液体降解废弃塑料、纤维等。研究发现，废旧的光盘可以在酸性的 [Bmim][$AlCl_4$]/H_2SO_4 介质中有效地降解为单体碳酸二苯酯，聚乙烯塑料可以在含有少量酸性氯化铝的离子液体中降解为小分子的烷烃，以 *N*- 甲基 -*N*- 丙基哌啶双（三氟甲磺酰基）亚胺盐 ([C_3mpip][TFSI]) 和 4- 二甲氨基吡啶（DMAP）分别为反应介质和催化剂，

❶ 砷是非金属元素，但因其对环境的影响方式、毒性特性等与重金属类似，故常将其与重金属元素归为一类，一起论述。

尼龙6可以发生解聚，产生己内酰胺，单体回收率可达86%，且离子液体可以循环使用[142-143]。随着塑料污染逐渐受到人们的广泛关注，离子液体作为一种新型的绿色溶剂，将会在废弃塑料污染治理中发挥重要作用。

总之，作为一类具有多种优异性能的绿色溶剂，离子液体在实验室和工业领域都得到了广泛的研究，其在环境污染控制方面也展现出了良好的应用前景，为环境污染的控制提供了新思路和新途径，将受到科研人员的持续关注。

参考文献

[1] 张锁江，徐春明，吕兴梅，等. 离子液体与绿色化学 [M]. 北京：科学出版社，2009.

[2] 张星辰. 离子液体：从理论基础到研究进展 [M]. 北京：化学工业出版社，2009.

[3] Lei Z, Chen B, Koo Y M, et al. Introduction: ionic liquids[J]. Chemical Reviews, 2017, 117(10): 6633-6635.

[4] Rogers R D, Seddon K R. Ionic liquids-solvents of the future?[J]. Science, 2003, 302: 792-793.

[5] Katritzky A R, Fara D C, Yang H, et al. Quantitative measures of solvent polarity[J]. Chemical Reviews, 2004, 104(1): 175-198.

[6] Hallett J P, Welton T. Room-temperature ionic liquids: solvents for synthesis and catalysis. 2[J]. Chemical Reviews, 2011, 111(5): 3508-3576.

[7] Wang X, Chen K, Ya J, et al. Recent progress in studies on polarity of ionic liquids[J]. Science China Chemistry, 2016, 59(5): 517-525.

[8] Weingärtner H. Understanding ionic liquids at the molecular level: facts, problems, and controversies[J]. Angewandte Chemie International Edition, 2008, 47(4): 654-670.

[9] Chernikova E A, Glukhov L M, Krasovskiy V G, et al. Ionic liquids as heat transfer fluids: comparison with known systems, possible applications, advantages and disadvantages[J]. Russian Chemical Reviews, 2015, 84(8): 875-890.

[10] Larsen A S, Holbrey J D, Tham F S, et al. Designing ionic liquids: Imidazolium melts with inert carborane anions[J]. Journal of the American Chemical Society, 2000, 122(30): 7264-7272.

[11] Du Z, Li Z, Guo S, et al. Investigation of physicochemical properties of lactam-based brønsted acidic ionic liquids[J]. The Journal of Physical Chemistry B, 2005, 109(41): 19542-19546.

[12] Chun S, Dzyuba S V, Bartsch R A. Influence of structural variation in room-temperature ionic liquids on the selectivity and efficiency of competitive alkali metal salt extraction by a crown ether[J]. Analytical Chemistry, 2001, 73(15): 3737-3741.

[13] 任楠楠. 离子液体体系密度、黏度及表面张力的测定及研究 [D]. 北京：北京化工大学，2013.

[14] Plechkova N V, Seddon K R. Applications of ionic liquids in the chemical industry[J]. Chemical Society Reviews, 2008, 37: 123-150.

[15] Okoturo O O, VanderNoot T J. Temperature dependence of viscosity for room temperature iIonic liquids[J]. Journal of Electroanalytical Chemistry, 2004, 568: 167-181.

[16] Pešić J, Watson M, Papović S, et al. Ionic liquids: review of their current and future industrial applications and their potential environmental impact[J]. Recent Patents on Nanotechnology, 2021, 15(3): 225-244.

[17] Fabre E, Murshed S S. A review of the thermophysical properties and potential of ionic liquids for thermal applications[J]. Journal of Materials Chemistry A, 2021, 9: 15861-15879.

[18] Aparicio S, Atilhan M, Karadas F. Thermophysical properties of pure ionic liquids: review of present situation[J]. Industrial & Engineering Chemistry Research, 2010, 49: 9580-9595.

[19] Dzyuba S V, Bartsch R A. Influence of structural variations in 1-alkyl(aralkyl)-3-methylimidazolium hexafluorophosphates and bis-(trifluorormethyl-sulfonyl)imides on physical properties of the ionic liquids[J]. ChemPhysChem, 2002, 3: 161-166.

[20] Carvalho P J, Freire M G, Marrucho I M, et al. Surface tensions for the 1-alkyl-3-methylimidazolium bis(trifluoromethylsulfonyl) imide ionic liquids[J]. Journal of Chemical & Engineering Data, 2008, 53: 1346-1350.
[21] Sloutskin E, Ocko B M, Tamam L, et al. Surface layering in ionic liquids: an X-ray reflectivity study[J]. Journal of the American Chemical Society, 2005, 127: 7796-7804.
[22] Tariq M, Freire M G, Saramago B, et al. Surface tension of ionic liquids and ionic liquid solutions[J]. Chemical Society Reviews, 2012, 41(2): 829-868.
[23] Meng Y, Liu J, Li Z, et al. Synthesis and physicochemical properties of two SO_3H-functionalized ionic liquids with hydrogen sulfate anion[J]. Journal of Chemical & Engineering Data, 2014, 59(7): 2186-2195.
[24] Bagno A, Butts C, Chiappe C, et al. The Effect of the anion on the physical properties of trihalide-based *N*, *N*-dialkylimidazolium ionic liquids[J]. Organic & Biomolecular Chemistry, 2005, 3: 1624-1630.
[25] Dong K, Liu X, Dong H, et al. Multiscale studies on ionic liquids[J]. Chemical Reviews, 2017, 117(10): 6636-6695.
[26] 齐灿灿，华一新，徐存英，等. 离子液体电化学窗口的研究进展 [J]. 过程工程学报，2014, 14(4): 694-707.
[27] Zhong Y, Yan J, Li M, et al. The electric double layer in an ionic liquid incorporated with water molecules: atomic force microscopy force curve study[J]. ChemElectroChem, 2016, 3(12): 2221-2226.
[28] Chen M, Wu J, Ye T, et al. Adding salt to expand voltage window of humid ionic liquids[J]. Nature Communications, 2020, 11(1): 1-10.
[29] Cao Y, Mu T. Comprehensive investigation on the thermal stability of 66 ionic liquids by thermogravimetric analysis[J]. Industrial & Engineering Chemistry Research, 2014, 53(20): 8651-8664.
[30] Pei Y, Wang J, Wu K, et al. Ionic liquid-based aqueous two-phase extraction of selected proteins[J]. Separation and Purification Technology, 2009, 64(3): 288-295.
[31] Musiał M, Zorębski E, Zorębski M, et al. Effect of alkyl chain length in cation on thermophysical properties of two homologous series: 1-alkyl-1-methylpyrrolidinium bis(trifluoromethylsulfonyl)imides and 1-alkyl-3-methylimidazolium trifluoromethanesulfonates[J]. Journal of Molecular Liquids, 2019, 293: 111511.
[32] Tomida D, Kenmochi S, Qiao K, et al. Densities and thermal conductivities of *N*-alkylpyridinium tetrafluoroborates at high pressure[J]. Fluid Phase Equilibria, 2013, 340: 31-36.
[33] Ferreira A G M, Simões P N, Ferreira A F, et al. Transport and thermal properties of quaternary phosphonium ionic liquids and IoNanofluids[J]. The Journal of Chemical Thermodynamics, 2013, 64: 80-92.
[34] Chum H L, Koch V R, Miller L L, et al. Electrochemical scrutiny of organometallic iron complexes and hexamethylbenzene in a room temperature molten salt[J]. Journal of the American Chemical Society, 1975, 97(11): 3264-3265.
[35] Wilkes J S, Levisky J A, Wilson R A, et al. Dialkylimidazolium chloroaluminate melts: a new class of room-temperature ionic liquids for electrochemistry, spectroscopy and synthesis[J]. Inorganic Chemistry, 1982, 21(3): 1263-1264.
[36] Wei P, Pan X, Chen C Y, et al. Emerging impacts of ionic liquids on eco-environmental safety and human health[J]. Chemical Society Reviews, 2021, 50: 13609.
[37] 孟祥海，张睿，刘海燕，等. 复合离子液体碳四烷基化技术开发与应用 [J]. 中国科学：化学，2018, 48: 387-396.
[38] Rajabi F, Wilhelm C, Thiel W R. A Brønsted acidic, ionic liquid containing, heteropolyacid functionalized polysiloxane network as a highly selective catalyst for the esterification of dicarboxylic acids[J]. Green Chemistry, 2020, 22(14): 4438-4444.
[39] Yang H, Jiang B, Sun Y, et al. Synthesis and oxidative desulfurization of novel lactam-based Brønsted-Lewis acidic ionic liquids[J]. Chemical Engineering Journal, 2016, 306: 131-138.
[40] Greaves T L, Drummond C J. Protic ionic liquids: evolving structure-property relationships and expanding applications[J]. Chemical Reviews, 2015, 115: 11379-11448.
[41] Khachatryan K S, Smirnova S V, Torocheshnikova I I, et al. Solvent extraction and extraction-voltammetric determination of phenols using room temperature ionic liquid[J]. Analytical and Bioanalytical Chemistry, 2005, 381(2): 464-470.
[42] Ayata S, Bozkurt S S, Ocakoglu K. Separation and preconcentration of Pb(Ⅱ) using ionic liquid-modified silica and its determination by flame atomic absorption spectrometry[J]. Talanta, 2011, 84(1): 212-215.
[43] Tokalıoğlu Ş, Yavuz E, Şahan H, et al. Ionic liquid coated carbon nanospheres as a new adsorbent for fast solid

phase extraction of trace copper and lead from sea water, wastewater, street dust and spice samples[J]. Talanta, 2016, 159: 222-230.

[44] Amjadi M, Samadi A. Modified ionic liquid-coated nanometer TiO_2 as a new solid phase extraction sorbent for preconcentration of trace nickel[J]. Colloids and Surfaces A: Physicochemical and Engineering Aspects, 2013, 434: 171-177.

[45] Zhu L, Liu Y, Chen J, et al. Extraction of scandium(Ⅲ) using ionic liquids functionalized solvent impregnated resins[J]. Journal of Applied Polymer Science, 2011, 120(6): 3284-3290.

[46] Ansari S A, Mohapatra P K. Solid phase extraction of trivalent actinides and lanthanides using a novel CMPO-RTIL based chromatographic resin[J]. Radiochimica Acta, 2013, 101(3): 163-168.

[47] Cui C, Hu B, Chen B, et al. Ionic liquid-based magnetic solid phase extraction coupled with inductively coupled plasma-optical emission spectrometry for the determination of Cu, Cd, and Zn in biological samples[J]. Journal of Analytical Atomic Spectrometry, 2013, 28(7): 1110-1117.

[48] Tian M, Yan H, Row K H. Solid-phase extraction of tanshinones from *Salvia Miltiorrhiza* Bunge using ionic liquid-modified silica sorbents[J]. Journal of Chromatography B, 2009, 877(8-9): 738-742.

[49] Wang H, Liu C, Huang X, et al. Ionic liquid-modified luffa sponge fibers for dispersive solid-phase extraction of benzoylurea insecticides from water and tea beverage samples[J]. New Journal of Chemistry, 2018, 42(11): 8791-8799.

[50] Zhang W, Feng X, Alula Y, et al. Bionic multi-tentacled ionic liquid-modified silica gel for adsorption and separation of polyphenols from green tea (*Camellia sinensis*) leaves[J]. Food Chemistry, 2017, 230: 637-648.

[51] Guo L, Deng Q, Fang G, et al. Preparation and evaluation of molecularly imprinted ionic liquids polymer as sorbent for on-line solid-phase extraction of chlorsulfuron in environmental water samples[J]. Journal of Chromatography A, 2011, 1218(37): 6271-6277.

[52] Yang F, Shen R, Long Y, et al. Magnetic microsphere confined ionic liquid as a novel sorbent for the determination of chlorophenols in environmental water samples by liquid chromatography[J]. Journal of Environmental Monitoring, 2011, 13(2): 440-445.

[53] Vidal L, Parshintsev J, Hartonen K, et al. Ionic liquid-functionalized silica for selective solid-phase extraction of organic acids, amines and aldehydes[J]. Journal of Chromatography A, 2012, 1226: 2-10.

[54] Wang X, Akhmedov N G, Duan Y, et al. Amino acid-functionalized ionic liquid solid sorbents for post-combustion carbon capture[J]. ACS Applied Materials & Interfaces, 2013, 5(17): 8670-8677.

[55] Shi F, Liu J, Liang K, et al. Tris(pentafluoroethyl) trifluorophosphate-basd ionic liquids as advantageous solid-phase micro-extraction coatings for the extraction of organophosphate esters in environmental waters[J]. Journal of Chromatography A, 2016, 1447: 9-16.

[56] Pang L, Pang R, Ge L, et al. Trace determination of organophosphate esters in environmental water samples with an ionogel-based nanoconfined ionic liquid fiber coating for solid-phase microextraction with gas chromatography and flame photometric detection[J]. Journal of Separation Science, 2016, 39(22): 4415-4421.

[57] Trujillo-Rodríguez M J, Nan H, Anderson J L. Expanding the use of polymeric ionic liquids in headspace solid-phase microextraction: determination of ultraviolet filters in water samples[J]. Journal of Chromatography A, 2018, 1540: 11-20.

[58] Sun M, Bu Y, Feng J, et al. Graphene oxide reinforced polymeric ionic liquid monolith solid-phase microextraction sorbent for high-performance liquid chromatography analysis of phenolic compounds in aqueous environmental samples[J]. Journal of Separation Science, 2016, 39(2): 375-382.

[59] 庞龙 . 固相微萃取与磁性固相萃取在环境污染物测定和生物有效性评价中的应用研究 [D]. 北京 : 中国科学院大学 , 2013.

[60] Liu J F, Jiang G B, Chi Y G, et al. Use of ionic liquids for liquid-phase microextraction of polycyclic aromatic hydrocarbons[J]. Analytical Chemistry, 2003, 75(21): 5870-5876.

[61] Wen X, Deng Q, Guo J. Ionic liquid-based single drop microextraction of ultra-trace copper in food and water samples before spectrophotometric determination[J]. Spectrochimica Acta Part A: Molecular and Biomolecular Spectroscopy, 2011, 79(5): 1941-1945.

[62] Rahmani M, Kaykhaii M. Determination of methylcyclopentadienyl-manganese tricarbonyl in gasoline and water via ionic-liquid headspace single drop microextraction and electrothermal atomic absorption spectrometry[J]. Microchimica Acta, 2011, 174(3-4): 413-419.

[63] Wen X, Deng Q, Wang J, et al. A new coupling of ionic liquid based-single drop microextraction with tungsten

coil electrothermal atomic absorption spectrometry[J]. Spectrochimica Acta Part A: Molecular and Biomolecular Spectroscopy, 2013, 105: 320-325.
[64] Márquez-Sillero I, Cárdenas S, Valcárcel M. Direct determination of 2, 4, 6-tricholoroanisole in wines by single-drop ionic liquid microextraction coupled with multicapillary column separation and ion mobility spectrometry detection[J]. Journal of Chromatography A, 2011, 1218(42): 7574-7580.
[65] An J, Rahn K L, Anderson J L. Headspace single drop microextraction versus dispersive liquid-liquid microextraction using magnetic ionic liquid extraction solvents[J]. Talanta, 2017, 167: 268-278.
[66] Trujillo-Rodríguez M J, Pino V, Anderson J L. Magnetic ionic liquids as extraction solvents in vacuum headspace single-drop microextraction[J]. Talanta, 2017, 172: 86-94.
[67] Fernández E, Vidal L, Canals A. Hydrophilic magnetic ionic liquid for magnetic headspace single-drop microextraction of chlorobenzenes prior to thermal desorption-gas chromatography-mass spectrometry[J]. Analytical and Bioanalytical Chemistry, 2018, 410(19): 4679-4687.
[68] Ma X, Huang M, Li Z, et al. Hollow fiber supported liquid-phase microextraction using ionic liquid as extractant for preconcentration of benzene, toluene, ethylbenzene and xylenes from water sample with gas chromatography-hydrogen flame ionization detection[J]. Journal of Hazardous Materials, 2011, 194: 24-29.
[69] Ge D, Lee H K. Ionic liquid based hollow fiber supported liquid phase microextraction of ultraviolet filters[J]. Journal of Chromatography A, 2012, 1229: 1-5.
[70] Hsu K C, Lee C F, Chao Y Y, et al. Ultrasound-assisted hollow fiber/ionic liquid-based liquid phase microextraction using an ionic liquid solvent for preconcentration of cobalt and nickel ions in urine samples prior to FAAS determination[J]. Journal of Analytical Atomic Spectrometry, 2016, 31(11): 2338-2345.
[71] López-López J A, Pirkwieser P, Leyma R, et al. Solvent bar micro-extraction for greener application of task specific ionic liquids in multi-elemental extraction[J]. Journal of Cleaner Production, 2018, 201: 22-27.
[72] Tao Y, Liu J F, Hu X L, et al. Hollow fiber supported ionic liquid membrane microextraction for determination of sulfonamides in environmental water samples by high-performance liquid chromatography[J]. Journal of Chromatography A, 2009, 1216(35): 6259-6266.
[73] Liu W, Wei Z, Zhang Q, et al. Novel multifunctional acceptor phase additive of water-miscible ionic liquid in hollow-fiber protected liquid phase microextraction[J]. Talanta, 2012, 88: 43-49.
[74] Wang J, Huang S, Wang P, et al. Method development for the analysis of phthalate esters in tea beverages by ionic liquid hollow fibre liquid-phase microextraction and liquid chromatographic detection[J]. Food Control, 2016, 67: 278-284.
[75] Zeng C, Lin Y, Zhou N, et al. Room temperature ionic liquids enhanced the speciation of Cr(Ⅵ) and Cr(Ⅲ) by hollow fiber liquid phase microextraction combined with flame atomic absorption spectrometry[J]. Journal of Hazardous Materials, 2012, 237: 365-370.
[76] Pimparu R, Nitiyanontakit S, MiróM, et al. Dynamic single-interface hollow fiber liquid phase microextraction of Cr(Ⅵ)using ionic liquid containing supported liquid membrane[J]. Talanta, 2016, 161: 730-734.
[77] Alahmad W, Tungkijanansin N, Kaneta T, et al. A colorimetric paper-based analytical device coupled with hollow fiber membrane liquid phase microextraction(HF-LPME) for highly sensitive detection of hexavalent chromium in water samples[J]. Talanta, 2018, 190: 78-84.
[78] Liu Y, Zhao E, Zhu W, et al. Determination of four heterocyclic insecticides by ionic liquid dispersive liquid-liquid microextraction in water samples[J]. Journal of Chromatography A, 2009, 1216(6): 885-891.
[79] He L, Luo X, Jiang X, et al. A new 1, 3-dibutylimidazolium hexafluorophosphate ionic liquid-based dispersive liquid-liquid microextraction to determine organophosphorus pesticides in water and fruit samples by high-performance liquid chromatography[J]. Journal of Chromatography A, 2010, 1217(31): 5013-5020.
[80] Yao C, Anderson J L. Dispersive liquid-liquid microextraction using an in situ metathesis reaction to form an ionic liquid extraction phase for the preconcentration of aromatic compounds from water[J]. Analytical and Bioanalytical Chemistry, 2009, 395(5): 1491-1502.
[81] Zhao R S, Wang X, Sun J, et al. Determination of triclosan and triclocarban in environmental water samples with ionic liquid/ionic liquid dispersive liquid-liquid microextraction prior to HPLC-ESI-MS/MS[J]. Microchimica Acta, 2011, 174(1-2): 145-151.
[82] Wang S, Ren L, Liu C, et al. Determination of five polar herbicides in water samples by ionic liquid dispersive liquid-phase microextraction[J]. Analytical and Bioanalytical Chemistry, 2010, 397(7): 3089-3095.
[83] Zhou Q, Bai H, Xie G, et al. Trace determination of organophosphorus pesticides in environmental samples by

temperature-controlled ionic liquid dispersive liquid-phase microextraction[J]. Journal of Chromatography A, 2008, 1188(2): 148-153.

[84] Bai H, Zhou Q, Xie G, et al. Enrichment and sensitive determination of dichlorodiphenyltrichloroethane and its metabolites with temperature controlled ionic liquid dispersive liquid phase microextraction prior to high performance liquid phase chromatography[J]. Analytica Chimica Acta, 2009, 651(1): 64-68.

[85] Li S, Cai S, Hu W, et al. Ionic liquid-based ultrasound-assisted dispersive liquid-liquid microextraction combined with electrothermal atomic absorption spectrometry for a sensitive determination of cadmium in water samples[J]. Spectrochimica Acta Part B: Atomic Spectroscopy, 2009, 64(7): 666-671.

[86] Zhou Q, Zhang X, Xiao J. Ultrasound-assisted ionic liquid dispersive liquid-phase micro-extraction: a novel approach for the sensitive determination of aromatic amines in water samples[J]. Journal of Chromatography A, 2009, 1216(20): 4361-4365.

[87] Wang L, Zhang D, Xu X, et al. Application of ionic liquid-based dispersive liquid phase microextraction for highly sensitive simultaneous determination of three endocrine disrupting compounds in food packaging[J]. Food Chemistry, 2016, 197: 754-760.

[88] Akhond M, Absalan G, Pourshamsi T, et al. Gas-assisted dispersive liquid-phase microextraction using ionic liquid as extracting solvent for spectrophotometric speciation of copper[J]. Talanta, 2016, 154: 461-466.

[89] Escudero L B, Martinis E M, Olsina R A, et al. Arsenic speciation analysis in mono-varietal wines by on-line ionic liquid-based dispersive liquid-liquid microextraction[J]. Food Chemistry, 2013, 138(1): 484-490.

[90] López-García I, Vicente-Martínez Y, Hernández-Córdoba M. Determination of lead and cadmium using an ionic liquid and dispersive liquid-liquid microextraction followed by electrothermal atomic absorption spectrometry[J]. Talanta, 2013, 110: 46-52.

[91] Escudero L B, Wuilloud R G, Olsina R A. Sensitive determination of thallium species in drinking and natural water by ionic liquid-assisted ion-pairing liquid-liquid microextraction and inductively coupled plasma mass spectrometry[J]. Journal of Hazardous Materials, 2013, 244: 380-386.

[92] Wang H, Hu L, Li W, et al. A rapid and simple pretreatment method for benzoylurea insecticides in honey samples using in-syringe dispersive liquid-liquid microextraction based on the direct solidification of ionic liquids[J]. Journal of Chromatography A, 2016, 1471: 60-67.

[93] Suárez R, Clavijo S, Avivar J, et al. On-line in-syringe magnetic stirring assisted dispersive liquid-liquid microextraction HPLC-UV method for UV filters determination using 1-hexyl-3-methylimidazolium hexafluorophosphate as extractant[J]. Talanta, 2016, 148: 589-595.

[94] Trujillo-Rodríguez M J, Nacham O, Clark K D, et al. Magnetic ionic liquids as non-conventional extraction solvents for the determination of polycyclic aromatic hydrocarbons[J]. Analytica Chimica Acta, 2016, 934: 106-113.

[95] Yu H, Merib J, Anderson J L. Faster dispersive liquid-liquid microextraction methods using magnetic ionic liquids as solvents[J]. Journal of Chromatography A, 2016, 1463: 11-19.

[96] Clark K D, Varona M, Anderson J L. Ion-tagged oligonucleotides coupled with a magnetic liquid support for the sequence-specific capture of DNA[J]. Angewandte Chemie International Edition, 2017, 56(26): 7630-7633.

[97] Merib J, Spudeit D A, Corazza G, et al. Magnetic ionic liquids as versatile extraction phases for the rapid determination of estrogens in human urine by dispersive liquid-liquid microextraction coupled with high-performance liquid chromatography-diode array detection[J]. Analytical and Bioanalytical Chemistry, 2018, 410(19): 4689-4699.

[98] Wang J S, Sheaff C N, Yoon B, et al. Extraction of uranium from aqueous solutions by using ionic liquid and supercritical carbon dioxide in conjunction[J]. Chemistry—A European Journal, 2009, 15(17): 4458-4463.

[99] Pavagadhi S, Basheer C, Balasubramanian R. Application of ionic-liquid supported cloud point extraction for the determination of microcystin-leucine-arginine in natural waters[J]. Analytica Chimica Acta, 2011, 686(1-2): 87-92.

[100] 卢凯，刘伟，齐美玲，等．两种高热稳定性端羟基单阳离子型咪唑离子液体毛细管气相色谱固定相的性能评价 [J]. 色谱，2010, 28(8): 731-736.

[101] Talebi M, Patil R A, Sidisky L M, et al. Branched-chain dicationic ionic liquids for fatty acid methyl ester assessment by gas chromatography[J]. Analytical and Bioanalytical Chemistry, 2018, 410(19): 4633-4643.

[102] 陈晓燕，卢凯，齐美玲，等．聚合离子液体毛细管气相色谱固定相的性能评价 [J]. 色谱，2009, 27(6): 750-754.

[103] Ho W Y, Hsieh Y N, Lin W C, et al. High temperature imidazolium ionic polymer for gas chromatography[J].

Analytical Methods, 2010, 2(5): 455-457.
[104] Nan H, Zhang C, Venkatesh A, et al. Argentation gas chromatography revisited: Separation of light olefin/paraffin mixtures using silver-based ionic liquid stationary phases[J]. Journal of Chromatography A, 2017, 1523: 316-320.
[105] Nan H, Peterson L, Anderson J L. Evaluating the solvation properties of metal-containing ionic liquids using the solvation parameter model[J]. Analytical and Bioanalytical Chemistry, 2018, 410(19): 4597-4606.
[106] Frink L A, Armstrong D W. Determination of trace water content in petroleum and petroleum products[J]. Analytical Chemistry, 2016, 88(16): 8194-8201.
[107] Frink L A, Armstrong D W. The utilisation of two detectors for the determination of water in honey using headspace gas chromatography[J]. Food Chemistry, 2016, 205: 23-27.
[108] Han D, Wang Y, Jin Y, et al. Analysis of some β-lactam antibiotics using ionic liquids as mobile phase additives by RP-HPLC[J]. Journal of Chromatographic Science, 2011, 49(1): 63-66.
[109] Grijalba A C, Quintas P Y, Fiorentini E F, et al. Usefulness of ionic liquids as mobile phase modifiers in HPLC-CV-AFS for mercury speciation analysis in food[J]. Journal of Analytical Atomic Spectrometry, 2018, 33(5): 822-834.
[110] Qiu H, Liang X, Sun M, et al. Development of silica-based stationary phases for high-performance liquid chromatography[J]. Analytical and Bioanalytical Chemistry, 2011, 399(10): 3307-3322.
[111] Wang Q, Xu L, Xue Y W. Preparation, evaluation, and application of a novel reversed-phase/zwitterionic/hydrophilic interaction liquid chromatographic mixed-mode stationary phase[J]. Journal of Liquid Chromatography & Related Technologies, 2016, 39(13): 598-606.
[112] Müller M, Englert M, Earle M J, et al. Development of solvent systems with room temperature ionic liquids for the countercurrent chromatographic separation of very nonpolar lipid compounds[J]. Journal of Chromatography A, 2017, 1488: 68-76.
[113] Xu Y, Wang E. Ionic liquids used in and analyzed by capillary and microchip electrophoresis[J]. Journal of Chromatography A, 2009, 1216(24): 4817-4823.
[114] Vaher M, Koel M, Kazarjan J, et al. Capillary electrophoretic analysis of neutral carbohydrates using ionic liquids as background electrolytes[J]. Electrophoresis, 2011, 32(9): 1068-1073.
[115] Holzgrabe U, Wahl J. Capillary Electrophoresis[M]. New York: Humana Press, 2016.
[116] Li J, Yu T, Xu G, et al. Synthesis and application of ionic liquid functionalized β-cyclodextrin, mono-6-deoxy-6-(4-amino-1, 2, 4-triazolium)-β-cyclodextrin chloride, as chiral selector in capillary electrophoresis[J]. Journal of Chromatography A, 2018, 1559: 178-185.
[117] Ko N H, Lee J S, Huh E S, et al. Extractive desulfurization using Fe-containing ionic liquids[J]. Energy & Fuels, 2008, 22(3): 1687-1690.
[118] Nie Y, Li C X, Wang Z H. Extractive desulfurization of fuel oil using alkylimidazole and its mixture with dialkylphosphate ionic liquids[J]. Industrial & Engineering Chemistry Research, 2007, 46(15): 5108-5112.
[119] Lee S H, Kim B S, Lee E W, et al. The removal of acid gases from crude natural gas by using novel supported liquid membranes[J]. Desalination, 2006, 200(1-3): 21-22.
[120] Bates E D, Mayton R D, Ntai I, et al. CO_2 capture by a task-specific ionic liquid[J]. Journal of the American Chemical Society, 2002, 124(6): 926-927.
[121] Wu W, Han B, Gao H, et al. Desulfurization of flue gas: SO_2 absorption by an ionic liquid[J]. Angewandte Chemie International Edition, 2004, 43(18): 2415-2417.
[122] Severa G, Head J, Bethune K, et al. Comparative studies of low concentration SO_2 and NO_2 sorption by activated carbon supported [C_2mim][Ac] and KOH sorbents[J]. Journal of Environmental Chemical Engineering, 2018, 6(1): 718-727.
[123] Zhou X, Cao B, Liu S, et al. Theoretical and experimental investigation on the capture of H_2S in a series of ionic liquids[J]. Journal of Molecular Graphics and Modelling, 2016, 68: 87-94.
[124] Huang K, Zhang X M, Zhou L S, et al. Highly efficient and selective absorption of H_2S in phenolic ionic liquids: A cooperative result of anionic strong basicity and cationic hydrogen-bond donation[J]. Chemical Engineering Science, 2017, 173: 253-263.
[125] Delaunay F, Rodriguez-Castillo A S, Couvert A, et al. Interfacial structure of toluene at an ionic liquid/vapor interface: A molecular dynamics simulation investigation[J]. The Journal of Physical Chemistry C, 2015, 119(18): 9966-9972.

[126] 刘宝友，张佩文．离子液体的进展——绿色制备及在环境修复中的应用研究 [J]. 有机化学，2018, 38(12): 3176-3188.
[127] Milota M, Mosher P, Li K. VOC and HAP removal from dryer exhaust gas by absorption into ionic liquids[J]. Forest Products Journal, 2007, 57(5): 73-77.
[128] Wei G T, Yang Z, Chen C J. Room temperature ionic liquid as a novel medium for liquid/liquid extraction of metal ions[J]. Analytica Chimica Acta, 2003, 488(2): 183-192.
[129] Luo H, Dai S, Bonnesen P V, et al. Separation of fission products based on ionic liquids: Task-specific ionic liquids containing an aza-crown ether fragment[J]. Journal of Alloys and Compounds, 2006, 418(1-2): 195-199.
[130] Mancini M V, Spreti N, Di Profio P, et al. Understanding mercury extraction mechanism in ionic liquids[J]. Separation and Purification Technology, 2013, 116: 294-299.
[131] Kumar A S K, Rajesh N. Exploring the interesting interaction between graphene oxide, Aliquat-336 (a room temperature ionic liquid) and chromium (Ⅵ) for wastewater treatment[J]. RSC Advances, 2013, 3(8): 2697-2709.
[132] Elhamifar D, Shojaeipoor F, Yari O. Thiopropyl-containing ionic liquid based periodic mesoporous organosilica as a novel and efficient adsorbent for the removal of Hg(Ⅱ) and Pb(Ⅱ) ions from aqueous solutions[J]. RSC Advances, 2016, 6(63): 58658-58666.
[133] Deng N, Li M, Zhao L, et al. Highly efficient extraction of phenolic compounds by use of magnetic room temperature ionic liquids for environmental remediation[J]. Journal of Hazardous Materials, 2011, 192(3): 1350-1357.
[134] Lawal I A, Moodley B. Sorption mechanism of pharmaceuticals from aqueous medium on ionic liquid modified biomass[J]. Journal of Chemical Technology & Biotechnology, 2017, 92(4): 808-818.
[135] Mahmoud M E, Osman M M, Yakout A A, et al. Water and soil decontamination of toxic heavy metals using aminosilica-functionalized-ionic liquid nanocomposite[J]. Journal of Molecular Liquids, 2018, 266: 834-845.
[136] Kirchhecker S, Esposito D. Amino acid based ionic liquids: a green and sustainable perspective[J]. Current Opinion in Green and Sustainable Chemistry, 2016, 2: 28-33.
[137] Mukhopadhyay S, Mukherjee S, Hayyan A, et al. Enhanced removal of lead from contaminated soil by polyol-based deep eutectic solvents and saponin[J]. Journal of Contaminant Hydrology, 2016, 194: 17-23.
[138] Liao C Y, Peng C Y, Wang H C, et al. Extraction of arsenic from a soil in the blackfoot disease endemic area with ionic liquids[J]. Nuclear Instruments and Methods in Physics Research Section A: Accelerators, Spectrometers, Detectors and Associated Equipment, 2011, 652(1): 925-927.
[139] Huang H L, Huang H H, Wei Y J. Reduction of toxic Cr(Ⅵ)-humic acid in an ionic liquid[J]. Spectrochimica Acta Part B: Atomic Spectroscopy, 2017, 133: 9-13.
[140] Keskin S, Akman U, Hortaçsu Ö. Soil remediation via an ionic liquid and supercritical CO_2[J]. Chemical Engineering & Processing: Process Intensification, 2008, 9(47): 1693-1704.
[141] Khodadoust A P, Chandrasekaran S, Dionysiou D D. Preliminary assessment of imidazolium-based room-temperature ionic liquids for extraction of organic contaminants from soils[J]. Environmental Science & Technology, 2006, 40(7): 2339-2345.
[142] 顾彦龙，杨宏洲，邓友全．离子液体中聚碳酸酯光盘的降解——碳酸二苯酯的回收 [J]. 化学学报，2002, 60(4): 753-757.
[143] Kamimura A, Yamamoto S. A novel depolymerization of nylons in ionic liquids[J]. Polymers for Advanced Technologies, 2008, 19(10): 1391-1395.

SERIE BOOKS ON **IONIC LIQUIDS**

IONIC LIQUIDS

2 离子液体的环境行为

随着离子液体的工业化生产和应用以及新型离子液体的不断合成和使用，排放到环境中的离子液体在数量和质量上均逐渐增加。离子液体因其难挥发性，难以进入大气环境，对大气环境的影响基本可以忽略不计。然而，由于其化学稳定性高和难降解，一些离子液体可能在环境中长期滞留，污染土壤、沉积物、地表水和地下水等环境介质，对周围的生态系统存在潜在的威胁。因此，有必要全面认识离子液体在陆地和水环境中的环境行为。本章将介绍环境中离子液体的分离测定方法、赋存水平以及吸附、迁移、降解等行为。

2.1 离子液体的分离测定方法

为了研究离子液体在环境中的迁移转化过程及生物毒性效应，必须建立环境介质中离子液体的分析测定方法。由于环境介质中离子液体的含量较低，直接测定环境中的离子液体面临着巨大的挑战，因此，需要对环境中的离子液体进行分离富集，然后再进行测定。本节将阐述环境中离子液体的分离测定方法，主要包括三方面：①离子液体的测定方法；②离子液体样品分析的预处理方法；③环境介质中离子液体的分析测定方法。

2.1.1 离子液体的测定方法

离子液体的测定方法主要包括高效液相色谱法（HPLC）、离子色谱法（IC）、毛细管电泳法（CE）及等速电泳法等，本小节将介绍这些分析方法。

2.1.1.1 高效液相色谱法

高效液相色谱法是高效且常用的分析离子液体的方法，主要包括反相液相色谱法（reverse phase liquid chromatography，RPLC）、离子对 - 反相液相色谱法（ion pair reverse phase liquid chromatography，IP-RPLC）和极性 - 反相液相色谱法（polarity reverse phase liquid chromatography，P-RPLC），这些方法主要用于分析离子液体中的阳离子。传统的高效液相色谱法是固定相的极性大于流动相的极性，而反相液相色谱法流动相的极性大于固定相的极性，是液相色谱最主要的分离模式，适用于分离极性、非极性或离子型化合物。2003 年，Stepnowski 等以乙酸缓冲液为流动相，以反相 C_{18} 和 C_8 柱为固定相，以电喷雾电离质谱（electrospray ionization mass spectrometry，ESI-MS）为检测器，首次报道了用反相液相色谱法分析 1- 烷基和 1- 芳香基 -3- 甲基咪唑离子液体中的阳离子。发现使用 10% 甲醇或乙腈作为流动相进行等度洗脱，可以分离芳香基和烷基咪唑阳离子，且离子液体中阴离子并不影响阳离子的分离测定 [1]。流动相对反相液相色谱法分析测定离子液体具有一定的影响，如 Stepnowski 等研究了烷基咪唑阳离子在反相液相色谱系统中的行为，发现当缓冲盐浓度大于 $30mmol \cdot L^{-1}$ 时，不利于离子液体阳离子的保留和选择；当流动相中甲醇浓度升高时，所有组分的保留时间均下降，但流动相的 pH 值和缓冲盐的浓度均不会影响离子液体阳离子的保留时间；以乙腈作为有机调节剂后，可以有效地缩短分析时间，且得到的峰形更尖锐；当以三氟乙酸（trifluoroacetic acid，TFA）对乙腈 - 水流动相进行改性时，随着三氟乙酸的浓度由 $10mmol \cdot L^{-1}$ 增加到 $30mmol \cdot L^{-1}$，溶质和固定相间相互作用逐渐增强，保留系数随之增大 [2]。有研究者以水 + 乙腈 [水＞ 70%（体积分数）] 和 Kromasil C_{18} 柱分别为流动相和固定相，探究了流动相对离子液体分离的影响，发现当流动相中不加盐时，离子液体中的阳离子和阴离子均可以用反相液相色谱法分析；当在流动相中加入乙酸盐、磷酸盐、氯化钠或者四氟硼酸钠时，离子液体中阳离子的检出限降低，但不能有效分析阴离子；此外，研究还发现离子液体的烷基链越长，阳离子与固定相间的亲和力越强 [3]。固定相的结构特征也能够影响反相液相色谱法对离子液体的分离测定。研究发现，在一定条件下，SG-C_4 型固定相对离子液体阳离子的分离效果最好，十八烷基硅烷键合硅胶的固定相在梯度洗脱下，也能够很好地分离离子液体阳离子，具有较低的非均质性的配体化学键合硅胶固定相（SGMIX 和 SG-CHOL）对离子液体阳离子也有较好的分离效果；当固定相含有芳香基团时，色散力和 π-π 相互作用为离子液体在固定相上保留的主要作用力，保留时间随固定相疏水性的增强而增加 [4-5]。也有研究发现，固定相与离子液体阳离子烷基链间的疏水作用是影响保留时间的主要因素，阳离子与固定相间的极性及电荷转移影响较小 [6]。

离子对 - 反相液相色谱法是把离子对试剂加入流动相或固定相中，使其与溶质离子结合形成疏水型离子对化合物，增强溶质与固定相的作用，使分配系数增大，改善分离效果，从而控制溶质离子的保留行为。烷基磺酸盐可以作为离子对溶剂，将其添加到离子对 - 反相液相色谱的流动相中，与咪唑阳离子形成疏水型离子对化合物，从而实现分离。例如，Le Rouzo 等将癸烷磺酸钠加入乙腈 / 水中并作为流动相，用离子对 - 反相液相色谱法能有效地分离离子液体的阳离子，得到良好的对称峰，且离子液体阳离子随其疏水性的增强而顺序洗脱，保留因子与离子液体的疏水性线性相关，其中亲脂性阳离子要在 70min 后才能够被洗脱 [7]。研究人员以七氟丁酸（heptafluorobutyric acid，HFBA）作为离子对试剂添加到流动相中，以十八烷基硅烷键合硅胶填料（ODS 柱）为固定相，利用离子对 - 反相液相色谱技术增加氨基酸离子液体的保留时间，基于氨基酸的两性离子特征提出了同时测定离子液体阴离子和阳离子的方法，进而利用质谱仪定量分析了 20 种氨基酸离子液体 [8]。图 2-1 为测定的 [Bmim][His] 选择性离子的谱图。结果发现，所研究的氨基酸离子液体的咪唑阳离子和组氨酸阴离子均在 15min 内完成梯度洗脱，还发现组氨酸阴离子会影响离子液体中阴阳离子间的相互作用 [8]。此外，研究人员采用 Zorbax Eclipse XDB-C_{18} 反相色谱柱，以含有庚烷磺酸钠和戊烷磺酸钠离子对试剂的乙腈为流动相，用离子对 - 反相液相色谱法同时测定 5 种咪唑阳离子和 4 种吡啶阳离子。结果显示，在最优条件下，采用梯度洗脱程序在 15min 内能够有效分离这 9 种离子液体的阳离子，且方法检出限低、重现性好 [9]。

极性 - 反相液相色谱法，即在色谱填料上使用了一些极性基团的反相液相色谱法，同样可以用于离子液体的分离测定。对于短链的咪唑类离子液体阳离子，极性 - 反相液相色谱法的选择性和分离效果优于反相液相色谱法和离子对 - 反相液相色谱法。例如，Stepnowski 等利用极性 - 反相液相色谱法分析了不同烷基链长度的咪唑离子液体阳离子，发现极性 - 反相液相色谱法对短链的咪唑离子液体的阳离子具有更好的选择性，展现出更好的分离效果 [10-12]。亲水（相互）作用液相色谱法也被用于分离测定离子液体。例如，Hawkins 等分别以乙腈 - 甲酸铵缓冲液（体积比为 90∶10）和未改性的硅胶柱为流动相和固定相，通过亲水（相互）作用液相色谱法测定了 9 种以 *N*,*N*-

二烷基咪唑为阳离子的离子液体。结果发现，该方法稳定性好、灵敏度高，其定量检出限为 2 ～ 3μmol•L^{-1}，远低于普通的高效液相色谱 - 紫外检测法，说明这种方法可更有效地测定咪唑类离子液体 [13]。

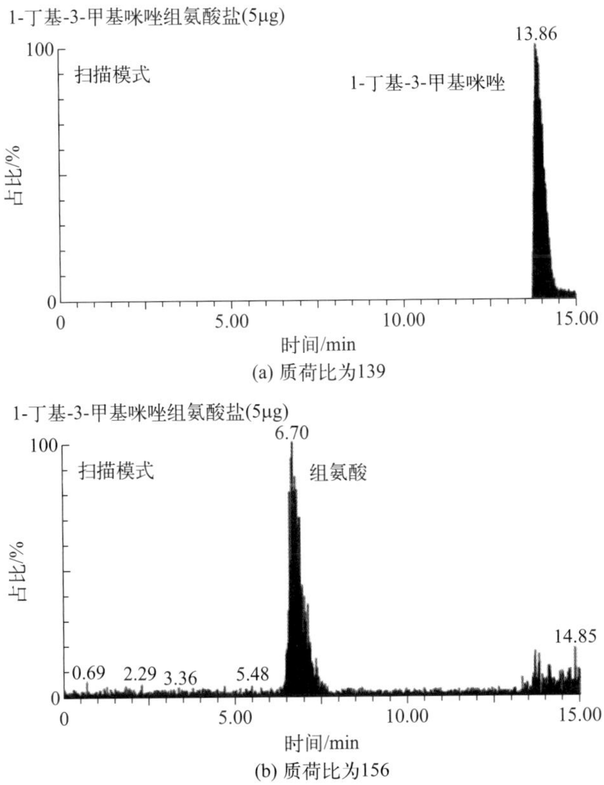

图 2-1 测定的 [Bmim][His] 选择性离子的谱图 [8]

研究人员也建立了一种简便、通用的亲水（相互）作用液相色谱 - 间接紫外检测法，用于分离检测吡咯烷铵阳离子，并将该方法用于分析测定 *N*- 甲基 -*N*- 乙基吡咯烷溴盐（[Mepyr]Br）、*N*- 甲基 -*N*- 丙基吡咯烷溴盐（[Mppyr]Br）和 *N*- 甲基 -*N*- 丁基吡咯烷溴盐（[Mbpyr]Br）的阳离子，结果发现，加标回收率为 96.0% ～ 98.8%，$[Mepyr]^+$、$[Mppyr]^+$ 和 $[Mbpyr]^+$ 的检出限为 0.14 ～ 0.17mg • L^{-1}；与反相液相色谱法相比，亲水（相互）作用液相色谱 - 间接紫外检测法提高了极性离子液体阳离子的保留率，该方法简单、选择性好，可用于定量分析吡咯类阳离子[14]。Liu 等建立了用咪唑类离子液体液相色谱 - 间接紫外分离检测哌啶类离子液体阳离子的方法，研究发现，该方法以 0.5mmol • L^{-1} 的 1- 乙基 -3- 甲基咪唑四氟硼酸盐和 0.1mmol • L^{-1} 的 1- 正庚烷磺酸钠水溶液 / 甲醇（体积比 70∶30）为流动相，采用间接紫外检测的反相离子对色谱法测定 *N*- 甲基 -*N*- 丙基哌啶阳离子 $[Pmpip]^+$ 和 *N*- 丁基 -*N*- 甲基哌啶阳离子 $[Bmpip]^+$，检出限分别为 0.29mg • L^{-1} 和 0.53mg • L^{-1}，线性范围均为 2.0 ～ 100.0mg • L^{-1}（如表 2-1 所示），但并未应用于实际水样的测定；流动相中的咪唑离子液体既是间接紫外检测的本底紫外吸收剂，又是促进哌啶类离子液体阳离子分离的活性组分；与反相色谱法相比，反相离子对色谱法是一种较好的测定哌啶类离子液体阳离子含量的方法[15]。

表2-1　离子液体的测定结果[15]

离子液体	线性方程	相关系数 (R)	LOD (S/N=3)/(mg • L^{-1})	线性范围 /(mg • L^{-1})	RSD_s/RSD_t (n=5)/%
[Pmpip]	$y=15.79x+1.49$	0.9998	0.29	2.0 ～ 100	0.5/0.4
[Bmpip]	$y=13.91x+15.14$	0.9993	0.53	2.0 ～ 100	0.7/0.5

注：LOD—检出限；S/N—信噪比；RSD_s/RSD_t—峰面积和保留时间的相对标准偏差。

Zhang 等建立了一种基于硅基整体柱的离子对色谱 - 直接电导率检测的方法，用于快速同时测定哌啶类和吡咯类阳离子，包括 *N*- 甲基 -*N*- 乙基哌啶溴盐（[Mepip]Br）、*N*- 甲基 -*N*- 丙基哌啶溴盐、*N*- 甲基 -*N*- 丁基哌啶溴盐（[Mbpip]Br）、*N*- 甲基 -*N*- 乙基吡咯烷溴盐（[Mepyr]Br）、*N*- 甲基 -*N*- 丙基吡咯烷溴盐（[Mppyr]Br）和 *N*- 甲基 -*N*- 丁基吡咯烷溴盐（[Mbpyr]Br）。该方法以 0.5mmol • L^{-1} 庚烷磺酸钠 -5% 乙腈为流动相，这六种离子液体阳离子的加标回收率在 96% ～ 111% 之间，检出限为 0.19 ～ 3.08mg • L^{-1}，该方法准确、可靠、快速，可以应用于离子液体样品中哌啶类和吡咯类阳离子的测定[16]。Liu 等发展了以咪唑类离子液体为紫外吸收剂和洗脱剂的离子对色谱间接紫外检测的方法，用于分析测定水环境中的吡咯烷阳离子，吡咯类阳离子包括 *N*- 甲基 -*N*- 乙基吡咯烷阳离子（$[Mepyr]^+$）、*N*- 甲基 -*N*- 丙基吡咯烷阳离子（$[Mppyr]^+$）和 *N*- 甲基 -*N*- 丁基吡咯烷阳离子（$[Mbpyr]^+$），该方法以咪唑类离子液体为紫外吸收试剂进行背景紫外吸收，同时以咪唑类离子液体离子对试剂 - 有机溶剂为流动相，在反相硅胶整体柱上进行吡咯类阳离子的分离和检测，结果发现，*N*- 甲基 -*N*- 乙基吡咯烷阳离子、*N*- 甲基 -*N*- 丙基吡咯烷阳离子和 *N*- 甲基 -*N*- 丁基吡咯烷阳离子的检出限分别为 $0.12mg \cdot L^{-1}$、$0.08mg \cdot L^{-1}$ 和 $0.19mg \cdot L^{-1}$，加标回收率为 97.5% ～ 104.1%，此方法结果准确，重现性良好，已成功应用于实验室合成的离子液体样品中吡咯类阳离子的分析测定 [17]。

紫外 - 可见分光光度法通过利用阳离子中的发色团或较不常见的阴离子（如芳香族酸），来分析测定离子液体。例如，基于长链咪唑阳离子离子液体引起的溴甲酚绿的减色效应，Tong 等利用紫外 - 可见分光光度计测定了长链咪唑类阳离子离子液体 [18]。但紫外 - 可见分光光度法容易受到干扰，特别是有机溶剂在低波长的影响较为严重，必须进行复杂的样品预处理以消除干扰，这可能非常耗时，并产生大量的溶剂废液。此外，质谱法和核磁共振光谱法也可以用于离子液体的测定，但是，质谱法和核磁共振光谱法的费用昂贵、测定过程复杂。总之，质谱法、核磁共振光谱法和紫外 - 可见分光光度法不经常用于离子液体的常规分析 [19-22]。

2.1.1.2　离子色谱法

离子色谱法是以电解质溶液和离子交换树脂分别为流动相和固定相，在离子交换色谱法的基础上发展起来的一种液相色谱法，因其具有通用性、高选择性等优点，是分析环境样品中无机阴阳离子较为实用的方法。离子液体完全由阴离子和阳离子组成，也属于盐类，其阴阳离子也可以用离子色谱法进行分析测定。流动相的组成和缓冲液的浓度都影响离子色谱法对离子液体的分析。例如，Stepnowski 等以乙腈和磷酸盐缓冲液作为流动相，利用离子色谱法分析了几种离子液体阳离子的色谱行为，发现当乙腈浓度为 20% 时，所有组分按反相顺序洗脱；增加有机调节剂明显缩短了保留时间，但洗脱顺序也发生了变化，乙腈浓度增加到 50% ～ 60% 时，保留时间的差异很小。研究还发现，缓冲盐浓度的提高能够有效降低所有离子液体的保留时间，离子色谱法更适合分析侧链碳原子数低于 4 的离子液体阳离子，如图 2-2 所示 [2]。研究人员还以咪唑离子液体为紫外吸收剂和洗脱剂，利用离子色谱 - 间接紫外检测法测定吡咯类阳离子，即 *N*- 甲基 - 乙基吡咯烷阳离子、*N*- 甲基 -*N*- 丙基吡咯烷阳离子和 *N*- 甲基 - 丁基吡咯烷阳离子，它们的检出限分别为 0.34mg・L^{-1}、0.48mg・L^{-1} 和 0.83mg・L^{-1}，加标回收率均为 94.0% ～ 98.7%，该方法准确、可靠，能够满足定量分析的要求[23]。

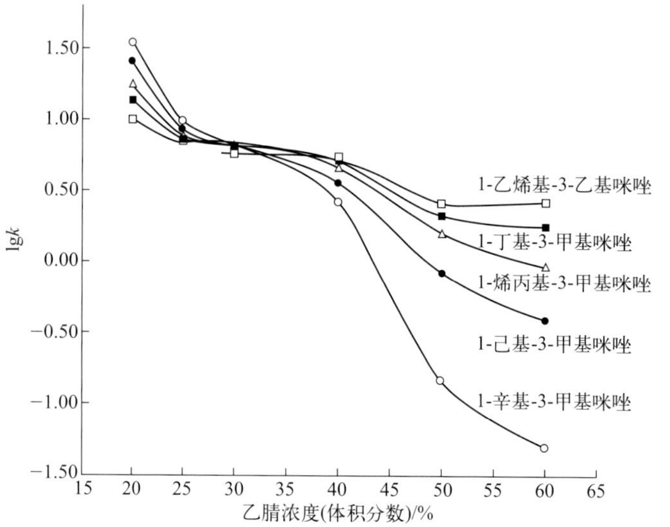

(a) 流动相中乙腈浓度对咪唑阳离子保留因子的影响

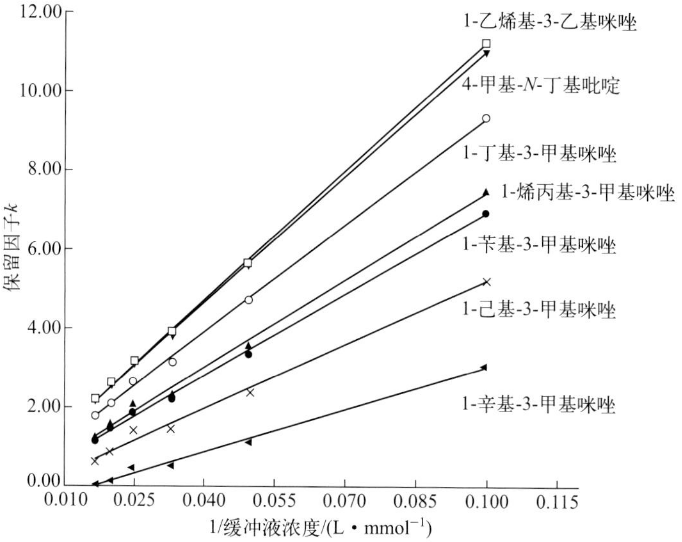

(b) 流动相中缓冲液浓度对咪唑阳离子保留因子的影响

(流动相为乙腈+30mmol・L^{-1} K_2HPO_4・$3H_2O$，pH = 6)

图 2-2　流动相对测定离子液体的保留因子的影响[2]

离子色谱法也可以用于分析离子液体的阴离子。前人利用非抑制的离子色谱法加电导检测器分析丁基甲基咪唑离子液体的阴离子，主要包括Cl^-、Br^-、$[(CF_3SO_2)_2N]^-$、$[PF_6]^-$、$[BF_4]^-$。结果发现，当流动相为8mmol • L^{-1}邻苯二甲酸+20%（体积分数）乙腈且pH=4时，对所测试阴离子的分离效果最好，可以成功分离这几种阴离子[24]。Onink等用离子色谱法测定了有机溶剂中的*N*-丁基-4-甲基吡啶四氟硼酸盐（[4-Mebupy][BF_4]）和*N*-丁基-3-甲基丁基吡啶双氰胺盐（[3-Mebupy][$N(CN)_2$]）两种吡啶类离子液体阳离子，样品测量的回收率为98.5%～105%，检出限为0.73～2.6mg • kg^{-1}[25]。羧酸阳离子交换柱离子色谱法和直接电导率法也成功应用于测定四种咪唑离子液体阳离子，检出限为3.2～24.3mg • L^{-1}[26]。

近年来，随着仪器设备的发展，可以在同一系统中将阴离子柱与阳离子柱串联 / 并联实现同时分析样品中的阴、阳离子。例如，以为5mmol • L^{-1}邻苯二甲酸氢钾 /15mmol • L^{-1}邻苯二甲酸+45%（体积分数）有机调节剂为流动相，同时将串联硅胶基质的强阴离子交换柱和强阳离子交换填充柱串联，在一次色谱运行中就能够分离所有的阳离子（$[Dmim]^+$、$[Omim]^+$、$[Hmim]^+$和$[Bmim]^+$）和阴离子（Cl^-、Br^-、$[TFSI]^-$、$[BF_4]^-$和$[PF_6]^-$）[27]。Stolte等采用离子色谱法系统分析了多种离子液体的阳离子和阴离子，并将其应用于活性污泥及生物降解样品中离子液体的分析[28]。此外，也可以采用离子色谱法对离子液体中的卤素杂质进行分析测定，前人通过离子色谱法测定了离子液体中的氯化物杂质，对Cl^-的定量检出限低于8mg • L^{-1}[29]。

2.1.1.3 毛细管电泳法

毛细管电泳法是以弹性石英毛细管作为分离通道，以高压直流电场为驱动力，根据样品中各组分之间淌度和分配行为上的差异而实现分离的分析方法。这种方法具有分析速度快、耗样量少、检出限低、重现性好等优点，可以用于离子液体的分析测定。例如，用α-环糊精改性后的毛细管电泳可有效地分离7种甲基咪唑及其异构体，分离对象在8min内达到基线分离，且峰面积与浓度具有很好的线性关系和重现性[30]。Markuszewski等研究了毛细管电泳法对离子液体的分离效果，发现这种方法可以有效地分离

10种咪唑类离子液体阳离子，离子液体的分离效果与其取代侧链的分子量线性相关，方法简单且重现性好[31]。Pyschik等利用毛细管电泳和四极杆飞行时间质谱仪（Q-TOF MS）联用，分析测定*N*-甲基-*N*-丙基吡咯烷双（三氟甲磺酰基）亚胺盐（$[P_{1,3}yr][TFSI]$）（下角数字表示吡咯N上所连烷基的C数）、*N*-丁基-*N*-甲基吡咯烷双（三氟甲磺酰基）亚胺盐（$[P_{1,4}yr][TFSI]$）和1-乙基-3-甲基咪唑双（三氟甲磺酰基）亚胺盐（[Emim][TFSI]）三种离子液体，其阳离子$[P_{1,4}yr]^+$、$[P_{1,3}yr]^+$和$[Emim]^+$的检出限为0.3～0.6mg•kg^{-1}，定量限为0.8～2.1mg•kg^{-1}，回收率为83.1%～108.9%，说明毛细管电泳-质谱联用也能够有效地分析测定咪唑类和吡咯类离子液体[32]。

2.1.1.4 等速电泳法

等速电泳法是基于分析物在电场中的迁移速度不同而建立起来的分析方法。用于分离不同基质中多种离子化合物的非线性电泳方法，具有单独的阳离子模式和阴离子模式，优化后的毛细管等速电泳也可以用于分析离子液体。例如，研究人员用带有电导检测器的等速电泳分析仪分离咪唑类离子液体的阴离子和阳离子，发现在阳离子模式下的等速电泳能分析部分离子液体阳离子，在阴离子模式下的等速电泳能分析部分离子液体阴离子[33]。在阴离子模式下，等速电泳还可以有效地分离硝酸根（$[NO_3]^-$）、氯酸根（$[ClO_3]^-$）、六氟磷酸根（$[PF_6]^-$）、双氰胺阴离子（$[N(CN)_2]^-$）、三氟甲磺酸阴离子（$[F_3CSO_3]^-$）、磷酸氢根（$[HPO_4]^{2-}$）和双（三氟甲磺酰基）亚胺阴离子（$[(F_3CSO_2)_2N]^-$或$[TFSI]^-$）等离子液体的阴离子[34]。该方法可以用于分析土壤和水环境中的离子液体。

2.1.1.5 其他方法

以上分离测定离子液体的方法具有良好的灵敏度，但这些方法存在样品预处理复杂、费时、难以现场测定、检测成本高或仪器昂贵等缺点[35]。离子选择性电极（ion-selective electrodes，ISEs）使用简便，能够以合理的选择性和较低的成本，快速、准确地测定相对较低浓度的化学物质，已经在临床诊断、环境监测和许多其他领域得到了广泛的应用。研究人员也将离子选择性电极法用于分析环境中的离子液体。例如，前人将合成的1-

烷基-3-甲基咪唑四苯基硼酸盐（[$C_n$mim][TPB]，n=2～10）作为聚氯乙烯（polyvinyl chloride，PVC）增塑膜中的离子交换剂，研究了PVC膜离子选择电极的传感行为，发现这种方法可以用于检测自来水和蒸馏水中的[$C_n$mim]$^+$，并展现出良好的回收率[36]。Ma等利用多壁碳纳米管修饰碳糊电极测定蒸馏水、自来水和河水中的[C_6mim]$^+$，同样取得了较好的回收率，且这种电极的使用寿命至少为5个月[37]。

此外，分子印迹技术是一种新型的分子识别技术，利用制备的具有分子识别特性的分子印迹聚合物（molecular imprinted polymers，MIPs），对印迹分子进行特异性识别。基于分子印迹聚合物的电位传感器也可以用于离子液体的分析。例如，Zhuo等以1-己基-3-甲基咪唑氯盐（[C_6mim]Cl）为模板分子，以甲基丙烯酸（MAA）和乙二醇二甲基丙烯酸酯（EGDMA）为单体，以EGDMA作为交联剂，采用沉淀聚合法制备了分子印迹聚合物。将制备的分子印迹聚合物分散到塑化聚合物聚氯乙烯基体中，制备电位传感器，并用于测定水环境中的1-己基-3-甲基咪唑阳离子（[C_6mim]$^+$）。[C_6mim]$^+$的检测范围为1.0×10^{-6}～0.1mol•kg^{-1}，检出限为2.8×10^{-7}mol•kg^{-1}。借助电位传感器，[C_6mim]$^+$在蒸馏水、自来水和河水中的加标回收范围为98.7%～104.9%，说明该方法选择性高，可用于实际水体中[C_6mim]$^+$的测定[38]。

荧光光谱法也被用于离子液体的测定。Tian等开发了一种超薄石墨氮化碳纳米片，作为纳米荧光探针，成功用于测定硫醇基离子液体，结果发现，该方法的检出限为1.07μg • L^{-1}，测定实际淡水和海水中硫醇基离子液体的回收率达到了90.3%～107.9%，可以有效地用于离子液体的分析测定[39]。

2.1.2 离子液体样品分析的预处理方法

实际环境介质中离子液体的含量很低，上述的分析测试方法受到其低灵敏度的限制，对离子液体阳离子组分的检出限通常不能达到10μg • L^{-1}以下，很难直接用于测定环境介质中离子液体阳离子的含量，因此迫切需要开发环境介质中离子液体的分离富集方法，用于环境介质中离子液体的预处理，然后再对离子液体进行测定。环境中离子液体的预处理因样品种类不同而异，液体样品可用简单的离心过滤、固相萃取等方法处理，固体样品可用溶剂提取和加速溶剂萃取法处理。例如，研究人员直接将 $[C_4mim]Cl$、$[C_4mim]Br$、$[C_4mim][BF_4]$、$[C_6mim]Cl$、$[C_6mim]Br$、$[C_6mim][BF_4]$、$[C_8mim]Cl$、$[C_8mim]Br$、$[C_8mim][BF_4]$、$[C_{10}mim]Cl$、$[C_{10}mim]Br$ 和 $[C_{10}mim][BF_4]$ 离子液体直接加入水样中，经过简单的离心过滤，就可以达到较高的回收率 [40]。

固相萃取法是目前最有效的分离富集环境介质中离子液体的方法。环境污染物分析常用的预处理方法如液相（微）萃取、固相（微）萃取、超临界流体萃取等，理论上都可以用于环境介质中离子液体的分离富集，但研究发现固相萃取法是分离环境中离子液体的有效方法。固相萃取法就是利用固体吸附剂将液体样品中的目标化合物吸附，与样品的基体和干扰化合物分离，然后再用洗脱液洗脱或加热解吸，达到分离和富集目标化合物的目的 [41]，该方法常用于分离富集环境介质中的离子液体。Stepnowski 等利用固相萃取法从水环境中分离富集咪唑类离子液体阳离子，随后利用高效液相色谱对预浓缩的样品进行定性和定量分析，结果发现，固相萃取法可以很好地提取咪唑类离子液体阳离子，将该方法应用于淡水、海水和自来水中离子液体的分离富集时，回收率可以达到 89.0% ～ 100.0%，说明固相萃取法可以有效地从水环境中提取咪唑类离子液体，该方法是分离提取离子液体的有效方法，主要操作步骤如图 2-3 所示 [42]。为了提高离子液体的提取效率，研究人员对固相萃取技术进行改进，并取得较好的分离效果。例如，Lu 等采用超声辅助与固相萃取相结合的方法可以有效地从土壤样品中分离富集咪唑类、吡啶类、吡咯类、季铵类、季鏻类等 23 种离子液体阳离子，通过加标回收试验发现，土壤样品中 23 种离子液体阳离子的平均回收率为 69.3% ～ 106.8%，相对标准偏差为 2.17% ～ 12.1%，说明该方法具有较高的灵敏度和准确度 [43]。

Nichthauser 等报道了利用溶剂从植物和土壤中提取离子液体的方法，结果发现：磷酸和三氟乙酸是从植物中提取咪唑类（如 $[Bmim]^+$）离子液体最有效的萃取剂，回收率最高；离子液体的极性和空间位阻均影响其在植物中的吸附机制，随着烷基链长度的增加，从植物中提取离子液体的回收率增加；从土壤中提取离子液体的最有效的萃取剂是饱和氯化铵与甲醇的混合液，该方法适用于吸附强度较弱的土壤和短链离子液体，$[Bmim]^+$ 的提取回收率可达 98%，而 $[Hmim]^+$ 的回收率仅为 40%[35]。此外，加速溶剂萃取（accelerated solvent extraction，ASE）也用于离子液体的提取。加速溶剂萃取是指在提高温度和压力的条件下，用有机溶剂快速萃取目标化合物的自动化方法[44]，常用于从环境介质中萃取目标污染物。例如，研究人员将 1-(2- 羟基乙基)-3- 甲基咪唑四氟硼酸盐（$[HOC_2mim][BF_4]$）、1-(2- 氨基乙基)-3- 甲基咪唑四氟硼酸盐（$[C_2NH_2mim][BF_4]$）、1-(2- 甲氧基乙基)-3- 甲基咪唑四氟硼酸盐（$[MOEmim][BF_4]$）和 1-(2- 羟基乙基)-3- 甲基咪唑硝酸盐（$[HOC_2mim][NO_3]$）四种离子液体分别添加到土壤和植物中，利用加速溶剂萃取法对离子液体进行分离富集。结果表明：提取溶剂为水和甲醇（体积比为 =2∶1）时，从土壤中萃取这几种离子液体的效率最高，加标回收率达到了 74.95% ～ 93.91%，方法检出限在 0.77 ～ 1.03ng•g^{-1} 之间；从黄瓜中提取离子液体的最优的萃取剂是甲醇和水（体积比为 =1∶1），加标回收率为 74.26% ～ 79.04%，方法检出限在 0.32 ～ 0.48ng•g^{-1} 之间；从面粉中提取离子液体的最优的萃取剂是甲醇和丙酮（体积比为 =2∶1），加标回收率为 70.52% ～ 87.95%，方法检出限在 0.49 ～ 0.60ng • g^{-1} 之间[45-46]。加速溶剂萃取法具有有机溶剂用量少、快速、基质影响小、回收率高和重现性好等优点，对于环境样品中离子液体的分离富集展现出一定的潜力。

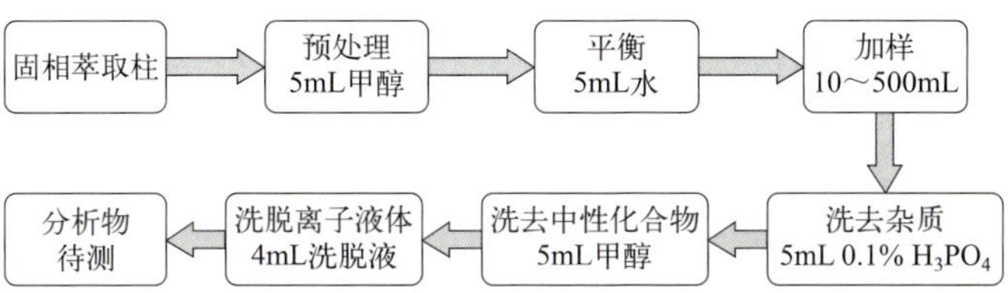

图 2-3 固相萃取法提取水中的咪唑类离子液体的主要流程[42]

固相萃取柱：Discovery DSC-SCX 500mg/6mL；洗脱液：含 50% 甲醇（MeOH）的 NH_4Cl 溶液（pH=3）

2.1.3 环境介质中离子液体的分析测定方法

上述离子液体的预处理方法和测定方法，已经应用于实际环境介质中离子液体的分析测定。由于离子液体的蒸气压较低，离子液体对大气环境的影响基本可以忽略不计，但离子液体可以在水和土壤环境中长期存在，对水生态系统和土壤生态系统存在潜在的威胁。因此，本小节将围绕水体和土壤环境中离子液体的分析测定方法进行阐述。

2.1.3.1 水环境中离子液体的分析测定方法

尽管离子液体在多个领域都有广泛的应用，但离子液体在实际废水和天然水环境中的残留量仍然很少，其分析测定面临着巨大的挑战。目前水环境中离子液体的分析测定主要包括两个步骤：首先将水环境中的离子液体进行分离富集，然后利用仪器对浓缩的离子液体进行分析测定。例如，Zhou 等将标准离子液体加入实际水样，经离心过滤后，利用高效液相色谱法直接测定水样中 12 种离子液体，结果发现，离子液体的回收率为 90.5% ～ 108.8%，最低检出限为 0.1mg • L^{-1}[40]。当然，水环境中离子液体的分离富集是以固相萃取法为主，然后通过仪器进行分析测定[42]。

Fan 等利用固相萃取 - 亲水（相互）作用液相色谱法测定环境水样中哌啶离子液体阳离子。以 *N*- 甲基 -*N*- 乙基哌啶溴盐（[Mepip]Br）、*N*- 甲基 -*N*- 丙基哌啶溴盐（[Mppip]Br）和 *N*- 甲基 -*N*- 丁基哌啶溴盐（[Mbpip]Br）为标准的哌啶离子液体阳离子，通过加标回收试验，建立了分析测定水环境中哌啶离子液体阳离子的方法，这几种阳离子的检出限均低于 0.4mg • L^{-1}，相对标准偏差小于 0.6%，加标回收率为 80.0% ～ 98.3%，该方法已成功应用于松花江水样中哌啶类阳离子的测定，但由于实际水样中哌啶离子液体阳离子的含量可能低于该方法的检出限，所以实际水样中并未检出这几种阳离子[47]。该研究团队还建立了用亲水（相互）作用液相色谱 - 间接紫外检测（HILIC-IUV）技术测定环境水样中烷基铵离子液体阳离子的方法，并将其与固相萃取技术相结合，应用于松花江和呼兰河水中烷基铵离子的分析。固相萃取的条件为：首先，在样品中加入 0.5mmol • L^{-1} 辛烷磺酸钠，然后，用 C_{18} 固相萃取柱对 50mL 的样品进行纯化和浓缩，随后用 3mL 去离子水清洗杂质，最后用 1mL 90%（体积分数）乙腈溶液洗脱，收集洗脱液进行色谱分析。由于烷基铵离子中没有紫外吸收基团，因此，该研究在流动相中加入具有紫外吸收基团的物质（如咪唑等）作为本底紫外吸收剂，间接地实现用紫外检测烷基铵阳离子。结果发现，四乙基铵阳离子（$[TEA]^+$）和四丙基铵阳离子（$[TPA]^+$）的富集效果均较好，加标回收试验表明 $[TPA]^+$ 的回收率在 90% 以上。由于 $[TEA]^+$ 的烷基链较短，极性较强，因此 $[TEA]^+$ 在 C_{18} 固相萃取柱上的滞留性较弱，且容易受到水样中其他离子的干扰，其回收率略低，为 61% ～ 84%。虽然实际水样中并未检出这两种阳离子，但 $[TPA]^+$ 和 $[TEA]^+$ 的检出限分别为 0.096mg • L^{-1} 和 0.253mg • L^{-1}，阳离子的富集倍数为 50。该方法简单可靠，可为环境水中烷基铵离子的分析测定提供参考 [48]。

Zhang 等利用固相萃取 - 离子色谱法，测定了环境水样中吡啶离子液体的阳离子，包括 *N*- 乙基吡啶阳离子（$[Epy]^+$）、*N*- 丁基吡啶阳离子（$[Bpy]^+$）和 *N*- 己基吡啶阳离子（$[Hpy]^+$）。首先，将 250mL 水样经磺酸萃取柱纯化富集，随后用 10mL 水 -20%(体积分数) 乙腈溶液洗涤杂质，再用 0.5mol•L^{-1} 磷酸 - 磷酸二氢钠缓冲溶液 -55% 甲醇洗脱分析物并浓缩至 5mL，最后以 3.0mmol • L^{-1} 甲烷磺酸 -8% 乙腈为流动相，采用离子色谱法对离子液体进行分析测定。结果发现，3 个吡啶类离子液体阳离子在 20min 内完全分离。该方法已成功应用于环境水样（松花江和呼兰河）中吡啶类离子液体阳离子的分析，加标回收率在 98.8% ～ 100.0% 之间，相对标准偏差小于 2.8%。进一步的加标回收试验发现，该方法能够预浓缩实际水样中吡啶类离子液体阳离子的浓度为 0.004 ～ 0.01mg • L^{-1}，也说明这两个采样点中 3 种离子液体阳离子的浓度均低于 0.004mg • L^{-1}。由于水环境中 3 种阳离子的浓度较低，虽然在这项研究中并未检出这几种阳离子，但是该研究说明磺酸离子交换固相萃取柱和 H_3PO_4-NaH_2PO_4- 甲醇洗脱液是对环境水样中吡啶类离子液体阳离子进行富集纯化的良好方法，为环境水样中离子液体阳离子的检测和离子液体的环境风险评价提供了参考依据 [49]。该研究团队用同样的富集方法，利用离子色谱法建立了测定实际水样中的 *N*- 甲基 -*N*- 乙基吗啉溴盐（[Memor]Br）和 *N*- 甲基 -*N*- 丙基吗啉溴盐（[Mpmor]Br）离子液体阳离子的方法。加标回收试验发现，这两种阳离子的回收率在 75.0% ～ 98.3%，该方法测定水样中吗啉阳离子的检出限为 0.01 ～ 0.04mg • L^{-1}，主要提取过程如图 2-4 所示，由于环境中离子液体的浓度低于该方法的检出限，所以并未检出这两种离子液体阳离子。但是，该方法操作简便，适用于环境水样中痕量吗啉离子液体阳离子的分析测定[50]。

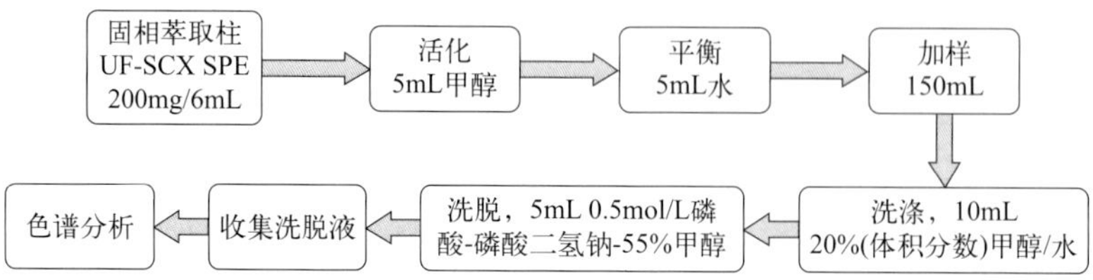

图 2-4 固相萃取法提取环境水样中的吗啉离子液体的主要流程[50]

Liu 等基于固相萃取和离子色谱相结合，建立了分析河流水样中季铵盐离子液体阳离子的方法，包括四甲基铵阳离子（$[TMA]^+$）、四乙基铵阳离子（$[TEA]^+$）、四丙基铵阳离子（$[TPA]^+$）和四丁基铵阳离子（$[TBA]^+$）。固相萃取的条件为：采用强酸性阳离子交换固相萃取柱对离子液体进行萃取富集，然后用水 - 甲醇洗脱杂质，最后用 H_3PO_4-KH_2PO_4 缓冲液洗脱分析物。H_3PO_4-KH_2PO_4 缓冲液具有低电导率信号，可避免对阳离子检测的干扰。该方法的加标回收率为 86.4% ～ 102.2%，对这几种阳离子的富集倍数可达 40 倍以上，实际水样的检出限可达 0.003 ～ 0.017mg • L^{-1}。最后，以甲磺酸 - 乙腈为流动相，对松花江、哈尔滨的呼兰河、绥化市的克音河、绥化市的诺敏河中的离子液体进行分析测定，但实际水样中并未检出这四种阳离子。说明实际水样中这几种阳离子的浓度低于 0.003mg • L^{-1}，需要开发检出限更低的检测方法，以了解实际水环境中离子液体的含量，为离子液体的环境行为和生态毒性效应研究提供基础数据[51]。

Yin 等将离子交换固相萃取和离子色谱相结合，建立了分析河流水样中的羟基功能化咪唑离子液体阳离子的方法。结果表明，离子交换固相萃取法能够很好地富集和纯化 1-(2- 羟基乙基)-3- 甲基咪唑阳离子（$[HOEmim]^+$）和 1-(3- 羟基丙基)-3- 甲基咪唑阳离子（$[HOPmim]^+$）这两种离子液体阳离子，其加标回收率在 82.5% ～ 96.0% 之间，水样中最低的检出限达到了 0.006mg • L^{-1}[52]。Jin 等以 0.5mmol • L^{-1} 辛烷磺酸钠溶液 / 甲醇 [85∶15(体积比)] 为流动相，利用反相离子对色谱 - 紫外检测法分析了松花江水样中 1-(2-

羟基乙基)-3- 甲基咪唑阳离子（$[HOEmim]^+$）和 1-(3- 羟基丙基)-3- 甲基咪唑阳离子（$[HOPmim]^+$），结果发现，普通咪唑离子液体不干扰羟基功能化咪唑离子液体的测定；$[HOEmim]^+$ 和 $[HOPmim]^+$ 的检出限分别为 0.36mg•L^{-1} 和 0.50mg • L^{-1}，加标回收率在 97.3% ～ 100.5% 之间 [53]。

2.1.3.2 土壤环境中离子液体的分离测定方法

与水环境中离子液体的分离测定方法类似，土壤环境中离子液体的预处理同样是以固相萃取法为主，然后再通过仪器进行分析测定。例如，Zhou 等提出了利用高效液相色谱法测定土壤中 12 种离子液体的方法，通过加标回收试验发现，提取土壤中离子液体的最优条件为：甲醇与饱和氯化铵的比例为 90∶10，超声时间为 50min，功率为 350W，经提取后利用高效液相色谱法进行测定，土壤中离子液体的回收率达到 70.4% ～ 85.3%，检出限低于 1mg • kg^{-1}；此外，在一定浓度下，随着烷基链长度的增加，离子液体的吸附能力增强，增加了离子液体提取的难度，因此提取速率随烷基链长度的增加而降低，而不同的阴离子对其提取率的影响不大。土壤中离子液体的提取率随土壤样品中的离子液体浓度的降低而降低，这可能是少量的离子液体存在时，土壤中有足够的吸附位点来吸附离子液体，进而降低了其提取率。但是，该研究并未进行实际土壤样品中离子液体的分析测定 [40]。Lu 等采用超声辅助固相萃取与液相色谱 - 串联质谱相结合的方法对土壤样品中咪唑类、吡啶类、吡咯类、季铵类、季鏻类等 23 种离子液体阳离子进行了分离富集和测定。首先，以 0.2mol • L^{-1} NH_4Cl 与乙腈（体积比为 80∶20，pH=3）为萃取剂，在超声作用下进行萃取；随后，通过 Strata-X-CW 萃取柱进行固相萃取；最后，通过 LC-MS/MS 进行分析测定。结果发现，该方法测定 23 种离子液体的检出限为 0.15 ～ 2.88ng • g^{-1}，定量限为 0.50 ～ 9.50ng • g^{-1}。通过加标回收试验也发现，土壤样品中 23 种离子液体阳离子的平均回收率为 69.3% ～ 106.8%，相对标准偏差为 2.17% ～ 12.1%，说明该方法具有较高的灵敏度和准确度，可以同时测定咪唑类、吡啶类、吡咯类、季铵类和季鏻类等多种离子液体的阳离子 [41]。但是，这些方法都是通过加标回收试验证明其可以用于土壤样品中离子液体的分析测定，而并未用于实际土壤样品中离子液体的分析测定。最近，研究人员以磷酸盐缓冲液（PBS）为提取剂，通过高效液相色谱法在垃圾填埋场附近的表层（0 ～ 5cm）土壤中检测到了 M8OI⁺（1- 辛基 -3- 甲基咪唑阳离子）离子液体，这类离子液体可能与人类原发性胆管炎发病有关[54]。总之，由于土壤中离子液体的含量并未达到目前分析方法的检出限，提取方法的富集倍数还有待于提高，以及现有仪器的检测灵敏度不够高等原因，现有的方法大都不能满足实际样品分析的要求。未来需要开发灵敏度更高的检测方法，以期准确分析测定土壤环境中的离子液体，为评估离子液体的潜在生态风险提供数据支撑。

2.2 环境介质中离子液体的赋存水平

离子液体被认为是 21 世纪的环境友好型“绿色溶剂”，已经得到大量生产，并在有机合成、催化、电化学、环境分析等领域有着广泛的应用。然而，离子液体在生产、运输、使用、处置等整个生命周期中都有可能通过意外泄漏、污水排放等多种途径进入环境介质。随着对离子液体研究的深入，人们逐渐认识到这类新型溶剂可能会带来新的环境问题。由于离子液体的蒸气压较低，离子液体对大气环境的影响基本可以忽略不计，但离子液体可以在水和土壤环境中长期存在，对水生态系统和土壤生态系统存在潜在的威胁。因此，离子液体在环境中的赋存、迁移转化、对环境的影响及其对周围生物的毒性效应，甚至对人体健康的潜在威胁等问题都受到了研究人员的广泛关注。研究人员已经开始关注环境介质中离子液体的赋存水平，但仍处于初级阶段，目前，人们对水体、土壤和沉积物中离子液体的含量有了初步的认识，本小节将对水、土壤以及沉积物中离子液体阳离子的赋存水平进行比较系统的介绍。

2.2.1 水环境中离子液体的赋存水平

尽管离子液体在多个领域都有广泛的应用，但离子液体在实际废水和天然水环境中的残留量仍然很少。不过，由于离子液体在水环境中的溶解度较高，很容易到达地表水和地下水中，并对周围的生态系统可能存在潜在的威胁，研究离子液体在水环境中的赋存水平对了解其对周围环境的影响至关重要。表 2-2 总结了研究人员对水环境中离子液体的含量的初步研究结果。目前，我国在这方面的研究主要集中在东北的松花江流域。例如，研究人员发现松花江水样中 [Mepip]Br、[Mppip]Br 和 [Mbpip]Br 的含量均低于 0.4mg • L^{-1}[47]。松花江和呼兰河的实际水样中四乙基铵阳离子（$[TEA]^+$）和四丙基铵阳离子（$[TPA]^+$）的浓度分别低于 0.001mg•L^{-1} 和 0.005mg•L^{-1}[48]。松花江和呼兰河中 *N*- 乙基吡啶离子（$[Epy]^+$）、*N*- 丁基吡啶离子（$[Bpy]^+$）和 *N*- 己基吡啶离子（$[Hpy]^+$）这三种吡啶离子液体阳离子的浓度均低于 0.004mg • L^{-1}[49]。研究人员也分析了松花江流域中 *N*- 甲基 -*N*- 乙基吗啉溴盐（[Memor]Br）和 *N*- 甲基 -*N*- 丙基吗啉溴盐（[Mpmor]Br）离子液体阳离子，发现实际环境水样中并未检测到 $[Memor]^+$ 和 $[Mpmor]^+$，说明所研究水域中吗啉阳离子的含量低于 0.01mg • L^{-1}[50]。Liu 等对松花江、哈尔滨的呼兰河、绥化市的克音河、绥化市的诺敏河中的季铵盐离子液体阳离子进行分析测定，包括四甲基铵（$[TMA]^+$）、四乙基铵阳离子（$[TEA]^+$）、四丙基铵阳离子（$[TPA]^+$）和四丁基铵阳离子（$[TBA]^+$），结果发现，实际水样中这几种阳离子的浓度均低于 0.003mg • L^{-1}[51]。Yin 等分析了松花江和呼兰河水样中羟基功能化咪唑离子液体阳离子 1-(2- 羟基乙基)-3- 甲基咪唑（$[HOEmim]^+$）和 1-(3- 羟基丙基)-3- 甲基咪唑（$[HOPmim]^+$）的含量，并未检出 $[HOEmim]^+$ 和 $[HOPmim]^+$，说明水样中 $[HOEmim]^+$ 和 $[HOPmim]^+$ 的含量均低于检出限 0.006mg•L^{-1}[52]。Jin 等研究了松花江水样中 $[HOEmim]^+$ 和 $[HOPmim]^+$ 的含量，均未检出，说明实际水样中 $[HOEmim]^+$ 和 $[HOPmim]^+$ 的含量低于它们的检出限 0.36mg • L^{-1} 和 0.50mg • L^{-1}[53]。

由于环境基质的复杂性和环境中离子液体的含量极低，实际环境中离子液体的检出非常困难。但是，最近也有研究报道了实际水样中离子液体的浓度。例如，Pati 和 Arnold 分析了美国明尼阿波利斯 - 圣保罗都会区一些污水处理厂中 13 种离子液体的含量，结果发现废水中 1- 丁基吡啶阳离子（$[C_4py]^+$）的检出率最高，平均浓度为 53ng • L^{-1}[55]。Neuwald 等报道了在德国河流中检测到三（全氟烷基）三氟磷酸阴离子的浓度为 30 ～ 3400ng • L^{-1}[56]。目前的研究表明，环境中离子液体的含量较低，水环境中离子液体的浓度可能处于纳克每升至微克每升量级之间，甚至更低。

2.2.2 土壤和沉积物中离子液体的赋存水平

相比对水环境中离子液体含量的认识，人们对土壤环境中离子液体赋存水平的认识更加匮乏，仅有少量的相关报道（表 2-2）。目前，研究人员只在污染严重的土壤中发现了离子液体的存在。沉积物也是离子液体重要的汇，有研究报道，湖泊沉积物中长碳链咪唑离子（如 1- 己基 -3- 甲基咪唑阳离子和 1- 辛基 -3- 甲基咪唑阳离子）的检出限较高，变化范围为 14 ～ 436ng • g^{-1}（干重）[55]。

表2-2　环境介质中离子液体的赋存水平

国家	采样点位置	样品数量	样品类型	离子液体中正离子	赋存水平	参考文献
中国	松花江	1	河水	$[Mepip]^+$ $[Mppip]^+$ $[Mbpip]^+$	＜0.4mg • L^{-1}	[47]
中国	松花江	1	河水	$[HOEmim]^+$	＜0.36mg • L^{-1}	[53]
			河水	$[HOPmim]^+$	＜0.50mg • L^{-1}	[53]
中国	松花江和呼兰河	2	河水	$[TEA]^+$	＜0.001mg • L^{-1}	[48]
			河水	$[TPA]^+$	＜0.005mg • L^{-1}	[48]
中国	松花江和呼兰河	2	河水	$[Epy]^+$ $[Bpy]^+$ $[Hpy]^+$	＜0.004mg • L^{-1}	[49]
中国	松花江和呼兰河	2	河水	$[HOEmim]^+$ $[HOPmim]^+$	＜0.006mg • L^{-1}	[52]
中国	松花江、呼兰河、哈尔滨磨盘山水库、黑龙江安达东湖	5	河水 湖水	$[Memor]^+$ $[Mpmor]^+$	＜0.01mg • L^{-1}	[50]
中国	松花江、呼兰河、克音河、诺敏河	4	河水	$[TMA]^+$ $[TEA]^+$ $[TPA]^+$ $[TBA]^+$	＜0.003mg • L^{-1}	[51]
美国	12 个污水处理厂	13	废水	$[C_4py]^+$	53ng • L^{-1}	[55]
德国	莱茵河等	21	河水	含氟离子液体	30 ～ 3400ng • L^{-1}	[56]
英国	某垃圾填埋场	16	土壤	$M8OI^+$	≤94μg • g^{-1}	[54]
美国	四个湖泊	4	沉积物	咪唑类	14 ～ 436ng • g^{-1}	[55]

2.3 离子液体在环境介质中的吸附

吸附是影响污染物在环境中迁移转化的重要过程，不仅可以反映出污染物与吸附介质之间的相互作用，还可以预测污染物对周围环境的影响程度，为环境污染的风险评价提供依据。吸附也是离子液体在环境介质中的主要行为之一。由于离子液体的挥发性小，在大气环境中的吸附基本可以忽略不计，而离子液体可以在水环境和土壤环境中稳定存在，并且能够在水环境和陆地环境中发生复杂的吸附行为。当离子液体进入环境介质以后，会发生电离并分别以有机阳离子和无机阴离子形式存在。土壤是各类污染物的源和汇，因而土壤在污染物的迁移和转化过程中发挥着至关重要的作用。离子液体大多在水中有一定溶解度，随着大规模工业应用，离子液体可以通过工业废水、生活污水等进入土壤甚至地下水系统从而被吸附或者发生迁移。当离子液体进入土壤后，能够与土壤的一些成分发生相互作用，使离子液体的赋存状态发生变化，导致其移动性、生物有效性甚至是化学反应活性都出现不同程度的降低，进而引起其环境与生态风险的变化，并对其修复效率产生重要的影响。因此，离子液体在土壤环境中的吸附行为受到研究人员的广泛关注[57-58]。本小节介绍离子液体在土壤环境中的吸附行为及其影响因素。

2.3.1 吸附机理

离子液体在土壤和沉积物中的吸附是范德华力、静电作用、离子交换作用、疏水作用、氢键作用以及 π-π 作用等共同作用的结果，不同类型的土壤和沉积物对离子液体的吸附能力和吸附机理存在差异。Markiewicz 等认为，咪唑类离子液体的吸附过程包括通过烷基链吸附单体、产生小团聚体以及形成双电层[59]。土壤对离子液体的吸附机理取决于自身的固相吸附量是否超过土壤的阳离子交换量（cation exchange capacity，CEC）。阳离子交换量定义为土壤胶体所能吸附各种阳离子的总量，其数值以每千克土壤中含有各种阳离子的物质的量来表示，单位是 $cmol \cdot kg^{-1}$ 或者 $mmol \cdot g^{-1}$。当固相吸附量小于土壤的阳离子交换量时，离子液体的阳离子部分主要与土壤中原有的可交换性阳离子进行置换，发生阳离子交换作用，此时阳离子交换作用主导离子液体在土壤中的吸附行为；当固相吸附量超过土壤自身的阳离子交换量时，离子液体还会与土壤有机质发生氢键作用、π-π 作用等其他作用，影响离子液体在土壤中的吸附 [60-61]。也有研究发现，离子液体的固相吸附量小于临界胶束浓度（critical micelle concentration，CMC）时，[C_{12}mim]Cl 和 [C_{16}mim]Cl 在蒙脱石上的吸附是通过阳离子交换进行的，超过临界胶束浓度时，阳离子交换作用和疏水作用在土壤中离子液体的吸附作用中占主导地位 [62]。

2.3.2 影响吸附的因素

影响离子液体在土壤中吸附行为的主要因素有土壤的理化性质、离子液体自身的结构以及环境因素。土壤本身的性质包括土壤矿物类型、土壤有机质含量、阳离子交换量、土壤的 pH 值、离子强度等；离子液体的类型、阳离子侧链的长度和类型、疏水性、阴离子等都可以影响离子液体在土壤环境中的吸附行为。

2.3.2.1 土壤的理化性质

（1）土壤矿物类型

土壤矿物是土壤的重要组成部分，当土壤有机质含量低于 1% 时，土壤矿物在离子液体的吸附或解吸过程中发挥着重要作用。因此，土壤矿物是影响离子液体在土壤中吸附的重要参数。关于这方面的研究，研究人员主要关注高岭土和蒙脱土，探究了这两种典型的黏土矿物对离子液体在土壤中吸附的影响。研究发现，与高岭土的比表面积相比，蒙脱土更大的比表面积导致其拥有更多的活性吸附位点，且蒙脱土的表面更多的负电荷使得其阳离子交换量更高，因此，蒙脱土对离子液体展现出更好的吸附性能。此外，当土壤中黏土的含量增加时，可以有效促进离子液体在土壤中的吸附。一般情况下，双烷基取代的离子液体很难被大多数的土壤基质吸附，但在土壤基质中含有大量黏土的情况下，这类离子液体也能够被土壤吸附。

例如，Matzke 等研究了高岭石和蒙脱石两种不同黏土矿物对咪唑类离子液体在土壤中吸附和解吸行为的影响，发现黏土的加入可以促进土壤对离子液体的吸附作用，抑制解吸作用，特别是对蒙脱石，土壤中黏土含量的增加可以显著提高蒙脱石对离子液体的吸附效率[63]。咪唑类离子液体也可以吸附到沉积物和土壤中的有机物上，黏土的存在同样能够显著增强沉积物和土壤有机质对离子液体的吸附作用[64]。

（2）土壤有机质含量

土壤有机质是土壤的重要组成部分，其来源广泛，包括土壤微生物和土壤动物及其分泌物以及土壤中的植物残体和植物分泌物。土壤有机质的性质和含量是影响离子液体在土壤中吸附的重要因素。一般而言，土壤有机质中有机碳含量越高，固定离子液体阳离子的能力就越强。当土壤有机质被降解为腐殖质时，可以有效地促进土壤对离子液体的吸附，其原因可能是：这些腐殖质分子量为 500 ～ 10^5，拥有对离子液体表现出较强亲和力的多种官能团，进而促进离子液体在土壤中的吸附作用。例如，在最近的一项研究中，研究人员报道腐殖酸（humic acid，HA）在水溶液中对离子液体具有高亲和力[65]；笔者课题组研究发现，$[C_4mim]Cl$ 和 $[C_8mim]Cl$ 对腐殖酸的吸附，可以显著降低腐殖酸的溶解态浓度和生物可利用性[66]。对于有机质含量较高的土壤，离子液体与土壤基质的强黏结作用可以减少离子液体在土壤中的迁移。随着土壤有机质浓度的增加，土壤对离子液体的吸附作用逐渐增强。土壤有机质的分子量越大，其促进土壤对离子液体的吸附作用越显著，土壤有机质中的芳香结构也能够显著影响离子液体在土壤中的吸附过程。当 [Omim]Cl 在土壤中达到吸附平衡后，有机质会覆盖到土壤颗粒上，进而抑制了 [Omim]Cl 从土壤中的解吸。此外，部分腐殖质还有一些疏水的官能团，表现出一定的疏水作用，这种疏水作用也有利于加强土壤对某些强疏水性离子液体的吸附作用。沉积物的有机质含量比沙土高，因此离子液体与沉积物的吸附作用比其与沙土的吸附作用更显著[67]。有研究发现，土壤有机质与黏土矿物是影响 [Omim]Cl 在土壤中吸附的主要因素，土壤有机质与黏土矿物在土壤对离子液体的吸附过程中的贡献分别为 7.3% ～ 54% 和 46% ～ 93%[57]。

（3）阳离子交换量

土壤的阳离子交换量是影响离子液体在土壤中吸附作用的关键参数之

一。绝大多数土壤表面都带有负电荷，可以通过与离子液体阳离子的静电相互作用有效地吸附离子液体。阳离子交换过程是以离子价为依据进行等价交换的，一般来说，土壤阳离子交换量越大，离子交换性越强，其对离子液体的吸附能力也越强。例如，Mrozik 研究了不同离子液体在不同土壤中的吸附，结果发现：离子液体与土壤表层的吸附是自发的放热过程，阳离子交换量在土壤吸附离子液体的过程中起主要的作用，土壤的阳离子交换量较低时，只能引起离子液体在土壤中的分散。该团队还继续研究了离子液体在土壤中的吸附行为，发现土壤的阳离子交换量越高，土壤对离子液体的吸附作用就越显著[68-69]。

（4）土壤的 pH 值

土壤的 pH 值也会影响离子液体在土壤中的吸附行为。一般来说，土壤的 pH 值越高，离子液体在土壤中的吸附性能越好。当土壤的 pH 值增大时，土壤阴离子表面会发生去质子化，增强了土壤的阳离子交换能力，进而促进土壤对离子液体的吸附作用。而土壤的 pH 值较低时，土壤中带负电荷的物质减少，阳离子交换量降低，土壤中含有的可利用的负电荷活性位点减少。这些负电荷活性位点对离子液体在土壤中的吸附具有重要的影响，土壤正是利用这种活性位点通过静电作用与离子液体阳离子发生相互作用，当这些活性位点减少时，将显著地影响土壤对离子液体阳离子的静电吸附作用，降低土壤对离子液体阳离子的吸附。但是，负电荷活性位点的减少却有利于促进中性和正电荷的表面吸附位点的形成，进而增强土壤对离子液体阴离子的吸附作用[70]。此外，也有研究发现，当土壤的 pH 值在 6 ～ 10 范围内时，三水铝石不能够有效地吸附 [C_4mim]Cl 离子液体，因此在土壤中以三水铝石为主的地区，[C_4mim]Cl 离子液体可以顺利地进入地下水，可能对地下水产生一定的影响[71]。

（5）离子强度

土壤的离子强度也能影响其对离子液体的吸附行为。例如，Gorman-Lewis 等研究了 [Bmim]Cl 离子液体在蒙脱土中的吸附行为，发现随着土壤离子强度的降低，土壤对离子液体的吸附作用反而增强[71]。

然而，土壤是一个复杂的体系，各土壤成分之间往往也会发生相互作用，如有机质会覆盖在黏土矿物表面，掩蔽了黏土矿物自身的有效吸附位点，从而影响黏土矿物对有机污染物的吸附作用。因此，影响离子液体在土壤中吸附作用的因素非常复杂，且这些因素往往并不是单独起作用的，而是共同影响离子液体在土壤中的吸附行为。由于土壤的阳离子交换量是影响离子液体在土壤中吸附行为的重要参数，土壤有机质与黏土矿物均可提供阳离子交换的活性点位[72]，而各土壤组分所提供的吸附点位与污染物之间结合键的能量存在着非均一性的特点[73]，因此土壤有机质与黏土矿物在土壤吸附离子液体的过程中可能发挥着不同的作用。

2.3.2.2 离子液体的结构和性质

离子液体在土壤中的吸附不仅受到土壤理化性质的影响，还受到离子液体本身的结构和性质的重要影响。离子液体在土壤中的吸附作用取决于离子液体的物理化学性质，而其物理化学性质在许多方面取决于离子液体的化学结构。烷基链的长度对离子液体在土壤中吸附作用的影响尤为显著，受到人们的广泛关注。研究发现，烷基链较长的离子液体更容易被吸附到土壤表面，长链的离子液体与土壤颗粒的结合比短链的离子液体要强很多，且侧链越长，结合就越紧密，这就使得长链的离子液体更容易被土壤吸附，并且一些长链离子液体在土壤中的吸附作用并不可逆，这意味着其可能在土壤介质中长期滞留，对土壤环境可能存在潜在的危害。例如，Stepnowski 等研究了不同侧链长度的咪唑类离子液体在土壤介质中的吸附行为，发现土壤对咪唑类离子液体的吸附能力随烷基侧链长度的增加而增强[70]。值得注意的是，在土壤对离子液体的吸附 / 解吸过程中，不仅烷基侧链长度不同的阳离子基团对离子液体在土壤中的吸附行为具有显著的影响，而且离子液体的阴离子对该过程也起着重要的作用。例如，同为咪唑类离子液体，阴离子为 $[BF_4]^-$ 时比 $[(CF_3SO_2)_2N]^-$ 在土壤中具有更强的吸附作用，在土壤基质中形成离子对的潜力更大[73]。不同的取代基也能够影响离子液体在土壤中的吸附行为，Mrozik 等研究了不同取代基对季铵类、季鏻类和吡咯类离子液体的吸附行为的影响，结果发现：离子液体的浓度较低时，土壤对单链烷类离子液体的吸附较强，特别是在具有较高阳离子交换容量的土壤中；在离子液体浓度较高时，由于双层结构的形成和吸附分子的偶极相互作用的增强，丁基取代离子液体与土壤的相互作用增强，吸附系数介于 16.8mL・g^{-1}(四丁基鏻氯盐)和 1.1mL・g^{-1}([C_4mim]Cl)之间[69]。可见，不同的取代基也可以影响离子液体在土壤/沉积物中的吸附行为。

离子液体的亲脂性也会影响离子液体在土壤中的吸附行为。一般来说，亲脂性越强的离子液体，越容易被土壤吸附。离子液体的亲脂性大小主要取决于烷基侧链是否含有亲水基团和羟化基团。当烷基侧链含有亲水基团或侧链被羟化时，离子液体的亲脂性降低，有利于离子液体溶于水等极性溶剂。此时，根据相似相溶原理，离子液体很难与土壤有机质发生相互作用，即不易被土壤吸附。但是，当土壤中有机质含量接近零的时候，因为土壤中没有了有机质的存在，氢键成为土壤吸附离子液体的主要作用力，与极性弱的离子液体相比，极性强的离子液体更易被土壤吸附。例如，Beaulieu 等研究了侧链长度对 [C_nRim]X（R=H、CH_3；n=4、6、10；X=Cl、Br）咪唑类离子液体在沉积物上吸附作用的影响，结果发现：侧链长度对咪唑类离子液体在沉积物上吸附的影响并不显著，但是正电荷可以通过静电作用使离子液体吸附到沉积物上，咪唑环上的氢能够与沉积物有机质中的极性基团形成氢键，促进离子液体在沉积物上的吸附作用[74]。与此形成对比的是，含有疏水性长链的离子液体比亲水性离子液体在土壤中具有更强的吸附作用[75]，而含有短链和/或羟基化衍生物的离子液体在土壤/沉积物中的流动性更强，可能更容易释放到地表水/地下水中[76]。此外，离子液体的含量、黏度等其他性质也会影响其在土壤中的吸附行为。

除了土壤的理化性质和离子液体的结构，温度、湿度、盐度等环境因素，土壤微生物，土壤中存在的其他离子甚至是其他的污染物等都可能影响离子液体在土壤中的吸附行为。总体而言，土壤的矿物含量对离子液体在土壤中的吸附机理有很大的影响，离子交换性越强，有机质含量越高，则土壤对离子液体的吸附能力越强；离子液体的烷基链长度越长，亲脂性越低，越有利于离子液体在土壤中的吸附。因此，离子液体在土壤环境中的吸附是一个复杂的过程，影响因素也非常复杂，需要更多的相关研究以阐明离子液体在环境介质中的吸附行为。一些离子液体在土壤中的吸附参数如表 2-3 所示。

表2-3 一些离子液体在土壤中的吸附参数

土壤类型	有机质含量 /%	有机碳含量 /%	阳离子交换量 /(mmol·g^{-1})	黏土含量 /%	pH 值	ILs	吸附系数 k_a/(mL·g^{-1})	参考文献
冲积农业土壤	5.5		298	60.5	6.6	[C_2mim]Cl	3.3	[68]
						[C_2OHmim]Cl	2.1	
						[C_4mim]Cl	8.7	
						[Omim]Cl	34.2	
						[Hmim]Cl	22	
						[C_3OHmim]Cl	4.1	
						[Mbpy]Cl	22	
灰壤化土	3.9		48	28.2	4.3	[C_2mim]Cl	1.7	[68]
						[C_2OHmim]Cl	1.5	
						[C_4mim]Cl	2.5	
						[Omim]Cl	4.5	
						[Hmim][Cl]	3.6	
						[C_3OHmim]Cl	1.9	
						[Mbpy]Cl	4.1	
淤泥	21.5		270	94.0	5.3	[C_2mim]Cl	2.5	[68]
						[C_2OHmim]Cl	2.6	
						[C_4mim]Cl	15.7	
						[Omim]Cl	26.4	
						[Hmim]Cl	15.5	
						[C_3OHmim]Cl	3.7	
						[Mbpy]Cl	16.8	

续表

土壤类型	有机质含量 /%	有机碳含量 /%	阳离子交换量 /(mmol・g^{-1})	黏土含量 /%	pH 值	ILs	吸附系数 k_a/(mL・g^{-1})	参考文献
冰碛土	1.54		64	62.3	7.7	[C_2mim]Cl	2.8	[68]
						[C_2OHmim]Cl	2.3	
						[C_4mim]Cl	2.7	
						[Omim]Cl	8.7	
						[Hmim]Cl	4.6	
						[C_3OHmim]Cl	2.6	
						[Mbpy]Cl	5.4	
海滩沙土	0.14		30	0.17	7.6	[C_2mim]Cl	1.2	[68]
						[C_2OHmim]Cl	1.7	
						[C_4mim]Cl	4	
						[Omim]Cl	10	
						[Hmim]Cl	9	
						[C_3OHmim]Cl	2	
						[Mbpy]Cl	1.6	
农业黑土	20.5		207	57.1	7.2	[C_2mim]Cl	2.7±0.12	[76]
						[C_2OHmim]Cl	1.7±0.15	
						[C_4mim]Cl	6.2±0.31	
						[Omim]Cl	7.1±0.49	
						[Hmim]Cl	6.9±0.45	
						[C_3OHmim]Cl	0.7±0.06	
						[Mbpy]Cl	10.2±0.80	

续表

土壤类型	有机质含量 /%	有机碳含量 /%	阳离子交换量 /(mmol·g^{-1})	黏土含量 /%	pH 值	ILs	吸附系数 k_d/(mL·g^{-1})	参考文献
酸性棕壤	7.5		70	71.2	5.2	[C_2mim]Cl	1.9±0.19	[76]
						[C_2OHmim]Cl	0.7±0.01	
						[C_4mim]Cl	5.3±0.19	
						[Omim]Cl	6.8±0.13	
						[Hmim]Cl	5.8±0.15	
						[C_3OHmim]Cl	1.1±0.03	
						[Mbpy]Cl	5.1±0.36	
森林灰壤化土	3.9		48	28.2	4.3	[C_2mim]Cl	0.7±0.03	[76]
						[C_2OHmim]Cl	0.9±0.08	
						[C_4mim]Cl	1.0±0.05	
						[Omim]Cl	1.7±0.12	
						[Hmim]Cl	2.2±0.14	
						[C_3OHmim]Cl	0.7±0.06	
						[Mbpy]Cl	1.2±0.09	
黄土	4.6		130	57.9	5.3	[C_2mim]Cl	1.9±0.15	[76]
						[C_2OHmim]Cl	1.4±0.12	
						[C_4mim]Cl	2.4±0.14	
						[Omim]Cl	6.4±0.45	
						[Hmim]Cl	5.3±0.27	
						[C_3OHmim]Cl	0.9±0.07	
						[Mbpy]Cl	2.4±0.13	
黏土质农业土壤		3.67	3.67μmol·g^{-1}	4.4	5.22	[C_6mim]$^+$	11.9	[70]
						[C_4mim]$^+$	3.8	
						[C_4mpy]$^+$	4.4	

续表

土壤类型	有机质含量/%	有机碳含量/%	阳离子交换量/(mmol·g^{-1})	黏土含量/%	pH值	ILs	吸附系数k_a/(mL·g^{-1})	参考文献
草原土壤		4.88	3.04μmol·g^{-1}	28.82	7.10	$[C_6mim]^+$	1.7	[70]
						$[C_4mim]^+$	1.7	
						$[C_4mpy]^+$	1.7	
森林土壤		3.90	1.43μmol·g^{-1}	35.86	4.34	$[C_6mim]^+$	2.2	[70]
						$[C_4mim]^+$	1.3	
						$[C_4mpy]^+$	0.7	
河流灌溉农业土壤		5.49	6.60μmol·g^{-1}	60.50	6.60	$[C_2mim]^+$	77.1	[70]
						$[C_4mim]^+$	14.5	
						$[C_4mpy]^+$	6.5	
石英		0.00035	0.93μmol·g^{-1}	0	2～3	$[C_4mim]Cl$	0	[71]
水铝石		0.002	7.14μmol·g^{-1}	0	9.8	$[C_4mim]Cl$	0	
蒙脱石		0	2.06μmol·g^{-1}	100		$[C_4mim]Cl$	3.2	
池塘沉积物		72	14μmol·g^{-1}			$[C_4mim]Cl$	95	[72]
						$[C_6mim]Cl$	110	
						$[C_8mim]Cl$	30	
湖泊沉积物		16	95μmol·g^{-1}			$[C_4mim]Cl$	27	[73]
						$[C_6mim]Cl$	30	
						$[C_8mim]Cl$	25	

2.4 离子液体在环境介质中的迁移

离子液体与其他污染物一样，也能够在环境中发生迁移转化，但因其具有非挥发性，离子液体的迁移转化主要发生在水体和土壤环境中。本小节将介绍离子液体在水环境和土壤环境中的迁移过程。

2.4.1 离子液体在水环境中的迁移

污染物在水环境中的迁移转化主要取决于污染物的结构和在水体中的存在形态以及水体的环境条件。无机污染物在水环境中主要通过沉淀 - 溶解、氧化还原、配合作用、胶体形成、吸附 - 解吸等一系列的物理化学过程进行迁移转化，而有机污染物则一般通过吸附作用、挥发作用、水解作用、光解作用、生物富集和生物降解等过程在水环境中进行迁移转化。离子液体由于其特殊的性质和结构，在水环境中的迁移转化也表现出独特性。简而言之，离子液体在水环境中主要通过对流作用、聚集行为、吸附作用、沉积作用、水解作用、光解作用等过程进行迁移转化，研究这些过程，将有助于阐明离子液体在水环境中的归趋及潜在危害。

2.4.1.1 对流作用

对流作用是水力流动可迁移溶解的或者被悬浮物吸附的污染物进入或排出特定的水生生态系统，是一种污染物在水环境中物理迁移的方式。在对流作用下，离子液体可以在水环境中发生迁移。溶于水的离子液体可以直接在水流的作用下发生迁移；疏水性离子液体则可能与水环境中其他的物质发生相互作用后，随水流发生迁移或者沉降，进而改变离子液体在水环境中的迁移行为。

2.4.1.2 聚集行为

表面活性剂分子既具有亲水基团又具有疏水基团，可以形成多种聚集体。离子液体，特别是含有较长烷基链的离子液体，由于其阳离子同样是既具有亲水基团又具有疏水基团的双亲性结构，能够在水溶液中聚集并形成缔合胶体，从而影响离子液体在水环境中的迁移行为。临界聚集浓度（critical aggregation concentration，CAC）是指溶液中分散的分子或介质中分散的颗粒形成聚集体时的最低浓度，是研究离子液体在水环境中聚集行为的关键参数。从离子液体的表面和体积特性来看，与表面活性剂类似，离子液体在水环境中也会发生聚集，且是自发的过程。烷基咪唑类离子液体 [$C_n$mim] 是应用最广泛的离子液体，由于其具有两亲的性质，此类离子液体在水环境中会发生类似于短链阳离子表面活性剂的聚集行为，引起了人们的广泛关注。

例如，Bowers 等研究了烷基咪唑类离子液体在水环境中的聚集行为，结果表明：[C_4mim][BF_4] 离子液体在水环境中的聚集行为是在临界聚集浓度以上形成多分散球形聚集体，而具有较长链的 [C_8mim]I 离子液体在水环境中的聚集行为被认为是在临界胶束浓度以上形成有规则大小的近球形带电胶束系统 [77]。前人也研究了吡啶类离子液体在水环境中的聚集行为，发现吡啶类离子液体在水环境中通过吡啶环之间的 π-π 作用、吡啶阳离子与其他离子之间的氢键作用等发生聚集，且聚集能力随烷基链长度的增加而增强 [78]。Cornellas 等对比了两种双亲性离子液体（分别含有咪唑阳离子和吡啶阳离子）在水环境中的聚集行为，发现这两种离子液体在水环境中的聚集行为没有显著差异，聚集的主要动力均来源于烷基链之间的疏水作用，在同一类型的离子液体中，随着烷基链长度的增加，其在水环境中的聚集行为也越显著，如图 2-5 所示 [79]。Vieira 等研究了氢化和氟化侧链的长度对含氟离子液体在水环境中聚集行为的影响，发现含氟离子液体在水环境中的聚集行为是自发的，这些离子液体的聚集行为主要是由氢化和氟化链长度的增加而导致的 [80]。Ruokonen 等也发现，烷基链的长度增加，能够有效促进离子液体在水环境中的聚集行为，加入磷酸盐电解质可加快离子液体在水环境中的聚集，形成更加稳定的聚集体 [81]。阴离子也可能会影响离子液体在水环境中的聚集行为，共存电解质对 [C_6mim]Cl 在水溶液中的表面张力和表面吸附都有一定的影响。有研究表明，电解质的加入会降低离子液体的表面张力和临界聚集浓度 [82]。

此外，芳香族环、烷基链长度、反离子和 pH 值、离子强度、温度等环境因子以及水环境中存在的其他污染物等，都可能影响离子液体在水环境中的聚集行为[83-84]。离子液体在水环境中发生聚集以后，可能悬浮在水环境中并随水流发生迁移，也可能沉积到水体的底部；还可能与其他颗粒物吸附在一起，继续悬浮随水流迁移或者沉入水底；还有可能被生物体摄入，进入食物链，对生态系统产生潜在的威胁。

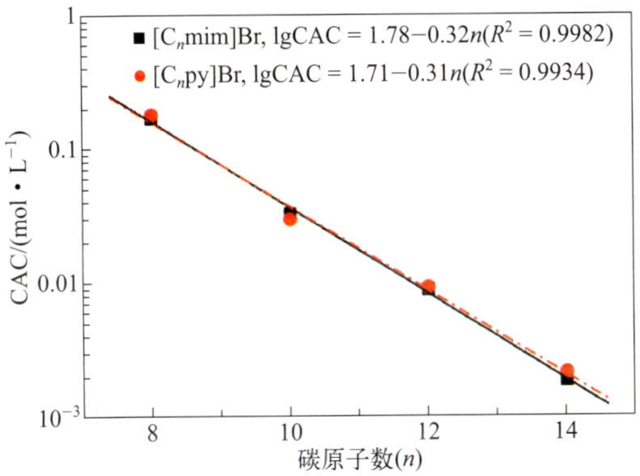

图 2-5 烷基链长度对离子液体在水溶液（25℃）中的临界聚集浓度（CAC）的影响[79]

2.4.1.3 吸附作用

离子液体作为一种具有多种结构的带电物质，可以通过静电作用、氢键作用等多种作用与固体表面发生相互作用，因此，吸附是离子液体在水环境中发生的重要环境过程。吸附是指溶液中的溶质在界面层浓度升高的现象。由于离子液体同时具有有机物的基本特征和无机离子的一些特性，既可溶于水也可以不溶于水，所以离子液体在水环境中的吸附既有表面吸附、离子交换吸附和专属吸附，也同时存在与水环境中有机颗粒和底泥间的分配作用。因此，离子液体在水环境中的吸附迁移机制非常复杂，研究这些过程，有助于阐明离子液体在水环境中的归趋。离子液体在水环境中的吸附主要可以分为两种：离子液体在颗粒物上的吸附和离子液体在沉积物上的吸附。

（1）离子液体在颗粒物上的吸附

离子液体在水环境中颗粒物上的吸附是其在天然水体中重要的迁移过程之一。天然水环境中的颗粒物主要包括：①各类矿物微粒，如石英、长石、云母及黏土矿物等硅酸盐矿物；②含有铁、铝、锰、硅水合氧化物等无机高分子；③含有蛋白质、腐殖质等有机高分子；④悬浮沉积物；⑤油滴、气泡构成的乳状液和泡沫、表面活性剂等半胶体以及藻类、细菌、病毒等生物胶体。有些颗粒物拥有较大的比表面积，也有一些具有大量的活性官能团，对水环境中的污染物具有强烈的结合能力，可以有效地吸附水环境中的污染物，影响污染物在水环境中的迁移转化。离子液体进入水环境以后，同样能够与这些颗粒物发生相互作用，影响离子液体在水环境中的迁移过程。

目前，研究较多的是离子液体在水环境中与腐殖质的相互作用。腐殖质是由生物体物质在土壤、水和沉积物中转化而成的，是水环境中广泛存在的有机物，也是影响污染物在水环境中迁移的重要因素。腐殖质是有机大分子化合物的混合物，分子量在 300 ～ 30000 甚至更高，其在结构上的显著特点是不仅含有大量的苯环，还含有大量的羧基、羰基、羟基、酚基等官能团。腐殖质与环境中污染物之间的相互作用主要涉及吸附效应、溶解效应、对水解反应的催化作用、与金属离子的配位反应等。离子液体也能够与腐殖质发生相互作用，影响离子液体在水环境中的迁移。例如，Liu 等以腐殖酸为代表性溶解性有机质（dissolved organic matter，DOM），研究了腐殖酸与离子液体的相互作用，结果发现溶解性有机质对离子液体在环境中的迁移有很大的影响。当离子液体的浓度较低时，腐殖酸中的羧基通过阳离子交换与离子液体发生相互作用，静电斥力的减小和疏水性的增强促进了腐殖酸的松散聚集；随着离子液体浓度的增大，芳香基和羰基分别通过 π-π 作用和偶极作用与离子液体发生相互作用，这导致了腐殖酸分子内氢键的断裂，促进腐殖酸在疏水作用下变得更加紧凑；与短链离子液体相比，长链离子液体与腐殖酸的相互作用更强。因此，在高疏水性的溶解性有机质存在和高离子强度条件下，离子液体与腐殖酸的相互作用更加显著，长链离子液体的迁移率可能会显著降低，并可能发生沉淀 [85]。

Wang 等研究了咪唑类离子液体（[C$_n$mim]Br，n=4、6、8、10、12）在水环境中与腐殖酸的相互作用，结果发现：腐殖酸浓度较低（＜2mg • L^{-1}）时，腐殖酸可以通过静电作用与离子液体发生相互作用；而腐殖酸的浓度较高时，疏水作用为两者相互作用的主要作用力，且两者发生相互作用后会形成沉淀，沉入水体的底部。腐殖酸含有大量的含氧官能团，随着体系pH值的增大，腐殖酸在水环境中的存在形式由分子态向离子态转化，较低浓度的离子态的腐殖酸更容易通过静电作用与离子液体发生相互作用，因此离子液体与腐殖酸的相互作用随着溶液pH值的增大而显著增强；在腐殖酸的浓度较低时，随着咪唑类离子液体烷基链长度的增加，其疏水作用逐渐增强，进而导致长烷基链的离子液体更容易与腐殖酸发生相互作用。离子液体和腐殖酸在水环境中都是以水合状态存在的，随着温度的升高，两者都能够脱水，从而有效促进腐殖酸与离子液体的相互作用。总之，随着体系温度升高、溶液pH值增大和咪唑烷基链长度增加，离子液体与腐殖酸的相互作用均增强，有利于沉淀的生成，进而抑制了离子液体在水环境中的迁移。此外，水环境中存在的其他离子也能够影响离子液体与腐殖酸的相互作用，如Mg^{2+}能够与腐殖酸的羧基和酚类基团发生反应，形成复合物，进而与离子液体发生竞争反应，降低能够与离子液体发生相互作用的腐殖酸的数量，抑制离子液体与腐殖酸的相互作用[65]。也有研究发现，水环境中的腐殖质对[Bmim]Cl具有良好的吸附作用，其吸附等温线符合Langmuir吸附模型，相关系数大于0.9959，吸附作用主要与腐殖质和离子液体的浓度有关，温度的影响较小[86]。

最近，人们也研究了离子液体在矿物微粒上的吸附。例如，Reinert等探究了咪唑类和吡啶类离子液体在蒙脱石上的吸附行为，发现在pH=7和温度为25℃的条件下，离子液体在蒙脱石上的吸附是吸热自发的过程，其最大吸附量与有机阳离子的性质和烷基链的长度密切相关，最大吸附量的顺序为[Bpy]Br ＞ [Opy]Br≈[Amim]Cl≈[Bmim]Cl ＞ [Omim]Cl；离子液体的吸附量随温度的升高而增加，离子液体分子的空间位阻和疏水性对吸附过程也有一定的影响[87]。Pei等研究了咪唑类离子液体在钠基蒙脱石上的吸附行为，结果发现，蒙脱石对咪唑类离子液体的吸附速度较快，吸附容量为0.43mmol • g^{-1}，吸附机制主要是阳离子交换，符合准二级吸附动力学模型，但咪唑类离子液体的阳离子基团不能完全取代蒙脱石上的可交换阳离子；吸附离子液体后形成的复合物，改变了蒙脱石的润湿性，提高了其热稳定性[88]。此外，离子液体还可能在其他的颗粒物上发生吸附，影响离子液体在水环境中的迁移行为，但目前的研究仍然有限，需要更多的研究，以了解离子液体与水环境中颗粒物的相互作用，揭示离子液体在水环境中的迁移行为。

（2）离子液体在沉积物上的吸附

沉积物是由流体流动所移动的微粒在水或其他液体底下形成的一层固体微粒。通过侵蚀、风化、搬运等作用，水环境中的矿物颗粒、生物碎屑或有机物质等沉降下来形成的物质，都可以被称为沉积物。由于沉积物的无机组分大多带负电荷，它们对多数污染物都具有良好的吸附能力，水环境中大部分的污染物都能够被沉积物吸附。因此，沉积物在污染物在水环境中的迁移转化过程中扮演着重要的角色，也被认为是污染物在水环境中重要的汇。离子液体进入水环境以后，能够被水体中的颗粒物吸附，最终通过沉降作用在水体的底部积累，也能够被水底的沉积物直接吸附，从而影响离子液体在水环境中的迁移行为。分配系数是指污染物在沉积物上的分配达到平衡时，污染物在沉积物与水溶液中的浓度之比，可以用来指示污染物在沉积物上的分配能力，单位为 $mL \cdot g^{-1}$ 或 $L \cdot kg^{-1}$。

Stepnowski 研究了咪唑类离子液体在海洋沉积物上的吸附行为，结果发现海洋沉积物对所研究的离子液体均有良好的吸附能力，最高的分配系数达到 $2467L \cdot kg^{-1}$，且沉积物对离子液体的吸附能力随烷基链长度的增加而增强，如图 2-6 所示[89]。然而，也有研究发现，咪唑类离子液体在沉积物上的吸附作用较弱，分配系数为 7.9 ～ $95.7L \cdot kg^{-1}$，烷基链的长度增加时，沉积物对离子液体的吸附量并没有增加，沉积物对烷基甲基咪唑离子液体的吸附能力有限。与 Stepnowski 的研究对比发现，该研究的沉积物中黏土含量较低，而 Stepnowski 研究的沉积物中的黏土含量非常高，离子液体更容易与黏土发生相互作用，从而被沉积物吸附。由此可见，沉积物的类型对离子液体在沉积物上的吸附行为起着重要的作用[74]。研究人员也在河流、河口、湖泊等水环境的沉积物中发现了季铵类化合物，侧链中含有 12 个或更多碳的化合物在沉积物上的吸附更为普遍[55,90-91]。离子液体在水环境中被沉积物吸附以后，可以抑制离子液体在水环境中的迁移，沉积物成为离子液体在水环境中重要的汇。当然，在适宜的条件下，吸附在沉积物上的离子液体也可以发生解吸，向水环境中释放出沉积物吸附的离子液体，但相关的研究还不是很充分，需要进一步深入研究，以阐明沉积物对离子液体在水环境中迁移行为的影响。

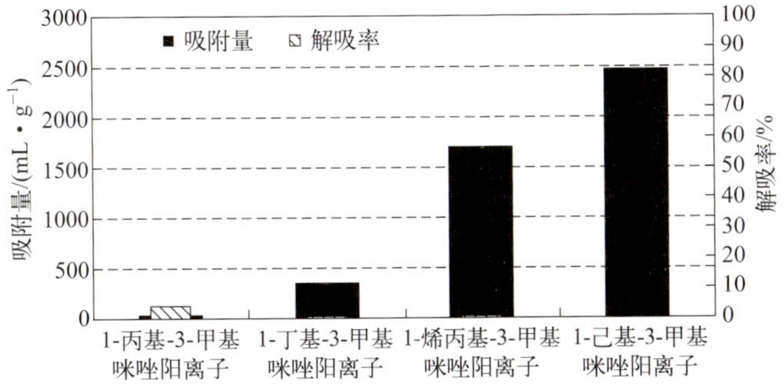

图 2-6 吸附平衡时离子液体在海洋沉积物上的吸附量和解吸率[89]

离子液体的初始浓度为 1×10^{-3}mol·L^{-1}[89]

此外，生物摄入也是污染物在水环境中发生的重要过程。离子液体进入水环境后，也可能被生物摄入，并在生物体内富集，随后可能沿食物链逐渐放大。研究表明，丰年虾、大型蚤、贻贝等无脊椎生物均可从水环境中摄入离子液体，影响离子液体在水环境中的迁移转化[60,64]。因此，水生生物对离子液体在水环境中的迁移也存在一定的影响。

总之，一旦离子液体进入水环境中，就会在水环境中发生多种不同的迁移，且这些迁移行为并不是单独存在的，往往都是同时发生的，共同影响离子液体在水环境中的迁移。水溶液中离子液体分子的结构和存在形式对其化学归宿至关重要。水溶性、离子缔合和解离、分子体积等因素在离子液体的迁移中起着重要作用。迁移和吸附参数在很大程度上取决于离子液体在溶液中阴离子和阳离子的大小和结构。此外，离子液体的聚集有助于其滞留在沉积物中。因此，影响离子液体在水环境中迁移的主要因素是离子液体本身的化学结构，水中颗粒物的含量和类型、沉积物的类型、温度、pH 值、溶解氧等环境参数也能影响离子液体在水环境中的迁移行为。

2.4.2 离子液体在土壤环境中的迁移

离子液体在土壤中的迁移是指土壤溶液中和吸附在土壤颗粒上的离

子液体的扩散、迁移，是离子液体从土壤进入水体和生物体的重要过程。扩散和质体流动是污染物在土壤环境中主要的迁移方式。扩散是热能引起分子的不规则运动而使物质分子发生由浓度高的地方向浓度低的地方迁移。离子液体的扩散可以发生在土壤溶液中，影响离子液体扩散的因素主要有土壤水分的含量、吸附、孔隙度、温度及离子液体本身的性质。物质的质体流动是由水或土壤微粒或是两者共同作用所致，如离子液体既能溶于水，也能悬浮于水中，或者吸附于土壤矿物微粒上，或者存在于土壤有机质中，而使它们能随水和土壤微粒一起发生质体流动。从离子液体在土壤中的迁移方向来看，其在土壤环境中既可以沿土壤垂直剖面向下垂直迁移（淋溶），也可以沿土壤水平方向进行迁移运动（径流）。淋溶可使离子液体进入地下水，径流可以使离子液体从土壤转移至河流、湖泊等地表水体中。因此，水是离子液体在土壤中发生迁移的主要影响因素，溶于水的离子液体可以通过淋溶迁移至地下水。此外，不溶于水的离子液体被引入多孔土壤中，由于压力梯度而发生迁移。离子液体在土壤环境中的迁移主要由土壤的性质和离子液体的性质共同决定。

吸附实验和柱淋溶实验是研究离子液体在土壤环境中迁移行为的两种主要方式[61]。吸附实验是通过离子液体的静态平衡，以了解不同离子液体在不同土壤中的吸附容量，间接反映其在土壤环境中的滞留能力。而柱淋溶实验则能更准确地模拟自然条件下离子液体进入土壤后可能发生的迁移过程[92]。柱淋溶实验有两个主要优点，一是可调节离子液体和土壤的比例，二是可调整体系的 pH 值；它的不足之处在于，无法保证每个土壤柱的状态都相同，重现性有所欠缺。但总体而言，柱淋溶实验仍然是一种研究离子液体在多孔介质中迁移行为的重要方式[93]。

离子液体在土壤环境中的迁移行为和其在土壤环境中的吸附行为是密切联系的。一般而言，离子液体在土壤环境中的吸附能力越强，其迁移能力就越弱，反之亦然。因此，许多影响离子液体在土壤环境中吸附行为的因素也是影响离子液体在土壤环境中迁移行为的关键参数。离子液体在土壤环境中的迁移行为主要取决于土壤的理化性质、离子液体的固有特性和生态系统的参数。

2.4.2.1 土壤理化性质的影响

土壤的理化性质主要包括土壤水分含量、土壤有机质含量、土壤 pH 值、土壤矿物类型等。土壤水分含量可以有效影响离子液体在土壤中的迁移，特别是可溶性离子液体在土壤中的迁移。土壤水分含量越高，对可溶性离子液体在土壤环境中迁移的促进作用越强。土壤有机质含量越高，越有利于离子液体吸附在土壤颗粒上，吸附在土壤颗粒上的离子液体暂时或永久被固定，这不仅抑制了它们迁移到更深层次的土壤或地下水中，而且也降低了它们的生物可利用性。例如，Studzińska 等研究了土壤有机碳对离子液体在土壤环境中迁移行为的影响，发现土壤的有机碳含量越高，离子液体与土壤基质的相互作用越强烈，因而能在土壤介质中自由迁移的离子液体的含量就越少，这减弱了离子液体在土壤环境中的迁移[94]；Markiewicz 等研究发现，离子液体在低有机质的土壤中的迁移速度较快，而在有机质改良的土壤中的迁移受到了一定的阻碍[95]。土壤矿物主要通过影响离子液体在土壤环境中的吸附而影响其在土壤环境中的迁移。蒙脱土比高岭土对离子液体表现出更好的吸附性能，因此离子液体在高岭土中可能更容易发生迁移。土壤 pH 值是影响离子液体在土壤中迁移的关键因素，当 pH 值在 6 ～ 10 范围内时，$[C_4mim]Cl$ 不能吸附在三水铝石上，因此 $[C_4mim]Cl$ 在以这些矿物表面为主的地区可以顺利地发生迁移，进入地下水并对地下水产生一定的影响[71]。此外，土壤的紧实度、土壤溶液的离子强度、土壤的氧化还原电位等土壤参数都可能影响离子液体在土壤环境中的迁移，但是相关研究还不是很充分，还需要进一步深入研究。

2.4.2.2 离子液体自身性质的影响

离子液体自身的性质是影响其在土壤中迁移的重要因素。离子液体的结构是影响其在土壤环境中迁移的关键参数，具有长烷基取代基或有机阴离子的高亲脂性离子液体可与土壤中的有机质发生相互作用，因而这类离子液体在土壤环境中的迁移能力较弱。研究发现，疏水性离子液体只会在土壤环境中迁移几厘米；相反，弱亲脂性离子液体具有较高的水溶性，对有机物的亲和力较低，在土壤中的流动性较大，因此这类离子液体能够穿过土壤迁移到更深的土壤甚至是地下水中，对地下水存在较大的潜在威胁。例如，Mrozik 等研究了离子液体自身结构对其在土壤环境中迁移的影响，发现含有长链取代基和其他疏水基团的离子液体会与土壤中的有机质发生相互作用，从而被土壤迅速吸附，因此这类离子液体在土壤环境中的迁移能力较弱[70]。Jungnickel 等发现，如果离子液体含有尺寸较大的有机阴离子，离子液体也很容易与土壤中的有机质发生相互作用，从而不利于离子液体在土壤环境中的迁移[96]。也有研究发现，含有羟基化衍生物的离子液体在土壤环境中与土壤颗粒的结合较弱，进而可迅速从土柱中洗脱，这种类型的离子液体可能成为地下水中的污染物；离子液体从土柱中浸出也与离子液体阳离子的疏水性有关，土壤颗粒与离子液体阳离子之间的相互作用方式主要是离子交换作用。离子液体在土壤溶液中的溶解度决定了其在土壤孔隙流体中的迁移能力以及与土壤颗粒相互作用的能力。盐的溶解度通常由它的离子溶剂化程度和晶格能来确定。然而，离子液体的溶解度在很大程度上取决于离子液体的结构，如阴离子的类型和阳离子取代链的长度。水溶性越好的离子液体，越容易随土壤水流发生迁移，展现出较好的迁移性。许多离子液体具有优良的吸湿性，当它们暴露在空气中时，能从大气中吸收水分从而促进其在土壤环境中的迁移[97]。影响离子液体水溶性的因素很多，如烷基链的长度能够有效地影响离子液体的水溶性。Freire 等研究了非芳香族离子液体，即阴离子为 $[CH_3SO_2]^-$ 的哌啶类和吡咯类离子液体在水中的溶解度，发现离子液体在水中的溶解度主要由阳离子的大小决定，阳离子的体积越大，就越难溶于水[98]。Ranke 等将亲脂性作为衡量离子液体在水中溶解度的指标，这种方法的优点是，它同时考虑了阴离子和阳离子的变化，因此可以有效地评价离子液体在水中的溶解性[99-100]。温度也能够影响离子液体在水中的溶解度，随着温度的升高，离子液体分子间的作用力被破坏，促进离子液体的溶解；随着温度的进一步升高，离子液体可能发生聚集和形成胶束，取代了难溶于水的烷基链与水之间的接触，进而促进离子液体在水中的溶解[101]。例如，含有不同阴离子（如 $[BF_4]^-$、$[CF_3COO]^-$、$[NO_3]^-$）的 1- 丁基 -3- 甲基咪唑阳离子离子液体在 25℃可以与水互溶，但当温度降到 4℃时出现了分层现象，离子液体与水并不互溶。

胶束的形成也能够影响离子液体在土壤环境中的迁移。通过对典型的咪唑类离子液体的构效关系进行分析，发现此类离子液体具有与表面活性剂相似的表面活性，从而使其在水溶液中形成胶束。因此，临界胶束浓度是影响这些离子液体在土壤环境中迁移的一个重要参数。离子液体的表面活性既取决于离子液体中阳离子的烷基链长度，也取决于阴离子的类型。研究发现，与阴离子为 Cl^- 的咪唑类离子液体相比，当阴离子为 $[BF_4]^-$、$[PF_6]^-$ 和 $[(CF_3SO_2)_2N]^-$ 时，咪唑类离子液体阳离子的胶束形成受到抑制，反而有利于离子液体在土壤中的迁移 [102-105]。离子液体胶束的形成可能影响它们与周围环境的相互作用，包括改变土壤环境中离子液体的迁移参数。

离子液体在土壤中也能够发生一些化学反应，这同样能够影响离子液体在土壤环境中的迁移。例如，一些离子液体在土壤环境中会与氧化剂发生反应或被生物降解，产生的氧化产物比离子液体本身的亲水性更强，因此这些氧化产物在土壤环境中可能更容易发生迁移。一些特殊的离子液体还可能形成一些络合物，如烷基链中含有特殊官能团的离子液体能够从水溶液中提取金属离子，这种特性不仅会影响离子液体在土壤环境中的溶解性和迁移性，还会影响其他污染物的环境行为 [106]。离子液体的光降解产物在水中更容易溶解，因此光降解会影响离子液体在土壤环境中的持久性和迁移能力，但离子液体在土壤环境中的光降解很难发生 [107]。这些影响因素目前都不是很清楚，都需要进一步深入研究。

可见，离子液体在土壤环境中的吸附和迁移行为将最终决定它在土壤环境中的归趋。强吸附的离子液体可能保留在土壤表面，弱吸附的离子液体可能会透过土壤而污染地下水。离子液体的亲脂性和链长是决定离子液体在土壤基质中迁移速率的主要因素，土壤有机质、土壤矿物等均可以影响离子液体在土壤环境中的迁移；此外，温度、湿度等环境因子也可能影响离子液体在土壤环境中的迁移。虽然目前已经进行过一些离子液体在土壤中迁移行为的研究，但是目前的认识还非常有限，今后需要更多的相关研究，以揭示离子液体在土壤环境中的迁移转化机制。

总之，离子液体一旦释放到环境中，就会分布在水、土壤和沉积物等各种环境介质中，并在各环境介质之间进行迁移转化（图 2-7）。影响离子液体环境行为的主要因素是离子液体本身的化学结构和理化性质，不同介质的环境参数对离子液体在环境中的迁移转化也起着关键的作用。

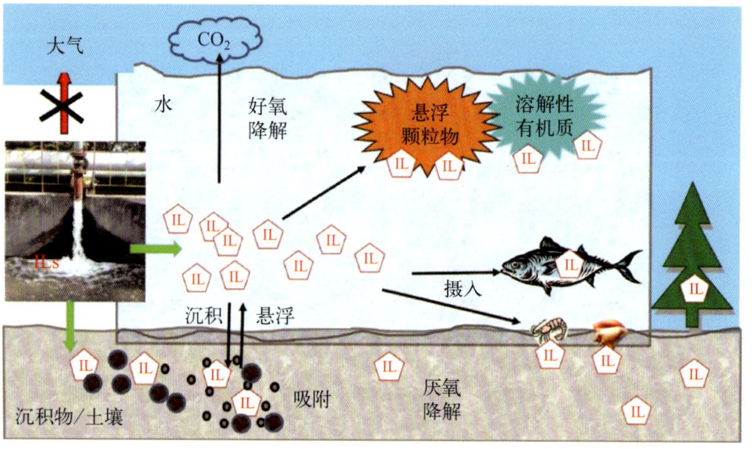

图 2-7　离子液体（IL）在环境中的迁移转化[60]

2.5

离子液体在环境介质中的降解

由于离子液体具有较低的蒸气压和优异的稳定性，且可回收使用，因此被认为是环境友好型“绿色溶剂”。例如，离子液体在循环使用几次以后，其性质仍能满足欧盟的废物管理等级要求，因此离子液体被认为是环境友好型和符合可持续发展理念的理想溶剂[108-109]。但是，离子液体的循环使用仅限于一定的次数，当离子液体在使用过程中不能满足特定需求的时候，离子液体就变成了废弃物，可能会不可避免地进入环境介质中，对周围的环境产生潜在的威胁[110]。同时，离子液体在生产、运输、使用、回收等过程中仍会向土壤和水环境中释放，并在环境介质中积累，这将会对周围的生物及生态系统产生潜在的威胁。考虑到离子液体具有优异的稳定性，研究离子液体在环境介质中的降解，对于揭示离子液体在环境介质中的环境行为和生态毒理效应具有重要的意义。离子液体在环境介质中的降解主要可以分为生物降解和非生物降解。生物降解是在微生物如细菌、霉菌（真菌）、藻类等的作用下而引起离子液体的降解。在没有生物参与下，离子液体在其他的作用下发生的降解都可以称为非生物降解，比如水解、光降解等。本节介绍离子液体在环境介质中的生物降解和非生物降解。

2.5.1 离子液体的生物降解

虽然离子液体的非生物降解可能更加彻底，但是生物降解主要靠微生物及生物酶来降解离子液体，对周围环境的影响较小，且生物降解产物的毒性小于降解前的离子液体的毒性，更加环保，也更具有发展潜力。根据经济合作与发展组织（Organization for Economic Co-operation and Development，OECD）的测试标准[111-112]，易生物降解的定义为，在接种微生物后的28天内至少有一个10天窗口期内60%的化合物发生矿化，且完全降解产物为无害的化合物。评价离子液体生物降解性的方法主要有DOC消减试验（DOC die-away test，OECD 301A）、CO_2顶空实验法（OECD 301B；ISO 14593）、密闭瓶实验法（OECD 301D）等。其中DOC消减试验适用于评价水溶性（溶解度至少大于100mg・L^{-1}）、不挥发化合物的生物降解性；CO_2顶空实验法适用于评价难溶性、吸附性强、非挥发性化合物的生物降解性，是评价难溶性和高吸附性化合物的首选方法；密闭瓶实验法适用于评价挥发性和吸附性化合物的生物降解性[113]。

常用的离子液体几乎都不易于生物降解，在所有测试的咪唑类和吡啶类离子液体中，只有少数的离子液体可以被认为是易于生物降解的，如1-辛基-3-甲基吡啶溴盐[114]、1-（烷氧基羰基）-3-甲基咪唑辛基硫酸盐（n=1、3、5）[115]、N-（烷氧基羰基）吡啶辛基硫酸盐[116]、1-烷氧基甲基-3-羟基吡啶离子液体（n=11）等[117]。总体来说，影响离子液体生物降解的因素主要有烷基侧链的长度、核心结构、存在的官能团、阴离子的类型等[118]，吡啶类离子液体比咪唑类离子液体更易生物降解。例如，Liwarska-Bizukojc等通过标准的OECD测试方法研究了新型全烷基化咪唑类离子液体的生物降解性，发现所研究的离子液体都不能归类为易生物降解的离子液体[119]。Stolte等研究了27种具有不同官能团和侧链的离子液体的生物降解过程，结果发现：咪唑类离子液体比吡啶类离子液体更难被生物降解，长侧链的离子液体更容易被生物降解，但具有长烷基链的离子液体对活性污泥微生物的毒性更高[120]。Garcia等研究了一系列二烷基咪唑类离子液体（[C_4mim]X）的生物降解性，发现这类离子液体很难被生物降解，其生物降解性可以忽略不计；在咪唑类离子液体阳离子的侧链上引入酯基，可以显著提高其生物降解性，且侧链含有酯基、阴离子为辛基硫酸盐的离子液体的生物降解率最大（49% ～ 56%），侧链含有酯基的离子液体的生物降解率（23% ～ 33%）大于二烷基咪唑类离子液体的生物降解率（0% ～ 1%）[121]。

离子液体的侧链和阴离子也会被生物降解，而离子液体的核心结构并不能被生物降解[122]，这种不完全生物降解可能产生一些与离子液体本身展现出不同毒性效应的中间产物，需要引起人们的关注[123]。也有研究发现，质子型离子液体的生物降解性高于非质子型离子液体[124]。相比之下，含有胺类阳离子和有机酸类阴离子的离子液体通常比含有氟类阴离子的离子液体表现出更强的生物降解性，生态毒性可能更小。与传统的离子液体相比，含有阳离子（胆碱）和阴离子（糖根、氨基酸根或有机酸根、烷基硫酸根或烷基磷酸根）的新型离子液体更易于生物降解，它们的生态毒性可能显著降低[125-127]。因此，随着离子液体的广泛应用，废水中离子液体的生物降解是非常重要的，需要对其生物降解的方法进行深入研究。此外，了解离子液体生物降解的转化过程及其对周围环境的影响，对开发可生物降解的新型离子液体具有重要的意义。典型的生物降解曲线如图 2-8 所示[118]。

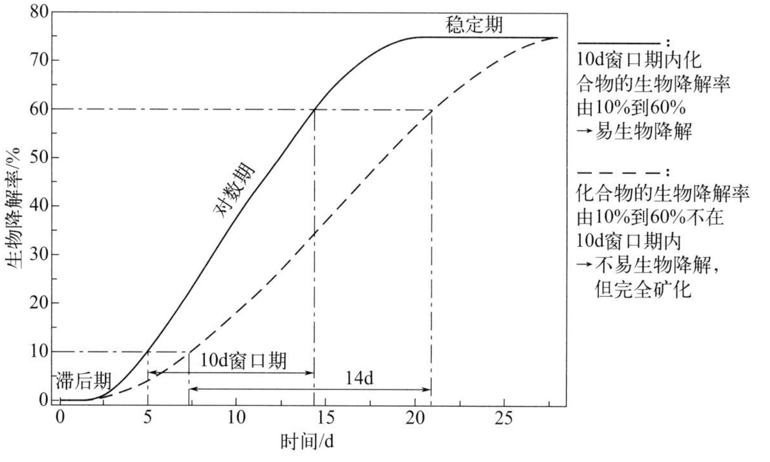

图 2-8　典型的生物降解曲线[118]

滞后期：微生物对试验化合物的生物降解率小于 10% 的适应期；降解期：微生物生长的对数期；稳定期：微生物稳定生长期

离子液体在活性污泥中的降解：活性污泥法是常用的生物降解离子液体的方法。Docherty 等使用 OECD（经济合作与发展组织）的标准实验方法以及 ^{1}H NMR 研究了 [$C_n$mim]Br、[$C_n$mpy]Br（n=4、6、8）六种离子液体的生物降解性，发现：n=4 时的两种离子液体在 43d 内的生物降解率几乎为零，不能生物降解；$n \geqslant 6$ 时吡啶类离子液体可以完全生物降解（[C_8mpy]Br 在 25d 内的生物降解率高达 96%），但咪唑类离子液体只能部分生物降解；随着烷基链长度的增加，生物降解率也会增加 [114]。

有研究表明：[C_2mim]Br、[C_6mim]Br 和 [C_{10}mim]Br 在微生物处理 28d 后，离子液体的生物降解率均小于 30%，但其生物降解率随烷基链长度的增长而增加 [128]。然而，离子液体对活性污泥微生物的毒性随着烷基链长度的增长而增加。因此，当使用活性污泥法降解离子液体时，不仅需要考虑活性污泥微生物对离子液体的生物降解效率，还需要考虑离子液体对活性污泥微生物的毒性效应，以找到最优的生物降解条件。

生物降解往往伴随着离子液体及其代谢产物对活性污泥微生物的毒性作用，从而影响离子液体的生物降解效率。从毒理学的角度来看，离子液体生物降解的中间产物和生物降解途径是值得研究的，因为离子液体生物降解的中间产物也可能表现出毒性效应。研究发现，[C_4mpy]Br 离子液体的浓度为 333μmol•L^{-1} 时几乎不能被微生物降解，但在低浓度（46.7μmol•L^{-1}）条件下，微生物对 [C_4mpy]Br 的降解效果较好 [114, 129]。Kumar 等通过固相萃取法和气相色谱 - 质谱法分析了 [C_4mim][BF_4] 离子液体在废水微生物中的降解产物，结果发现 [C_4mim][BF_4] 与假单胞菌和大肠埃希菌接触时，假单胞菌能够降解 [C_4mim][BF_4]，且其降解产物为 1- 甲基咪唑和 1- 丁基咪唑 [130-131]。Pham 等利用 HPLC-MS 技术研究了好氧活性污泥对 [C_4mpy] 的生物降解过程，发现离子液体的生物降解是通过在烷基链的不同位置进行连续氧化来进行的，降解产物为 1-（1- 羟基丁基）-3- 甲基吡啶、1-（2- 羟基丁基）-3- 甲基吡啶、1-（2- 羟基乙基）-3- 甲基吡啶和甲基吡啶 [129]。此外，吡啶盐具有与百草枯相似的毒性，这说明其毒性较高。Markiewicz 等发现 [C_8mim]Cl 的浓度低于 0.2mmol • L^{-1} 时，可以发生初级生物降解，而高浓度时则会被吸附到污泥絮凝体上，抑制离子液体的生物降解，因此，[C_8mim]Cl 离子液体初级生物降解的最终浓度阈值为 0.2mmol • L^{-1}，高浓度的离子液体会被污泥吸附，抑制离子液体的生物降解过程[132]。厌氧生物降解的条件在自然界中普遍存在于土壤、水环境和污水处理厂中，并被认为对离子液体的生物降解具有重要的意义，但离子液体在厌氧条件下的生物降解仅有少量的报道。例如，Neumann等利用离子色谱法研究了含有氰基和有机氟的离子液体阴离子在好氧和反硝化条件下的生物降解过程，发现这些离子液体在活性污泥中经过约60天的生物降解后，其阴离子在好氧或反硝化条件下均不能被有效地生物降解，这可能与这些阴离子本身具有良好的化学稳定性、热稳定性和电化学稳定性等特性有关[133]。

离子液体在土壤中的生物降解：土壤环境中含有大量的微生物，离子液体在土壤介质中也能够进行生物降解，因此离子液体在土壤中的生物降解也受到了人们的广泛关注。例如，Modelli等研究了四类咪唑类离子液体，即[$MeOCH_2CH_2$mim][$N(CN)_2$]、[$MeOCH_2CH_2$mim][BF_4]、[Bmim][BF_4]和[Bmim][$N(CN)_2$]在土壤环境中的好氧生物降解。该研究首先将待测的离子液体与土壤混合，并将其放置在一个大的玻璃容器中，定期测定二氧化碳的排放量。尽管土壤是一种物种丰富的混合物，但预计其活性低于活性污泥，因此持续测试了6个月。结果发现，直链烷基离子液体[Bmim][BF_4]的生物降解率达到了52.1%±6.6%，而[Bmim][$N(CN)_2$]离子液体的生物降解率为17.0%±4.2%；[$MeOCH_2CH_2$mim][$N(CN)_2$]离子液体的生物降解率基本可以忽略不计，仅有0.1%±4.0%的离子液体发生降解[134]。

总体而言，离子液体在环境介质中表现出较弱的生物降解性，大多数常用的咪唑阳离子、吡啶阳离子、季铵、季鏻类等离子液体的生物降解效果都不是特别好。离子液体的支链取代基、阳离子类型、阴离子类型和结构都能影响其在环境介质中的生物降解效率。一般来说，当侧链取代基相同时，常见离子液体的生物降解效率遵循以下顺序：吡咯类≈吡啶类>哌啶类≈吗啉类≥咪唑类。离子液体的生物降解性随着阳离子烷基链长度的增长而增加，或者在这些链中加入官能团，也能够促进离子液体的生物降解。但随着离子液体的种类和数量的不断增多，离子液体的生物降解性将更加复杂，需要进一步深入研究[135]。

2.5.2 离子液体在环境中的非生物降解

离子液体具有较好的热稳定性和化学稳定性，但在环境中依然存在离子液体的降解，其降解途径除了前面讨论的生物降解外，还包括非生物降解。离子液体的非生物降解包括两个方面：①自然条件下的水解和光降解；②人为处理下的高级氧化降解[136]。本小节主要介绍离子液体在自然条件下的水解和光降解作用。

2.5.2.1 水解作用

离子液体中的阴离子可以是有机的，也可以是无机的，阴离子的类型改变会导致离子液体在水环境中的溶解性的变化。水解也是离子液体在水环境中发生的重要过程之一。离子液体在天然水环境中的水解作用主要发生在离子液体的阴离子上，并且能够产生不同的水解产物。目前，研究人员比较关注 $[PF_6]^-$、$[BF_4]^-$、$[SbF_6]^-$、$[TFSI]^-$、$[Ac]^-$ 等阴离子在水环境中的水解过程[137]。例如，Visser 等利用离子液体从水溶液中提取 Na^+、Cs^+ 和 Sr^{2+} 时，发现离子液体阴离子 $[PF_6]^-$ 在水溶液中能够发生水解产生 PO_4^{3-}，在酸性条件下能够产生大量的腐蚀性气体氢氟酸（HF）[19]。也有研究发现，$[PF_6]^-$ 和 $[BF_4]^-$ 离子液体阴离子在水溶液中也能够发生水解，并释放出具有腐蚀性和有毒的 HF。在 $[Bmim][PF_6]$ 离子液体的合成过程中，也发现 $[Bmim][PF_6]$ 水解产生 $[Bmim]F \cdot H_2O$[138]。Freire 等研究了 $[PF_6]^-$ 和 $[BF_4]^-$ 基咪唑类离子液体在不同 pH 值和温度条件下的水解反应，结果发现：$[PF_6]^-$ 类咪唑离子液体在较高温度（70℃和 100℃）或酸性条件下（pH=3）能够发生水解，而 $[BF_4]^-$ 即使在室温下也能发生水解；随着烷基侧链取代基尺寸的增大，离子液体阳离子与阴离子的相互作用减弱，促进了阴离子与水的相互作用，因而两种阴离子的水解程度均增大[139]。人们还研究了离子液体 $[C_4mim][BF_4]$、$[C_4mim][PF_6]$、$[C_6mim][(C_2F_5)_3PF_3]$ 和 $[C_4mpyr][TFSI]$ 在水环境中的稳定性，结果表明 $[C_4mim][BF_4]$ 的水解速度最快，因为 C—F 键在温和条件下相对惰性，阴离子 $[(C_2F_5)_3PF_3]^-$ 和 $[TFSI]^-$ 展现出良好的水解稳定性，但前者的稳定性更好。在温度为 50℃时，阴离子 $[(C_2F_5)_3PF_3]^-$ 和 $[TFSI]^-$

在一周后才发生水解，说明在低温下阴离子的水解可能会减慢[140-141]。研究者也研究了 [Bmim][PF_6]、[Bmim][BF_4] 和 [Bmim][SbF_6] 在水溶液中的水解反应，结果发现：在相同条件下，[SbF_6]$^-$ 比 [BF_4]$^-$ 和 [PF_6]$^-$ 更容易发生水解[142]。此外，Steudte 等[143]研究了 1- 乙基 -3- 甲基咪唑阳离子的离子液体中最常见阴离子 [$N(CN)_2$]$^-$、[$C(CN)_3$]$^-$、[$B(CN)_4$]$^-$、[$(CF_3SO_2)_2N$]$^-$、[$(C_2F_5)_3PF_3$]$^-$、[$HC_2F_4SO_3$]$^-$ 的水解稳定性，结果表明：所有阴离子在中性 (pH=7) 和微碱性 (pH=9) 条件下能够稳定存在（图 2-9）；在强酸 (pH=1) 和强碱 (pH=13) 性溶液中，[$B(CN)_4$]$^-$、[$(CF_3SO_2)_2N$]$^-$、[$(C_2F_5)_3PF_3$]$^-$ 和 [$HC_2F_4SO_3$]$^-$ 依然能够保持稳定，而 [$N(CN)_2$]$^-$ 和 [$C(CN)_3$]$^-$ 发生水解，如图 2-9 所示；在温度为 25℃，pH 为 7 ～ 9 条件下，这些离子液体阴离子的半衰期约为 1 年，如图 2-10 所示。因此，离子液体阴离子在水环境中也能够发生水解反应，水解作用也是离子液体在水环境中发生的重要转化过程，能够影响离子液体在天然水环境中的迁移。

2.5.2.2 光解作用

光解作用是化合物由于光的作用而发生分解，是有机污染物彻底分解的重要过程。因为光解作用不可逆地改变了反应分子，能强烈地影响某些污染物在水环境中的归趋。光解作用可以分为直接光解、间接光解和氧化反应。直接光解是化合物本身直接吸收了太阳光而进行的分解反应；间接光解是水环境中存在的天然物质（如腐殖质）被太阳光激发，又将其激发态的能量转移给化合物而导致的分解反应，又称为敏化光解；氧化反应是天然物质被辐射而产生的自由基或纯氧态（又称单一氧）等中间体，这些中间体又与化合物发生反应，生成最终产物的过程。研究发现，离子液体在水环境中既可以发生直接光解，也可以发生间接光解，但光解的速率比较缓慢。例如，Calza 等通过室内实验和光化学模拟相结合的方法，研究了咪唑类离子液体 ([Hmim][HSO_4] 和 [Emim][HSO_4]) 和 3 个吡啶类离子液体 [1- 乙基吡啶四氟硼酸盐、1- 丁基 -4- 甲基吡啶四氟硼酸盐和 1-(3- 氰基丙基) 吡啶氯盐] 在水环境中的直接光解和间接光解，以评估离子液体在阳光照射的水环境中的持久性。结果发现：在大多数情况下，直接光解作用在离子液体的光化学转化中发挥主要作用，3- 甲基 -1- 乙基咪唑阳离子的离子液体

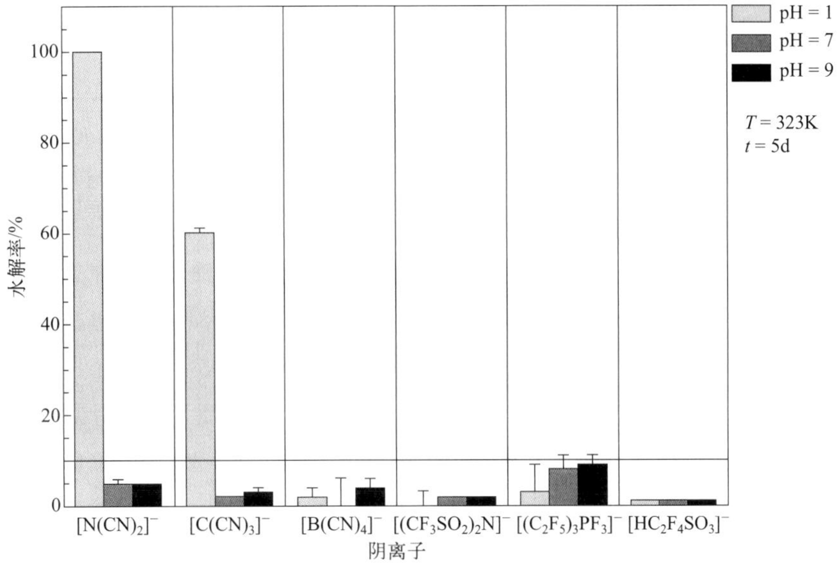

(a) 阳离子为碱金属离子，pH值分别为1、7、9

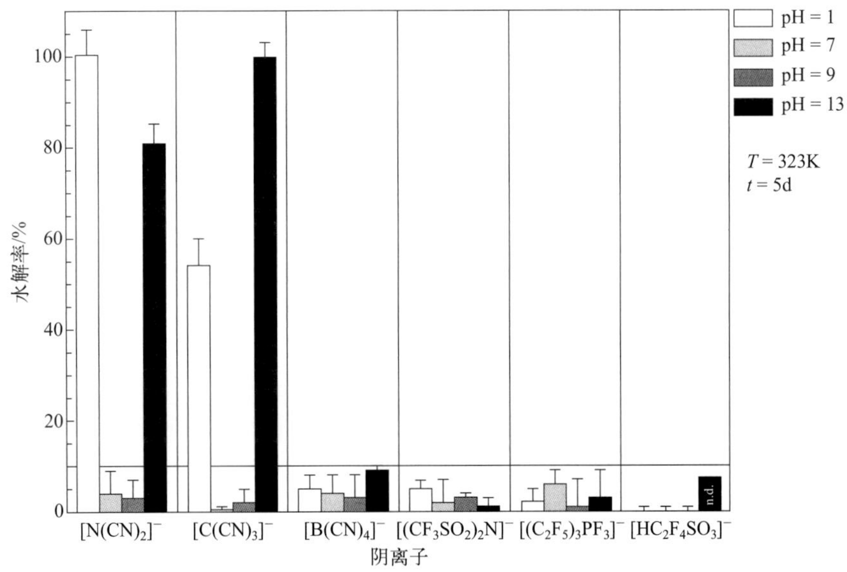

(b) 阳离子为3-甲基-1-乙基咪唑，pH值分别为1、7、9、13

图 2-9 不同离子液体阴离子的初步水解试验[143]

n.d. 代表未检出

在地表水中的半衰期可达 30 天；1-(3- 氰基丙基) 吡啶氯盐离子液体同样以直接光解为主，光化学转化的主要过程包括羟基化、丁基链脱离 / 缩短和双键的形成，且部分产物比离子液体本身的毒性更强，比如多羟基化反应生成的对苯二酚类衍生物 [144-145]。然而，这些研究仅用模型敏化剂探究离子液体在水环境中的光化学转化。

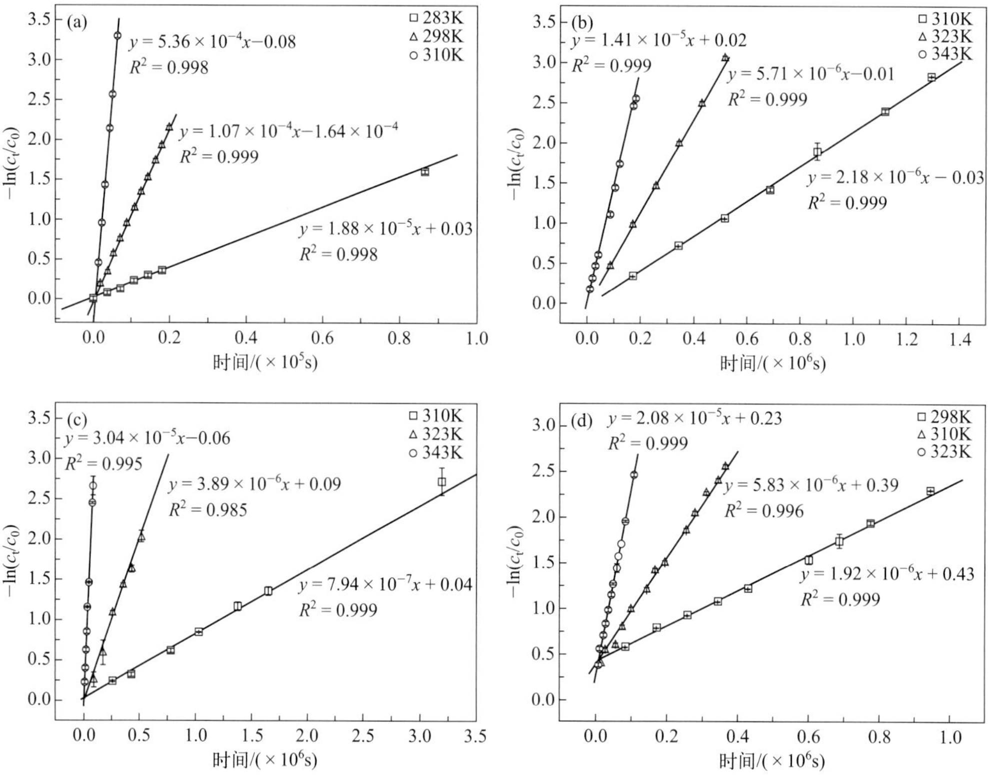

图 2-10　离子液体在不同温度下的水解动力学 [143]

(a) $[Im_{1,2}][N(CN)_2]$，pH=1；(b) $[Im_{1,2}][N(CN)_2]$，pH=13；(c) $[Im_{1,2}][C(CN)_3]$，pH=1；(d) $[Im_{1,2}][C(CN)_3]$，pH=13

在自然水体中，广泛存在的溶解性有机质也能够影响离子液体的直接和间接光化学过程，通过与溶解性有机质的结合，离子液体的间接光反应可能会增强。Pati 等研究了咪唑类、吡啶类、吡咯类和哌啶类阳离子的直接和间接光化学转化，以了解离子液体在阳光照射的地表水中的环境转化过程，结果表明：所有离子液体阳离子在含有溶解性有机质的溶液中的光降解速度均快于在超纯水中的降解速度，说明这些离子液体主要发生的是间接光解反应。也有研究发现，离子液体能够与羟基自由基发生反应，反应速率常数范围为（2.04±0.37）$\times10^9$ ～（8.47±0.97）$\times10^9$L·mol^{-1}·s^{-1}，且随碳侧链长度的增加而增大；离子液体阳离子在阳光照射的地表水中的半衰期平均值一般在（32±4）～（135±25）d 之间，这意味着离子液体阳离子可能在水环境中长久存在[146]。

Qiu 和 Wang 探究了吡啶类离子液体在天然水环境中的光解过程，结果表明：吡啶类离子液体在天然水环境中主要以间接光解反应为主，直接光解反应基本可以忽略不计；这些离子液体的光化学降解主要由它们与三重态的溶解性有机质（^{3}DOM*）和 CO_3^-· 的反应引发，而·OH 起次要作用；离子液体的光解反应在初始阶段进行氢原子转移，烷基自由基通过脱氢、羟基化和进一步的氧化等转化过程，最终生成光解产物，且其光解产物具有更高的毒性，说明吡啶类离子液体在天然水环境中可能对水生生物存在潜在的威胁；在不同条件下，吡啶类离子液体的半衰期为 5 ～ 600d，表明其可能在天然水体中长期存在，随着烷基链长度的增加和吡啶环上甲基取代的增加，有利于光解反应的发生，其半衰期缩短[147]。

虽然离子液体在天然水环境中也能够发生直接或者间接光解反应，但与其他有机污染物相比，离子液体在地表水中的光化学转化速度较慢。事实上，无论是在污水处理系统中的生物处理，还是在阳光照射的地表水中的光降解过程，离子液体阳离子的去除效果都很差或很慢，因此离子液体可能成为水环境中的持久性污染物，对水生生物可能存在一定的潜在危害，需要开发经济有效的方法来处理这些离子液体。

参考文献

[1] Stepnowski P, Müller A, Behrend P, et al. Reversed-phase liquid chromatographic method for the determination of selected room-temperature ionic liquid cations[J]. Journal of Chromatography A, 2003, 993(1-2): 173-178.

[2] Stepnowski P, Mrozik W. Analysis of selected ionic liquid cations by ion exchange chromatography and reversed-phase high performance liquid chromatography[J]. Journal of Separation Science, 2005, 28(2): 149-154.

[3] Ruiz-Angel M J, Berthod A. Reversed phase liquid chromatography of alkyl-imidazolium ionic liquids[J]. Journal of Chromatography A, 2006, 1113(1-2): 101-108.

[4] Buszewski B, Kowalska S, Stepnowski P. Influence of stationary phase properties on the separation of ionic liquid cations by RP-HPLC[J]. Journal of Separation Science, 2006, 29(8): 1116-1125.

[5] Kowalska S, Buszewski B. Effect of stationary phase polarity on the retention of ionic liquid cations in reversed phase liquid chromatography[J]. Journal of Separation Science, 2006, 29(17): 2625-2634.

[6] Molíková M, Markuszewski M J, Kaliszan R, et al. Chromatographic behaviour of ionic liquid cations in view of quantitative structure-retention relationship[J]. Journal of Chromatography A, 2010, 1217(8): 1305-1312.
[7] Le Rouzo G, Lamouroux C, Bresson C, et al. Hydrophilic interaction liquid chromatography for separation and quantification of selected room-temperature ionic liquids[J]. Journal of Chromatography A, 2007, 1164(1-2): 139-144.
[8] Tang F, Wu K, Nie Z, et al. Quantification of amino acid ionic liquids using liquid chromatography-mass spectrometry[J]. Journal of Chromatography A, 2008, 1208(1-2): 175-181.
[9] 黄旭，孟令敏，于泓．离子对色谱法同时分离测定吡啶及咪唑离子液体阳离子 [J]. 分析测试学报，2012, 31(2): 158-163.
[10] Stepnowski P, Nichthauser J, Mrozik W, et al. Usefulness of π-π aromatic interactions in the selective separation and analysis of imidazolium and pyridinium ionic liquid cations[J]. Analytical and Bioanalytical Chemistry, 2006, 385(8): 1483-1491.
[11] Nichthauser J, Paszkiewicz M, Skladanowski A C, et al. Simplex-optimized chromatographic resolution of selected ionic liquid cations utilizing a polar reversed-phase system[J]. Analytical Sciences, 2008, 24(10): 1355-1358.
[12] Paszkiewicz M, Stepnowski P. How should ionic liquids be analyzed?[J].Current Organic Chemistry, 2011, 15(12): 1873-1887.
[13] Hawkins C A, Rud A, Guthrie M L, et al. Rapid quantification of imidazolium-based ionic liquids by hydrophilic interaction liquid chromatography: methodology and an investigation of the retention mechanisms[J]. Journal of Chromatography A, 2015, 1400: 54-64.
[14] Guan C, Yu H. Hydrophilic interaction liquid chromatography for separation and determination of pyrrolidinium ionic liquid cations[J]. Analytical Methods, 2016, 8(4): 840-845.
[15] Liu S, Ma Y, Huang X, et al. Separation and indirect ultraviolet detection of piperidinium cations by using imidazolium ionic liquids in liquid chromatography[J]. Microchemical Journal, 2020, 153: 104368.
[16] Zhang X X, Liu Y Q, Yu H, et al. Rapid and simultaneous determination of piperidinium and pyrrolidinium ionic liquid cations by ion pair chromatography coupled with direct conductivity detection[J]. Chinese Chemical Letters, 2017, 28(1): 126-130.
[17] Liu Y, Ma Y, Yu H, et al. Rapid determination of pyrrolidinium cations by ion-pair chromatography with imidazolium ionic liquids[J]. Journal of Chromatographic Science, 2018, 56(3): 202-208.
[18] Tong Y, Yang H, Huang Y, et al. Determination of long-chained alkylimidazolium ionic liquids based on the hypochromic effect[J]. Analytical Methods, 2014, 6(11): 3758-3762.
[19] Visser A E, Swatloski R P, Reichert W M, et al. Traditional extractants in nontraditional solvents: Groups 1 and 2 extraction by crown ethers in room-temperature ionic liquids[J]. Industrial & Engineering Chemistry Research, 2000, 39(10): 3596-3604.
[20] Maria Siedlecka E, Czerwicka M, Stolte S, et al. Stability of ionic liquids in application conditions[J]. Current Organic Chemistry, 2011, 15(12): 1974-1991.
[21] Ropel L, Belvèze L S, Aki S N, et al. Octanol-water partition coefficients of imidazolium-based ionic liquids[J]. Green Chemistry, 2005, 7(2): 83-90.
[22] Nockemann P, Binnemans K, Driesen K. Purification of imidazolium ionic liquids for spectroscopic applications[J]. Chemical Physics Letters, 2005, 415(1-3): 131-136.
[23] Zhang Y, Yu H, Wang M. Determination of pyrrolidinium ionic liquid cations by ion chromatography-indirect ultraviolet detection with imidazolium ionic liquids as both an ultraviolet absorption reagent and an eluting agent[J]. Analytical Methods, 2015, 7(13): 5654-5660.
[24] Stepnowski P, Markowska A. How to analyze ionic liquid anions? Investigation into the application of suppressed and non-suppressed ion chromatography[J]. Australian Journal of Chemistry, 2008, 61(6): 409-413.
[25] Onink F, Meindersma W, Burghoff B, et al. Ion chromatography as a novel method to quantify the solubility of pyridinium ionic liquids in organic solvents[J]. Journal of Chromatographic Science, 2015, 53(1): 8-15.
[26] Gao W, Yu H. Determination of homologue imidazolium ionic liquid cations by ion chromatography using a carboxyl acid cation-exchange column with direct conductivity detection[J]. Analytical Letters, 2011, 44(5): 922-931.
[27] Markowska A, Stepnowski P. Simultaneous determination of ionic liquid cations and anions using ion chromatography with tandem ion exchange columns: a preliminary assessment[J]. Analytical Sciences, 2008, 24(10): 1359-1361.

[28] Stolte S, Steudte S, Markowska A, et al. Ion chromatographic determination of structurally varied ionic liquid cations and anions—a reliable analytical methodology applicable to technical and natural matrices[J]. Analytical Methods, 2011, 3(4): 919-926.

[29] Villagrán C, Deetlefs M, Pitner W R, et al. Quantification of halide in ionic liquids using ion chromatography[J]. Analytical Chemistry, 2004, 76(7): 2118-2123.

[30] Qin W, Wei H, Li S F Y. Separation of ionic liquid cations and related imidazole derivatives by α-cyclodextrin modified capillary zone electrophoresis.[J] Analyst, 2002, 127(4): 490-493.

[31] Markuszewski M J, Stepnowski P, MarszałłM P. Capillary electrophoretic separation of cationic constituents of imidazolium ionic liquids[J]. Electrophoresis, 2004, 25(20): 3450-3454.

[32] Pyschik M, Winter M, Nowak S. Determination and quantification of cations in ionic liquids by capillary electrophoresis-mass spectrometry[J]. Journal of Chromatography A, 2017, 1485: 131-141.

[33] Kosobucki P, Buszewski B. Isotachophoretic separation of selected imidazolium ionic liquids[J]. Talanta, 2008, 74(5): 1670-1674.

[34] Markowska A, Stepnowski P. Capillary isotachophoresis for the analysis of ionic liquid entities[J]. Journal of Separation Science, 2010, 33(13): 1991-1996.

[35] Nichthauser J, Mrozik W, Markowska A, et al. Analysis of residual ionic liquids in environmental samples: development of extraction methods[J]. Chemosphere, 2009, 74(4): 515-521.

[36] Zhuo K, Wei Y, Ma J, et al. Response of PVC membrane ion-selective electrodes to alkylmethylimidazolium ionic liquid cations[J]. Sensors and Actuators B: Chemical, 2013, 186: 461-465.

[37] Ma X, Wang C, Ren H, et al. Response of a new multi-walled carbon nanotubes modified carbon paste electrode to 1-hexyl-3-methylimidazolium cation in aqueous solution[J]. Ionics, 2015, 21(9): 2503-2510.

[38] Zhuo K, Ma X, Chen Y, et al. Molecularly imprinted polymer based potentiometric sensor for the determination of 1-hexyl-3-methylimidazolium cation in aqueous solution[J]. Ionics, 2016, 22(10): 1947-1955.

[39] Tian J, Chen K, Wang H, et al. Determination of a thiol-based ionic liquid using ultrathin graphitic carbon nitride nanosheets as a nanofluoroprobe[J]. Talanta, 2020, 207: 120291.

[40] Zhou T, Wang J, Zhang C, et al. Determination of residual concentration of ionic liquids with different anions and alkyl-chain lengths in water and soil samples[J]. Analytical Chemistry, 2017, 89(19): 10520-10528.

[41] 江桂斌 . 环境样品前处理技术 [M]. 2 版 . 北京 : 化学工业出版社 , 2016.

[42] Stepnowski P. Solid-phase extraction of room-temperature imidazolium ionic liquids from aqueous environmental samples[J]. Analytical and Bioanalytical Chemistry, 2005, 381(1): 189-193.

[43] Lu C, Tang Z, Liu C, et al. Determination of ionic liquid cations in soil samples by ultrasound-assisted solid-phase extraction coupled with liquid chromatography-tandem mass spectrometry[J]. Analytical Methods, 2015, 7(14): 5924-5933.

[44] Richter B E, Jones B A, Ezzell J L, et al. Accelerated solvent extraction: a technique for sample preparation[J]. Analytical chemistry, 1996, 68(6): 1033-10392.

[45] Lu C, Sun S, Li H, et al. New residue analysis method for four task-specific ionic liquids in water, soil and plants[J]. Bulletin of Environmental Contamination and Toxicology, 2022, 109(2): 338-343.

[46] 李恒宇 . 水体、土壤以及植物中四种功能化离子液体残留分析方法研究 [D]. 泰安 : 山东农业大学 , 2021.

[47] Fan Z Q, Yu H. Determination of piperidinium ionic liquid cations in environmental water samples by solid phase extraction and hydrophilic interaction liquid chromatography[J]. Journal of Chromatography A, 2018, 1559: 136-140.

[48] Fan Z Q, Yu H, Cai Y Q. Determination of alkyl ammonium ionic liquid cations by hydrophilic interaction liquid chromatography and its application in analysis of environmental water[J]. Analytical Methods, 2018, 10(24): 2812-2820.

[49] Zhang X, Liu S, Ma Y J, et al. Extraction and determination of pyridinium ionic liquid cations in environmental water samples by using strong cation exchange solid phase extraction and ion chromatography[J]. International Journal of Environmental Analytical Chemistry, 2019, 99(9): 901-912.

[50] Zhang X, Yu H, Cai Y Q. Determination of morpholinium ionic liquid cations in environmental water samples: development of solid-phase extraction method and ion chromatography[J]. Analytical and Bioanalytical Chemistry, 2019, 411(16): 3427-3434.

[51] Liu S, Yu H, Ma Y J, et al. Extraction and detection of quaternary ammonium ionic liquid cations in water samples[J]. Environmental Chemistry Letters, 2021, 19(2): 1839-1845.

[52] Yin Z, Liu S, Jin X, et al. Monitoring method of hydroxyl functionalized imidazolium ionic liquids in complex environment water samples[J]. DOI: 10.21203/rs.3.rs-593366/v1,2021.
[53] Jin X, Yu H, Ma Y. Reversed-phase ion-pair chromatography of hydroxyl functionalized imidazolium ionic liquid cations and its application in analysis of environmental water and measurement of hydrophobicity constants[J]. Microchemical Journal, 2019, 145: 988-995.
[54] Probert P M, Leitch A C, Dunn M P, et al. Identification of a xenobiotic as a potential environmental trigger in primary biliary cholangitis[J]. Journal of Hepatology, 2018, 69(5): 1123-1135.
[55] Pati S G, Arnold W A. Comprehensive screening of quaternary ammonium surfactants and ionic liquids in wastewater effluents and lake sediments[J]. Environmental Science: Processes & Impacts, 2020, 22(2): 430-441.
[56] Neuwald I J, Zahn D, Knepper T P. Are(fluorinated) ionic liquids relevant environmental contaminants? High-resolution mass spectrometric screening for per-and polyfluoroalkyl substances in environmental water samples led to the detection of a fluorinated ionic liquid[J]. Analytical and Bioanalytical Chemistry, 2020, 412(20): 4881-4892.
[57] Miao Q, Bi E. Effects of soil components and solution inorganic cations on interactions of imidazolium-based ionic liquid with soils[J]. Journal of Environmental Management, 2018, 223: 975-983.
[58] Miao Q, Bi E, Li B. Roles of polar groups and aromatic structures of biochar in 1-methyl-3-octylimidazolium chloride ionic liquid adsorption: pH effect and thermodynamics study[J]. Environmental Science and Pollution Research, 2017, 24(28): 22265-22274.
[59] Markiewicz M, Mrozik W, Rezwan K, et al. Changes in zeta potential of imidazolium ionic liquids modified minerals-implications for determining mechanism of adsorption[J]. Chemosphere, 2013, 90(2): 706-712.
[60] Amde M, Liu J F, Pang L. Environmental application, fate, effects, and concerns of ionic liquids: a review[J]. Environmental Science & Technology, 2015, 49(21): 12611-12627.
[61] Studzińska S, Kowalkowski T, Buszewski B. Study of ionic liquid cations transport in soil[J]. Journal of Hazardous Materials, 2009, 168(2-3): 1542-1547.
[62] Li Z, Jiang W T, Chang P H, et al. Modification of a Ca-montmorillonite with ionic liquids and its application for chromate removal[J]. Journal of Hazardous Materials, 2014, 270: 169-175.
[63] Matzke M, Thiele K, Müller A, et al. Sorption and desorption of imidazolium based ionic liquids in different soil types[J]. Chemosphere, 2009, 74(4): 568-574.
[64] Pham T P T, Cho C W, Yun Y S. Environmental fate and toxicity of ionic liquids: a review[J]. Water Research, 2010, 44(2): 352-372.
[65] Wang H, Wang J, Fan M. Extraction of ionic liquids from aqueous solutions by humic acid: an environmentally benign, inexpensive and simple procedure[J]. Chemical Communications, 2012, 48(3): 392-394.
[66] Zhang Z, Liu J F, Cai X Q, et al. Sorption to dissolved humic acid and its impacts on the toxicity of imidazolium based ionic liquids[J]. Environmental Science & Technology, 2011, 45(4): 1688-1694.
[67] Schmitt D, Taylor H E, Aiken G R, et al. Influence of natural organic matter on the adsorption of metal ions onto clay minerals[J]. Environmental Science & Technology, 2002, 36(13): 2932-2938.
[68] Mrozik W, Jungnickel C, Ciborowski T, et al. Predicting mobility of alkylimidazolium ionic liquids in soils[J]. Journal of Soils and Sediments, 2009, 9(3): 237-245.
[69] Mrozik W, Jungnickel C, Paszkiewicz M, et al. Interaction of novel ionic liquids with soils[J]. Water, Air, & Soil Pollution, 2013, 224(11): 1-7.
[70] Stepnowski P, Mrozik W, Nichthauser J. Adsorption of alkylimidazolium and alkylpyridinium ionic liquids onto natural soils[J]. Environmental Science & Technology, 2007, 41(2): 511-516.
[71] Gorman-Lewis D J, Fein J B. Experimental study of the adsorption of an ionic liquid onto bacterial and mineral surfaces[J]. Environmental Science & Technology, 2004, 38(8): 2491-2495.
[72] Droge S T, Goss K U. Development and evaluation of a new sorption model for organic cations in soil: contributions from organic matter and clay minerals[J]. Environmental Science & Technology, 2013, 47(24): 14233-14241.
[73] Khan Z, Anjaneyulu Y. Influence of soil components on adsorption-desorption of hazardous organics-development of low cost technology for reclamation of hazardous waste dumpsites[J]. Journal of Hazardous Materials, 2005, 118(1-3): 161-169.
[74] Beaulieu J J, Tank J L, Kopacz M. Sorption of imidazolium-based ionic liquids to aquatic sediments[J]. Chemosphere, 2008, 70(7): 1320-1328.

[75] Mrozik W, Jungnickel C, Skup M, et al. Determination of the adsorption mechanism of imidazolium-type ionic liquids onto kaolinite: implications for their fate and transport in the soil environment[J]. Environmental Chemistry, 2008, 5(4): 299-306.

[76] Mrozik W, Kotłowska A, Kamysz W, et al. Sorption of ionic liquids onto soils: experimental and chemometric studies[J]. Chemosphere, 2012, 88(10): 1202-1207.

[77] Bowers J, Butts C P, Martin P J, et al. Aggregation behavior of aqueous solutions of ionic liquids[J]. Langmuir, 2004, 20(6): 2191-2198.

[78] Sastry N V, Vaghela N M, Macwan P M, et al. Aggregation behavior of pyridinium based ionic liquids in water—surface tension, ^{1}H NMR chemical shifts, SANS and SAXS measurements[J]. Journal of Colloid and Interface Science, 2012, 371(1): 52-61.

[79] Cornellas A, Perez L, Comelles F, et al. Self-aggregation and antimicrobial activity of imidazolium and pyridinium based ionic liquids in aqueous solution[J]. Journal of Colloid and Interface Science, 2011, 355(1): 164-171.

[80] Vieira N S, Bastos J C, Hermida-Merino C, et al. Aggregation and phase equilibria of fluorinated ionic liquids[J]. Journal of Molecular Liquids, 2019, 285: 386-396.

[81] Ruokonen S K, Sanwald C, Sundvik M, et al. Effect of ionic liquids on zebrafish (Danio rerio) viability, behavior, and histology; correlation between toxicity and ionic liquid aggregation[J]. Environmental Science & Technology, 2016, 50(13): 7116-7125.

[82] Ghasemian E, Najafi M, Rafati A A, et al. Effect of electrolytes on surface tension and surface adsorption of 1-hexyl-3-methylimidazolium chloride ionic liquid in aqueous solution[J]. The Journal of Chemical Thermodynamics, 2010, 42(8): 962-966.

[83] Singh T, Kumar A. Aggregation behavior of ionic liquids in aqueous solutions: effect of alkyl chain length, cations, and anions[J]. Journal of Physical Chemistry B, 2007, 111(27): 7843-7851.

[84] Dong B, Zhao X, Zheng L, et al. Aggregation behavior of long-chain imidazolium ionic liquids in aqueous solution: micellization and characterization of micelle microenvironment[J]. Colloids and Surfaces A: Physicochemical and Engineering Aspects, 2008, 317(1-3): 666-672.

[85] Liu X Y, Chen W, Qian C, et al. Interaction between dissolved organic matter and long-chain ionic liquids: a microstructural and spectroscopic correlation study[J]. Environmental Science & Technology, 2017, 51(9): 4812-4820.

[86] 韩丽，康艳红，张刚，等 . 离子液体在水环境中迁移行为的研究 [J]. 辽宁化工，2016(4): 387-389.

[87] Reinert L, Batouche K, Lévêque J M, et al. Adsorption of imidazolium and pyridinium ionic liquids onto montmorillonite: characterisation and thermodynamic calculations[J]. Chemical Engineering Journal, 2012, 209: 13-19.

[88] Pei J, Xing X, Xia B, et al. Study on the adsorption behavior between an imidazolium ionic liquid and Na-montmorillonite[J]. Molecules, 2019, 24(7): 1396.

[89] Stepnowski P. Preliminary assessment of the sorption of some alkyl imidazolium cations as used in ionic liquids to soils and sediments[J]. Australian Journal of Chemistry, 2005, 58(3): 170-173.

[90] Li X, Brownawell B J. Quaternary ammonium compounds in urban estuarine sediment environments-a class of contaminants in need of increased attention?[J]. Environmental Science & Technology, 2010, 44(19): 7561-7568.

[91] Lara-Martín P A, Li X, Bopp R F, et al. Occurrence of alkyltrimethylammonium compounds in urban estuarine sediments: behentrimonium as a new emerging contaminant[J]. Environmental Science & Technology, 2010, 44(19): 7569-7575.

[92] Reemtsma T, Mehrtens J. Determination of polycyclic aromatic hydrocarbon (PAH) leaching from contaminated soil by a column test with on-line solid phase extraction[J]. Chemosphere, 1997, 35(11): 2491-2501.

[93] Beyer C, Konrad W, Rügner H, et al. Model-based prediction of long-term leaching of contaminants from secondary materials in road constructions and noise protection dams[J]. Waste Management, 2009, 29(2): 839-850.

[94] Studzińska S, Sprynskyy M, Buszewski B. Study of sorption kinetics of some ionic liquids on different soil types[J]. Chemosphere, 2008, 71(11): 2121-2128.

[95] Markiewicz M, Jungnickel C, Cho C W, et al. Mobility and biodegradability of an imidazolium based ionic liquid in soil and soil amended with waste sewage sludge[J]. Environmental Science: Processes & Impacts,

2015, 17(8): 1462-1469.
[96] Jungnickel C, Mrozik W, Markiewicz M, et al. Fate of ionic liquids in soils and sediments[J]. Current Organic Chemistry, 2011, 15(12): 1928-1945.
[97] Chiappe C, Pieraccini D. Ionic liquids: solvent properties and organic reactivity[J]. Journal of Physical Organic Chemistry, 2005, 18(4): 275-297.
[98] Freire M G, Neves C M, Ventura S P, et al. Solubility of non-aromatic ionic liquids in water and correlation using a QSPR approach[J]. Fluid Phase Equilibria, 2010, 294(1-2): 234-240.
[99] Ranke J, Othman A, Fan P, et al. Explaining ionic liquid water solubility in terms of cation and anion hydrophobicity[J]. International Journal of Molecular Sciences, 2009, 10(3): 1271-1289.
[100] Shvedene N V, Borovskaya S V, Sviridov V V, et al. Measuring the solubilities of ionic liquids in water using ion-selective electrodes[J]. Analytical and Bioanalytical Chemistry, 2005, 381(2): 427-430.
[101] Nardello V, Chailloux N, Joly G, et al. Preparation, amphiphilic properties and lyotropic phase behaviour of new surfactants based on sodium monoalkyl α, ω-dicarboxylates[J]. Colloids and Surfaces A: Physicochemical and Engineering Aspects, 2006, 288(1-3): 86-95.
[102] Miskolczy Z, Sebők-Nagy K, Biczók L, et al. Aggregation and micelle formation of ionic liquids in aqueous solution[J]. Chemical Physics Letters, 2004, 400(4-6): 296-300.
[103] Blesic M, Marques M H, Plechkova N V, et al. Self-aggregation of ionic liquids: micelle formation in aqueous solution[J]. Green Chemistry, 2007, 9(5): 481-490.
[104] Łuczak J, Jungnickel C, Łącka I, et al. Antimicrobial and surface activity of 1-alkyl-3-methylimidazolium derivatives[J]. Green Chemistry, 2010, 12(4): 593-601.
[105] Łuczak J, Hupka J, Thöming J, et al. Self-organization of imidazolium ionic liquids in aqueous solution[J]. Colloids and Surfaces A: Physicochemical and Engineering Aspects, 2008, 329(3): 125-133.
[106] Visser A E, Swatloski R P, Reichert W M, et al. Task-specific ionic liquids incorporating novel cations for the coordination and extraction of Hg^{2+} and Cd^{2+}: synthesis, characterization, and extraction studies[J]. Environmental Science & Technology, 2002, 36(11): 2523-2529.
[107] Stepnowski P, Zaleska A. Comparison of different advanced oxidation processes for the degradation of room temperature ionic liquids[J]. Journal of Photochemistry and Photobiology A: Chemistry, 2005, 170(1): 45-50.
[108] Abu-Eishah S I. Ionic liquids—classes and properties[M].Croatia: InTech—Open Access Publisher, 2011.
[109] Directive E C. Directive 2008/98/EC of the european parliament and of the council of 19 November 2008 on waste and repealing certain directives[J]. Official Journal of the European Union, 2008, 312(3):3-30.
[110] Siedlecka E M, Czerwicka M, Neumann J, et al. Ionic liquids: methods of degradation and recovery[M]. IntechOpen. 2011.
[111] OECD. Guideline for testing of chemicals[Z]. 1992, 71: 1-9.
[112] OECD. Guideline for testing of chemicals[Z]. 2005, 1-13.
[113] Jordan A, Gathergood N. Biodegradation of ionic liquids—a critical review[J]. Chemical Society Reviews, 2015, 44: 8200-8237
[114] Docherty K M, Dixon J K, Kulpa Jr C F. Biodegradability of imidazolium and pyridinium ionic liquids by an activated sludge microbial community[J]. Biodegradation, 2007, 18(4): 481-493.
[115] Gathergood N, Scammells P J, Garcia M T. Biodegradable ionic liquids Part Ⅲ. The first readily biodegradable ionic liquids[J]. Green Chemistry, 2006, 8(2): 156-160.
[116] Harjani J R, Singer R D, Garcia M T, et al. The design and synthesis of biodegradable pyridinium ionic liquids[J]. Green Chemistry, 2008, 10(4): 436-438.
[117] Stasiewicz M, Mulkiewicz E, Tomczak-Wandzel R, et al. Assessing toxicity and biodegradation of novel, environmentally benign ionic liquids (1-alkoxymethyl-3-hydroxypyridinium chloride, saccharinate and acesulfamates) on cellular and molecular level[J]. Ecotoxicology and Environmental Safety, 2008, 71(1): 157-165.
[118] Stolte S, Steudte S, Igartua A, et al. The biodegradation of ionic liquids-the view from a chemical structure perspective[J]. Current Organic Chemistry, 2011, 15(12): 1946-1973.
[119] Liwarska-Bizukojc E, Maton C, Stevens C V, et al. Biodegradability and kinetics of the removal of new peralkylated imidazolium ionic liquids[J]. Journal of Chemical Technology & Biotechnology, 2014, 89(5): 763-768.

[120] Stolte S, Abdulkarim S, Arning J, et al. Primary biodegradation of ionic liquid cations, identification of degradation products of 1-methyl-3-octylimidazolium chloride and electrochemical wastewater treatment of poorly biodegradable compounds[J]. Green Chemistry, 2008, 10(2): 214-224.
[121] Garcia M T, Gathergood N, Scammells P J. Biodegradable ionic liquids Part Ⅱ. Effect of the anion and toxicology[J]. Green Chemistry, 2005, 7(1): 9-14.
[122] Matzke M, Arning J, Ranke J, et al. Design of inherently safer ionic liquids: toxicology and biodegradation[J]. Handbook of Green Chemistry, 2013, 6: 235-298.
[123] Kulacki K J, Chaloner D T, Costello D M, et al. Aquatic toxicity and biodegradation of ionic liquids: a synthesis[J]. Green Chemistry. 2008, 25: 32-36.
[124] Peric B, Sierra J, MartíE, et al. (Eco) toxicity and biodegradability of selected protic and aprotic ionic liquids[J]. Journal of Hazardous Materials, 2013, 261: 99-105.
[125] Kirchhecker S, Esposito D. Amino acid based ionic liquids: a green and sustainable perspective[J]. Current Opinion in Green and Sustainable Chemistry, 2016, 2: 28-33.
[126] Mena I F, Diaz E, Palomar J, et al. Cation and anion effect on the biodegradability and toxicity of imidazolium- and choline-based ionic liquids[J]. Chemosphere, 2020, 240: 124947.
[127] Tavares A P, Rodríguez O, Macedo E A. Ionic liquids—new aspects for the future[M]. IntechOpen, 2013.
[128] Liwarska-Bizukojc E, Gendaszewska D. Removal of imidazolium ionic liquids by microbial associations: study of the biodegradability and kinetics[J]. Journal of Bioscience and Bioengineering, 2013, 115(1): 71-75.
[129] Pham T P T, Cho C W, Jeon C O, et al. Identification of metabolites involved in the biodegradation of the ionic liquid 1-butyl-3-methylpyridinium bromide by activated sludge microorganisms[J]. Environmental Science & Technology, 2009, 43(2): 516-521.
[130] Kumar S, Ruth W, Sprenger B, et al. On the biodegradation of ionic liquid 1-butyl-3-methylimidazolium tetrafluoroborate[J]. Chimica Oggi, 2006, 24(2): 24-26.
[131] Jastorff B, Störmann R, Ranke J, et al. How hazardous are ionic liquids? Structure-activity relationships and biological testing as important elements for sustainability evaluation[J]. Green Chemistry, 2003, 5(2): 136-142.
[132] Markiewicz M, Jungnickel C, Markowska A, et al. 1-Methyl-3-octylimidazolium chloride—sorption and primary biodegradation analysis in activated sewage sludge[J]. Molecules, 2009, 14(11): 4396-4405.
[133] Neumann J, Cho C W, Steudte S, et al. Biodegradability of fluoroorganic and cyano-based ionic liquid anions under aerobic and anaerobic conditions[J]. Green Chemistry, 2012, 14(2): 410-418.
[134] Modelli A, Sali A, Galletti P, et al. Biodegradation of oxygenated and non-oxygenated imidazolium-based ionic liquids in soil[J]. Chemosphere, 2008, 73(8): 1322-1327.
[135] Jordan A, Gathergood N. Biodegradation of ionic liquids—a critical review[J]. Chemical Society Reviews, 2015, 44(22): 8200-8237.
[136] Mena I F, Diaz E, Rodriguez J J, et al. An overview of ionic liquid degradation by advanced oxidation processes[J]. Critical Reviews in Environmental Science and Technology, 2022, 52(16): 2844-2887.
[137] Wang B, Qin L, Mu T, et al. Are ionic liquids chemically stable?[J]. Chemical Reviews, 2017, 117(10): 7113-7131.
[138] Ignatyev N V, Welz-Biermann U. New ionic liquids with advanced properties[J]. Chimica Oggi, 2004, 22(9): 42-43.
[139] Freire M G, Neves C M, Marrucho I M, et al. Hydrolysis of tetrafluoroborate and hexafluorophosphate counter ions in imidazolium-based ionic liquids[J]. The Journal of Physical Chemistry A, 2010, 114(11): 3744-3749.
[140] Swatloski R P, Holbrey J D, Rogers R D. Ionic liquids are not always green: hydrolysis of 1-butyl-3-methylimidazolium hexafluorophosphate[J]. Green Chemistry, 2003, 5(4): 361-363
[141] Baker G A, Baker S N. A simple colorimetric assay of ionic liquid hydrolytic stability[J]. Australian Journal of Chemistry, 2005, 58(3): 174-177.
[142] Cho C W, Pham T P T, Jeon Y C, et al. Influence of anions on the toxic effects of ionic liquids to a phytoplankton Selenastrum Capricornutum[J]. Green Chemistry, 2008, 10(1): 67-72.
[143] Steudte S, Neumann J, Bottin-Weber U, et al. Hydrolysis study of fluoroorganic and cyano-based ionic liquid anions-consequences for operational safety and environmental stability[J]. Green Chemistry, 2012, 14(9): 2474-2483.
[144] Calza P, Vione D, Fabbri D, et al. Imidazolium-based ionic liquids in water: Assessment of photocatalytic and photochemical transformation[J]. Environmental Science & Technology, 2015, 49(18): 10951-10958.

[145] Calza P, Noè G, Fabbri D, et al. Photoinduced transformation of pyridinium-based ionic liquids, and implications for their photochemical behavior in surface waters[J]. Water Research, 2017, 122: 194-206.
[146] Pati S G, Arnold W A. Photochemical transformation of four ionic liquid cation structures in aqueous solution[J]. Environmental Science & Technology, 2017, 51(20): 11780-11787.
[147] Qiu Y, Wang L. Photochemical transformation of pyridinium ionic liquids in aqueous phase: kinetics, products and mechanism[J]. Journal of Environmental Chemical Engineering, 2021, 106638.

SERIE BOOKS ON **IONIC LIQUIDS**

IONIC LIQUIDS

3 离子液体的生态毒理效应及机制

由于离子液体不断扩大的应用范围及其残留物的持久性，其毒性效应引起了许多研究者的关注[1-3]。Chatel 等根据多氯联苯（polychlorinated biphenyls，PCB）应用所带来的危害，提出为了离子液体可持续利用的未来，在应用离子液体时应避免类似 PCB 的错误再次发生[4]。多年的研究表明，离子液体对生态系统不同营养级生物均有不同程度的影响，对离体生物、微生物、藻类、植物、动物的生物活性均具有抑制作用[2]。

3.1 离子液体生物毒性效应及机制

3.1.1 离体生物毒性效应

细胞、酶活性、蛋白和 DNA 等均可用于评价离子液体的毒性效应。

3.1.1.1 细胞

在外源有毒物质生态毒性评估方面，体外培养细胞系的应用相对生物体体内测试有很多优势[5]。离子液体的细胞毒性研究主要使用了几种哺乳动物细胞：白血病大鼠细胞 (IPC-81)[6]、胶质瘤大鼠细胞 (C6)[6]、人克隆结肠腺癌细胞 (Caco-2)[7-9]、人宫颈癌细胞 (HeLa)[10-13]、人乳腺癌细胞 (MCF)[12, 14]、人永生化成骨细胞 (hFOB1.19)[14]、人类胰腺癌细胞[14]、人肝癌细胞[15]、非洲绿猴肾脏细胞 (Vero)[14]、人肾癌肿瘤细胞[16]、人皮肤细胞[17]以及小鼠腹腔巨噬细胞[18]等。离子液体会对细胞形态和膜完整性产生影响（图 3-1），对体外培养细胞的毒性作用主要表现在对细胞死亡率、生存力、细胞形态、细胞附着与分散、细胞膜通透性、细胞生长、DNA 损伤及细胞凋亡等方面的影响[19-22]。

研究表明，$[C_8mim]Cl$ 可抑制大鼠肾上腺嗜铬细胞瘤细胞 PC12 生长，降低其生存力，诱导活性氧产生，引起 DNA 损伤及细胞凋亡；线粒体渗透性变化和功能障碍可能是 $[C_8mim]Cl$ 对 PC12 细胞致毒的主要机制[22]；$[C_4mim][BF_4]$、$[C_4mim][TFSI]$ 和 $[C_7mim][TFSI]$ 导致斑点叉尾鮰卵巢（CCO）

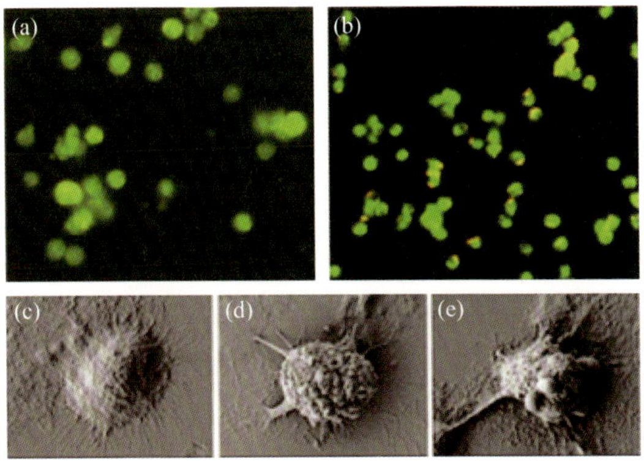

图 3-1 离子液体对细胞形态和膜完整性的影响[17-18]

（a）、（b）PC12 细胞形态学改变［（a）对照；（b）[C_8mim]Br。细胞为吖啶橙染色，荧光显微镜下观察］；（c）～（e）HeLa 细胞扫描电镜照片［（c）对照；（d）、（e）[C_2mim][BF_4]］

细胞发生明显的形态改变，其产生的毒性以坏死为主，而非以凋亡为主（图 3-2），这可能是由于离子液体的强亲脂性倾向于影响CCO细胞的质膜[23]。研究者也采用细胞培养方法研究离子液体的结构效应，如烷基链长度和阴阳离子类型对细胞活性的影响[23-28]。研究发现咪唑类离子液体对 HeLa 细胞的 EC_{50}（半数效应浓度）值低于传统有机溶剂二氯甲烷和二甲苯，说明离子液体的毒性可能大于传统有机溶剂[27]。

细胞实验也常用于研究离子液体对人体健康潜在的毒性。Wang 等以人体肝癌细胞（HepG2）为实验模型，用 [C_{16}mim]Cl 进行暴露实验探究其细胞毒性，结果显示暴露实验后细胞中的 DNA 损伤严重，细胞出现氧化应激反应，证明了 [C_{16}mim]Cl 存在遗传毒性和细胞毒性[15]。[C_{12}mim]Cl 和 [C_{16}mim]Cl 对 HepG2 以及 HeLa 人宫颈癌细胞的暴露实验也得到了类似的结果[29]。Frade 等分析了磁性离子液体对人结肠腺癌细胞（Caco-2）及人胚胎上皮细胞（CRL-1502）存活力的影响，结果表明带有 [$CoCl_4$]$^-$ 和 [$MnCl_4$]$^-$ 的磁性离子液体有更大的细胞毒性[30]。Zanoni 等研究了离子液体对 HepG2 细胞和人类角质形成细胞（HaCaT）的毒性，发现离子液体引起细胞死亡的机制是细胞凋亡，引起的细胞变化包括质膜泡形成、细胞体积减小、染色质凝结和 DNA 断裂，这种毒性效应是由于带有极性头的长烷基链可以改变细胞的完整性，破坏脂质双层，导致膜破裂，最终导致细胞凋亡[21]。这与前文离子液体对CCO细胞的影响以坏死为主而非凋亡为主[23]不一致，说明离子液体对细胞的影响机制与离子液体种类和细胞种类均有关系。

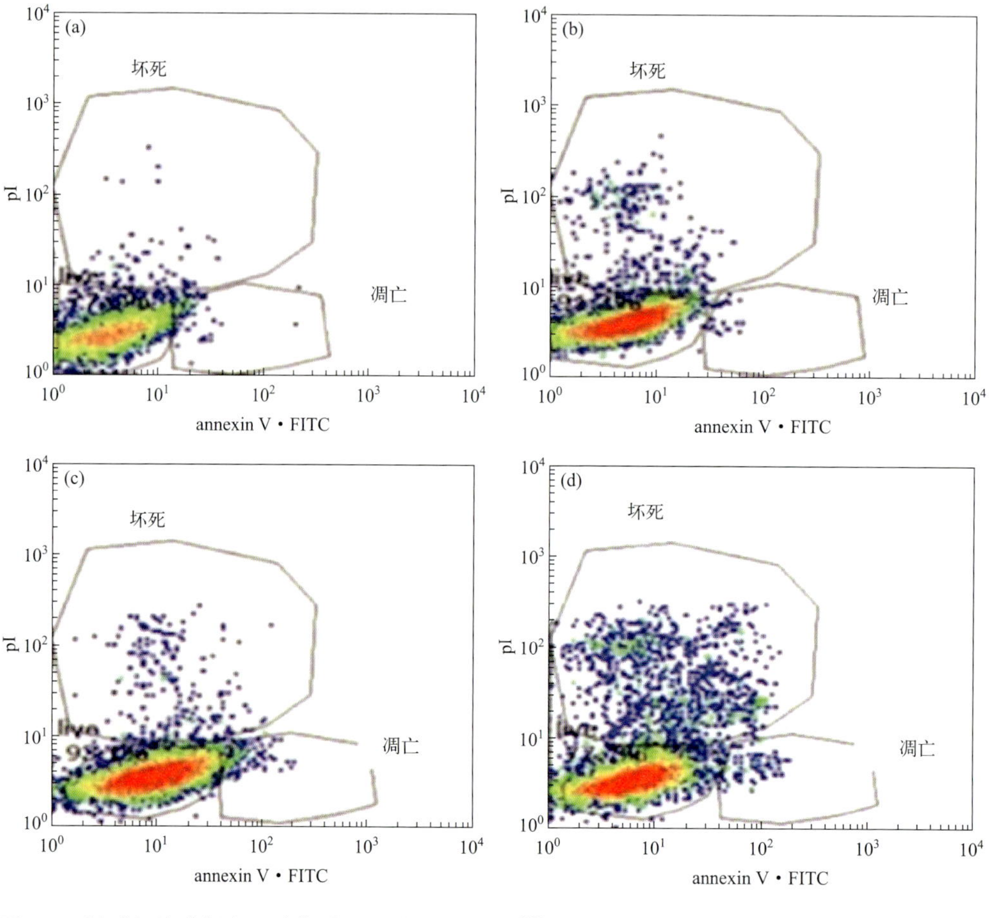

图 3-2 流式细胞分析离子液体对 CCO 细胞的影响[23]

（a）对照；（b）5mmol · L^{-1}[C_4mim][BF_4]；（c）1mmol · L^{-1}[C_4mim][TFSI]；（d）1mmol · L^{-1} [C_7mim][TFSI]

annexinV—一种磷脂结合蛋白，可作为检测细胞凋亡的试剂；FITC—异硫氰酸荧光素

3.1.1.2 酶活性

乙酰胆碱酯酶是一种在神经系统中起重要作用的酶，被用来评估离子液体的毒性[31-32]。含咪唑和吡啶基团的离子液体在约 13μmol · L^{-1} 的浓度

下可抑制乙酰胆碱酯酶的活性，抑制程度与阳离子类型和烷基链长度有关，烷基链越长毒性越强，咪唑基离子比磷基离子毒性更大[31]。Arning 等证明了离子液体结构（如阳离子头基、烷基链和阴离子）对乙酰胆碱酯酶活性的抑制作用，认为带正电荷的氮原子、广泛离域的芳香系统以及与阳离子头基连接的侧链的亲脂性是与酶活性位点结合的关键结构元素。绝大多数离子液体对乙酰胆碱酯酶活性的影响不大，但含氟化物的阴离子易于水解，可明显抑制乙酰胆碱酯酶活性，被识别为乙酰胆碱酯酶抑制剂[32]。阴离子的烷基链长度增长也会提高离子液体对乙酰胆碱酯酶活性的抑制作用，如三甲基铵和己基铵离子液体对乙酰胆碱酯酶的 IC_{50}（半数抑制浓度）值分别为 21.9mmol • L^{-1} 和 0.03mmol • L^{-1}[33]。

3.1.1.3 蛋白和DNA

离体蛋白和 DNA 也常被用于分析污染物的毒性机制。研究发现 $[C_4mim]Cl$、$[C_6mim]Cl$、$[C_8mim]Cl$ 可与牛血清白蛋白（BSA）中接近色氨酸残基的区域发生相互作用，对 BSA 的 α- 螺旋产生影响，使蛋白质构象和内部疏水结构发生改变，从而引起蛋白质二级结构的变化[34]。$[C_8mim]Cl$、$[C_{12}mim]Cl$、$[C_{16}mim]Cl$ 与小牛胸腺 DNA（ctDNA）间可能存在嵌插作用，298K 下，$[C_8mim]Cl$、$[C_{12}mim]Cl$、$[C_{16}mim]Cl$ 与 ctDNA 的结合常数分别为 1443、11169、67189，结合位点数分别为 0.89、1.10、1.27，说明离子液体与 ctDNA 的嵌插作用随碳链长度的增长而增强[35]。

3.1.2 微生物毒性效应

研究离子液体对微生物的毒性作用及其作用机制不仅是离子液体生物毒性评估的重要方面，对离子液体环境行为和降解过程的研究也具有重要意义[36]。

3.1.2.1 细菌和真菌

研究发现 $[C_8mim]Cl$ 能降低大肠埃希菌的生存力，抑制其细胞复制；还能够破坏大肠埃希菌的细胞膜结构，从而增大细胞膜通透性，导致胞外蛋白质和核酸含量上升[37]。在对13种不同阴阳离子的离子液体对大肠埃希菌的影响研究中，离子液体在较高浓度下（＞100mg・L^{-1}）对大肠埃希菌的生长具有明显的抑制作用[38]。离子液体对李斯特菌、沙门菌、霍乱弧菌和金黄色酿脓葡萄球菌[39]、葡萄球菌、枯草杆菌、假单胞菌和酵母菌[40]、丝状真菌[41-42]、费氏弧菌[43]等均产生抑制作用，使产乳酸菌的产乳酸能力下降[44]，抑制酿酒酵母菌的生长，降低其产乙醇量[45]。一般而言，革兰氏阴性菌比革兰氏阳性菌对离子液体更具耐受性，因为它们具有不同的细胞膜结构[46]。

离子液体对土壤微生物也会产生影响，对土壤微生物群落多样性和代谢活性均有显著的不利影响[47-48]，导致可培养微生物丰度下降，抑制土壤脲酶活性，促进酸性磷酸酶和β-葡萄糖苷酶活性，显著降低土壤微生物多样性、氨氧化细菌AOB-*amoA*和氨氧化古菌AOA-*amoA*基因丰度[48-50]、土壤微生物生物量碳含量和生物量氮含量[51]。

3.1.2.2 弧菌

目前关于离子液体对海洋微生物的毒性研究，主要是基于费氏弧菌评估离子液体的急性毒性以及离子液体结构（例如，阳离子头基类型、烷基链长度和阴离子类型）的影响[52]。离子液体对费氏弧菌的生长具有较高的毒性作用，Viboud等比较了挥发性有机溶剂（乙腈、乙醇、乙酸乙酯、丙酮、苯酚等）和离子液体对费氏弧菌的毒性，发现除苯酚外的挥发性有机溶剂的毒性均低于离子液体[53]。Ventura等评价阳离子为胍盐、季鏻盐和咪唑盐的离子液体对费氏弧菌的毒性，发现季鏻盐和咪唑类离子液体的毒性随碳链长度的增长而增大，但胍盐离子液体例外，其对费氏弧菌的毒性并没有随着碳链长度的增长表现出显著变化[54]。离子液体对费氏弧菌的毒性也与阴离子和水的亲和力相关，亲和力越大，毒性越小[55]。从毒理学机制分析，离子液体对费氏弧菌的毒性作用可能归因于表面活性离子与生物脂层之间的相互作用[56-59]。有研究认为基于胆碱和基于氨基酸的离子液体对费氏弧菌的毒性小，可被视为环保化学品[60]。表3-1为典型离子液体暴露下费氏弧菌的EC_{50}值（不同碳链长度和不同暴露时间）。

表3-1 典型离子液体暴露下费氏弧菌的EC_{50}值[53-55]

离子液体	EC_{50}/(μmol·L^{-1})	离子液体	时间 /min	EC_{50}/(mg·L^{-1})
$[C_4mim]Cl$	3162±2	$[Bu_3PC_4][Sac]$	5	192.34(101.83, 282.85)①
$[C_6mim]Cl$	182±1		15	64.31(43.67, 84.95)
$[C_8mim]Cl$	4.79±1.45		30	32.03(28.01, 36.04)
$[C_{10}mim]Cl$	0.69±1.02	$[Bu_3PC_2][Sac]$	5	32.00(29.16, 34.84)
$[C_4mim][BF_4]$	3236±3		15	16.44(15.15, 17.74)
$[C_6mim][BF_4]$	331.0±2.2		30	13.81(12.23, 15.40)
$[C_8mim][BF_4]$	10.0±1.2	$[Bu_3NC_4][Sac]$	5	1904.43(475.78, 3333.08)
$[C_{10}mim][BF_4]$	1.41±1.01		15	628.04(439.27, 816.82)
$[C_4mim][TFSI]$	871±2		30	401.14(321.01, 481.27)
$[C_6mim][TFSI]$	81.3±1.2	$[Bu_3NC_2][Sac]$	5	248.48(207.94, 289.03)
$[C_8mim][TFSI]$	15.8±1.7		15	103.51(92.23, 113.78)
$[C_{10}mim][TFSI]$	2.95±1.12		30	68.06(65.15, 70.98)

①括号内为 EC_{50} 的置信区间。

青海弧菌是一种淡水发光细菌，其发光抑制程度与污染物的毒性及浓度相关，常用于环境水质污染监测。张瑾等研究表明，离子液体对青海弧菌 Q67 的生物毒性具有烷基链效应，其作用机制是离子液体渗入细胞膜，产生极性麻醉作用进而破坏有机体结构。烷基链的长度决定了离子液体的亲脂性，链越长亲脂性越强，其在生物有机体的细胞膜上吸附聚集的能力越强，细菌发光强度下降越明显[61-62]。青海弧菌 Q67 也被用于研究离子液体和重金属的复合效应，研究发现 Cd^{2+}、Ni^{2+}、Cu^{2+}、Zn^{2+} 和离子液体复合产生了协同效应[63]。

3.1.3 藻类毒性效应

藻类对毒物敏感、易获得、个体小、繁殖快，在较短时间内即可得到有毒物质对藻类多个世代及种群水平的影响评价，常用于评估化学品的毒性。离子液体对藻类毒性方面的研究主要是探讨离子液体对藻的急性毒性及其生长、细胞结构变化、膜渗透性、色素含量、光合作用及抗氧化系统等的影响[64-66]。图 3-3 为离子液体对藻类影响的毒理机制示意图。

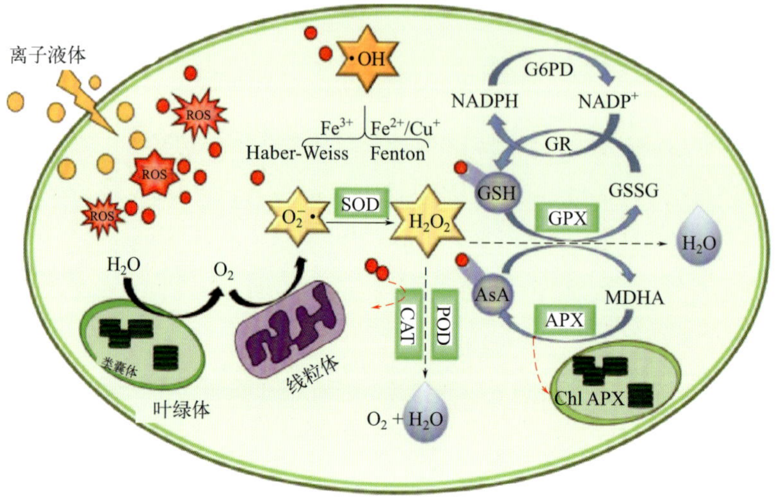

图 3-3　离子液体对藻类影响的毒理机制示意图。

ROS—活性氧；O_2^-·—超氧阴离子自由基；H_2O_2—过氧化氢；·OH—羟自由基；Haber-Weiss—哈伯 - 韦斯反应；Fenton—芬顿反应；SOD—超氧化物歧化酶；CAT—过氧化氢酶；POD—过氧化物酶；G6PD—6- 磷酸葡萄糖脱氢酶；NADPH—还原型烟酰胺腺嘌呤二核苷酸磷酸；$NADP^+$—烟酰胺腺嘌呤二核苷酸磷酸；GR—谷胱甘肽还原酶；GSH—谷胱甘肽；GSSG—氧化型谷胱甘肽；GPX—谷胱甘肽过氧化物酶；AsA—维生素 C；MDHA—单脱氢维生素 C；APX—维生素 C 过氧化物酶；Chl APX—叶绿体维生素 C 过氧化物酶

3.1.3.1　海水藻

离子液体对海水藻产生的毒性效应主要体现在氧化胁迫和对光合作用的影响。Kumar 等研究了 $[C_n mim]Br$（n=4、6、8、10、12、14、16）对海洋大型绿藻石莼（*Ulva lactuca*）的氧化应激毒性效应，发现离子液体暴露会引起藻细胞活性氧自由基（ROS，包括 O_2^-·、H_2O_2 和·OH）的产生、细胞膜破坏、DNA 损伤和抗氧化系统的抑制，暴露于 LC_{50}（半数致死浓度）的离子液体显著诱导了 DNA 损伤（尾部 DNA 比对照增加 50% ～ 70%）[67]。藻体内 ROS 和脂质过氧化的增强主要是由于脂氧合酶（lipoxygenase，LOX）活性与两种 LOX 异构体（约 80kDa 和 55kDa）的诱导。离子液体低浓度（50% LC_{50}）暴露导致多不饱和脂肪酸积累，表明低浓度离子液体诱导了去饱和酶的产生。超氧化物歧化酶（SOD）、维生素 C 过氧化物酶（APX）等抗氧化酶活性提高 1.3 ～ 2.0 倍，谷胱甘肽过氧化物酶（GSH-Px）活性降低，还原性维生素 C 和谷胱甘肽含量提高 [67-68]。当向培养基中补充一种海洋植物提取剂时，ROS 含量显著降低，LOX 活性得到恢复，表明外源添加海洋植物提取剂可在一定程度上缓解由离子液体造成的氧化损伤，保护藻类组织中的 DNA，彗星实验显示这可能与抗氧化酶系统中 SOD、APX、GSH-Px 和谷胱甘肽还原酶（GR）等对海洋植物提取剂的特异性响应有关 [68]。

$[C_4mim][BF_4]$ 和 $[C_8mim][BF_4]$ 显著抑制了海洋硅藻三角褐指藻（*Phaeodactylum ttricornutum*）光合色素的合成，削弱其光合作用效率，处理 96h 硅藻的最大光能转化效率（F_v/F_m）与对照相比显著下降，这可能是由离子液体通过降低藻体内 NADPH 和 ATP 的形成而影响其同化能力，或削弱藻细胞的碳固定能力造成的 [64]。$[C_8mim][NO_3]$、$[C_8mim]Cl$、$[C_8mpy]Cl$ 和 $[C_8mpy]Br$ 也显著抑制三角褐指藻的生长，导致叶绿素 a 含量显著降低和光系统Ⅱ (PS Ⅱ) 反应中心受损，光合作用受抑制；硅藻细胞内发生显著的生理生化反应，以减轻损伤作用，例如可溶性蛋白含量显著增加、SOD 和过氧化氢酶（CAT）活性显著增强，形成了对抗离子液体毒性的保护机制 [69]。

3.1.3.2 淡水藻

离子液体对淡水绿藻产生明显的毒性效应，藻细胞生长受抑制 [70-75]。咪唑类离子液体影响斜生栅藻（*Scenedesmus obliquus*）和蛋白核小球藻（*Chlorella vulgaris*）藻细胞的超微结构，造成质壁分离，藻细胞膜通透性增大，叶绿体结构片层断裂受损，线粒体嵴数量减少，淀粉粒堆积，蛋白核与拟核破损等系列效应（图 3-4）[76-77]。离子液体对斜生栅藻、蛋白核小球藻和羊角月牙藻（*Selenastrum capricornutum*）等藻细胞光合作用产生显著影响，叶绿素 a、叶绿素 b 和总叶绿素含量下降，叶绿素荧光参数如初始荧光产量（F_0）、最大荧光产量（F_m）、光系统Ⅱ（PS Ⅱ）的最大有效量子产率（F_v/F_m）、最大光化学量子产量（F_v/F_0）、光化学量子产率 [Y(Ⅱ)] 和非光化学猝灭系数（NPQ）等受离子液体显著影响，说明离子液体影响了初级光合反应，阻断光合电子传递过程，削弱光合散热能力，降低光合效率，导致藻细胞 PS Ⅱ反应中心失活或破坏，藻细胞的光合速率和呼吸速率也因离子液体暴露而降低 [66, 74, 76, 78-81]。

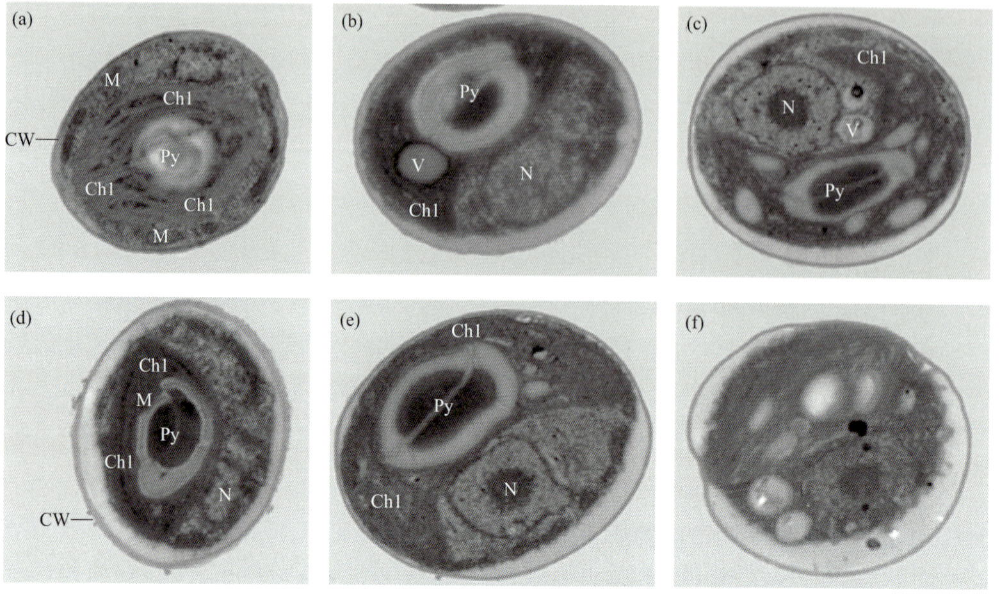

图 3-4　离子液体处理 96h 后蛋白核小球藻细胞超微结构图 [76]

（a）对照；（b）$[C_6mim]Cl$；（c）$[C_6py]Cl$；（d）$[C_8mim]Cl$；（e）$[C_{10}mim]Cl$；（f）$[C_{12}mim]Cl$

CW—细胞壁；CW—细胞膜；M—线粒体；N—细胞核；Chl—叶绿体；Py—吡啶

由于产生氧化应激反应，藻细胞内 ROS 水平升高（图 3-5），且 ROS 含量与细胞膜通透性和生长抑制率存在良好的线性关系，抗氧化酶 SOD、CAT 和 POD 等活性以及抗氧化剂维生素 C（AsA）含量受到影响，SOD 和 CAT 活性随浓度升高先激活后抑制，SOD 和 CAT 活性在 EC_{50} 左右达到最大，表明在低浓度下藻细胞抗氧化防御系统被激活以清除 ROS[70, 76, 82-85]。藻细胞内 ROS 含量的增加是离子液体对淡水绿藻的重要毒理机制之一，高浓度离子液体使藻细胞内 ROS 产生量过多并大量累积，从而破坏藻细胞内生物大分子、细胞结构等，引起代谢功能紊乱，最终导致细胞死亡 [66, 70, 76, 83, 85-86]。

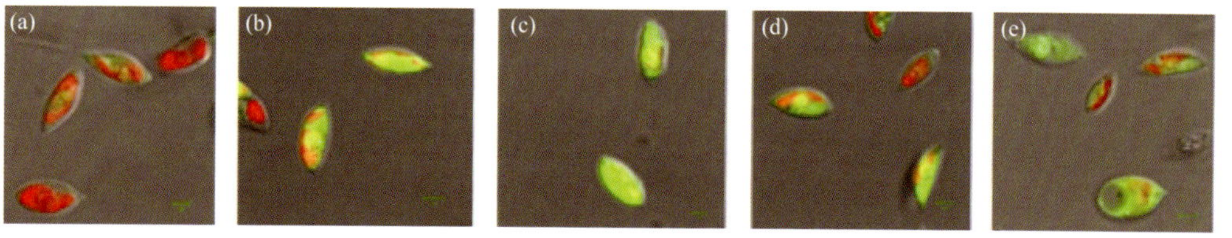

图 3-5　离子液体处理后斜生栅藻内 ROS 水平的激光共聚焦图（绿色荧光越多显示 ROS 水平越高）[85]

（a）对照；（b）4mg・L^{-1} $[Hmim][NO_3]$；（c）4mg・L^{-1} [Hmim]Cl；（d）4mg・L^{-1} [Hmpy]Cl；（e）4mg・L^{-1} [Hmpy]Br

手性离子液体的对映选择性差异会导致藻细胞中ROS生成及细胞膜的完整性、细胞壁的损伤程度等毒性效应的差异[82]。在对不同构型的1-烷基-3-甲基咪唑酒石酸盐离子液体（L-[Rmim][T]和D-[Rmim][T]，[T]表示酒石酸根）对斜生栅藻的毒性研究中，还发现了手性对映选择性毒性效应，它们对光合作用、细胞膜通透性以及超微结构、藻细胞ROS含量和抗氧化酶活性的影响均存在显著的手性选择性差异，毒性L-(+)-[Rmim][T] > D-(−)-[Rmim][T][77, 83]。但在Chen等的研究中，L型1-乙基-3-甲基咪唑乳酸盐（L-(+)-[Emim][L]，[L]表示乳酸根）对斜生栅藻的EC_{50}值大于5000μmol·L^{-1}，而D型1-乙基-3-甲基咪唑乳酸盐（D-(−)-[Emim][L]）的EC_{50}值为255.21μmol·L^{-1}，毒性D-(−)-[Emim][L] > L-(+)-[Emim][L]。随着碳链长度的增加，由碳链长度对毒性效应影响所起的作用增大，手性离子液体两个对映体间EC_{50}值的差异逐渐减小[65]。

值得注意的是，Cho等对比了离子液体与传统有机溶剂对羊角月牙藻的急性毒性，发现离子液体的EC_{50}（96h）值都低于传统有机溶剂（甲醇、二甲基甲酰胺、异丙醇等），离子液体的毒性可比传统有机溶剂强2～4个数量级[87]。这提示使用离子液体作为绿色溶剂来代替传统溶剂时应考虑离子液体的毒性效应。

典型离子液体对藻类生长的抑制作用如表3-2所示。

表3-2 典型离子液体对藻类生长的抑制作用 单位：mg·L^{-1}（另有注明的除外）

试验生物	离子液体	EC_{50}（24h）	EC_{50}（48h）	EC_{50}（72h）	EC_{50}（96h）
小球藻[84]（*Chlorella vulgaris*）	$[C_4mim]Cl$			6330.51μmol·L^{-1}	
	$[C_6mim]Cl$			1026.2μmol·L^{-1}	
	$[C_8mim]Cl$			64.5μmol·L^{-1}	
	$[C_{10}mim]Cl$			15.1μmol·L^{-1}	
	$[C_{12}mim]Cl$			3.68μmol·L^{-1}	
斜生栅藻[74, 77]（*Scenedesmus obliquus*）	$[C_4mim]Br$	40.01	24.10	23.66	81.00
	$[C_6mim]Br$	17.67	14.70	8.63	5.88
	$[C_8mim]Br$	3.06	1.38	0.54	0.34
	$[C_{10}mim]Br$	2.29	0.24	0.11	0.10
	$[C_{12}mim]Br$	0.10	0.08	0.08	0.02
	$[C_6mim]Cl$	1.99	4.84	5.61	6.27
	$[C_8mim]Cl$	0.49	0.69	0.97	1.06

续表

试验生物	离子液体	EC_{50}（24h）	EC_{50}（48h）	EC_{50}（72h）	EC_{50}（96h）
斜生栅藻[74, 77]（*Scenedesmus obliquus*）	$[C_{10}mim]Cl$	0.066	0.031	0.046	0.062
	$[C_{12}mim]Cl$	0.005	0.020	0.031	0.038
	$[C_{16}mim]Cl$	0.002	0.010	0.015	0.017
眼虫藻[88]（*Euglena gracilis*）	$[C_4mim]Cl$	19548.64		45.00	
	$[C_6mim]Cl$	965.84		38.50	
	$[C_8mim]Cl$	287.76		0.0011	
	$[C_{12}mim]Cl$	39.35		0.0041	
栅藻冬凌草[89]（*Scenedesmus rubescens*）	$[C_4mim][BF_4]$	＞200	＞200	＞200	＞200
	$[C_8mim][BF_4]$	2.97	0.85	0.31	0.41
	$[C_4mim][BF_4]$∶$[C_8mim][BF_4]$（1∶1）	2.84	0.04	0.25	0.23
羊角月牙藻[75,79, 87]（*Selenastrum capricornutum*）	$[C_4mim]Cl$				2884μmol・L^{-1}
	$[C_4mim]Br$				1047μmol・L^{-1}
	$[C_4mim][BF_4]$				2512μmol・L^{-1}
	$[C_4mim][PF_6]$				1318μmol・L^{-1}
	$[C_4mim][OTf]$				2188μmol・L^{-1}
	$[C_4mim][TF_2]$			63.2μmol・L^{-1}	
石莼[67-68]（*Ulva lactuca*）	$[C_4mim]Br$				9800μmol・L^{-1}
	$[C_6mim]Br$				3710μmol・L^{-1}
	$[C_8mim]Br$				1420μmol・L^{-1}
	$[C_{10}mim]Br$				150μmol・L^{-1}
	$[C_{12}mim]Br$				70μmol・L^{-1}
三角褐指藻[64]（*Phaeodactylum tricornutum*）	$[C_4mim][BF_4]$	30.81	28.53	39.92	45.88
	$[C_8mim][BF_4]$	30.17	23.36	28.62	31.37
	$[C_{12}mim][BF_4]$	0.63	0.61	0.68	0.72

3.1.4 植物毒性效应

离子液体对植物的影响可分为对单子叶植物和双子叶植物的毒性效应的影响。对单子叶植物研究对象包括水稻、小麦、玉米、浮萍、大麦、洋葱等，对双子叶植物研究对象有拟南芥、蚕豆、萝卜等，主要探讨离子液体对植物生长抑制、细胞超微结构、细胞膜通透性、光合作用、氧化胁迫等的毒性效应[90]。

3.1.4.1 单子叶植物

咪唑氯盐离子液体（$[C_8mim]Cl$、$[C_{10}mim]Cl$ 和 $[C_{12}mim]Cl$）对水稻幼苗生长产生抑制作用，根长和茎长减短，重量下降，毒性效应随烷基链长度的增加而增强；离子液体胁迫可破坏水稻幼苗叶片的 PS Ⅱ，抑制光合作用的初级反应，光合电子传递过程受损，阻碍光合电子传递过程，对热能的耗散能力逐渐丧失，叶绿体的希尔反应活性下降，说明离子液体对水稻幼苗的光合作用系统产生很大影响，从而影响水稻幼苗生长 [91-92]。此外植物的抗氧化系统会在植物受到外界胁迫时做出应激反应，在受到咪唑氯盐离子液体胁迫时，水稻幼苗的 SOD、CAT 和 POD 活性随离子液体浓度的增加先升高后降低，脂质过氧化产物丙二醛（MDA）含量增加，产生氧化应激效应，严重胁迫水稻的正常生长；超微结构观察显示离子液体改变了水稻根和叶细胞的结构（图 3-6），叶绿体基粒和类囊体的结构紊乱；线粒体肿大变圆，嵴模糊，线粒体的基质和嵴的消解导致线粒体内部产生空洞；高尔基小泡崩解，内质网肿大，核糖体脱落，导致 Hill 反应活性和根系活性降低 [92]，根细胞膜通透性增加，细胞形态发生改变，水稻根部比茎部对离子液体的胁迫更敏感 [92-93]。对小麦的毒性效应研究也发现离子液体（$[C_8mim]Br$、$[C_8min]Cl$ 和 $[C_8min][BF_4]$）可以显著减少小麦叶片中光合色素含量，脯氨酸含量增加、脂质过氧化作用增强，H_2O_2 含量以及解毒酶谷胱甘肽 S- 转移酶和抗氧化酶（SOD、CAT 和 POD）活性提高，说明离子液体可抑制小麦幼苗的光合作用，产生氧化胁迫 [94-95]。

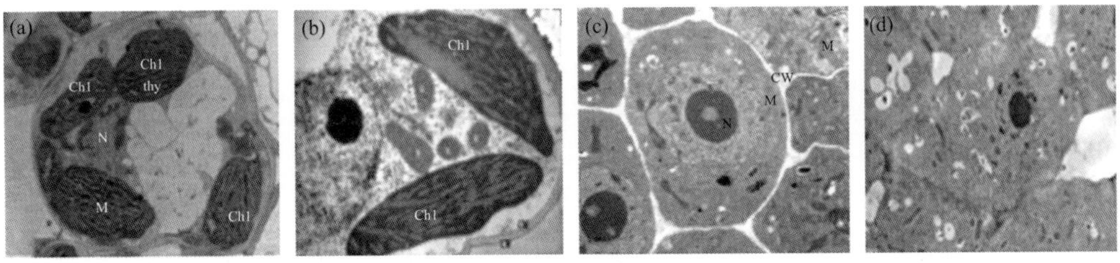

图 3-6 离子液体对水稻根叶细胞透射电镜超微结构图 [92]

（a）对照叶片细胞；（b）$0.6mg \cdot L^{-1}[C_8mim]Cl$ 处理的叶片细胞；（c）对照根尖细胞，（d）$0.6mg \cdot L^{-1}[C_8mim]Cl$ 处理的根尖细胞

CW—细胞壁；CM—细胞膜；M—线粒体；N—细胞核；Chl—叶绿体；thy—类囊体；V—液泡

Peric 等研究了两类质子化离子液体（脂肪胺和有机酸）和非质子化离子液体（咪唑类和吡啶类）对陆生植物洋葱（*Allium cepa*）和黑麦草（*Lolium perenne*）的生态毒性，发现质子型离子液体毒性比非质子型离子液体的毒性低且生物降解性更好，如质子型离子液体羟基乙基铵甲酸盐（2-HEAF）、羟基乙基铵丁酸盐（2-HEAB）和非质子型离子液体 [Bmim]Cl 对洋葱的 EC_{50} 值分别为 6887mg • kg^{-1}、2012mg • kg^{-1} 和 930mg • kg^{-1}[96]。研究表明质子型离子液体毒性较小，这可为新型离子液体的合成和应用提供思路。

研究证实了在高污染水或土壤中生长的植物对咪唑基离子液体有一定的吸收，如黑麦草、水稻的根会吸收土壤或者水中的离子液体，并向茎和叶转移，在不同部位进行积累，其中黑麦草可以吸收超过 80% 的 [C_4mim]Br，功能基团和烷基链长等化学结构决定了离子液体进入植物根系的行为 [97-98]。离子液体主要在根中积累，只有少量离子液体在茎和叶中转运和积累 [97-98]，离子液体在根、茎和叶中的含量随烷基链长度的增加而降低 [97]。

3.1.4.2 双子叶植物

离子液体对蚕豆幼苗生长具有抑制作用，土壤中低浓度（1mg • kg^{-1}、5mg • kg^{-1} 和 25mg • kg^{-1}）离子液体（[C_{10}mim]Cl）、[C_{10}mim]Br 和 [C_{10}mim][NO_3]）对蚕豆幼苗影响不大，当暴露浓度大于 50mg • kg^{-1} 时，蚕豆茎长、根长、干重和色素含量均受到显著抑制，ROS 水平显著增大，导致细胞氧化损伤和 DNA 损伤，SOD、CAT 和 GSH-Px 活性受影响，AsA 和谷胱甘肽（GSH）含量升高 [99]；蚕豆根尖细胞 DNA 出现“彗星”现象，可诱导基因结构发生突变或重排，从而导致遗传多样性变化 [100]。根部作为污染物的接触部位，对离子液体的敏感程度更高 [99]。

离子液体（[C_8mim]Cl、[C_{10}mim]Cl 和 [C_{12}mim]Cl）对拟南芥产生急性毒性、氧化胁迫等影响，对其生长和光合作用存在着明显的抑制作用；幼苗的鲜重以及根长影响具有显著的剂量 - 效应关系；随离子液体浓度增加，拟南芥叶片表面出现叶脉白化、叶片褪绿黄化，甚至出现褐色斑点；拟南芥叶片细胞膜通透性增大，细胞超微结构受到影响，出现质壁分离现象，叶绿体发生变形，片层结构模糊，淀粉颗粒和嗜锇颗粒的数量和尺寸明显增加和增大；叶绿素合成受到严重抑制，叶绿素含量降低，叶片的叶绿素荧光参数，如 F_0、F_m、F_v/F_m、F_v/F_0、Y(Ⅱ)、非光化学猝灭量子产量（NO）、NPQ 和相对电子传递速率（ETR）均受到显著抑制，说明离子液体可阻碍光合电子传递过程，热耗散能力丧失，抑制植物光合作用；拟南芥叶片细胞的 ROS 含量及 MDA 含量升高，SOD、CAT 和 GSH 均先升高后降低，超过抗氧化酶发挥自我调节能力时其活性被抑制。结合蛋白组学分析发现，在 [C_{10}mim]Cl 和 [C_{12}mim]Cl 处理中富集到高度下调蛋白，GO 注释和 KEGG 途径分析证实了拟南芥在离子液体处理中的氧化胁迫反应和光系统效应[101]。在对拟南芥的研究中还发现了一个有趣的现象——新叶的自我防御机制。在 [C_{12}mim]Cl 处理组中，老叶的光合作用受到明显抑制，叶绿素荧光参数发生明显变化，但其新生叶的叶绿素荧光参数却没有显著变化（图 3-7），光合作用未产生损伤，叶绿素含量反而增加，超微结构观察 [C_{12}mim]Cl 处理组中的新叶细胞结构未受到损伤（图 3-8），这可能是由于在逆境环境下，植物对新生叶片有特殊的保护机制[102]。典型离子液体对植物的生长影响研究见表 3-3。

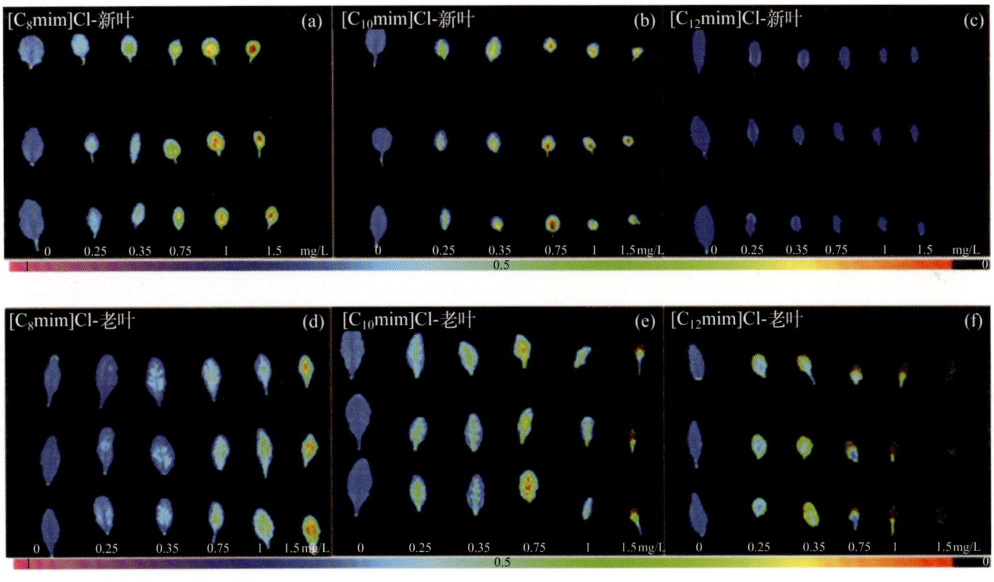

图 3-7 离子液体对拟南芥光合作用的影响（F_v/F_m）[102]

[C_8mim]Cl 和 [C_{10}mim]Cl 处理组中，拟南芥新叶和老叶荧光成像图的颜色随浓度升高由蓝色变为橙色，说明其对植物的光合胁迫增强；[C_{12}mim]Cl 处理组老叶荧光成像图的颜色随浓度升高由蓝色变为橙色，说明胁迫明显，但新叶荧光成像图的颜色随浓度升高依然为蓝色，说明对新叶的光合作用没有影响

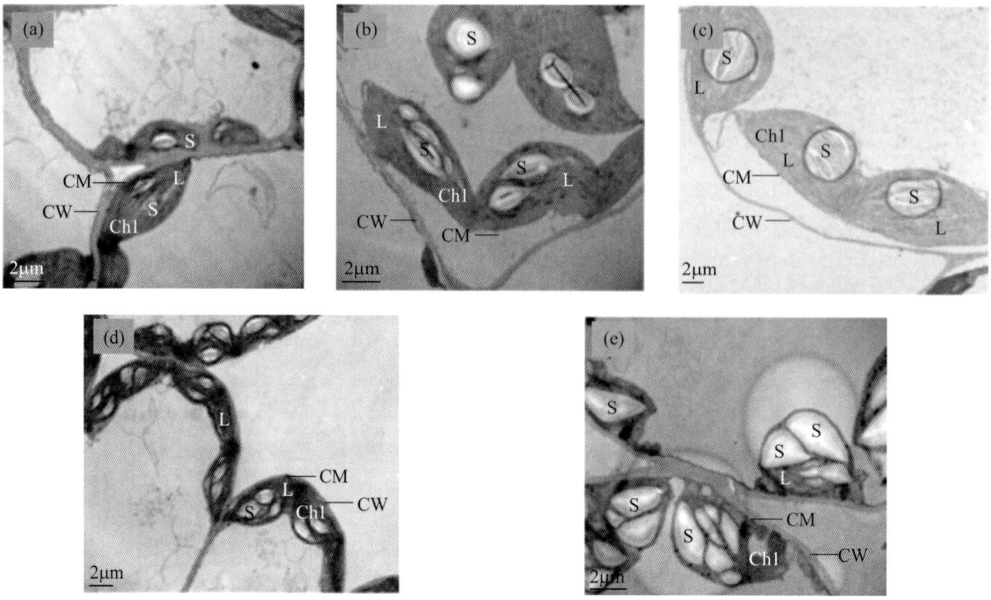

图 3-8　离子液体对拟南芥叶片细胞超微结构的影响[102]

（a）对照组；（b）1mg・L^{-1}[C_8mim]Cl；（c）1mg・L^{-1}[C_{10}mim]Cl；（d）1mg・L^{-1}[C_{12}mim]Cl（新生叶）；（e）1mg・L^{-1}[C_{12}mim]Cl（老叶）

CW—细胞壁；Chl—叶绿体；CM—细胞膜；S—淀粉颗粒；O—嗜锇小体；L—片层结构

也有研究比较了离子液体对单子叶植物和双子叶植物的毒性效应。在对普通萝卜和春大麦的毒性效应研究中，在最高浓度（1000mg・kg^{-1}）离子液体作用下，大麦鲜重下降 55%，幼苗明显矮化，并发生广泛的褪绿变化，呈现明显的毒性效应；而萝卜的鲜重仅下降 23%，萝卜对离子液体的耐受力大于春大麦[119]。单子叶植物和双子叶植物的不同毒性效应可能是由植物的不同形态结构引起的，两类植物具有不同的根系系统，单子叶植物的须根系易受污染物影响[119, 126]。

研究证明，离子液体对植物产生毒性效应，影响根和茎的生长，使根系和根毛数量减少，影响植物的形态学变化。离子液体还可以进入细胞，诱发氧化应激反应，破坏细胞完整性，细胞器结构受损，阻止线粒体电子传递以及叶绿体中叶绿素的合成，从而阻止光合作用过程和导致细胞死亡（图 3-9）。

表3-3 典型离子液体对植物的生长影响研究

植物	离子液体	研究参数	参考文献
拟南芥（*Arabidopsis thaliana*）	$[C_4mim][BF_4]$、$[C_4mpy][BF_4]$、$[C_4mim]Br$、$[C_4mpy]Br$	生长（根茎长），细胞超微结构，氧化胁迫，基因表达	[103]
	$[C_8mim]Cl$、$[C_{10}mim]Cl$、$[C_{12}mim]Cl$	生长（根茎长），细胞膜通透性，叶绿素含量，光合活性（叶绿素荧光参数），氧化胁迫（ROS、SOD、CAT、GPX、POD）	[102]
小麦（*Triticum aestivum* L.）	$[C_4mim][BF_4]$	发芽率，生长（根茎长）	[104]
	$[C_8mim]Br$	生长，叶绿素含量，脯氨酸含量，酶活性	[105]
	$[C_8mim][PF_6]$	发芽率，生长（根茎长，干重）	[106]
	$[C_4mim]Cl$、$[C_4mim][BF_4]$	生长（根茎长、根茎重），氧化胁迫（MDA、SOD、CAT、POD）	[107]
	$[C_{12}mim]Br$	生长，叶绿素含量	[108]
	$[C_4mim][Ac]$、$[C_4mim][C_7H_5O_2]$、$[C_4mim][BF_4]$、$[C_{12}mim]Br$、$[C_4py]Br$	发芽率，生长（根长），光合作用	[109]
	$[C_{10}mim][BF_4]$、$[BTDA]Cl$、$[C_4mpy]Cl$	生长（根茎长）	[110]
水稻（*Oryza sativa* L.）	$[C_8mim]Cl$、$[C_{10}mim]Cl$、$[C_{12}mim]Cl$	生长，氧化胁迫（SOD、CAT、POD），光合活性（叶绿素荧光参数）	[92]
	$[C_8mim]Cl$	希尔反应活性，根系活力，氧化胁迫（SOD、CAT、POD、MDA），根叶超微结构	[111]
	$[C_4mim][PF_6]$、$[C_4mim][BF_4]$	发芽率，生长（根茎长）	[112]
蚕豆（*Vicia faba* L.）	$[C_4mim]Cl$	生长（根茎长，干重）	[113]
	$[C_6mim][NO_3]$、$[C_6mim]Br$、$[C_6mim][BF_4]$	生长（根茎长，干重）	[100]
	$[C_{10}mim]Cl$、$[C_{10}mim]Br$、$[C_{10}mim][NO_3]$	生长（根茎长），叶绿素含量，氧化胁迫（MDA、SOD、CAT、POD）	[99]
	$[C_6mim]Br$、$[C_6mim][NO_3]$、$[C_6mim][BF_4]$	生长（根茎长），氧化胁迫（MDA、SOD、CAT、POD），DNA 损伤	[114]

续表

植物	离子液体	研究参数	参考文献
玉米（*Zea mays* L.）	[C$_4$mim]Cl	生长（根茎重），叶绿素含量，光合系统活性，RNA 分析	[115]
大麦（*Hordeum vulgare* L.）；萝卜（*Raphanus sativus* L.）	[C$_n$immen][BF$_4$]	生长（干重）	[116]
	[TEA][BF$_4$]、[TBA][BF$_4$]、[THA][BF$_4$]、[TOA][BF$_4$]	生长，叶绿素含量，抗氧化酶活性	[117]
	[TEA]Cl、[TEA]Br	生长（根茎长、根茎重），氧化胁迫	[118]
	[C$_4$mpyr][PF$_6$]、[C$_4$mpip][PF$_6$]、[B4mpy][PF$_6$]	生长（根茎长、根茎重）	[119]
	[TMA][PF$_6$]、[TBA][PF$_6$]、[THA][PF$_6$]	生长（根茎长、根茎重）	[120]
	[NH$_4$][PF$_6$]	发芽率，生长（根茎长、根茎重）	[121]
浮萍（*Lemna minor* L.）	[C$_n$mim]Br	生长，EC_{50}	[122]
家独行菜（*Lepidium sativum* L.） 蓝桉（*Eucalyptus globulus* Labill.）	[C$_1$C$_1$im][DMP]	发芽率，生长（茎长、茎重、叶片数）	[123]
牛膝菊（*Galinsoga Parviflora* Cav.）、藜（*Chenopodium album* L.）酸模（*Rumex acetosa* L.）	[TBA][BF$_4$]、[THA][BF$_4$]、[TBA][PF$_6$]、[THA][PF$_6$]	生长，叶绿素含量	[124]
辣椒（*Capsicum annuum* L.）	[Bmim][PF$_6$]、[Bmim][BF$_4$]	茎根长度，茎根细胞膜通透性	[112]
黄瓜（*CuCumis sativus* L.）	[C$_2$OC$_2$mim]Cl、[C$_1$OC$_2$mim]Cl、[C$_3$OHmim]Cl、[C$_3$OHmim]Cl、[C$_2$OHmim]Cl、[C$_4$mim]Cl	发芽率，生长，氧化胁迫（MDA、SOD、CAT、POD）	[125]

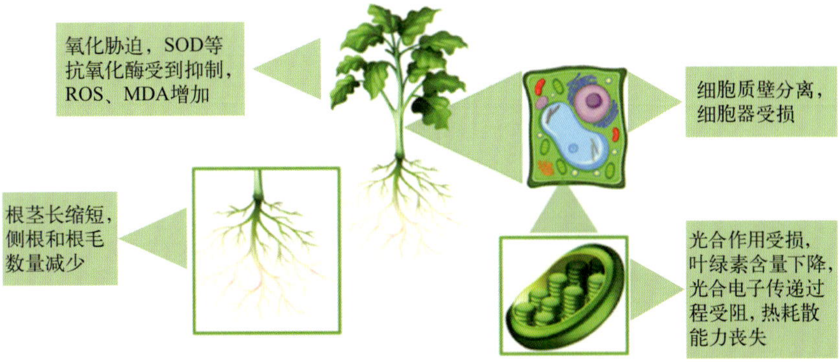

图 3-9 离子液体对植物毒性效应机理的示意图[98]

3.1.5 动物毒性效应

动物毒性效应通常以无脊椎动物如蚯蚓（*Eisenia fetida*）、大型蚤（*Daphnia magna*）、蜗牛（*Frnticicolidae*）、泥鳅（*Misgurnus anguilli caudatus*）、秀丽线虫（*Cinehabditis elegans*) 等，或以脊椎动物如鲤鱼（*Cryprinus carpio*）、斑马鱼（*Danio rerio*）、蛙类和小鼠、大鼠等小型动物个体作为受试对象进行研究，分析不同类型离子液体、不同种类动物的毒性效应。离子液体对动物的影响主要体现在对动物的生长抑制、行为和进食影响、氧化胁迫、DNA 损伤、免疫毒性及胚胎与发育毒性等。表 3-4 为典型离子液体对动物的 LC_{50} 值，表 3-5 列出了一些典型离子液体对动物毒性效应的研究。

表3-4 典型离子液体对动物的LC_{50}值 单位：$mg \cdot L^{-1}$（另有注明的除外）

试验生物	离子液体	LC_{50}（24h）	LC_{50}（48h）	LC_{50}（72h）	LC_{50}（96h）
斑马鱼[127-128]（*Danio rerio*）	$[C_2mim][NO_3]$	45552.2	4820.9	4010.4	3193.5
	$[C_4mim][NO_3]$	1752.3	1245.8	1027.4	867.1
	$[C_6mim][NO_3]$	332.9	237.5	162.9	144.4
	$[C_8mim][NO_3]$	35.6	33.0	28.8	23.1
	$[C_{10}mim][NO_3]$	9.6	8.4	6.5	4.5
	$[C_{12}mim][NO_3]$	5.7	4.8	4.0	3.7
	$[C_6mim]Br$	390.1	238.9	190.5	164.4
	$[C_6mim]Cl$	286.1	216.6	158.8	128.5

续表

试验生物	离子液体	LC$_{50}$（24h）	LC$_{50}$（48h）	LC$_{50}$（72h）	LC$_{50}$（96h）
斑马鱼[127-128]（*Danio rerio*）	[C$_6$mim][BF$_4$]	231.4	172.0	141.3	120.1
	[C$_6$mim][PF$_6$]	460.4	237.4	189.3	146.6
	[C$_2$mim]Br	7.79×10^3	7.25×10^3	3.81×10^3	2.97×10^3
	[C$_4$mim]Br	22.11×10^3	1.59×10^3	1.43×10^3	897
	[C$_8$mim]Br	141.0	112.0	62.4	62.4
	[C$_{10}$mim]Br	10.7	9.70	6.50	3.80
	[C$_{12}$mim]Br	5.90	5.40	3.90	3.60
大型蚤[84, 129-130]（*Daphnia magna*）	[C$_4$mim]Br		8.03		
	[C$_4$mim]Cl		14.8		
	[C$_4$mim][PF$_6$]		19.91		
	[C$_4$mim][BF$_4$]		10.68		
	[C$_{12}$mim]Cl		0.0043		
	[C$_{16}$mim]Cl		0.0034		
	[C$_{18}$mim]Cl		0.0017		
	[C$_8$mim]Br	0.95			
淡水螺[131]（*Physa acuta*）	[C$_8$mim]Br		109.3		
金鱼[132]（*Carassius auratus*）	[C$_8$mim]Br				244
锦鲤[133]（*Cyprinus carpio*）	[C$_8$mim]Br				687.5
水螅[134]（*Hydra attenuata*）	[C$_4$mim][PF$_6$]		573		
	[C$_4$mpyr][BF$_4$]		245		
卤虫[135]（*Artemia salina*）	[C$_4$mim]Cl	171.1μg • L^{-1}			
	[C$_8$mim]Cl	133.6μg • L^{-1}			
	[C$_{12}$mim]Cl	17.76μg • L^{-1}			

3.1.5.1 无脊椎动物

离子液体暴露会对动物产生运动和摄食行为的影响，如在低浓度下离子液体（[C$_n$mim]Cl、[C$_n$py]Cl，n=4、6、8）会抑制淡水螺的运动，但浓度超过阈值水平会触发逃逸反应[142]；在离子液体（[C$_n$mim]Cl，n=4、6、8）作用下赤子爱胜蚓表现出不同程度的逃逸行为，环带肿大，出现破裂出血甚至糜烂，并有自溶现象[152]，毒性效应随碳链长度增加而增大[153]。[C$_8$mim]Br 可引起蚯

表3-5 典型离子液体对动物的毒性效应

试验生物	离子液体	毒性效应	参考文献
金鱼（*Carassius Auratus*）	$[C_8mim]Br$	早期卵裂、早期原肠胚胚孔关闭和心脏跳动	[136]
		对鱼的皮肤、鳃细丝和肠道绒毛造成表面损伤	[137]
锦鲤（*Cyprinus carpio* L.）	$[C_8mim]Br$	对肝胰腺和肾脏的损害，具有免疫毒性作用	[133]
		氧化胁迫（SOD、CAT、GPX、GSH、MDA、GST等酶活性）	[138]
大型蚤（*Daphnia magna*）	$[C_nmim][NO_3]$(n=2、4、6、8、10、12)	急性毒性	[84]
	$[C_2mim]Cl$、$[C_{12}mim]Cl$	细胞结构受影响、氧化胁迫、能量产生和蛋白质合成受阻、DNA损伤	[129]
	$[C_8mim]Br$	氧化胁迫（SOD、CAT、GPX、MDA、GST等酶活性）	[130]
	$[C_6mim]Br$	胚胎发育与繁殖受影响	[139]
蚯蚓（*Eisenia fetida*）	$[C_4mim][BF_4]$、$[C_8mim][BF_4]$	氧化胁迫、DNA损伤	[140]
	$[C_8mim]Br$、$[C_nmim][NO_3]$(n=4、6、8、10、12)	氧化胁迫（ROS、SOD、CAT、POD、GST）、DNA损伤	[141]
尖膀胱螺（*Physa acuta*）	$[C_nmim]Br$ (n=6、8、10、12)	胚胎和胎后发育受影响	[131]
	$[C_nmim]Br$、$[C_nmim][BF_4]$、$[C_nmim]Cl$、$[C_nmim][PF_6]$ (n=4、6、8)	生长抑制、运动和进食行为受影响	[142]
小鼠	$[Bmim]Cl$	导致幼鼠体重减轻，并表现出可能的致畸活性	[143]
	$[C_8mim]Br$	氧化胁迫（SOD、CAT、GSH-Px、GST）、肝脏损伤	[144]
	$[C_8mim]Cl$	肾损伤、肝脏损伤	[145]
斑马鱼（*Danio rerio*）	$[C_8mim]Br$、$[C_8py]Br$	氧化胁迫（SOD）、细胞凋亡、发育毒性	[146]
	$[C_2mim][NO_3]$、$[HOC_2mim][NO_3]$	氧化胁迫（ROS、MDA）、DNA损伤	[147]
	$[C_2NH_2mim][BF_4]$、$[MOEmim][BF_4]$、$[HOEmim][BF_4]$	氧化胁迫（ROS、MDA、POD）、DNA损伤	[148]
秀丽线虫（*Caenorhabditis elegans*）	$[C_2mim]Br$	繁殖受影响、氧化胁迫（ROS、MDA）	[149]
	$[C_{14}mim]Br$	氧化胁迫（ROS、MDA）	[150]
家蚕幼虫	$[C_8mim]Cl$、$[C_8mpy]Cl$	氧化胁迫（SOD、CAT、POD、MDA）	[151]

蚓体内乙酰胆碱酯酶和纤维素酶的抑制或促进，对蚯蚓的神经功能产生干扰，改变其体内的纤维素代谢活动，还可降低蚯蚓繁殖能力和 ATP 酶活性 [141]。

研究表明氧化胁迫是离子液体对动物产生毒性的主要机制 [154]。例如暴露于 $[C_n mim][NO_3]$（n=4、6、8、10 和 12）后，赤子爱胜蚓出现明显的氧化损伤和氧化应激，ROS 含量增加，细胞膜损坏，当过量的 ROS 累积时，抗氧化酶和解毒酶活性发生变化 [153]；$[C_8 mim][BF_4]$ 和 $[C_8 mim]Br$ 对蚯蚓的慢性毒性表现为诱导蚯蚓氧化应激和 DNA 损伤，ROS 含量增加 [155]；$[C_8 mim]Br$ 暴露可使大型蚤体内 SOD、CAT、GSH-Px 和谷胱甘肽 S- 转移酶（GST）的活性以及抗氧化剂 GSH 和脂质过氧化副产物 MDA 的水平受影响 [130]。$[C_{14} mim]Br$ 会导致秀丽线虫 ROS（O^{2-} 和 OH^-）水平升高，SOD 和 CAT 活性增强 [150]。

离子液体暴露也会对动物产生胚胎毒性和发育毒性。$[C_6 mim]Br$ 对大型蚤具有胚胎毒性，1.6mg • L^{-1} 浓度暴露可使其存活率、蜕皮数和第一窝数量显著下降，说明离子液体暴露可能会影响大型蚤的繁殖和发育 [139]，还会导致大型蚤后代平均数量和形态尺寸下降 [156]。$[C_8 mim]Br$ 可抑制淡水螺胚胎的孵化率，较低浓度（1.5mg • L^{-1} 和 2.1mg • L^{-1}）下部分淡水螺虽能正常孵化但不能存活，而当暴露浓度高于 4.16mg • L^{-1} 时，会导致胚胎变形、死亡和腐烂 [131]。$[C_8 mim]Cl$ 可胁迫泥鳅胚胎及幼体发育，67 ～ 150mg • L^{-1} 的 $[C_8 min]Cl$ 对泥鳅胚胎具有明显的致畸毒性效应，而 100 ～ 225mg • L^{-1} 的 $[C_8 min]Cl$ 对泥鳅仔鱼也具有明显的致畸、致死作用 [157]。研究结果与 $[Im_{1,8}]Br$(Im 表示咪唑阳离子，下角数字表示连接于咪唑阳离子 1- 位、3- 位烷基的 C 原子数) 对脊椎动物黑斑蛙早期胚胎时期的毒性影响结果一致 [158]。$[C_2 mim]Br$ 不仅对秀丽线虫的生殖系统有抑制作用，抑制线虫成虫的初始繁殖，对总生殖量和寿命也有抑制作用 [149]。

3.1.5.2 脊椎动物

研究离子液体对脊椎动物的毒性能够更好地揭示离子液体对人类的潜在危害。目前主要从急性毒性、胚胎发育、免疫毒性、幼体生长、抗氧化酶活性等方面来研究离子液体对脊椎动物的毒性效应 [159]。如 $[C_8 mim]Br$ 会导致金鱼的皮肤、鳃丝和肠绒毛产生表面损伤，肝胰腺和肾脏受损，引起肝胰腺中 MDA 水平上升，并诱导 SOD、CAT、GSH-Px 活性和 GSH 含量的变化 [137]；在鲢鱼脾脏引起氧化应激和炎症反应，产生免疫学影响[138]。当鲤鱼暴露在浓度为300mg・L^{-1}的[C_8mim]Br中7d后，其肝胰脏、肾和脾脏受损严重，免疫球蛋白M（immunoglobulin M，IgM）水平下降，溶菌酶活性受抑制，表明鱼类免疫系统的免疫活性受影响[133]；[C_8mim]Br暴露也影响金鱼、鲫鱼、锦鲤和黑斑蛙的早期胚胎发育，降低孵化率，导致胚胎畸形数量和死亡率增加[154]。[C_8mim][PF_6]可破坏鲤鱼肠道物理屏障，破坏免疫屏障，改变肠道微生物[138]。

研究表明离子液体会对斑马鱼活动产生影响[160-162]，Pretti等用15种应用广泛的离子液体对斑马鱼进行了急性毒性研究，发现低浓度下斑马鱼出现游动行为变快、反应时间缩短等现象，随着浓度升高，斑马鱼死亡率增加，大部分离子液体对斑马鱼属于低毒性，但其中2种具有四取代铵阳离子的离子液体的LC_{50}分别为5.9mg・L^{-1}和5.2mg・L^{-1}，低于其他传统溶剂（如乙腈、苯胺、二氯甲烷和甲醇）的LC_{50}值，使斑马鱼产生了明显的畸形和行为异常[161]。Pandey等研究发现1-丁基-1-甲基吡咯烷双（三氟甲磺酰基）亚胺盐和1-乙基-3-甲基咪唑双（三氟甲磺酰基）亚胺盐对斑马鱼胚胎显示出强烈的心脏毒性和肝毒性作用，出现了超出预期的健康影响[163]。受离子液体胁迫会引起ROS和MDA含量显著升高，刺激CAT和SOD等抗氧化酶以及GST等解毒酶活性，并造成肝脏细胞DNA损伤（图3-10）[164-165]。另外，离子液体还可以通过诱导氧化应激和细胞凋亡而引发斑马鱼的发育毒性和神经毒性[146]。

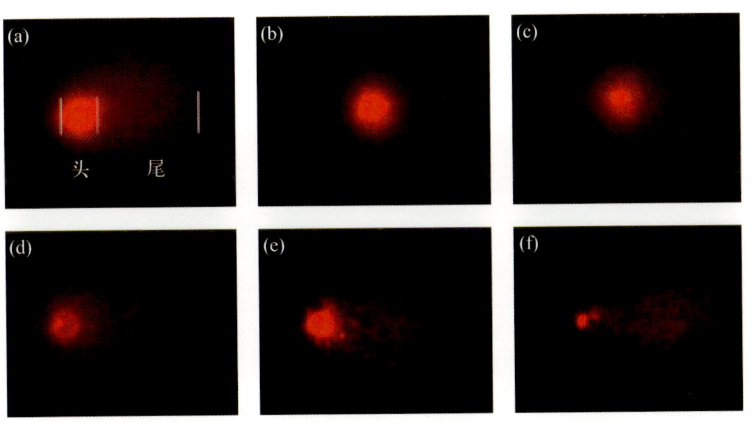

图3-10 [C_8mim]Br对斑马鱼肝细胞DNA损伤影响的彗星试验[164]

（a）彗星结构；（b）对照；（c）～（f）暴露于5mg・L^{-1}、10mg・L^{-1}、20mg・L^{-1}和40mg・L^{-1}[C_8mim]Br

小鼠和大鼠作为典型的哺乳实验动物被应用于离子液体的毒性效应研究中。研究表明 [Bmim]Cl 可被小鼠的肾吸收，并以母体化合物形式随尿排出[166]；小鼠产前接触 [Bmim]Cl 可能致畸，225mg・kg^{-1}[Bmim]Cl 处理使小鼠体重明显下降，胚胎畸形增多；也可对母体产生发育毒性，母鼠的发病率和死亡率增加[143]。[C_{14}mim]Br 可导致大鼠体重降低，血清中碱性磷酸酶（ALP）、谷草转氨酶（AST）和球蛋白（GLB）等均明显升高，白球比（ALB/GLB）、血清总蛋白（TP）值则明显下降；染毒组大鼠的肝脏、肾脏及肺均有不同程度的损伤及病变，表明 [C_{14}mim]Br 亚慢性染毒对大鼠的肝肾均有损伤[167]。[C_8mim]Cl 处理组小鼠肾脏和肝脏出现明显病变、门静脉炎、成纤维细胞增生，并伴有局灶性纤维化病变[145]。二癸基二甲基铵糖精酸盐可使小鼠结肠表层剥离、肺薄壁组织产生肺泡、体重增加减缓及进食量减少，中浓度作用下的雌鼠发生血液学变化包括 ALP、琥珀酸脱氢酶（SDH）和谷氨酰转移酶（GGT）等活性增强，还伴有葡萄糖含量、血尿素氮含量和肌酸酐含量增加，但这些变化在雄鼠内不明显，说明对不同性别的小鼠毒性具有差异性[168]。

3.1.6 人体健康危害及损伤机制

目前研究表明，离子液体对人体的健康影响主要表现为两方面。一是像普通的有毒有害污染物，当离子液体的浓度达到一定阈值，会造成人体疾病的高发病率，特别是具有较长碳链的离子液体会增加人类患病的风险[1]。例如，研究表明英国一个位于垃圾填埋场附近的居民区出现原发性胆管炎高发的因素之一就与土壤中高浓度的 $[Omim]^+$ 有关[169-170]。二是离子液体对人类皮肤的侵害和损伤。对于特殊人群，如生产制造工人，暴露在高浓度环境中的风险很高[171]。人角质形成细胞系 HaCaT 和人真皮成纤维细胞系 Hs68 常被用于研究离子液体的皮肤毒性，研究发现离子液体会对 HepG2 和 HaCaT 细胞产生毒性，引起细胞死亡[21]，结果证明了离子液体的潜在皮肤毒性[172]。因此建议在离子液体生产、运输、使用和处置等过程中应做好个人防护，如果直接接触皮肤，有必要立即清洗[171]。

目前关于离子液体对人体健康损害和毒性机理的研究还比较少，绝大多数研究采用离体细胞培养，显示离子液体可造成细胞中的DNA损伤，存在遗传毒性和细胞毒性；或者通过传统的受试生物如斑马鱼、小鼠、大鼠等外推解析离子液体对人体健康的影响。由于离子液体的应用越来越广泛，研究应充分考察离子液体对人体的潜在毒性，探究离子液体对人体健康的毒性机制。

3.2 离子液体毒性的影响因素

研究表明离子液体对水生和陆生生物都产生了毒性效应，离子液体结构、环境因素以及与共存污染物的复合效应等均会影响离子液体的毒性效应[1, 90, 154]。

3.2.1 离子液体结构的影响

大量研究表明，离子液体结构是决定其毒性强弱的关键因素。影响离子液体毒性的主要结构因素包括：阳离子中烷基链的长度、阳离子侧链的官能化程度、阳离子性质、阴离子性质以及阳离子-阴离子相互作用（图3-11）。明晰离子液体的结构特性对其毒性变化的影响可为离子液体的绿色合成提供理论依据。

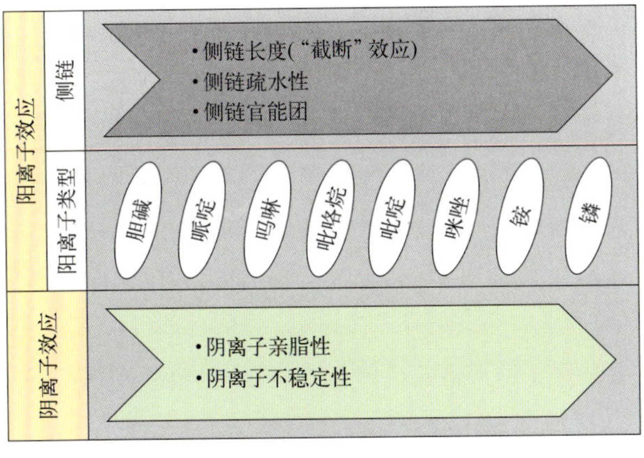

图3-11　影响离子液体毒性效应的结构参数[1]

3.2.1.1 阳离子中烷基链的长度

研究表明，阳离子类型是影响离子液体毒性的主要因素，包括烷基链长度、主体环结构、侧链的功能化程度等[2, 90]，定量构效关系（QSAR）分析表明阳离子组成对离子液体毒性的贡献为12%～48%[173]。目前研究将离子液体毒性与烷基链长度的增加相关联，烷基链长度的增加导致离子液体亲脂性增强，其在生物有机体细胞膜上吸附聚集能力增强，使离子液体与细胞膜的磷脂双分子层和膜蛋白的疏水结构域表面产生强结合，从而使细胞生理功能受到影响[154, 174]。也有研究认为较长的烷基链使离子液体更易形成非水相或胶束，导致完整细胞中活性氧增加从而产生毒性效应[169]。

烷基链长度对离子液体毒性的影响已经在很多研究中得到证实，碳链长度增长可使毒性呈数量级增加（表3-6）。Ranke等以IPC-81细胞及HeLa细胞为受试对象，研究离子液体的结构效应，离子液体的毒性随烷基链长度的增加而增大，而阴离子对毒性的影响不明显[6]。侧链长度从C_4增加到C_{10}导致Caco-2细胞的EC_{50}（24h）降低为原来的1/957：从[C_4mim]Cl的28690μmol・L^{-1}降至[C_{10}mim]Cl的30μmol・L^{-1}[175]。同样离子液体阳离子骨架上烷基链的碳原子个数与微生物的毒性具有明显的线性关系[40]。在离子液体对植物和动物的毒性研究中也普遍存在烷基链效应。[$C_n$mim]Cl对斜生栅藻和水稻幼苗的毒性效应随着侧链碳链长度增加而增大[85, 91]；[$C_n$py]Br对玉米幼苗生长的影响也与烷基侧链长度显著相关[176]；暴露于[$C_n$mim]Br的斑马鱼的IC_{50}随着烷基链长度的增加呈现数量级的减少（[IC_{50}(48h)为(5.4～1.59)×10^3mg・L^{-1}）[177]。

然而也有一些例外，在以费氏弧菌作为模式生物评价阳离子为胍盐、季鏻盐和咪唑盐离子液体的毒性的研究中，随烷基链长度增加，胍盐类离子液体对费氏弧菌的毒性并没有表现出显著的变化[54]。咪唑类离子液体对HeLa细胞系的EC_{50}的降低与离子液体烷基链的长度也没有直接相关性[27]。也有研究观察到“反向侧链效应”（reverse side-chain effect），即毒性随烷基链长度的增加而降低[55]。比如，具有短烷基链的吡啶基离子液体对费氏弧菌毒性略高于具有长链的吡啶基离子液体，如[Py_3]和[Py_4]（Py为吡啶阳离子，下角数字表示吡啶阳离子N原子所连烷基的C数）的lgEC_{50}值分别

表3-6 烷基链长度对离子液体毒性效应的影响

离子液体	烷基链	斜生栅藻①[73] /（mg·L^{-1}）	蛋白核小球藻①[73] /（mg·L^{-1}）	硅藻②[58] /（μmol·L^{-1}）	普通小球藻②[58] /（μmol·L^{-1}）	石莼③[67]	赤子爱胜蚓④[150] /（μg·cm^{-1}）
1-烷基-3-甲基咪唑溴盐	丁基	22.24	26.96			9800	
	己基	5.88	12.59			3710	
	辛基	0.34	8.99			1420	
	癸基	0.10	0.42			150	
	十二烷基	0.02	0.10			70	
	十四烷基					40	
	十六烷基					20	
1-烷基-3-甲基咪唑氯盐	乙基			34.40	6330.51		
	丁基			6.48	1026.20		109.60
	己基	6.27	7.11	2.01	64.50		50.38
	辛基	1.06	1.45	1.52	15.10		7.94
	癸基	0.062		0.99	3.68		
	十二烷基	0.038	0.035				
	十六烷基	0.017	0.029				

① EC_{50}（96h）；② EC_{50}（72h）；③ EC_{50}（24h）；④ LC_{50}（24h）（滤纸接触法）。

为 3.58mg•L^{-1} 和 3.77mg•L^{-1}[59]；含三氟三（五氟乙基）磷酸阴离子（$[FAP]^-$）的咪唑基离子液体对革兰氏阳性和革兰氏阴性致病菌的毒性随烷基链长度的增加反而降低，表现出“反向侧链效应”[178]。咪唑硝酸盐离子液体 $[C_8mim][NO_3]$ 对蚯蚓的毒性效应影响最大，但当碳链长度为 C_{10} 时，毒性效应反而减弱[179]。毒理学机制的分析表明，化合物毒性作用可能归因于表面活性离子与生物脂层之间的相互作用[59]，高空间效应可能会影响离子液体与细胞表面的相互作用，从而导致离子液体在过长碳链长度时毒性反而下降[180]。

3.2.1.2 阳离子侧链的官能化程度

阳离子的烷基链长度对离子液体毒性具有重要影响，同时阳离子中官能化侧链的存在也会影响离子液体毒性[26]。研究表明在烷基链上引入羟基、氢原子或含氧基团等官能团，会改变离子液体的疏水性和毒性[181]；引入极性羟基、酯、醚或腈等可以有效地改变离子液体的结构，使其产生较低的抑制电位，使离子液体毒性降低[32, 146, 159]。Wang 等研究发现 $[HOC_2mim][NO_3]$ 对斑马鱼的毒性小于 $[C_2mim][NO_3]$，说明添加官能团降低了离子液体对生物的毒性[146]。咪唑环 N 原子上存在 H 原子会降低离子液体毒性，$[C_2Clmim]Cl$ 和 $[C_2Clim]Cl$ 对斑马鱼的 EC_{50} 值分别为 552μmol • L^{-1} 和 599μmol • L^{-1}[182]。Samorì 等的研究也表明，在咪唑阳离子的侧链中引入乙氧基降低了在大型蚤、PC12 细胞中的生物效应[183]。氧官能化的咪唑型离子液体、咪唑 N-3 位上的烷基化、咪唑烷基链上的 1- 位被氢原子取代均可以降低毒性[26, 125, 126, 162]。研究发现烷基链长度小于 C_6 的离子液体侧链上的官能团如羟基（—OH）、羧基（—COOH）等可使离子液体在脂膜中的富集量下降为原来的 1/31，从而使其毒性下降[184]。然而在咪唑类离子液体长碳链上引入特定官能团 [—Cl、—OH 和—$(CH_3)_3Si$] 可增加对淡水生物的毒性，$[C_2Clmim][TFSI]$ 和 $[C_2OHmim][TFSI]$ 处理下，羊角月牙藻的 IC_{50} 值分别为 71.15mg • L^{-1} 和 56.65mg • L^{-1}[182]，醚官能化的咪唑型离子液体毒性增大[125]。在对不同质子离子液体对洋葱和萝卜的毒性研究中发现毒性随着其分子取代侧链复杂性的增加而增大[185]，侧链中含有羟基（如羟甲基）的磷基离子液体如四羟甲基鏻氯盐（THPC）毒性较大，其工业废水排放可能对水生生物具有较大毒性[186]。

除了引入极性官能团所带来的毒性影响外，侧链中极性官能团的位置对毒性也有影响。在离子液体的阳离子结构中引入羟基官能团，可以在一定程度上增大该离子液体的黏度，这是由于羟基和另一个阳离子之间形成了较强的氢键，这种强作用力可以克服两个正电荷之间的排斥力，该现象也被称为阳离子 - 阳离子（c-c）相互作用。侧链中羟基官能团的位置会影响 c-c 相互作用，例如在羟基乙基离子液体中存在 c-c 相互作用，而在羟基丙基离子液体中没有 c-c 相互作用。从分子层面论证了离子液体中与羟基官能团直接相连的碳链长度对分子间 c-c 相互作用有一定影响，从而影响其毒性效应 [25]。

3.2.1.3 阳离子性质

阳离子通过正电荷的静电吸引而具有高亲脂性和与细胞膜磷脂的亲和力，从而影响离子液体的毒性 [153]。阳离子芳香环中氮的存在、极性头基的存在、分子大小、侧链的分支、取代基个数和阳离子环状结构都是对受试生物产生毒性影响的重要因素 [187]。总体而言，含芳香烃的咪唑和吡啶类离子液体比哌啶类似物的毒性水平高 [188]，头部阳离子基团的毒性大小顺序为胆碱类＜哌啶类＜吡咯类＜吗啉类＜吡啶类＜咪唑类＜季铵类＜季鏻类 [189]。如在对斜生栅藻和蛋白核小球藻的研究中，咪唑基离子液体比吡啶基离子液体毒性大，[Hmim]Cl 和 [Hmpy]Cl 处理 48h 其 IC_{50} 值分别为 1.49mg • L^{-1} 和 3.09mg • L^{-1} [76, 190]。但在卤虫的毒性试验中，咪唑基离子液体（LC_{50} 2.896 ～ 9.001mmol • L^{-1}）比吡啶基离子液体（LC_{50} 0.086 ～ 0.117mmol • L^{-1}）的毒性小 [191]；在对乙酰胆碱酯酶影响的研究中，咪唑基离子液体 [Bmim][BF_4]（EC_{50} 105μmol • L^{-1}）比相应的吡啶基离子液体 [C_4mpy][BF_4]（EC_{50} 34μmol • L^{-1}）毒性小 [31]。说明阳离子对离子液体的毒性大小贡献与不同的生物有关。

阳离子上不同甲基取代基个数也对离子液体毒性效应产生影响，在 [C_{10}im]Cl[EC_{50}（48h）值为 0.102mg • L^{-1}] 中引入一个甲基会增强其对斜生栅藻的毒性 ([C_{10}mim]Cl 的 EC_{50}（48h）值为 0.010mg • L^{-1})，但并不是甲基取代基越多毒性越大，含两个甲基取代基的 [C_{10}mmim]Cl[EC_{50}（48h）值为 0.020mg • L^{-1}] 的毒性反而小于 [C_{10}mim]Cl [74]；但在对春大麦和萝卜的毒性效应研究中，含两个甲基取代基的 [Bmmim][PF_6] 和一个甲基取代基的 [Bmim][PF_6] 没有显著差异 [192]。手性离子液体会产生对映体选择性毒性效应，对斜生栅藻的毒性 L-（+）[Rmim][T] > D-(−)-[Rmim][T]([T] 表示酒石酸根）[77,83]，但 D-(−)-[Emim][L] > L-(+)-[Emim][L]([L] 表示乳酸根)[65]。

Montalbán 等合成了单阳离子和双阳离子离子液体对费氏弧菌进行了评估，结果表明，引入一个新的阳离子显著降低了离子液体的生态毒性，双阳离子离子液体比单阳离子离子液体具有更小的环境影响，这可能是因为离子液体分子的大小影响其余细胞膜的相互作用 [193]。由于质子离子液体（PIL）的毒性低于非质子离子液体（APIL），并且较短烷基侧链的 PIL 可增强土壤中微生物群活性，具有潜在的可生物降解性 [185]，因此合成新的较短烷基侧链的质子离子液体可获得毒性较小、环境友好的化合物。

3.2.1.4 阴离子性质

离子液体的毒性虽然主要取决于阳离子类型，但阴离子也是影响离子液体毒性的因素之一 [155, 194]。研究表明阴离子可影响离子液体的理化性质，包括密度、黏度、熔点、溶解度和结晶温度等 [195-196]。

总体而言，阴离子对离子液体毒性的贡献较小，如对细菌的抑菌效果 [46]、对水生绿藻和植物的生长和光合效应 [80, 190] 等研究中，含不同阴离子的离子液体毒性效应差距不明显。但在很多研究中也发现了阴离子对毒性效应的贡献，有研究发现卤素阴离子对毒性效应影响比较大，如 Br^- 和 Cl^- 对蚕豆生长的影响略高于 $[NO_3]^-$，溴化物和氯化物具有更高毒性的原因可能与卤素阴离子的体积较小而对植物细胞壁的穿透能力较强有关 [194]。氟化阴离子（如 $[BF_4]^-$、$[PF_6]^-$ 和 $[TFSI]^-$）因具有水解和形成氟化物的潜力，可作为 Na/K ATP 酶的抑制剂，对离子液体的毒性有较大影响 [180, 181]。在对羊角月牙藻和淡水螺的毒性研究中，$[PF_6]^-$ 和 $[BF_4]^-$ 的毒性作用大于 Cl^- 和 Br^- [75, 142]。咪唑类阳离子与 $[BF_4]^-$、$[PF_6]^-$、$[CF_3COO]^-$、$[(CF_3SO_2)_2N]^-$ 和 [OMs]（甲磺酸根）等不同阴离子结合的离子液体对厌氧细菌生长产生抑制作用，阴离子的毒性顺序为 $[(CF_3SO_2)_2N]^- \geqslant [PF_6]^- > [BF_4]^- > [CF_3COO]^- > [OMs]^-$，表明含氟阴离子的离子液体毒性较大 [197]。Stolte 等评估了 27 种不同阴离子类型离子液体对 IPC-81 细胞系的影响，其中 $[SbF_6]^-$、$[BF_4]^-$ 和 $[PF_6]^-$ 在水解时会形成氟离子，毒性较大 [24]。

一般认为氨基酸阴离子毒性较小，Ghanem 等用 QSAR 模型预测几种阴离子毒性等级排序为 $[N(CN)_2]^- > Br^- > [BF_4]^- > Cl^- > [Asp]^- > [Gly]^- >$

$[Ala]^-$ > $[Pro]^-$ > $[Ser]^-$，以氨基酸为基础的离子液体毒性较小[198]。但 Wu 等研究制备了一系列不同阳离子和氨基酸阴离子的氨基酸基离子液体，发现部分氨基酸基离子液体对目标微生物的毒性较高，如包含 L- 半胱氨酸的氨基酸基离子，可作为靶向细菌、真菌和植物（如水稻）的抗菌剂[199]。

由于阴离子具有较小的分子结构并带有较少的负电荷，其吸附亲和力较弱、亲脂性较低，对离子液体的毒性作用影响较小[90, 159]。在阳离子碳链长度较短的情况下，阴离子对离子液体毒性效应的影响差异比较明显，但随着阳离子碳链长度的延长，阴离子对离子液体毒性效应的贡献规律不明显，主要以阳离子碳链长度对毒性效应的贡献为主（表 3-7）。

表3-7 不同阴离子咪唑类离子液体对斑马鱼的LC_{50}（96h）值

离子液体		LC_{50}(96h)/(μg·mL^{-1})	参考文献
阳离子	阴离子		
$[C_2mim]$	Cl^-	2620(2360 ~ 2830)	[127-128]
	Br^-	2970(2760 ~ 3160)	
	$[BF_4]^-$	2170(1690 ~ 2540)	
	$[NO_3]^-$	3193.5(2912.7 ~ 3472.2)	
$[C_4mim]$	Cl^-	632.8±67.4	[127-128, 163,177]
	Br^-	897(618 ~ 2220)	
	$[BF_4]^-$	604.6±67.4	
	$[NO_3]^-$	867.1(805.1 ~ 928.8)	
	$[PF_6]^-$	550±6.348	
$[C_6mim]$	Cl^-	128.5(116.1 ~ 140.0)	[128]
	Br^-	164.4(154.4 ~ 174.5)	
	$[BF_4]^-$	120.1(109.8 ~ 129.1)	
	$[NO_3]^-$	144.4(113.1 ~ 188.0)	
	$[PF_6]^-$	146.6(130.1 ~ 162.4)	
$[C_8mim]$	Cl^-	152.3±12.1	[127-128,146]
	Br^-	47.8(39.5 ~ 55.8)	
	$[BF_4]^-$	144.0±11.4	
	$[NO_3]^-$	23.1(18.5 ~ 28.7)	
$[C_{10}mim]$	Br^-	3.80(2.80 ~ 5.10)	[127-128]
	$[NO_3]^-$	4.5(3.2 ~ 6.2)	
$[C_{12}mim]$	Br^-	3.60(3.00 ~ 4.20)	[127-128]
	$[NO_3]^-$	3.7(3.0 ~ 4.6)	

3.2.1.5 阴离子-阳离子相互作用

阴离子和阳离子对离子液体的理化性质、毒性作用的影响不是独立的，而是两种离子相互影响、相互依赖的结果。脂膜中磷脂酰胆碱具有两性端部，导致其能与离子液体中的阴阳离子发生静电交换作用，增强其对磷脂双分子层的亲和力，影响离子液体的毒理效应[200]。Dotzonek 等研究了基于咪唑类、吡啶类、吡咯类和季鏻类阳离子与不同阴离子的组合离子液体对生物膜分配的影响，发现不同阴阳离子组合的离子液体生物富集能力不同[201]。Pretti 等研究表明不同阴离子和阳离子组合的相互作用对斑马鱼胚胎的毒性作用产生影响[160]。Ge 等研究发现阳离子类型的不同会影响阴离子的手性毒性效应，$[Im_{1,4}]$ 和 $[Im_{1,6}]$（Im 表示咪唑阳离子，下角数字表示连接于咪唑阳离子 1- 位和 3- 位烷基的 C 原子数）中存在阴离子对映选择性毒性差异，而 $[Im_{1,2}]$ 和 $[Im_{1,8}]$ 中不存在阴离子对映选择性毒性差异[82]。此外研究发现某些阴离子可通过修饰阳离子的内在结构，如与阳离子结合形成电子对等影响离子液体毒性，如 $[C_8mim][N(CF_3SO)_2]$（EC_{50}=38μmol • L^{-1}）的毒性大于 $Li[N(CF_3SO)_2]$（EC_{50}=2200μmol • L^{-1}），但当以 Cl^- 为阴离子时，待测阳离子之间没有显著的毒性差异[43]。

综上所述，离子液体的毒性与阳离子和阴离子有很大关联，其中阳离子（包括阳离子烷基链长度和阳离子侧链官能化程度影响）对离子液体的影响作用远超阴离子；然而在阳离子毒性较小的离子液体中，阴离子对毒性也有一定的贡献[1]。由于离子液体的高度可设计性，通过了解离子液体结构对毒性的影响，有助于我们进一步设计出具有不同理化性质、无毒和可生物降解的“绿色”离子液体（图 3-12）。

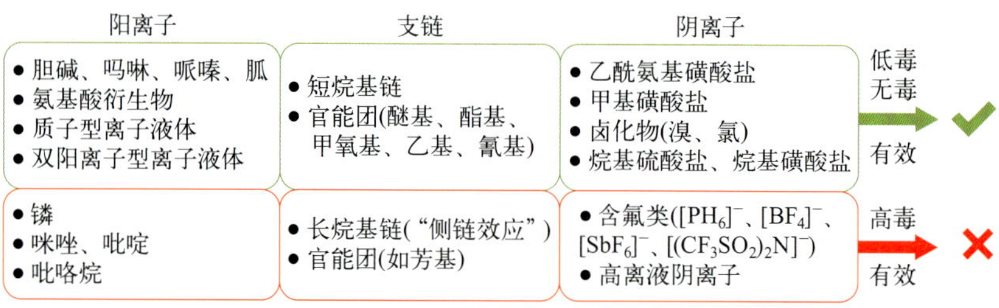

图 3-12 选择合适结构合成更安全的离子液体

3.2.2 环境因素的影响

离子液体的毒性效应除受其结构这一关键因素影响外，环境因素的影响也不可忽视。盐度、溶解性有机质（dissolved organic matter，DOM）、暴露时间和浓度（剂量）等环境因素被证实对离子液体的毒性效应具有一定的影响，环境中其他化学污染物存在也可能对离子液体的毒性产生影响。

3.2.2.1 盐度

水环境中对离子液体毒性的影响因子主要是盐度。在一定浓度范围内，离子液体毒性随盐度增加而降低[202]。盐度对离子液体生物利用度和毒性的影响机制包括通过盐溶或盐析效应对离子液体溶解度的影响、离子液体中阴阳离子与其他离子竞争吸附位点的相互作用、离子液体通过筛选效应形成聚集体，以及离子液体阳离子的离子对存在阻止它们与细胞的相互作用等。盐度增大时，高氯浓度可使离子液体中阳离子与细胞壁结构中的羟基竞争，减少离子液体通过细胞壁进入细胞，从而可降低离子液体对生物的毒性作用[202]。

离子液体毒性随着盐度的增加而降低的现象在藻类毒理效应研究中尤为明显[203]，研究发现盐度可以缓解离子液体对藻类的毒性作用，这可能是因为高盐度的水中藻细胞壁的离子渗透性降低，使离子液体阳离子透过藻类细胞壁的能力降低[154, 203]。较高的氯离子浓度可能为阳离子提供了一个竞争性配对环境，配对阳离子完全或部分地与细胞壁结构中的肽聚糖（蓝藻）、硅醇（硅藻）或纤维素（绿藻）官能团相互作用，阻止阳离子与带负电荷的生物膜相互作用；此外，较高的盐度意味着无机单价阳离子浓度的升高，这些无机单价阳离子也能够与阳离子竞争藻类表面的负电荷，从而降低其在水中的生物有效性[202-203]。这一现象在许多研究中得到证实，比如相同离子液体浓度下，PSU 盐度为 32 时使离子液体对硅藻（*Cyclotella meneghiniana*）毒性降低了 8/9 ～ 10/11，对蓝藻（*Geitlerinema amphibium*）的毒性降低了约 3/4[202]；当 PSU 盐度为 16 ～ 32 时，暴露于 [C_6mim]Cl 的藻细胞生长抑制率分别仅为淡水处理组的 10%[203]。表 3-8 为在不同盐度环境中离子液体对藻类的生长抑制。

表3-8　不同盐度环境中离子液体对藻类的生长抑制[202]

离子液体	浓度/(μmol·L^{-1})	藻	PSU 盐度				
			0	8	16	24	32
[C_2mim]Cl	10000	A	55.91±1.29	38.94±1.19	35.74±2.26	29.79±1.82	5.31±1.35
	12500	B	70.54±3.20	53.89±0.84	29.21±1.86	15.47±0.82	8.69±1.44
	100	C	66.23±2.06	51.25±1.42	35.21±1.88	16.47±2.04	8.25±1.90
	25	D	70.59±1.55	54.34±2.47	48.94±0.94	39.25±2.65	28.72±0.94
[C_4mim]Cl	1000	A	66.22±2.77	48.56±4.64	36.36±4.35	8.79±1.98	7.51±1.26
	1500	B	67.00±1.65	50.45±0.94	25.73±2.52	11.86±1.55	7.93±0.43
	10	C	68.21±4.00	52.69±3.03	37.25±0.54	13.68±0.46	7.69±1.88
	5	D	69.75±1.62	53.58±2.36	46.45±0.48	37.46±1.88	26.18±0.48
[C_6mim]Cl	50	A	61.47±3.55	51.74±1.63	36.57±2.86	17.65±3.08	6.03±1.93
	500	B	69.55±1.04	53.30±0.48	17.84±0.43	9.99±1.62	8.27±1.62
	1.5	C	70.30±1.94	49.63±2.20	33.47±0.55	18.65±0.94	8.24±2.17
	1.5	D	71.43±1.12	53.07±2.06	47.49±1.06	38.06±0.54	27.70±2.06
[C_8mim]Cl	5	A	63.84±1.75	51.76±2.03	25.54±2.34	16.43±2.03	5.41±1.34
	75	B	65.14±1.48	48.65±4.06	19.54±2.06	10.25±1.12	7.92±1.99
	0.5	C	72.23±2.78	50.87±2.92	40.78±1.49	12.58±0.48	7.65±2.49
	0.1	D	63.91±0.89	50.75±2.00	47.75±2.65	43.37±0.55	28.57±1.85
[C_{10}mim]Cl	1	A	68.68±3.93	49.26±1.89	28.85±3.98	34.04±2.77	9.39±1.98
	10	B	63.58±1.86	50.23±0.91	25.21±1.67	13.65±0.89	6.54±2.41
	0.1	C	71.61±1.51	50.69±2.11	38.52±3.76	11.69±4.06	6.84±1.58
	0.01	D	65.97±2.54	53.30±1.94	42.75±2.96	39.23±2.84	24.49±2.54

注：A—普通小球藻（*Chlorella vulgaris*）；B—绿藻（*Oocystis submarina*）；C—梅尼小环藻（*Cyclotella meneghiniana*）；D—蓝绿藻（*Geitlerinema amphibium*）。

3.2.2.2　溶解性有机质

离子液体被土壤或（孔隙）水中的矿物质或有机成分吸附得越多，存在的自由溶解的离子液体的量就越少，离子液体的生物可利用性越低[204]。在土壤有机质对 [C_4mim][BF_4] 和 [C_8mim][BF_4] 毒性影响的实验中，发现这两种离子液体对普通小麦的毒性作用会随着有机质含量的增加而减弱[205]。Markiewicz 等研究了 DOM 的吸附对离子液体毒性的影响，在 DOM 自由溶解态浓度为 11μg·mL^{-1} 时，游离的 [C_4mim]Cl 和 [C_8mim]Cl 分别降至原来的 85% 和 79%，表明 DOM 可使游离离子液体浓度降低而导致其生物利用度和毒性显著降低[206]。含有更多有机碳的土壤对离子液体的阳离子吸附高于很少或者没有有机碳的土壤，因此土壤的肥沃程度越高，离子液体对植物产生的危害性越低[2]。在对水生植物影响的研究中也发现类似的情况，水体中低浓度的天然 DOM 降低了咪唑类离子液体对浮萍的毒性[122]。

3.2.2.3 暴露时间

离子液体毒性还与暴露时间密切相关，长时间暴露可抑制藻类和植物生长，并对鱼类产生负面健康影响[85, 92, 128]。研究发现 HepG2 肝癌细胞的存活率随着 $[C_{16}mim]Cl$ 离子液体暴露时间（12h、24h、48h）的延长而下降[207]。$[C_{12}mim]Cl$ 和 $[C_{16}mim]Cl$ 对 HepG2、HeLa 细胞进行暴露实验得到了相似的实验结果，随着离子液体暴露时间的延长，对细胞的 DNA 损伤程度增大[29-30]。离子液体对藻类的毒性也呈暴露时间响应趋势，$[C_4mim]Cl$ 对斜生栅藻的 IC_{50}（48h）值和 IC_{50}（96h）值分别为 103.77mg•L^{-1} 和 68.49mg•L^{-1}[72]，$[C_8mim][PF_6]$ 对普通小球藻的 EC_{50} 值从 194.98mg•L^{-1}（第 3 天）减小到 42.66mg•L^{-1}（第 13 天）[78]，说明离子液体被释放到淡水生态系统后，随着时间延长毒性可能会增大。总体而言，高浓度处理组离子液体的毒性会随着暴露时间的延长而增大，而低浓度处理组离子液体的毒性随着暴露时间的延长变化不明显，有些在低浓度下甚至随着暴露时间的延长毒性降低[90, 154]。

3.2.2.4 浓度（剂量）

在毒理学研究中，暴露剂量决定毒性效应，浓度（剂量）- 效应（反应）的关系也体现在离子液体研究中，随着离子液体浓度的升高，其生物毒性效应增大。在离子液体对大肠埃希菌的抑菌作用[38]、藻类的生长和光合作用[73-77]、植物的种子发芽率和幼苗生长[97-120]、动物的生长抑制[127-148]等研究中普遍观察到浓度 - 效应关系。

在很多研究中低浓度离子液体处理对生物表现出“毒物兴奋效应”，在低浓度下生物生长活性更高，这是处于低浓度毒物中时细胞活力的一种积极响应，但随着离子液体浓度的升高，对生物的抑制作用增大[154]。Ranke 等发现 IPC-81 细胞、C_6 细胞、HeLa 细胞暴露于低浓度的离子液体下细胞活性更强[6]。低浓度离子液体处理对斜生栅藻和水稻生长有刺激作用[66, 91]。

对秀丽线虫的急性毒性效应也表现出低浓度下无明显影响甚至生长优于对照组的现象[150]。

3.2.3 与共存污染物的复合效应的影响

离子液体会通过各种途径进入环境中，与环境中的其他污染物共存。已有一些学者进行了离子液体与共存污染物的复合效应研究，其中最为典型的是与农药、抗生素、重金属等污染物的复合效应。离子液体和其他污染物的复合效应会因离子液体类型和污染物类型不同而产生协同、拮抗和相加作用，同时其效应的具体强度还受时间、浓度等条件影响。

3.2.3.1 农药

农药作为一种典型污染物，与离子液体的复合效应已引起一些学者的关注。在对青海弧菌 Q67 的毒性研究中，发现杀菌剂甲霜灵（MET）和 3 种离子液体构建的二元混合物的作用不同，在 MET-$C_{10}H_{19}C_lN_2$ 和 MET-$C_{12}H_{23}C_lN_2$ 的二元体系中，MET 与离子液体的复合作用表现为拮抗作用，而在 MET-$C_{16}H_{31}C_lN_2$ 二元体系中表现为协同作用[208]。同样在 7 种具有不同阴阳离子组成的离子液体与 5 种有机磷农药以 EC_{50} 配比的 35 组二元混合物中也发现不同的离子液体 - 有机磷混合物呈现的作用类型不同，有协同作用也有拮抗作用，其中离子液体与乐果的复合效应呈明显的拮抗作用[209]。Feng 等研究表明农药和离子液体的混合体系呈现出时间依赖性协同作用，协同作用的强度随着暴露时间的推移而减弱，说明离子液体和农药的混合物毒性不是某些暴露时间的个体毒性的总和，有必要考虑混合物随时间变化的毒理学相互作用[210]。有研究表明离子液体与杀菌剂多果定（Dod）共存时可降低多果定的非靶向基因毒性效应。该团队将光谱和分子动力学模拟技术相结合，来探究阳离子上的基团与腺嘌呤和胸腺嘧啶碱基的相互作用，发现离子液体的阳离子可与 DNA 沟槽区碱基的氢键结合，与多果定争夺 DNA 沟槽区碱基的氢键，从而减弱杀菌剂对 DNA 的损伤[211]。这一现象与多果定 - 离子液体混合物（Dod-[Bpy]Br、Dod-[Hpy]Br 和 Dod-[Opy]Br）的联合毒性作用结果一致，多果定与离子液体的复合呈拮抗作用[212]。

3.2.3.2 抗生素

在离子液体 - 农药 - 抗生素的三元混合体系研究中，[Hmim]Br- 吡虫啉 - 氯霉素和 [Hmim]Cl- 吡虫啉 - 氯霉素混合体系的混合毒性是相加的，而 [Hmim]Br- 吡虫啉 - 硫酸多黏菌素和 [Hmim]Cl- 吡虫啉 - 硫酸多黏菌素混合体系在某些时候是拮抗的，推测硫酸多黏菌素可能是诱导离子液体 - 农药 - 抗生素体系中毒性效应产生拮抗作用的关键成分。农药、离子液体和抗生素的混合物复杂且容易产生相互作用，进行风险评估时应考虑此类混合物[210]。Santos 等研究发现咪唑阳离子离子液体与阿霉素或米托蒽醌的二元混合物对结直肠腺心瘤 Caco-2 细胞的毒性有显著的协同作用[195]。离子液体可以增加药物水溶性，研究中观察到的协同效应也表明了在抗生素药物配方中使用离子液体可以提高抗癌药物的药效[195]。

3.2.3.3 重金属离子

研究表明重金属离子的存在可能会降低离子液体的生物毒性。例如离子液体和四种重金属离子 Ni^{2+}、Zn^{2+}、Cu^{2+} 和 Mn^{2+} 复合对 MCF-7 细胞的毒性表现出拮抗作用[213]；Matzke 等的研究也发现镉的存在降低了离子液体对绿藻和小麦的毒性，与离子液体的混合物相比，离子液体与镉的混合物对小麦生长抑制 EC_{50} 值显著提高（由 375 ～ 505μmol • kg^{-1} 提高至 1039 ～ 1985μmol • kg^{-1}）[214]。但是也有研究表明重金属与离子液体复合产生了协同效应，对青海弧菌和念珠藻的毒性增强[63, 215]。

尽管目前已对离子液体的生态毒理效应及其作用机制有一定的认识，然而不同阴阳离子、不同碳链长度、不同取代基的组合，可能对离子液体的毒性效应产生综合的影响。因此有必要对离子液体的毒性效应进行全面研究和评估，关注其长期慢性毒性，运用 RNA 测序、基因、转录、蛋白组学等新技术更深入地探讨不同离子液体的毒性机制。

参考文献

[1] Amde M, Liu J F, Pang L. Environmental application, fate, effects, and concerns of ionic liquids: a review[J]. Environmental Science & Technology, 2015, 49(21): 12611-12627.

[2] Pham T P, Cho C W, Yun Y S. Environmental fate and toxicity of ionic liquids: a review[J]. Water Research, 2010, 44(2): 352-372.

[3] Thamke V, Singh P, Pal S, et al. Current toxicological insights of ionic liquids on various environmental living forms[J]. Journal of Environmental Chemical Engineering, 2022, 10(2): 107303.

[4] Chatel G, Naffrechoux E, Draye M. Avoid the PCB mistakes: a more sustainable future for ionic liquids[J]. Journal of Hazardous Material, 2017, 324: 773-780.

[5] Casta O A, Gómez-Lechón M. Comparison of basal cytotoxicity data between mammalian and fish cell lines: a literature survey[J]. Toxicology in Vitro, 2005, 19(5): 695-705.

[6] Ranke J, MöLter K, Stock F, et al. Biological effects of imidazolium ionic liquids with varying chain lengths in acute *Vibrio fischeri* and WST-1 cell viability assays[J]. Ecotoxicology and Environmental Safety, 2004, 58(3): 396-404.

[7] Nsmva B, Jcb A, Lpnr A, et al. Human cytotoxicity and octanol/water partition coefficients of fluorinated ionic liquids[J]. Chemosphere, 2019, 216: 576-586.

[8] Frade R, Matias A, Branco L C, et al. Effect of ionic liquids on human colon carcinoma HT-29 and CaCo-2 cell lines[J]. Green Chemistry, 2007, 9(8): 873-877.

[9] Vieira N S M, Stolte S, Araújo J M M, et al. Acute aquatic toxicity and biodegradability of fluorinated ionic liquids[J]. ACS Sustainable Chemistry & Engineering, 2019, 7(4): 3733-3741.

[10] Sehrawat H, Kumar N, Tomar R, et al. Synthesis and characterization of novel 1,3-benzodioxole tagged noscapine based ionic liquids with in silico and in vitro cytotoxicity analysis on HeLa cells[J]. Journal of Molecular Liquids, 2020, 302: 112525.

[11] Voloshina A D, Gumerova S K, Sapunova A S, et al. The structure-activity correlation in the family of dicationic imidazolium surfactants: antimicrobial properties and cytotoxic effect[J]. Biochimica et Biophysica Acta, 2020, 1864(12): 129728.

[12] Perez S A, Montalban M G, Carissimi G, et al. In vitro cytotoxicity assessment of monocationic and dicationic pyridinium-based ionic liquids on HeLa, MCF-7, BGM and EA.hy926 cell lines[J]. Journal of Hazardous Material, 2020, 385: 121513.

[13] Xia X, Wan R, Wang P, et al. Toxicity of imidazoles ionic liquid [C_{16}mim]Cl to HeLa cells[J]. Ecotoxicology and Environmental Safety, 2018, 162: 408-414.

[14] Thamke V R, Chaudhari A U, Tapase S R, et al. In vitro toxicological evaluation of ionic liquids and development of effective bioremediation process for their removal[J]. Environmental Pollution, 2019, 250: 567-577.

[15] Wang P, Wan R, Huo W, et al. Cytotoxicity, genotoxicity, oxidative stress, and apoptosis in HepG2 cells induced by the imidazole ionic liquid 1-odecylethylimidazolium chloride[J]. Environmental Toxicology, 2020, 35(6): 665-672.

[16] Caparica R, Júlio A, Araújo M, et al. Anticancer activity of rutin and its combination with ionic liquids on renal cells[J]. Biomolecules, 2020, 10(2): 233-238.

[17] Arunkumar R, Abraham A N, Shukla R, et al. Cytotoxicity of protic ionic liquids towards the HaCat cell line derived from human skin[J]. Journal of Molecular Liquids, 2020, 314: 113602.

[18] Glanzmann N, Carmo A M L, Antinarelli L M R, et al. Synthesis, characterization, and nmr studies of 1,2,3-triazolium ionic liquids: a good perspective regarding cytotoxicity[J]. Journal of Molecular Modeling, 2018, 24(7): 160-167.

[19] Bakshi K, Mitra S, Sharma V K, et al. Imidazolium-based ionic liquids cause mammalian cell death due to modulated structures and dynamics of cellular membrane[J]. Biochimica et Biophysica Acta(BBA)—Biomembranes, 2020, 1862(2): 183103.

[20] Li A L, Gao S S, Guo M L, et al. CYP3A4 and microRNA-122 are involved in the apoptosis of HegG2 cells induced by ils 1-decyl-3-methylimidazolium bromide[J]. Journal of Biochemical and Molecular Toxicology, 2020, 34(1): e22419.

[21] Zanoni B V, Brasil Romao G, andrade R S, et al. Cytotoxic effect of protic ionic liquids in HepG2 and HaCat human cells: in vitro and in silico studies[J]. Toxicology Research, 2019, 8(3): 447-458.

[22] Li X Y, Jing C Q, Zang X Y, et al. Toxic cytological alteration and mitochondrial dysfunction in PC12 cells induced by 1-octyl-3-methylimidazolium chloride. Toxicology in Vitro, 2012, 26(7): 1087-1092.

[23] Radošević K, Cvjetko M, Kopjar N, et al. In vitro cytotoxicity assessment of imidazolium ionic liquids: biological effects in fish channel catfish Ovary (CCO) cell line[J]. Ecotoxicology and Environmental Safety, 2013, 92: 112-118.

[24] Stolte S, Arning J, Bottin-Weber U, et al. Anion effects on the cytotoxicity of ionic liquids[J]. Green Chemistry,

2006, 8(7): 621-629.
[25] Ranke J, Müller A, Bottin-Weber U, et al. Lipophilicity parameters for ionic liquid cations and their correlation to in vitro cytotoxicity[J]. Ecotoxicology and Environmental Safety, 2007, 67(3): 430-438.
[26] Stolte S, Matzke M, Arning J, et al. Effects of different head groups and functionalised side chains on the aquatic toxicity of ionic liquids[J]. Green Chemistry, 2007, 9: 1170-1179.
[27] Stepnowski P, Składanowski A, Ludwiczak A, et al. Evaluating the cytotoxicity of ionic liquids using human cell line HeLa[J]. Human & Experimental Toxicology, 2004, 23(11): 513-517.
[28] Stark A B P, Braun O, Muller A, et al. Progress in evaluation of risk potential of ionic liquids—basis for an eco-design of sustainable products[J]. Green Chemistry, 2005, 7(5): 362-372.
[29] Hu L X, Xiong Q, Shi W J, et al. New insight into the negative impact of imidazolium-based ionic liquid [C_{10}mim]Cl on HeLa cells: from membrane damage to biochemical alterations[J]. Ecotoxicology and Environmental Safety, 2021, 208: 111629.
[30] Frade R, Simeonov S, Rosatella A A, et al. Toxicological evaluation of magnetic ionic liquids in human cell lines[J]. Chemosphere, 2013, 92(1): 100-105.
[31] Stock F, Hoffmann J, Ranke J, et al. Effects of ionic liquids on the acetylcholinesterase—a structure-activity relationship consideration[J]. Green Chemistry, 2004, 6(6): 286-290.
[32] Arning J, Stolte S, Bschen A, et al. Qualitative and quantitative structure activity relationships for the inhibitory effects of cationic head groups, functionalised side chains and anions of ionic liquids on acetylcholinesterase[J]. Green Chemistry, 2008, 10(1): 47-58.
[33] Schaffran T, Justus E, Elfert M, et al. Toxicity of *N,N,N*-trialkylammoniododecaborates as new anions of ionic liquids in cellular, liposomal and enzymatic test systems[J]. Green Chemistry, 2009, 11(9): 1458-1464.
[34] Huang R, Zhang S, Pan L, et al. Spectroscopic studies on the interactions between imidazolium chloride ionic liquids and bovine serum albumin[J]. Spectrochimica Acta Part A: Molecular and Biomolecular Spectroscopy, 2013, 104: 377-382.
[35] Liu H J, Dong Y, Wu J, et al. Evaluation of interaction between imidazolium-based chloride ionic liquids and calf thymus DNA[J]. Science of the Total Environment, 2016, 566-567: 1-7.
[36] Petkovic M, Ferguson J, Bohn A. et al. Exploring fungal activity in the presence of ionic liquids[J]. Green Chemistry, 2009, 11: 889-894.
[37] Jing C, Mu L, Ren T, et al. Effect of 1-octyl-3-methylimidazolium chloride on cell replication and membrane permeability of *Escherichia Coli* DH5α[J]. Bulletin of Environmental Contamination & Toxicology, 2014, 93: 60-63.
[38] Lee S M, Chang W J, Choi A R, et al. Influence of ionic liquids on the growth of *Escherichia Coli*[J]. Korean Journal of Chemical Engineering, 2005, 22(5): 687-690.
[39] Hafez N, Mutalib M Bustam M, et al. Ecotoxicity of pyridinium based ils towards guppy fish and four bacterial strains[J]. Procedia Engineering, 2016, 148: 830-838.
[40] Docherty K M, Kulpa C F. Toxicity and antimicrobial activity of imidazolium and pyridinium ionic liquids[J]. Green Chemistry, 2005, 7: 185-189.
[41] Petkovic M, Ferguson J L, Gunaratne H Q N et al. Novel biocompatible cholinium-based ionic liquids-toxicity and biodegradability[J]. Green Chemistry, 2010, 12: 643-649.
[42] Luczak J, Jungnickel C, Lacka I, et al. Antimicrobial and surface activity of 1-alkyl-3-methylimidazolium derivatives[J]. Green Chemistry, 2010, 12(4): 593-601.
[43] Ventura S, Marques C S, Rosatella A A, et al. Toxicity assessment of various ionic liquid families towards *Vibrio fischeri* marine bacteria[J]. Ecotoxicology and Environmental Safety, 2012, 76(1): 162-168.
[44] Matsumoto M, Mochiduki K, Kondo K. Toxicity of ionic liquids and organic solvents to lactic acid-producing bacteria[J]. Journal of Bioscience & Bioengineering, 2004, 98(5): 344-347.
[45] Zhu S, Yu P, Lei M, et al. Investigation of the toxicity of the ionic liquid 1-butyl-3-methylimidazolium chloride to *Saccharomyces cerevisiae* AY93161 for lignocellulosic ethanol production[J]. Polish Journal of Chemical Technology, 2013, 15: 221-226.
[46] Luczak J, Jungnickel C, Lacka I, et al. Antimicrobial and surface activity of 1-alkyl-3-methylimidazolium derivatives[J]. Green Chemistry, 2010, 12: 593-601.
[47] Guo P P, Zhu L S, Wang J H, et al. Effects of alkyl-imidazolium ionic liquid [Omim]Cl on the functional diversity of soil microbial communities[J]. Environmental Science and Pollution Research, 2015, 22(12): 9059-9066.
[48] Cheng C, Ma J C, Wang J H, et al. Toxicity comparison of three imidazolium bromide ionic liquids to soil

microorganisms[J]. Environmental Pollution, 2019, 255: 113321.

[49] Sun X, Zhu L S, Wang J H, et al. Toxic effects of ionic liquid 1-octy1-3-methylimidazolium tetrafluoroborate on soil enzyme activity and soil microbial community diversity[J]. Ecotoxicology and Environmental Safety, 2017, 135: 201-208

[50] Zhang C, Wang J, Zhu L S, et al. Effects of 1-octyl-3-methylimidazolium nitrate on the microbes in brown soil[J]. Journal of Environmental Sciences, 2018, 67: 249-259.

[51] Zhou T T, Wang J, Ma Z Q, et al. Effects of 1-alkyl-3-methylimidazolium nitrate on soil physical and chemical properties and microbial biomass[J]. Archives of Environmental Contamination and Toxicology, 2018, 74(4): 577-586.

[52] Qin N, Callahan S M, Dunlap P V, et al. Analysis of luxr regulon gene expression during quorum sensing in *Vibrio fischeri*[J]. Journal of Bacteriology, 2007, 189(11): 4127-4134.

[53] Viboud S, Papaiconomou N, Cortesi A, et al. Correlating the structure and composition of ionic liquids with their toxicity on *Vibrio fischeri*: a systematic study[J]. Journal of Hazardous Materials, 2012, 215-216: 40-48.

[54] Ventura S P M, Silva F, Goncalves A M M, et al. Ecotoxicity analysis of cholinium-based ionic liquids to *Vibrio fischeri* marine bacteria[J]. Ecotoxicology and Environmental Safety, 2014, 102: 48-54.

[55] Grzonkowska M, Sosnowska A, Barycki M, et al. How the structure of ionic liquid affects its toxicity to *Vibrio fischeri*?[J].Chemosphere, 2016, 159: 199-207.

[56] Turek M, Pawlowska B, Rozycka S E, et al. Ecotoxicity of ammonium chlorophenoxyacetate derivatives towards aquatic organisms: unexpected enhanced toxicity upon oxygen by sulfur replacement[J]. Journal of Hazardous Material, 2020, 382: 121086.

[57] Parajo J J, Macario I P E, De Gaetano Y, et al. Glycine-betaine-derived ionic liquids: synthesis, characterization and ecotoxicological evaluation[J]. Ecotoxicology and Environmental Safety, 2019, 184: 109580.

[58] Perales E, Lomba L, García-Escudero M, et al. Toxicological study of some ionic liquids[J]. Green Processing and Synthesis, 2018, 7(4): 287-295.

[59] Rantam Ki A H, Ruokonen S K, Sklavounos E, et al. Impact of surface-active guanidinium-, tetramethylguanidinium-, and cholinium-based ionic liquids on *Vibrio fischeri* Cells and dipalmitoyl phosphatidylcholine liposomes[J]. Scientific Reports, 2017, 7: 46673.

[60] Ghanem O B, Mutalib A, Viboud S, et al. Thermophysical properties and acute toxicity towards green algae and *Vibrio fischeri* of amino acid-based ionic liquids[J]. Journal of Molecular Liquids, 2015, 212: 352-359.

[61] 张瑾，刘树深，窦容妮，等. 30 种离子液体对青海弧菌 Q67 的毒性效应. 环境科学，2011, 6 (4): 1108-1113.

[62] 张瑾，刘树深，邓慧萍，等. 吡啶类离子液体对青海弧菌 Q67 的混合毒性评估 [J]. 生态毒理学报，2013, 8(6): 955-962.

[63] Ge H L, Liu S S, Su B X, et al. Predicting synergistic toxicity of heavy metals and ionic liquids on photobacterium Q67[J]. Journal of Hazardous Materials, 2014, 268: 77-83.

[64] Deng X Y, Chen B, Li D, et al. Growth and physiological responses of a marine diatom (*Phaeodactylum tricornutum*) against two imidazolium-based ionic liquids ([C_4mim]BF_4 and [C_8mim]BF_4)[J]. Aquatic Toxicology, 2017, 189: 115-122.

[65] Chen H, Zou Y, Zhang L, et al. Enantioselective toxicities of chiral ionic liquids 1-alkyl-3-methylimidazolium lactate to aquatic algae[J]. Aquatic Toxicology, 2014, 154: 114-120.

[66] Liu D, Liu H, Wang S, et al. The Toxicity of ionic liquid 1-decylpyridinium bromide to the algae *Scenedesmus obliquus*: growth inhibition, phototoxicity, and oxidative stress[J]. Science of the Total Environment, 2018, 622-623: 1572-1580.

[67] Kumar M, Trivedi N, Reddy C R, et al. Toxic effects of imidazolium ionic liquids on the green seaweed *Ulva lactuca*: oxidative stress and DNA damage[J]. Chemical Research in Toxicology, 2011, 24(11): 1882-1890.

[68] Kumar M, Reddy C, Jha B. The ameliorating effect of acadian marine plant extract against ionic liquids-induced oxidative stress and DNA damage in marine macroalga *Ulva lactuca*[J]. Journal of Applied Phycology, 2013, 25(2): 369-378.

[69] Chen B, Xue C, Amoah P K, et al. Impacts of four ionic liquids exposure on a marine diatom *Phaeodactylum tricornutum* at physiological and biochemical levels[J]. Science of the Total Environment, 2019, 665: 492-501.

[70] Li Z H, Chen J Z, Chen J, et al. Metabolomic analysis of *Scenedesmus obliquus* reveals new insights into the phytotoxicity of imidazolium nitrate ionic liquids[J]. Science of the Total Environment, 2022, 825, 154070.

[71] Deng Y, Beadham I, Wu J, et al. Chronic effects of the ionic liquid [C_4mim][Cl] towards the microalga *Scenedesmus quadricauda*[J]. Environmental Pollution, 2015, 204: 248-255.

[72] 段炼，杜耀，陆秋琳，等. 离子液体 1- 丁基 -3- 甲基咪唑氯盐对斜生栅藻的毒性效应 [J]. 中国环境科学，2012, 32(5): 886-891.

[73] Ma J M, Cai L L, Zhang B J, et al. Acute toxicity and effects of 1-alkyl-3-methylimidazolium bromide ionic liquids on green algae[J]. Ecotoxicology and Environmental Safety, 2010, 73(6): 1465-1469.

[74] Fan H Y, Jin M K, Wang H, et al. Effect of differently methyl-substituted ionic liquids on *Scenedesmus obliquus* growth, photosynthesis, respiration, and ultrastructure[J]. Environmental Polluttion, 2019, 250: 155-165.

[75] Cho C W, Pham T P, Jeon Y C, et al. Influence of anions on the toxic effects of ionic liquids to a phytoplankton *Selenastrum capricornutum*[J]. Green Chemistry, 2008, 10(1): 67-72.

[76] Jin M K, Wang H, Li Z, et al. Physiological responses of *Chlorella pyrenoidosa* to 1-hexyl-3-methyl chloride ionic liquids with different cations[J]. Science of the Total Environment, 2019, 685: 315-323.

[77] Liu H J, Zhang X Q, Dong Y, et al. Enantioselective toxicities of chiral ionic liquids 1-alkyl-3-methyl imidazolium tartrate on *Scenedesmus obliquus*[J]. Aquatic Toxicology, 2015, 169: 179-187.

[78] 牧辉，彭新晶，戴宁，等. 离子液体 [C_8mim]PF_6 对水生生物的毒性作用 [J]. 中国环境科学，2009, 29(11): 1196-1201.

[79] Cho C W, Jeon Y C, Pham T P, et al. The ecotoxicity of ionic liquids and traditional organic solvents on microalga *Selenastrum capricornutum*[J]. Ecotoxicology and Environmental Safety, 2008, 71(1): 166-171.

[80] Xia Y, Liu D, Dong Y, et al. Effect of ionic liquids with different cations and anions on photosystem and cell structure of *Scenedesmus obliquus*[J]. Chemosphere, 2018, 195: 437-447.

[81] Pham T P, Cho C W, Min J, et al. Alkyl-chain length effects of imidazolium and pyridinium ionic liquids on photosynthetic response of *Pseudokirchneriella subcapitata*[J]. Journal of Bioscience and Bioengineer, 2008, 105(4): 425-428.

[82] Ge H, Zhou M, Lv D, et al. New insight regarding the relationship between enantioselective toxicity difference and enantiomeric toxicity interaction from chiral ionic liquids[J]. International Journal of Molecular Sciences, 2019, 20(24): 6163.

[83] Liu H J, Wu J, Zhang X Q, et al. Enantioselective oxidative stress caused by chiral ionic liquids forms of 1-alkyl-3-methyl imidazolium tartrate on *Scenedesmus obliquus*[J]. Science of the Total Environment, 2017, 595: 819-827.

[84] Zhang C, Zhang S, Zhu L, et al. The acute toxic effects of 1-alkyl-3-methylimidazolium nitrate ionic liquids on *Chlorella vulgaris* and *Daphnia magna*[J]. Environment Pollution, 2017, 229: 887-895.

[85] Liu H J, Zhang X Q, Chen C D, et al. Effects of imidazolium chloride ionic liquids and their toxicity to *Scenedesmus obliquus*[J]. Ecotoxicology and Environmental Safety, 2015, 122: 83-90.

[86] Deng Y, Beadham I, Ren H Y, et al. A study into the species sensitivity of green algae towards imidazolium-based ionic liquids using flow cytometry[J]. Ecotoxicology and Environmental Safety, 2020, 194: 110392.

[87] Cho C W, Jeon Y C, Pham T, et al. The ecotoxicity of ionic liquids and traditional organic solvents on microalga *Selenastrum capricornutum*[J]. Ecotoxicology and Environmental Safety, 2007, 71(1): 166-171.

[88] Wells A S, Coombe V T. On the freshwater ecotoxicity and biodegradation properties of some common ionic liquids[J]. Organic Process Research & Development, 2006, 10(4): 794-798.

[89] Tsarpali V, Dailianis S. Toxicity of two imidazolium ionic liquids, [Bmim][BF_4] and [Omim][BF_4], to standard aquatic test organisms: role of acetone in the induced toxicity[J]. Ecotoxicology and Environmental Safety, 2015, 117: 62-71.

[90] Gonçalves A R, Paredes X, Cristino A, et al. Ionic liquids—a review of their toxicity to living organisms[J]. International Journal of Molecular Sciences, 2021, 22(11): 5612.

[91] 董莹，张淑娴，刘惠君. 两种咪唑氯盐类离子液体对水稻幼苗根部的毒性效应 [J]. 环境科学学报，2015, 35(10): 3384-3389.

[92] Liu H J, Zhang S X, Zhang X Q, et al. Growth inhibition and effect on photosystem by three imidazolium chloride ionic liquids in rice seedlings[J]. Journal of Hazardous Materials, 2015, 286: 440-448.

[93] Guo J, Cao G, Ren Q, et al. Effects of ionic liquid [N_{4444}]AOT on rice seedling growth cytomembrane damage and rhizobacteria resistance[J]. Environmental Science and Pollution Research, 2021, 28(11): 13487-13494.

[94] Matzke M, Stolte S, Arning J, et al. Ionic liquids in soils: effects of different anion species of imidazolium based ionic liquids on wheat (*Triticum aestivum*) as affected by different clay minerals and clay concentrations[J].

Ecotoxicology, 2009, 18(2): 197-203.

[95] Xu Y Q, Wang J, Zhu L S, et al. Physiological and biochemical responses of wheat (*Triticum aestivum* L.) seedlings to three imidazolium-based ionic liquids in soil[J]. Chemosphere, 2018, 191: 81-88.

[96] Peric B, Sierra J, Marti E, et al. A comparative study of the terrestrial ecotoxicity of selected protic and aprotic ionic liquids[J]. Chemosphere, 2014, 108: 418-425.

[97] Habibul N, Ilmurat M, Habibul Z, et al. Uptake and accumulation of imidazolium ionic liquids in rice seedlings: impacts of alkyl chain length[J]. Chemosphere, 2020, 242-248.

[98] Habibul N, Chen J J, Hu Y Y, et al. Uptake, accumulation and metabolization of 1-butyl-3-methylimidazolium bromide by ryegrass from water: prospects for phytoremediation[J]. Water Research, 2019, 156: 82-91.

[99] Liu T, Zhu L, Wang J, et al. Phytotoxicity of imidazolium-based ils with different anions in soil on *Vicia faba* seedlings and the influence of anions on toxicity[J]. Chemosphere, 2016, 145: 269-276.

[100] Xu Y, Wang J, Du Z, et al. Toxicity evaluation of three imidazolium-based ionic liquids ([C_6mim]R) on *Vicia faba* seedlings using an integrated biomarker response (IBR) index[J]. Chemosphere, 2020, 240: 124919.

[101] Jin M, Wang H, Liu H, et al. Oxidative stress response and proteomic analysis reveal the mechanisms of toxicity of imidazolium-based ionic liquids against *Arabidopsis thaliana*[J]. Environmental Pollution, 2020, 260: 114013.

[102] Liu H, Xia Y, Fan H, et al. Effect of imidazolium-based ionic liquids with varying carbon chain lengths on *Arabidopsis thaliana*: response of growth and photosynthetic fluorescence parameters[J]. Journal of Hazardous Materials, 2018, 358: 327-336.

[103] Li M, Xue Y, Liu Z, et al. Toxic effect and mechanism of four ionic liquids on seedling taproots of *Arabidopsis thaliana*[J]. Environmental Science and Pollution Research, 2018, 25(15): 14703-14712.

[104] Wang L S, Wang L, Wang L, et al. Effect of 1-butyl-3-methylimidazolium tetrafluoroborate on the wheat (*Triticum aestivum* L.) seedlings[J]. Environmental Toxicology, 2010, 24(3): 296-303.

[105] Liu P, Ding Y, Liu H, et al. Toxic effects of 1-methyl-3-octylimidazolium bromide on the wheat seedlings[J]. Journal of Environmental Sciences, 2010, 22(12): 1974-1979.

[106] Liu T, Zhu L, Xie H, et al. Effects of the ionic liquid 1-octyl-3-methylimidazolium hexafluorophosphate on the growth of wheat seedlings[J]. Environmental Science and Pollution Research, 2014, 21(5): 3936-3945.

[107] Chen Z, Zhou Q, Guan W, et al. Effects of imidazolium-based ionic liquids with different anions on wheat seedlings[J]. Chemosphere, 2018, 194: 20-27.

[108] Tot A, Maksimovic I, Putnik-Delic M, et al. The effect of polar head group of dodecyl surfactants on the growth of wheat and cucumber[J]. Chemosphere, 2020, 254: 126918.

[109] Yu F, Zhou Y, Cao K, et al. Phytotoxicity of ionic liquids with different structures on wheat seedlings and evaluation of their toxicity attenuation at the presence of modified biochar by adsorption effect[J]. Chemosphere, 2018, 196: 331-338.

[110] Viresh R, Thamke, Savita R, et al. Evaluation of risk assessment of new industrial pollutant, ionic liquids on environmental living systems[J]. Water Research, 2017, 125: 237-248.

[111] Liu H J, Zhang S X, Hu X N, et al. Phytotoxicity and oxidative stress effect of 1-octyl-3-methylimidazolium chloride ionic liquid on rice seedlings[J]. Environmental Pollution, 2013, 181: 242-249.

[112] Ma L, Lin Q, Song Y, et al. Toxic effect of three imidazole ionic liquids on two terrestrial plants[J]. Open Life Sciences, 2020, 15(1): 466-475.

[113] Liu T, Zhu L, Wang J, et al. The genotoxic and cytotoxic effects of 1-butyl-3-methylimidazolium chloride in soil on *Vicia faba* seedlings[J]. Journal of Hazardous Materials, 2015, 285: 27-36.

[114] Liu T, Wang J, Wang J H, et al. Assessing the influence of 1-dodecyl-3-methylimidazolium chloride on soil characteristics and *Vicia Faba* seedlings[J]. Ecotoxicology and Environmental Safety, 2018, 152: 114-120.

[115] Li Y, Yang M, Liu L, et al. Effects of 1-butyl-3-methylimidazolium chloride on the photosynthetic system and metabolism of maize (*Zea mays* L.) seedlings[J]. Ecotoxicology and Environmental Safety, 2018, 161: 648-654.

[116] Biczak R, Pawowska B, Feder-Kubis J. The phytotoxicity of ionic liquids from natural pool of (−)-menthol with tetrafluoroborate anion[J]. Environmental Science and Pollution Research, 2015, 22(15): 1-15.

[117] Biczak R. Quaternary ammonium salts with tetrafluoroborate anion: phytotoxicity and oxidative stress in terrestrial plants[J]. Journal of Hazardous Materials, 2016, 304: 173-185.

[118] Pawlowska B, Biczak R. Evaluation of the effect of tetraethylammonium bromide and chloride on the growth

and development of terrestrial plants[J]. Chemosphere, 2016, 149: 24-33.

[119] Biczak R, Pawowska B, Telesiński A, et al. Role of cation structure in the phytotoxicity of ionic liquids: growth inhibition and oxidative stress in spring barley and common radish[J]. Environmental Science and Pollution Research, 2017, 24(22): 18444-18457.

[120] Biczak R, Telesinski A, Pawlowska B, et al. Phytotoxicity of quaternary ammonium salts with hexafluorophosphate anion[J]. Fresenius Environmental Bulletin, 2018, 27(3): 1772-1777.

[121] Biczak R, Pawlowska B, Podsiadlo C, et al. Toxicity of ammonium hexafluorophosphate to selected terrestrial plants[J]. Fresenius Environmental Bulletin, 2019, 28(10): 7101-7107.

[122] Larson J H, Frost P C, Lamberti G A. Variable toxicity of ionic liquid—forming chemicals to *Lemna mino* and the influence of dissolved organic matter[J]. Environmental Toxicology and Chemistry: An International Journal, 2008, 27(3): 676-681.

[123] Bello D, Nogueira J, Salgado J, et al. Germination and development of *Lepidium sativum* L. and *Eucalyptus globulus labill* in two different soils spiked with the ionic liquid [C_1C_1Im][DMP][J]. Fresenius Environmental Journal, 2019, 28(2): 924-929.

[124] Biczak R, Pawłowska B, Płatkowski M, et al. Effect of quaternary ammonium salts with fluorine atoms on selected weed species[J]. Bulletin of Environmental Contamination and Toxicology, 2017, 98(4): 567-573.

[125] Tot A, VranešM, MaksimovićI, et al. Evaluation of the impact of different alkyl length and type of substituent in imidazolium ionic liquids on cucumber germination, growth and oxidative stress[J]. Environmental Science and Pollution Research, 2018, 25(35): 35594-35601.

[126] Biczak R , Pawlowska B, Feder K J, et al. Comparison of the effect of ionic liquids containing hexafluorophosphate and trifluoroacetate anions on the inhibition of growth and oxidative stress in spring barley and common radish[J]. Environmental Toxicology and Chemistry, 2017, 36(8): 2167-2177.

[127] Zhang C, Zhu L S, Wang J H, et al. The acute toxic effects of imidazolium-based ionic liquids with different alkyl-chain lengths and anions on zebrafish (*Danio rerio*)[J]. Ecotoxicology and Environmental Safety, 2017, 140: 235-240.

[128] Zhang C, Du Z K, Wang J H, et al. Exposed zebrafish (*Danio rerio*) to imidazolium-based ionic liquids with different anions and alkyl-chain lengths[J]. Chemosphere, 2018, 203: 381-386.

[129] Jeremias G, Jesus F, Ventura S P M, et al. New insights on the effects of ionic liquid structural changes at the gene expression level: molecular mechanisms of toxicity in *Daphnia magna*[J]. Journal of Hazardous Materials, 2021, 409: 124517.

[130] Miao Y, Wang S H, Luo Y R, et al. Effects of the 1-alkyl-3-methylimidazolium bromide ionic liquids on the antioxidant defense system of *Daphnia magna*[J]. Ecotoxicology and Environmental Safety, 2009, 72(6): 1798-1804.

[131] Li X Y, Dong X Y, Bai X, et al. The embryonic and postembryonic developmental toxicity of imidazolium-based ionic liquids on *Physa acuta*[J]. Environmental Toxicology, 2014, 29(6): 697-704.

[132] Li X Y, Zeng S H, Dong X Y, et al. Acute toxicity and responses of antioxidant systems to 1-methyl-3-octylimidazolium bromide at different developmental stages of goldfish[J]. Ecotoxicology, 2012, 21(1): 253-259.

[133] Li X Y, Miao X Q, Zhang L F, et al. Immunotoxicity of 1-methyl-3-octylimidazolium bromide on brocarded carp (*Cyprinus carpio* L.)[J]. Ecotoxicology and Environmental Safety, 2012, 75(1): 180-186.

[134] Costa S P F, Pinto P C A G, Saraiva M L M F S, et al. The aquatic impact of ionic liquids on freshwater organisms[J]. Chemosphere, 2015, 139: 288-294.

[135] 卢珩俊，陆胤，徐冬梅，等. 咪唑类离子液体系列对卤虫的急性毒性研究 [J]. 中国环境科学，2011, 31(3): 454-460.

[136] Wang S H, Huang P P, Li X Y, et al. Embryonic and developmental toxicity of the ionic liquid 1-methyl-3-octylimidazolium bromide on goldfish[J]. Environmental Toxicology, 2010, 25(3): 243-250.

[137] Li X Y, Zeng S H, Zhang W H, et al. Acute toxicity and superficial damage to goldfish from the ionic liquid 1-methyl-3-octylimidazolium bromide[J]. Environmental Toxicology, 2013, 28(4): 207-214.

[138] Ma J, Chen X, Xin G, et al. Chronic exposure to the ionic liquid [C_8mim]Br induces inflammation in silver carp spleen: involvement of oxidative stress-mediated p38MAPK/NF-kB signalling and microRNAs[J]. Fish and Shellfish Immunology, 2019, 84: 627-638.

[139] Yu M, Liu C H, Zhao H H, et al. The effects of 1-hexyl-3-methylimidazolium bromide on embryonic

development and reproduction in *Daphnia magna*[J]. Ecotoxicology and Environmental Safety, 2020, 190: 110137.

[140] Shao Y, Hou K, Du Z, et al. Evaluation of the toxicity of 1-butyl-3-methyl imidazolium tetrafluoroborate using earthworms (*Eisenia fetida*) in two soils[J]. Science of the Total Environment, 2019, 686: 946-958.

[141] Wang Z J, Liu S S, Feng L, et al. Bnnmix: a new approach for predicting the mixture toxicity of multiple components based on the back-propagation neural network[J]. Science of the Total Environment, 2020, 738: 140317.

[142] Bernot R J, Kennedy E E, Lamberti G A. Effects of ionic liquids on the survival, movement, and feeding behavior of the freshwater snail, *Physa Acuta*[J]. Environmental Toxicology and Chemistry, 2005, 24(7): 1759-1750.

[143] Bailey M M, Townsend M B, Jernigan P L, et al. Developmental toxicity assessment of the ionic liquid 1-butyl-3-methylimidazolium chloride in CD-1 mice[J]. Green Chemistry, 2008, 10(11): 1213-1217.

[144] Yu M, Li S M, Li X Y, et al. Acute effects of 1-octyl-3-methylimidazolium bromide ionic liquid on the antioxidant enzyme system of mouse liver[J], Ecotoxicology and Environmental Safety, 2008, 71(3): 903-908.

[145] Leitch A C, Abdelghany T M, Charlton A, et al. Renal injury and hepatic effects from the methylimidazolium ionic liquid M8OI in mouse[J]. Ecotoxicology and Environmental Safety, 2020, 202: 110902.

[146] Wang H, Wang X, Jia J, et al. Comparative toxicity of [C_8mim]Br and [C_8py]Br in early developmental stages of zebrafish (*Danio rerio*) with focus on oxidative stress, apoptosis, and neurotoxicity[J]. Environmental Toxicology and Pharmacology, 2022, 92: 103864.

[147] Zhang J W, Cheng C, Lu C B, et al. Comparison of the toxic effects of non-task-specific and task-specific ionic liquids on zebrafis[J]. Chemosphere, 2022, 294: 133643.

[148] Li W X, Zhu L, Du Z K, et al. Acute toxicity, oxidative stress and DNA damage of three task-specific ionic liquids ([C_2NH_2MIm]BF_4, [Moemim]BF_4, and [Hoemim]BF_4) to zebrafish (*Danio rerio*)[J]. Chemosphere, 2020, 249: 126119.

[149] Liu H, Mo L, Hou M, et al. Life stage-dependent toxicities of 1-ethyl-3-methylimidazolium bromide on *Caenorhabditis elegans*[J]. Environmental Pollution, 2020, 265: 114848.

[150] Peng Y, Tong Z H, Chong H J, et al. Toxic effects of prolonged exposure to [C_{14}mim]Br on *Caenorhabditis elegans*[J]. Chemosphere, 2018, 208: 226-232.

[151] Gao K, Li B, Chen R, et al. A feasibility study of using silkworm larvae as a novel in vivo model to evaluate the biotoxicity of ionic liquids[J]. Ecotoxicology and Environmental Safety, 2021, 209: 111759.

[152] 黄若男，范军杰，涂宏志，等．咪唑氯盐离子液体对蚯蚓急性毒性及体重影响研究 [J]. 环境科学，2013, 34(4): 1380-1385.

[153] Shao Y, Wang J, Du Z, et al. Toxicity of 1-alkyl-3-methyl imidazolium nitrate ionic liquids to earthworms: the effects of carbon chains of different lengths[J]. Chemosphere, 2018, 206: 302-309.

[154] Cho C W, Thi P T P, Zhao Y, et al. Review of the toxic effects of ionic liquids[J]. Science of the Total Environment, 2021, 786: 147309.

[155] Egorova K S, Ananikov V P. Toxicity of ionic liquids: eco(cyto)activity as complicated, but unavoidable parameter for task-specific optimization[J]. ChemSusChem, 2014, 7(2): 336-360.

[156] Luo Y R, Li X Y, Chen X X, et al. The developmental toxicity of 1 - methyl-3-octylimidazolium bromide on *Daphnia magna*[J]. Environmental Toxicology, 2010, 23(6): 736-744.

[157] 南平，王琼琼，亓蒙，等．离子液体 [C_8mim]Cl 对泥鳅胚胎和仔鱼的毒性 [J]. 生态毒理学报，2014, 9(2): 268-272.

[158] Li X Y, Zhou J, Yu M, et al. Toxic effects of 1-methyl-3-octylimidazolium bromide on the early embryonic development of the frog *Rana Nigromaculata*[J]. Ecotoxicology and Environmental Safety, 2009, 72(2): 552-556.

[159] Magina S, Barros-Timmons A, Ventura S P, et al. Evaluating the hazardous impact of ionic liquids—challenges and opportunities[J]. Journal of Hazardous Materials, 2021: 125215.

[160] Pretti C, Chiappe C, Pieraccini D, et al. Acute toxicity of ionic liquids to the zebrafish (*Danio rerio*)[J]. Green Chemistry, 2006, 8(3): 238-240.

[161] Baharuddin S H, Mustahil N A, Abdullah A A, et al. Ecotoxicity study of amino acid ionic liquids towards *Danio rerio* fish: effect of cations[J]. Procedia Engineering, 2016, 148: 401-408.

[162] Liu T, Guo Y, Wang J, et al. Assessing toxic effects of OmimCl and OmimBF_4 in zebrafish adults using a biomarker approach[J]. Environmental Science and Pollution Research, 2016, 23(8): 7360-7368.

[163] Pandey A, Ekka M K, Ranjan S, et al. Teratogenic, cardiotoxic and hepatotoxic properties of related ionic

liquids reveal the biological importance of anionic components[J]. RSC Advances, 2017, 7(37): 22927-22935.

[164] Du Z K, Zhu L S, Dong M, et al. Oxidative stress and genotoxicity of the ionic liquid 1-octyl-3-methylimidazolium bromide in Zebrafish (*Danio rerio*)[J]. Archive of Environmental Contamination Toxicology, 2014, 67: 261-269.

[165] Zhang C, Shao Y, Zhu L, et al. Acute toxicity, biochemical toxicity and genotoxicity caused by 1-butyl-3-methylimidazolium chloride and 1-butyl-3-methylimidazolium tetrafluoroborate in zebrafish (*Danio rerio*) livers[J]. Environmental Toxicology and Pharmacology, 2017, 51: 131-137.

[166] Sipes I G, Knudsen G A, Kuester R K. The Effects of dose and route on the toxicokinetics and disposition of 1-butyl-3-methylimidazolium chloride in Male F-344 rats and female B6C3F1 mice[J]. Drug Metabolism and Disposition, 2008, 36(2): 284-293.

[167] 许峰，苑华飞，隋孟璋，等. 离子液体 [C_{14}mim]Br 对大鼠亚慢性毒性的初步研究 [J]. 环境科学学报，2020, 40(1): 299-305.

[168] Jodynis-Liebert J, Nowicki M, Murias M, et al. Cytotoxicity, acute and subchronic toxicity of ionic liquid, didecyldimethylammonium saccharinate, in rats[J]. Regulatory Toxicology and Pharmacology, 2010, 57(2-3): 266-273.

[169] Abdelghany T M, Leitch A C, Nevjestić I, et al. Emerging risk from "environmentally-friendly" solvents: interaction of methylimidazolium ionic liquids with the mitochondrial electron transport chain is a key initiation event in their mammalian toxicity[J]. Food and Chemical Toxicology, 2020, 145: 111593.

[170] Jesus S S, Maciel F R. Are ionic liquids eco-friendly?[J]. Renewable and Sustainable Energy Reviews, 2022, 157: 112039.

[171] Vega M R O, Baldin E K, Pereira D P, et al. Toxicity of oleate-based amino protic ionic liquids towards escherichia coli, *Danio rerio* embryos and human skin cells[J]. Journal of Hazardous Materials, 2022, 422: 126896.

[172] Hwang J H, Park H, Choi D W, et al. Investigation of dermal toxicity of ionic liquids in monolayer-cultured skin cells and 3D reconstructed human skin models[J]. Toxicology in Vitro, 2018, 46: 194-202.

[173] Hossain M I, Samir B B, El-Harbawi M, et al. Development of a novel mathematical model using a group contribution method for prediction of ionic liquid toxicities[J]. Chemosphere, 2011, 85(6): 990-994.

[174] Li H, Yu C, Chen R, et al. Novel ionic liquid-type gemini surfactants: synthesis, surface property and antimicrobial activity[J]. Colloids and Surfaces A: Physicochemical and Engineering Aspects, 2012, 395: 116-124.

[175] García-Lorenzo A, Tojo E, Tojo J, et al. Cytotoxicity of selected imidazolium-derived ionic liquids in the human Caco-2 cell line. Sub-structural toxicological interpretation through a QSAR study[J]. Green Chemistry, 2008, 10(5): 508-516.

[176] Chen X, Sun H, Zhang T, et al. Effects of pyridinium-based ionic liquids with different alkyl chain lengths on the growth of maize seedlings[J]. Journal of Hazardous Materials, 2022, 427: 127868.

[177] Zhang C, Du Z, Wang J, et al. Exposed zebrafish (*Danio rerio*) to imidazolium-based ionic liquids with different anions and alkyl-chain lengths[J]. Chemosphere, 2018, 203: 381-386-386.

[178] Weyhing Z N, Kalb R, Ossmer R, et al. Evidence of a reverse side-chain effect of tris(pentafluoroethyl) trifluorophosphate [FAP]-based ionic liquids against pathogenic bacteria[J]. Ecotoxicology and Environmental Safety, 2018, 148: 467-472.

[179] Shao YT, Du ZK, Zhang C, et al. Acute toxicity of imidazole nitrate ionic liquids with varying chain lengths to earthworms (*Eisenia foetida*)[J]. Bulletin of Environmental Contamination and Toxicology, 2017, 99(2): 213-217.

[180] Pan X, Li L, Huang H H, et al. Biosafety-inspired structural optimization of triazolium ionic liquids based on structure-toxicity relationships[J]. Journal of Hazardous Materials, 2022, 424: 127521.

[181] Matzke M, Arning J, Ranke J, et al. Design of inherently safer ionic liquids: toxicology and biodegradation[M]. Wiley-Vch Verlag GmbH & Co. KGaA, 2010.

[182] Pretti C, Chiappe C, Baldetti I, et al. Acute toxicity of ionic liquids for three freshwater organisms: *Pseudokirchneriella subcapitata*, *Daphnia magna* and *Danio rerio*[J]. Ecotoxicology and Environmental Safety, 2009, 72(4): 1170-1176.

[183] Samorì C, Malferrari D, Valbonesi P, et al. Introduction of oxygenated side chain into imidazolium ionic liquids: evaluation of the effects at different biological organization levels[J]. Ecotoxicology and Environmental Safety, 2010, 73(6): 1456-1464.

[184] Markiewicz M, Piszora M, Caicedo N, et al. Toxicity of ionic liquid cations and anions towards activated

sewage sludge organisms from different sources-consequences for biodegradation testing and wastewater treatment plant operation[J]. Water Research, 2013, 47(9): 2921-2928.

[185] Peric B, MartíE, Sierra J, et al. Terrestrial ecotoxicity of short aliphatic protic ionic liquids[J]. Environmental Toxicology and Chemistry, 2011, 30(12): 2802-2809.

[186] Akech S R O, Harrison O, Saha A. Removal of a potentially hazardous chemical, tetrakis(hydroxymethyl) phosphonium chloride from water using biochar as a medium of adsorption[J]. Environmental Technology & Innovation, 2018, 12: 196-210.

[187] Bubalo M C, Radosevic K, Redovnikovic I R, et al. A brief overview of the potential environmental hazards of ionic liquids[J]. Ecotoxicology and Environmental Safety, 2014, 99: 1-12.

[188] Quraishi K S, Bustam M A, Krishnan S, et al. Ionic liquids toxicity on fresh water microalgae, *Scenedesmus quadricauda*, *Chlorella vulgaris* & *Botryococcus braunii*; selection criterion for use in a two-phase partitioning bioreactor (TPPBR)[J]. Chemosphere, 2017, 184: 642-651.

[189] Khoo K S, Tan X, Ooi C W, et al. How does ionic liquid play a role in sustainability of biomass processing?[J]. Journal of Cleaner Production, 2021, 284: 124772.

[190] Fan H Y, Liu H J, Dong Y, et al. Growth inhibition and oxidative stress caused by four ionic liquids in *Scenedesmus obliquus*: role of cations and anions[J]. Science of the Total Environment, 2019, 651: 570-579.

[191] Gouveia W, Jorge T, Martins S, et al. Toxicity of ionic liquids prepared from biomaterials[J]. Chemosphere, 2014, 104: 51-56.

[192] Biczak R, Pawłowska B, Telesiński A, et al. The effect of the number of alkyl substituents on imidazolium ionic liquids phytotoxicity and oxidative stress in spring barley and common radish seedlings[J]. Chemosphere, 2016, 165: 519-528.

[193] Montalbán M G, Víllora G, Licence P. Ecotoxicity assessment of dicationic versus monocationic ionic liquids as a more environmentally friendly alternative[J]. Ecotoxicology and Environmental Safety, 2018, 150: 129-135.

[194] Liu T, Zhu L S, Wang J H, et al. Biochemical toxicity and DNA damage of imidazolium-based ionic liquid with different anions in soil on *Vicia faba* seedlings[J]. Scientific Reports, 2015, 5: 18444.

[195] Santos M M, Raposo L R, Carrera G V S M, et al. Ionic liquids and salts from ibuprofen as promising innovative formulations of an old drug[J]. Chemmedchem, 2019, 14(9): 907-911.

[196] Moosavi M, Daneshvar A. Investigation of the rheological properties of two imidazolium-based ionic liquids[J]. Journal of Molecular Liquids, 2014, 190: 59-67.

[197] Wang H, Malhotra S V, Francis A J. Toxicity of various anions associated with methoxyethyl methyl imidazolium-based ionic liquids on *Clostridium* sp.[J]. Chemosphere, 2011, 82(11): 1597-1603.

[198] Ghanem O B, Mutalib M I, Harbawi E M, et al. Effect of imidazolium-based ionic liquids on bacterial growth inhibition investigated via experimental and QSAR modelling studies[J]. Journal of Hazardous Materials, 2015, 297: 198-206.

[199] Wu S, Li F, Zeng L, et al. Assessment of the toxicity and biodegradation of amino acid-based ionic liquids[J]. RSC Advances, 2019, 9(18): 10100-10108.

[200] 夏一璐，范慧阳，刘惠君．离子液体的水生生态毒理及其毒性影响因素研究进展 [J]. 生态毒理学报，2018, 13(6): 69-78.

[201] Dołżonek J, Cho C W, Stepnowski P, et al. Membrane partitioning of ionic liquid cations, anions and ion pairs-estimating the bioconcentration potential of organic ions[J]. Environmental Pollution, 2017, 228: 378-389.

[202] Latała A, Nędzi M, Stepnowski P. Toxicity of imidazolium ionic liquids towards algae: influence of salinity variations[J]. Green Chemistry, 2010, 12(1): 60-64.

[203] Latała A, Stepnowski P, Nędzi M, et al. Marine toxicity assessment of imidazolium ionic liquids: acute effects on the baltic algae *Oocystis submarina* and *Cyclotella meneghiniana*[J]. Aquatic Toxicology, 2014, 73(1): 91-98.

[204] Zhang Z, Liu J F, Cai X Q, et al. Sorption to dissolved humic acid and its impacts on the toxicity of imidazolium based ionic liquids[J]. Environmental Science & Technology, 2011, 45(4): 1688-1694.

[205] Matzke M, Stolte S, Arning J, et al. Imidazolium based ionic liquids in soils: effects of the side chain length on wheat (*Triticum aestivum*) and cress (*Lepidium sativum*) as affected by different clays and organic matter[J]. Green Chemistry, 2008, 10(5): 584-591.

[206] Markiewicz M, Jungnickel C, Arp H P H. Ionic liquid assisted dissolution of dissolved organic matter and PAHs from soil below the critical micelle concentration[J]. Environmental Science & Technology, 2013, 47(13): 6951-6958.

[207] Wan R, Xia X, Wang P, et al. Toxicity of imidazoles ionic liquid [C_{16}mim]Cl to HepG2 cells[J]. Toxicology in Vitro, 2018, 52: 1-7.

[208] 王成林，张瑾，刘树深，等. 3 种离子液体与甲霜灵二元混合物的联合毒性 [J]. 中国环境科学，2012, 32(11): 2090-2094.

[209] 张瑾，刘树深. 离子液体与有机磷农药间的毒性相互作用 [J]. 生态毒理学报，2012, 7(4): 408-414.

[210] Feng L, Liu S S, Li K, et al. The time-dependent synergism of the six-component mixtures of substituted phenols, pesticides and ionic liquids to *Caenorhabditis elegans*[J]. Journal of Hazardous Materials, 2017, 327: 11-17.

[211] Sarkar S, Chandra S P. Anions of ionic liquids are important players in the rescue of DNA damage[J]. Journal of Physical Chemistry Letters, 2020, 11(23): 10150-10156.

[212] 张瑾，姜慧，董欣琦，等. 等效线图法评估离子液体与杀菌剂多果定之间的拮抗作用 [J]. 生态毒理学报，2019, (3): 146-154.

[213] Zhu X W, Ge H L, Cao Y B. Mixture cytotoxicity assessment of ionic liquids and heavy metals in MCF-7 cells using mixtox[J]. Chemosphere, 2016, 163: 544-551.

[214] Matzke M, Stolte S, Böschen A, et al. Mixture effects and predictability of combination effects of imidazolium based ionic liquids as well as imidazolium based ionic liquids and cadmium on terrestrial plants (*Triticum aestivum*) and limnic green algae (*Scenedesmus vacuolatus*)[J]. Green Chemistry, 2008, 10(7): 784-792.

[215] Chu L, Hou X, Song X, et al. Toxicological effects of different ionic liquids on growth, photosynthetic pigments, oxidative stress, and ultrastructure of *Nostoc punctiforme* and the combined toxicity with heavy metals[J]. Chemosphere, 2022, 298: 134273.

SERIE BOOKS ON **IONIC LIQUIDS**

IONIC LIQUIDS

4

离子液体毒性预测与风险评估

4.1 离子液体的毒性预测

离子液体种类繁多，可以通过改变阳离子、阴离子的不同组合设计合成出不同的离子液体，理论上可以有上亿种。随着离子液体在各个领域广泛使用，越来越多不同种类的离子液体被排放到环境中，可能对生态环境造成压力。不同营养级的生物被用于研究离子液体毒性，并需要对其进行人体健康和生态风险评价。但是受到人力、物力、财力和技术等限制，无法对种类和数量繁多的离子液体的污染情况进行全面评估，而且目前有关离子液体排放的环境检测数据非常匮乏，因此可应用模型以预测离子液体毒性。QSAR 模型是预测污染物毒性的一种有效工具，通过对已有的污染物的理化性质等数据建立模型，再对未知的化合物毒性进行预测[1]，可以为风险评价提供科学依据，减少生态环境污染。

4.1.1 QSAR 模型毒性预测

4.1.1.1 QSAR模型的概念及其在环境领域的应用

定量构效关系（quantitative structure-activity relationship，QSAR）主要研究化合物分子结构与其生物活性之间存在的定量关系。QSAR 的基本原理是将化合物物化性质、环境行为以及生物活性归因于其分子的化学结构，并建立有机物的活性与表示其结构特征的理化参数之间的相关性方程式，通过测定有机物的理化参数，可大致估算出有机化合物对生物的毒性，也可以通过一些化合物的毒性来预测另一些结构类似的化合物的毒性。QSAR 已被学者广泛应用于环境毒理学领域，建立了不同测试生物、不同实验终点的单一毒性 QSAR 模型[1-3]。

QSAR 已经在环境领域得到广泛应用，运用 QSAR 可以对现有和尚未投入使用的化学品的相关性质参数进行预测和评价，有助于化学品的管理以及对污染的预先防范[4]；可以通过对已有的污染物理化性质等数据建立模型，再对未知的化合物毒性进行预测，有助于指导合成环境友好的化合物；可以对化合物的不同作用方式进行分类建模，并根据相似的毒性机制建模来预测种间毒性，进而预测化合物对人类健康的可能影响[5]；也可以对种类繁多的环境污染物的环境效应进行全面评估，为污染物的环境风险评价提供科学依据，帮助建立健全相关排放标准，减少生态环境污染[5]。

确定QSAR是否可用于监管应用的最常用方法是了解模型是否可被视为有效。经济合作与发展组织（OECD）于2007年提出QSAR模型的发展和使用准则[6]：①有明确定义的环境（活性）指标；②有明确的算法；③能够定义模型的应用域；④有适当的拟合度、稳定性和预测能力；⑤最好能够进行机理解释。符合该准则的QSAR模型可以应用于化学品风险评价、筛选和优先控制等管理。该准则的提出为QSAR模型的构建和使用提供了指南[7]。

4.1.1.2 QSAR模型描述符

分子描述符在化学、药学、毒理学、环境科学和医学研究等领域发挥着重要作用。分子描述符是逻辑和数学过程的最终结果，它将分子的符号表示形式中编码的化学信息转换成一个有用的数字，或者某种标准化实验的结果[8]。换句话说，描述符是编码在分子结构中的化学信息的数学表示，提供了观察分子的不同视角。目前已经开发了新的软件包，如Dragon、PaDEL、CODESSA、MolConnZ等，用于生成数百到数千个分子描述符，为QSAR建模人员提供了广泛的选择[9-11]。这些分子描述符可以分为以下几类[6]：①结构描述符（如键数、平均分子量）；②拓扑描述符[如极性数(polarity number)、第一萨格勒布指数(first Zagreb index)]；③量子描述符（如EHOMO、ELUMO）；④空间和电子参数[如塔夫脱常数(Taft constant)、哈密特常数(Hammett constant)]；⑤几何描述符[如芳香度指数(aromaticity index)、分子偏心率(molecular eccentricity)]等。

小的描述符集有助于优化QSAR模型的预测能力[12]。由于并非所有从软件包中获得的描述符都与QSAR研究相关和相适应，为了避免多重共线性和过度拟合，通常对描述符进行特征选择，筛选出相关的描述符。一些统计技术要求化学分子的数量明显大于分子描述符的数量。对于统计上可靠和稳健的模型，化合物的数量和描述符的数量之比应至少为5∶1[13]。因此，使用大型分子描述符集则需要大型实验数据集。描述符选择可以通过经验判断或计算分析来实现，例如偏最小二乘法（partial least squares，PLS）、区间偏最小二乘法（interval partial least squares，iPLS）、主成分分析（principal component analysis，PCA）、逐步回归（stepwise regression）、人工神经网络（artificial neural network，ANN）、支持向量机（support vector machine，SVM）等。

量子描述符包含了所考虑分子的分子和电子信息，通常被用作QSAR模型构建的参数。一般采用量子化学参数作为指标，从理论上预测实验研究化合物的抑制效果。可由不同的量子化学方法获得，如从头计算（abinitio）方法的密度泛函理论计算（DFT）、限制哈特莱 - 弗克法（restricted Hartree-Fock，RHF）和半经验方法如间略微分重叠法（modified neglect of differential overlap，MNDO）、全略微分重叠法（complete neglect of differential overlap，CNDO）、修正间略微分重叠（modified intermediateneglect of differential overlap，MINDO/3）、半经验分子轨道方（austin model1，AM1）、参数化模型 3（parameterized model 3 PM3）、参数化模型 6（parameterized model 6，PM6）、累西腓模型（Recife model，1RM1）等。

用描述符编码的信息主要取决于分子表示的种类和计算算法。由于许多理论描述符编码有明确的物理信息内容，训练集的设计使用在定量构效关系研究中具有两个主要优点：①化合物及其各种片段和取代物可以仅根据其分子结构直接定性；②所提出的作用机制可以直接解释[10, 14]。这些描述符的数学表示必须不受分子大小和所含原子数量的影响，以便能够用统计方法建立模型。

4.1.1.3 QSAR模型预测离子液体对不同生物毒性的应用

根据生物体的反应，一般将离子液体的毒性作用分为慢性和急性作用，并用半数致死浓度（LC_{50}）、半数效应浓度（EC_{50}）、半数抑制浓度（IC_{50}）、最低抑制浓度（minimum inhibitory concentration，MIC）和最小杀菌浓度（minimal bactericidal concentration，MBC）等指标来表示。然而，理论上离子液体的种类可达 10^{18} 种，毒性效应的实验评估费时费力[13-14]。因此开发计算机预测方法来实现更快速有效的离子液体毒性筛选具有重要意义。

QASR 方法能够提供有关化学结构和毒理学活性之间的关系信息，有助于在没有或缺少实验的情况下来获得物质的毒性值以及危害，设计生物相容的离子液体结构。欧盟《化学品注册、评估、许可和限制》（Registration, Evaluation, Authorisation and Restriction of Chemicals，REACH）标准采用构效关系（SAR）、QSAR 等非检测方法来提供未经检验化学品的毒理学数据。目前关于离子液体对生物毒性的 QSAR 研究得到关注，主要集中在离子液体对酶、细菌、甲壳类动物和动物细胞毒性的 QSAR 研究。

（1）对酶活性影响的 QSAR 模型预测

在毒性测试方法中，乙酰胆碱酯酶（AChE）的测定可以提供神经传递过程中毒物的体外表征 [15]。乙酰胆碱酯酶的毒性可以 $lgEC_{50}$ 的形式表示 [16]。Arning 等研究表明，亲脂性（lgk_w）与离子液体对酶的毒性具有高度相关性（R^2=0.790）[17]，但不能解释离子液体阴离子效应。因此研究人员开发了具有各种分子描述符的预测模型。Torrecilla 等使用离子液体经验公式及其分子数量（例如 C、H、N、O、P 和苯环等的数量或相对数量）来开发预测模型，采用多元线性回归（multiple linear regression，MLR）、径向基函数（radial basis function，RBF）网络和多层感知机（multiplayer perceptron，MLP）及反向传播（back propagation, BP）算法、神经网络（neural network，NN）方法来关联毒性效应和参数。其中 MLP 方法作为一种具有前馈的人工神经网络预测结构与 $lgEC_{50}$ 值的相关性效果最好 [R^2=0.973，SE（标准误）=0.02][18]。Yan 等应用 MLR 方法，使用拓扑指数（例如原子范德华半径、原子电负性等）作为参数，开发了一个数据集模型（R^2=0.877，SE=0.153）[19]。Das 和 Roy 也应用了类似的参数，并扩展到拓扑原子（ETA）、非 ETA 和原子类型片段作为建模参数，参数的选择性组合可用于预测 $lgEC_{50}$ 值（训练集 R^2=0.838，测试集 R^2=0.827）。预测表明亲脂性、分子形状和支化度对毒性作用有正向贡献，而氢键供体和受体具有相反的作用。该研究对酶和离子液体进行了对接分析，阐明了它们之间可以形成 π- 阳离子相互作用 [20]。Kurtanjek 采用决策树模型，实现了对毒性的高预测性（R^2=0.992），但无法解释毒理学机制 [21]。Sosnowska 等计算具有最小能量梯度的分子结构，通过 Dragon 软件计算优化分子的 99 个加权整体不变分子（weighted holistic invariant molecular，WHIM）描述符；应用 PCA 将 99 个 WHIM 描述符简化成两个主要部分，即 PC1 和 PC2。该组合关联了 58.2% 的变量，PC1 和 PC2 分别对应阴离子和阳离子结构描述符相关的方差 [22]。利用 VolSurf+ 程序计算离子液体的几个特征，例如杂环芳族和非芳族阳离子结构、烷基链长度和氧原子的存在等，描述符的组合用于预测毒性效应可以使 R^2 达到 0.732[23]。也有学者使用基于分子结构编码系统（molecular structure encoding system，MOSES）、线性自由能关系以及分子描述符的数据集开发了预测模型 [24-27]。

（2）对细菌毒性的 QSAR 模型预测

许多学者针对离子液体进行了大量的细菌毒性实验，同时采用 QSAR 模型来预测离子液体对细菌的毒性。细菌的活力、生长速率和生理反应被用来评估离子液体的毒性。一些研究人员确定了离子液体对数十种细菌和真菌的 MIC 和 MBC 或最小杀真菌浓度（MFC），并进行预测研究。费氏弧菌（*Vibrio fischeri*，*V. fischeri*）和金黄色葡萄球菌（*Staphylococcus aureus*，*S. aureus*）常被用于细菌响应的 QSAR 模型预测。

Pernak 等采用 Hansch-Leo 程序进行预测建模，发现供试离子液体与 11 种微生物菌株的毒性 [lg(1/MIC)] 与辛醇 - 水二元相中的分配系数（lg$P$）、阳离子亲脂性（lgk_w）相关（R^2 值分别为 0.733 ～ 0.791 和 0.601 ～ 0.675），采用辛醇 - 水二元相中的分配系数（lg$P$）比采用阳离子亲脂性（lg k_w）有更好的相关性 [28]。然而，也有人认为阳离子部分主要对毒性终点有贡献。Sosnowska 等建立了一种基于 PCA 的预测方法，使用 WHIM 描述符证明了毒性大小与阳离子结构密切相关，特别是阳离子的大小要比其形状更加重要 [22]。Couling 等开发了 QSAR 模型预测离子液体对费氏弧菌的毒性作用，使用了包括电子、空间、结构、热力学和拓扑描述符，分别计算了阳离子和阴离子的描述符。模型预测离子液体的毒性随着芳香阳离子环中氮原子数量的增加而轻微增强。在所有其他条件相同的情况下，预测得到阳离子的毒性趋势：铵＜吡啶＜咪唑＜三唑＜四唑。此外随着环甲基化增强以及阳离子上带负电原子数量的增加，毒性预计会降低；尽管阴离子上带正电原子的存在可能会使毒性稍有增强，但阴离子在离子液体毒性中起次要作用。预测结果表明许多咪唑类和吡啶类化合物对费式弧菌的毒性比常见的溶剂（如乙腈、丙酮和甲醇）更大 [29]。

Luis 等采用基团贡献法，利用 Polymath 5.0 软件开发了基于 MLR 分析的 QSAR 模型，建立了费式弧菌的 EC_{50} 数据库，并以此预测了大量离子液体的水生生态毒性。该研究发现具有相同阳离子和不同阴离子的离子液体在毒性方面没有统计学差异；对毒性的主要贡献与烷基链长度有关，烷基链越长，毒性越高；然而碳链长于 14 个碳原子时预计毒性会下降[30-31]。Viboud 等研究了基于咪唑类、吡啶类、吡咯类或哌啶类等离子的共 54 种离子液体对费式弧菌的结构 - 毒性关系，发现一些离子液体对费式弧菌毒性很小；吡啶环上烷基的存在增强了离子液体的毒性，含有吡啶阳离子但没有任何甲基取代基的离子液体的毒性低于含甲基取代基的同系物；阳离子上杂原子的存在使毒性降低，例如 [Bmmor] 在饱和环中含有一个氧，其毒性低于其同系物（[Bmpip]Br），说明在阳离子上添加官能团或杂原子可降低离子液体的毒性。这些结果扩大了用于合成低毒性离子液体的潜在阳离子数量[32]。

Bruzzone 建立了 QSAR 模型预测 33 种离子液体毒性影响，表明离子液体对费氏弧菌的毒性与阳离子的分支有关，终端碳侧链上的负电荷降低了偶极矩，也降低了阳离子的整体极性，极性越低，对脂质细胞膜的影响越大，就越有可能穿插到细胞内使毒性增大[33]。Wang 等预测了 24 种溴基离子液体对费式弧菌的毒性，结果是对于相同的烷基链长度，对费式弧菌的毒性顺序是吡啶类＞咪唑类＞哌啶类＞吡咯类[34]。研究人员在前人的基础上利用不同的描述符和数据集，使用不同的分析计算技术对 QSAR 模型进行改进和完善，如采用遗传函数逼近（GFA）和最小二乘支持向量机（LSSVM）[35]、MLR 方法结合拓扑索引（topological index）[36]、古特曼分子拓扑指数（Gutman molecular topological index，GMTI）[37]、多个模型综合预测[38-40]、偏最小二乘（PLS）[41]、人工神经网络（ANN）、*K*- 近邻算法（*K*-nearest neighbors，*K*-NN）程序和 WEKA- 随机森林（Waikato environment for knowledge analysis random forest，WEKA-RF）方法[42-43]等构建了 QSAR 模型来预测离子液体对细菌的毒性效应及构效关系。其他新的模型也得以应用，如 He 等开发了基于矩阵范数指标建立的 QSAR 模型来预测离子液体对金黄色葡萄球菌的最低抑制浓度（MIC）和最小杀菌浓度（MBC）[44]，Trush 等使用关联神经网络（associative neural networks，ASNN）的方法开发高精度的 QSAR 模型来预测离子液体的抗菌活性[45]。

Hodyna 等使用不同的描述符集构建 QSAR 模型预测离子液体对白色念珠菌的抑菌效果[46]。矩阵范数指标被首次用于计算离子液体对白色念珠菌的毒性，模型精确估计了离子液体对白色念珠菌的毒性，*p*MIC 和 *p*MBC 的相关系数分别为 R^2=0.930 和 R^2=0.873[47]。以电荷密度分布（σ- 剖面）作为分子描述符，线性判别分析（linear discriminant index，LDA）统计方法被用以开发线性定量结构 - 毒性关系模型来预测离子液体对病原细菌的毒性，其精度可达 95%[48]。采用多元线性回归（MLR）方法来关联毒性描述符的研究应用广泛，比如采用 MLR 方法，通过密度泛函理论（DFT）和类导体筛分模型（COSMO）计算的线性自由能关系（LFER）描述符[49]、来自 VolSurf+ 的结构描述符[50]、来自 Dragon 和 PaDEL-Descriptor 的二维变量[51]以及来自 COSMO 和 DFT 计算的 LFER 描述符[52]、基团贡献法[53]等来预测离子液体的抑菌活性。

（3）对动物细胞毒性的 QSAR 模型预测

离子液体的毒性作用一般考察对动物细胞生长速率的影响，主要使用白血病大鼠细胞系 IPC-81 和人体肝癌细胞（HepG2）等来开发针对离子液体毒性预测的 QSAR 模型。有研究运用启发式方法选择多个参数（描述符）进行多元线性回归和支持向量机（SVM）、开发预测分类和基于回归的 QSAR 模型等方法预测离子液体对 IPC-81 的细胞毒性，结果表明离子液体对 IPC-81 的细胞毒性取决于长烷基侧链、阳离子亲脂性和芳香性、吡啶核的 4- 位有一个二烷基氨基取代基的存在等[54-56]。Sosnowska 等开发了依赖于离子液体头基（head group）的局部预测模型，以及使用整个数据集的全局预测模型，使用遗传算法来选择描述符的最佳组合。结果表明，局部模型对于解决一组离子液体中的特定毒性效应比较有效，但是预测新设计化合物的毒性效应推荐采用全局模型[57]。Farahani 等进行了三维定量结构 - 毒性关系（3D-QSTR）分析，利用 DRY（疏水性）、O（氢键接受体）、N（氢键供体）和 TIP 相应的分子形状效应作为探针，计算出受检分子与四种化学探针之间的相互作用能量高度相关的三维图。该研究运用建立的 3D-QSTR 模型评估了阳离子、阴离子和取代基的性质对细胞毒性的影响：阳离子基于芳香性、大小、侧链长度和在结构中掺入极性基团影响细胞毒性，阳离子结构中极性官能团的存在可以降低与细胞膜相互作用的亲脂性，阳离子的亲脂性随着烷基侧链的延长而增强，细胞毒性随之增强；疏水性长烷基链可能插入磷脂双层的极性头部基团中，导致膜或蛋白质功能的破坏[58]。Marina 等评估了含有不同官能团和不饱和侧链的基于咪唑阳离子的离子液体对鲇鱼卵细胞（CCO）的细胞毒性，获得关于 14 种不同咪唑离子液体对 CCO 细胞的 EC_{50} 值。并采用基于回归和分类方法的定量结构 - 毒性关系（QSTR）研究，得出离子液体对 CCO 的毒性主要与阳离子的类型和疏水性参数有关[59]。

研究人员结合实验和计算的方法研究离子液体对动物细胞的影响，并将预测结果与实验结果进行比较。例如用 QSAR 模型预测离子液体对人体肝癌细胞（HepG2）的影响，发现氯化和亲脂性的离子液体比非氯化和较弱亲脂性的离子液体表现出更强的毒性作用[17]；采用拓扑子结构分子设计方法（软件 Modelslab 1.5）计算了离子液体的性质，例如标准键偶极矩、键距、分配系数、极性表面积、范德华原子半径等，并预测离子液体结构与其对 Caco-2 细胞的毒性效应[60]；采用 QSAR 建模和分子对接研究离子液体对小鼠胚胎成纤维细胞 3T3-40L1 细胞活力的影响，发现带有 OH^- 的离子液体比带有 Br^- 和 $[BF]^-$ 的离子液体有更高的杀虫活性[61]；应用多目标遗传算法开发 QSAR 模型来预测离子液体对人类 HeLa 和 MCF-7 癌细胞的毒性[62]，应用级联相关网络（CCN）和概率神经网络（PNN）预测离子液体对 IPC-81 的细胞毒性[63]。QSAR 预测与实验结果的高度一致性证实了开发的 QSAR 模型对离子液体细胞毒性影响的高预测能力。用于预测动物细胞毒性的 QSAR 模型与前文介绍的预测细菌的模型类似，统计分析方法主要应用 MLR、NN、PCA 和非 MLR 等，分子描述符通常由各种软件程序计算并用于模型的开发，如 DFT 代码的亲电指数、最高占据能量（EHOMO）和最低未占据分子轨道（ELUMO）、表面电荷密度、COSMO 等[64-67]。

（4）对其他生物毒性的 QSAR 模型预测

对于离子液体对动物毒性响应的 QSAR 模型研究主要集中在对水蚤尤其是大型蚤（*Daphnia magna*，*D. magna*）的毒性上，预测了离子液体对大型蚤的 LC_{50} 值。大多数 QSAR 研究都是基于 MLR 分析并建立了很好的预测模型，使用的描述符由几种类型的软件计算，例如 Dragon、Gaussview、Gaussian 和 COSMO 等。Hossain 等采用多元线性回归分析和多项式 QSAR

模型预测了离子液体对大型蚤的毒性（EC_{50} 值），该模型使用来自阳离子、阳离子烷基取代基和阴离子的总贡献来分析数据（R^2=0.974），铵、咪唑、吡啶和吗啉阳离子毒性贡献分别占总毒性的 48%、32%、31% 和 12%；阴离子毒性贡献除了 $[BF_4]^-$ 占总毒性的 7% 外，其他阴离子对总体毒性的贡献是负的，这表明在离子液体化学结构中含 Br^-、Cl^-、$[TFSI]^-$ 可降低对大型蚤的毒性 [68]。Roy 等通过计算亲脂性、原子类型片段、量子拓扑分子相似性（QTMS）和扩展拓扑化学原子（ETA）描述符，对一组离子液体对大型蚤的毒性进行了统计模型开发，研究发现使用 ETA 和热力学描述符开发的模型比使用各种非 ETA 和热力学参数生成的模型好 [69]，并首次建立了种间定量毒性 - 毒性关系（QTTR）模型 [70]。模型预测研究指出，离子液体对大型蚤产生的毒性差异与阳离子存在很强的关系，离子液体的毒性主要取决于阳离子的大小和分支；阴离子对离子液体毒性的影响不大 [29]。

Izadiyan 等采用多层感知机（MLP）、蚁群优化（ACO）和多元线性回归（MLR）方法，引入了预测性良好的 QSAR 模型，揭示了影响绿藻（*Scenedesmus vacuolatus*）生态毒性的离子液体的结构参数，这些模型表现良好，MLR 和 MLP 模型的 R^2 值分别为 0.964 和 0.976。比如用多元线性回归和多层感知机模型预测表明增加烷基链长度会增强绿藻的离子液体毒性，并且阳离子特性对毒性的影响大于阴离子特性，预测结果与实验结果一致（表 4-1）[71]。Das 等通过使用扩展的拓扑化学原子（ETA）指数和其他类别的化学描述符开发数学模型来探索离子液体对绿藻栅藻的生态毒性。预测结果表明，通过缩短阳离子取代基的链长和增强阳离子中的氢键供体特征，以及用具有较少亲脂性杂原子的饱和部分取代大体积不饱和阴离子，可以降低离子液体的生态毒性 [72]。Izadiyan 等还建立了定量结构毒性 - 毒性关系（QSTTR）模型来预测离子液体对特定物种的毒性，该模型可以将一个物种的现有毒性数据分子结构特征和化学品的物化性质作为独立变量来预测另一个密切相关物种的毒性特征 [71]。Singh 等构建了梯度增强树（GBT）和袋装决策树（BDT）构效关系（SAR）模型预测了离子液体在不同营养水平的多个试验物种（费氏弧菌、绿藻和大型蚤）中的毒性，GBT 和 BDT 模型的分类精度分别达 84.44% ～ 100% 和 92.23% ～ 98.74%[73]。

表4-1 QSAR模型（MLR和MLP）计算离子液体对藻类的毒性值[71]

离子液体	$lgEC_{50}$（实验）	$lgEC_{50}$（MLR）	$lgEC_{50}$（MLP）	毒性等级
1-丁基-4-（二甲基氨基）吡啶氯化物	−0.27	−0.46	−0.29	极高
1-丁基-1-甲基溴化哌啶	3.28	3.21	3.39	中等
1-丁基-1-甲基哌啶双（三氟甲磺酰基）亚胺盐	2.09	2.24	2.12	中等
1-丁基-4-（二甲基氨基）吡啶双（三氟甲磺酰基）亚胺盐	−0.43	−0.17	−0.44	极高
丁基乙基二甲基铵双（三氟甲磺酰基）亚胺盐	1.79	2.02	2.03	高
1-（乙氧基甲基）-3-甲基-3*H*-咪唑双（三氟甲磺酰基）亚胺盐	1.93	2.16	2.09	高
1-（2-甲氧基乙基）-3-甲基-3*H*-咪唑双（三氟甲磺酰基）亚胺盐	1.98	2.23	2.12	高
（乙氧羰基甲基）乙基二甲基铵双（三氟甲磺酰基）亚胺盐	2.18	2.09	2.05	中等
1-（乙氧羰基甲基）-1-甲基吡啶溴盐	3.16	3.14	3.22	中等
1-（2-乙氧基乙基）-3-甲基-3*H*-咪唑溴盐	2.52	2.58	2.48	中等
（乙氧羰基甲基）乙基二甲基铵溴盐	2.63	3.00	2.91	中等
1-（2-甲氧基乙基）-3-甲基-3*H*-咪唑氯盐	3.26	3.21	3.46	中等
1-（乙氧基甲基）-3-甲基-3*H*-咪唑氯盐	2.80	3.12	3.18	中等
1-（氰基甲基）-3-甲基-3*H*-咪唑氯盐	4.01	3.33	3.79	低
1-（3-甲氧基丙基）-1-甲基哌啶双（三氟甲磺酰基）亚胺盐	1.87	1.33	1.35	高
1-（2-羟基乙基）-3-甲基-3*H*-咪唑双（三氟甲磺酰基）亚胺盐	2.15	1.81	1.95	中等
4-（乙氧基甲基）-4-甲基吗啉双（三氟甲磺酰基）亚胺盐	2.34	2.16	2.09	中等
1-丁基-3-甲基-3*H*-咪唑辛基硫酸盐	1.72	1.80	1.92	高
1-羟基吡啶双（三氟甲磺酰基）亚胺盐	3.20	3.31	3.08	中等
1-己基-1-甲基吡咯烷双（三氟甲磺酰基）亚胺盐	1.57	2.36	1.42	高
1-丁基1-3-甲基-3*H*-咪唑双（三氟甲磺酰基）亚胺盐	1.80	1.67	1.89	高

续表

离子液体	$lgEC_{50}$（实验）	$lgEC_{50}$（MLR）	$lgEC_{50}$（MLP）	毒性等级
1- 丁基 -3- 甲基 -3*H*- 咪唑双（三氟甲磺酰基）亚胺盐	2.83	2.08	2.01	中等
1- 丁基 -3- 甲基 -3*H*- 咪唑氯盐	2.25	2.63	2.37	中等
1- 甲基 -3- 辛基 -3*H*- 咪唑四氟硼酸盐	−2.24	−2.36	−2.41	极高
1- 己基 -3- 甲基 -3*H*- 咪唑六氟磷酸盐	0.34	0.15	0.21	高
1- 甲基 -3- 辛基 -3*H*- 咪唑氯盐	−2.76	−2.48	−2.54	极高
1- 丁基 -3- 甲基 -3*H*- 咪唑四氟硼酸盐	2.13	2.51	2.26	中等
1- 丁基吡啶氯盐	2.59	2.59	2.34	中等
1- 己基 -3- 甲基 -3*H*- 咪唑氯盐	0.08	0.59	0.36	高
1- 甲基 -3- 十四烷基 -3*H*- 咪唑氯盐	−2.53	−2.61	−2.59	极高
1- 癸基 -3- 甲基 -3*H*- 咪唑氯盐	−3.57	−2.42	−2.56	极高
1- 己基 -3- 甲基 -3*H*- 咪唑双（三氟甲磺酰基）亚胺盐	0.04	0.40	0.07	高
1- 丁基 -1- 甲基吡咯烷氯盐	3.39	2.98	2.87	中等
1- 乙基 -3- 甲基 -3*H*- 咪唑双 [1,2- 苯二酚] 硼酸盐	1.42	1.62	1.89	高

4.1.1.4 i-QSTR模型

QSAR 模型仅对相同的单一物种进行有效预测，对于两个物种，需要不同的 QSAR 模型，而 i-QSTR（interspecies quantitative structure-toxicity relationship）模型允许对至少两个物种进行毒性预测 [74]。i-QSTR 作为一种新工具用于估计污染物对不同物种的敏感性。当第二个物种的数据不可用时，它能够将一个毒性终点的数据推断到另一个毒性终点。i-QSTR 的优点主要是可以降低毒性测试的成本，能够提高对化学品毒性作用机制的理解，并且可填补特定化合物在特定终点的毒性值数据空白。通过使用单一模型对两种不同物种的毒性进行预测，对物种间毒性关系的研究支持了动物“替代（replacement）、减少（reduction）和优化（refinement）”的“三 R”原则 [74]。例如，基于具有统一线性自由能关系描述符的综合毒性预测模型来预测毒性的单一参数，Cho 等证明了该模型可以计算离子液体的一般毒理学效应 [49, 75]。

来自 QSAR 研究的数据表明，离子液体的毒性主要取决于阳离子，并且随着阳离子烷基链长度和更多支化的阳离子链基团的增加而增强。此外，阳离子取代基链中极性基团如羟基或腈基的存在，以及与阳离子连接的短极性侧链的存在，降低了离子液体的毒性并提高了生物降解效率。而阴离子对离子液体的毒性影响较小。基于这些知识，开发可靠的 QSAR/QSTR/i-QSTR 毒性模型对于减少实验研究的时间和成本至关重要，从而有助于寻找合成绿色离子液体最合适的策略。

4.1.2 LFER 模型预测

线性自由能关系（linear free-energy relationship，LFER）或线性吉布斯能量关系十分有利于理解和预测化学品的生物、化学和物理活性机制。一个典型的 LFER 模型是基于包含少量描述符的亚伯拉罕（Abraham）溶剂化方程，这些描述符可以提供稳定的化学势能并能够使预测足够准确 [76]。LFER 模型在物理、化学、生物中都能应用，例如人工膜的固定化、水 - 溶剂分配、药物的微粒体降解、皮肤渗透和人体肠道吸收 [76]。LFER 模型最初对离子液体的应用主要是对其进行表征，该模型可对离子液体的分配系数、活度系数、溶解度等进行表征，给出预测方程 [77]。研究人员通过分子和原子的各种物理、化学参数进行选择性组合获得描述符来建立 LFER 模型，也可以使用相同的 LFER 描述符来预测未知化学物质准确可靠的物理化学性质 [78-79]。

目前利用 LFER 模型预测离子液体毒性的研究远少于 QSAR 模型。Hoover 等从已发表的文献中检索到三种水蚤、两种原生动物和一种细菌的化学毒性数据，使用 LFER 模型描述符建立模型来预测 97 种离子液体的毒性 [80]。Cho 团队首次报道了离子液体的阳离子疏水性值（$\lg k_o$）与其测得的对 IPC-81 的急性细胞毒性高度相关（R^2=0.78）[81]，使用多线性自由能关系（m-LFER）模型预测离子液体的疏水性参数（$\lg k_o$），并利用包含阳离子和阴离子的计算描述符的扩展亚伯拉罕方程来预测离子液体对 IPC-81 急性细胞毒性的 $\lg EC_{50}$ 值。利用这些 LFER 描述符，Cho 等还成功预测了水溶性、

辛醇 - 水分配系数、离子液体饱和水相中阴离子的活性系数以及离子液体平衡辛醇 - 水中的阴离子疏水性[82-83]。在后续的研究中，Cho 团队利用密度泛函理论和类导体筛选模型定义多种 LFER 描述符，并将这些描述符应用于离子液体对大型蚤的毒性预测；还开发了离子液体毒性影响乙酰胆碱酯酶活性的 QSAR 模型[25]，利用 LFER 描述符，以大肠埃希菌、金黄色葡萄球菌和白念珠菌为研究对象建立了 6 个 QSAR 模型预测抗菌活性[52]；还首次将大量的毒性数据（约 8 个数量级）与物理化学描述符关联起来，开发了一个综合的毒性预测模型，用统一的 LFER 描述符来解决预测毒性的参数问题，如下所示[49]：

$$\lg 1/\text{毒性(mmol)}=2.254E_c-2.545S_c+0.646A_c-1.471B_c+1.650V_c+2.917J^+$$
$$-0.201E_a+0.418V_a+0.131J^--0.709$$

式中，大写字母是描述符，描述了原子或分子的内在分子相互作用势：E [$cm^3 \cdot mol^{-1}/10$]，表示由于 n- 或 π- 孤对电子相互作用而产生的过量摩尔折射；S[无量纲]，为偶极 - 偶极和偶极诱导偶极相互作用的偶极 / 极化率；A 和 B[无量纲]，为氢键酸度和氢键碱度；V[mL] 为麦高文体积；J^- 和 J^+[无量纲]，分别是阴离子和阳离子的离子相互作用；下标“c”和“a”分别表示阳离子和阴离子。因为它是在众多的毒性效应，即 58 种毒性测试方法和约 1600 个数据的基础上建立的，该模型可以计算出被预测离子液体的一般毒理学效应。该模型计算出的数值与昆虫细胞系（*Spodoptera frugiperda* 9）、蚯蚓（*Eisenia fetida*）、线虫（*Caenorhabditis elegans*）和鱼类（*Danio rerio*）的四个不同实验数据集进行比较，发现预测计算值与每个实验数据集都很一致[49]。该团队还以大型蚤为研究对象，采用 LFER 模型描述符过量摩尔折射率（E）、偶极 / 极化率（S）、氢键酸性（A）、氢键碱性（B）、麦高文体积（V）、阳离子相互作用（J^+）和阴离子相互作用（J^-）预测了 97 种离子液体的毒性，获得较好的预测结果（训练集 R^2=0.880，测试集 R^2=0.848，总测试 R^2=0.867）[84]。

LFER 描述符的表征有利于定量了解离子液体的分子相互作用势和物理化学性质，如 Cho 等应用线性自由能关系概念对 30 种离子液体阳离子的分子相互作用势进行了分析，发现阳离子的分子相互作用势如阳离子的头基类型、烷基链长度以及其他取代基对偶极 / 极化率和氢键酸性有显著影响，官能团（羟基、醚和二甲胺）导致阳离子的氢键呈碱性[85]。使用 LFER 模型可将相应的气 - 水分配系数转换为水 - 室温离子液体分配系数[86-87]；采用无限稀释度的活性系数（γ）及气液分配系数（K_L）等描述符可通过 LFER 分析离子液体与各溶质之间的相互作用[88-91]。

4.1.3 其他模型预测

2021 年，Kang 等提出了一种用于评估化合物性质的新方法——原子表面碎片贡献（ASFC）模型。该研究使用基于片段 / 基团的 sigma 表面积（S_o-表面）的 ASFC 方法开发了一个预测模型，用于估计离子液体的毒性。研究收集了 140 种离子液体对 ICP-81 的毒性数据集，所建 ASFC 模型预测结果的 R^2 为 0.924，说明新方法建立的 ASFC 模型具有很高的准确性和可靠性[92]，具有广泛用于评估离子液体毒性的潜力。

近年来 QSAR 模型对离子液体毒性效应的预测研究得到发展，研究人员开发了具有各种分子描述符的预测模型，表 4-2 总结了用于预测酶活性、细菌、动物细胞及小型动物对离子液体响应的 QSAR 建模研究。

表4-2　离子液体毒性效应的QSAR模型预测研究

生物种类	离子液体数量	统计方法	描述符或程序种类	描述符数量	相关系数（R^2）	参考文献
乙酰胆碱酯酶活性	153	PCA、MLR、RB、MLP、NN	MATLAB（非线性模型）、MLR、PCA	12	0.814 ～ 0.973	[18]
	221	MLR	拓扑索引（topological index）	17	0.823 ～ 0.884	[19]
	292	LDA、MLR、PLS、GFA、DA	扩展拓扑原子（ETA）、非 ETA 拓扑	11	0.827 ～ 0.838	[20]
	230	PCA、PLS	VolSurf+ 结构描述符	9	0.732	[23]
	233	MLR	线性自由能关系（LFER）描述符	4 ～ 6	0.711 ～ 0.879	[25]
	61	GCM	分子描述符	10	0.992	[26]
	242	ASNN	分子描述符	217	0.83 ～ 0.87	[27]

续表

生物种类	离子液体数量	统计方法	描述符或程序种类	描述符数量	相关系数（R^2）	参考文献
费氏弧菌	43	MLR	基团贡献法	9	0.925	[30]
	96	GCM、MLR	Polymath 5.0	15	0.924	[31]
	69	GFA、LSSVM	Hyperchem program 8.0、Dragon 6.0	5	0.893 ～ 0.933	[35]
	157	MLR	Topological index 拓扑索引	28	0.908	[36]
	110	MLR、MLP、神经网络	来自 COSMO 计算的电荷分布密度	5	0.906 ～ 0.979	[39]
	108	MLR	线性自由能关系（LFER）描述符	15	0.69	[49]
	305	MLR、PLS、GFA	二维变量、MORPHY	3 ～ 7	0.697 ～ 0.748	[51]
IPC-81	227	GFA、NN、MLR、MLP	分子量、氢键受体、极性表面积、重原子数	5	0.91 ～ 0.98	[54]
	100	MLR、SVM	CODESSA 和 LIBSVM	4	0.918 ～ 0.959	[55]
	269	PLS、SVR	分子相互作用场（MIF）描述符（GRIND）	140	0.66 ～ 0.92	[58]
	198	CCN、PNN	Moses 描述符	5 ～ 6	0.907 ～ 0.952	[63]
	119	MLR	表面电荷密度、高斯、COSMO	8	0.849 ～ 0.940	[65]
	100	PLS	Ferreira-Kiralj 参数和其他分子描述符	4 ～ 5	0.770 ～ 0.813	[66]
Caco-2	15	ELMM、SVM、MLR	MODESLAB 1.5 的拓扑子结构分子设计	3	0.98	[60]
HeLa	66	MOGA、CGA	MOPAC、DRAGON 7	2891	0.8	[62]
大型蚤	70	MLR	DFT 和 COSMO 的 LFER	12	0.81	[49]
	64	GCM、MLR	MATLAB	25	0.974	[68]
	49	MLR、PLS	Gaussview 和 Gaussian 03	7	0.848 ～ 0.955	[69]

注：PCA—主成分分析；MLR—多元线性回归；RB—径向基函数；MLP—多层感知机；NN—神经网络；LDA—线性判别分析；PLS—偏最小二乘法；GFA—遗传函数算法；DA—对接分析；SVM—支持向量机；GCM—基团贡献法；ASNN—联想神经网络；MCA—多元对应分析；LSSVM—最小二乘支持向量机；MOGA—多目标遗传算法；CGA—经典遗传算法；SVR—支持向量回归；ELMM—极限学习机模型；CCN—级联相关网络；PNN—概率神经网络。

4.2 风险评估方法

4.2.1 国外风险评估方法

20 世纪 60 ～ 70 年代美国开始较系统地评估化学物质的环境风险，起初的环境风险评估主要为人体健康风险评估，研究评估人体暴露于环境中化学污染物质时可能产生健康影响的风险。20 世纪 70 ～ 80 年代，美国环保局（USEPA）的实验室开展了面向种群、生态系统层面的生态风险评估研究，此后风险评估的尺度逐渐从种群、群落向生态系统水平扩展，研究内容除了生态毒理学风险、人体健康风险外也更加关注食物链生态系统风险。人体健康风险评估主要关注污染物对目标人体健康的危害，其评估生物对象常为单一人种；生态风险评估通常需要综合理解污染物或胁迫因子对目标生态系统的生物、化学、物理等相互作用关系及毒理学、生态学等原理过程，主要关注污染物质对目标物种、种群及生态系统的结构与功能的不利影响风险，其评估生物对象可能涉及生态系统的多个物种。1986 年美国环保局出台了化学复合物的健康风险评估导则，多种化学物质暴露所导致的健康风险受到重视；1990 年颁布的技术支持性文件给出了化学复合物毒性作用的详细信息，1992 年美国环保局发布了生态风险评估框架技术文件，阐述了环境生态风险评估的技术准则；1998 年美国环保局颁布了《生态风险评估指南》，提出了生态风险评估的步骤，即提出风险问题、分析风险（暴露和效应）和表征风险。

为了使环境生态风险评估的过程科学化和规范化，相关国际组织如经济合作与发展组织（OECD）及美、欧等国家和地区大多发布了适合地区或国情的环境风险评估指南文件，其中也包括有关环境生态风险评估框架类的指导性技术文件。生态风险评估的基本过程为风险问题描述与问题识别或提出、风险问题分析（效应评估与暴露评估）、风险表征等。在问题描述阶段可通过对风险的初步危害识别，提出风险评估的目标及评估范围，说明可能存在的风险问题并制定工作方案。问题分析分为暴露分析和效应分析两部分，暴露分析主要关注人为胁迫因子（如污染物）的实际场景暴露途径、方式、强度等的有害作用影响，效应分析主要针对污染物的毒理学剂量 / 浓度 - 效应分析的结果，预测可能产生的危害效应。风险表征是对风险分析结果的综合表达，一般可有风险估计、风险描述和风险报告等形式。不确定性分析在生态风险评估中有重要作用，如区域的划分、风险源的确定、风险受体和毒理学评估终点的选择、评估方法以及参数的选取等都存在不确定性。

4.2.2 我国风险评估方法

自 20 世纪 90 年代起，在引进国外发达国家或组织如 OECD 的化学物质生态风险评估技术的同时，我国学者也对本土化学物质的环境生态风险评估的理论和技术展开了研究。我国《生态风险评价导则》于 2010 年由水利部发布，评估程序参考了美国 EPA 的《生态风险评估指南》（USEPA，1998）。环境保护部于 2011 年提出了《化学物质风险评估导则》（征求意见稿），并于 2019 年联合国家卫生健康委员会颁发《化学物质环境风险评估技术方法框架性指南（试行）》。根据指南，化学物质的环境风险评估包括环境危害评估和健康危害评估，由危害识别、剂量（浓度）- 反应（效应）评估、暴露评估和风险表征四部分组成。危害识别是确定化学物质具有的固有危害属性，主要包括生态毒理学和健康毒理学属性两部分。利用生态毒理学数据，针对不同的评估对象，进行剂量（浓度）- 反应（效应）评估，推导预测无效应浓度（PNEC）（环境危害评估）和未观察到有害效应的剂量水平（NOAEL）（健康危害评估）；针对不同的评估对象，推导化学物质的预测环境浓度（PEC）（环境危害评估），基于预测环境浓度，估算人体对化学物质每日的总暴露量（健康危害评估）；将评估对象中化学物质的 PEC 与 PNEC 进行比较，表征化学物质对不同评估对象的环境风险（环境危害评估），通过比较人体总暴露量与安全阈值（例如，TDI）或安全剂量之间的关系，表征化学物质的健康风险（健康危害评估）。

4.3 离子液体人体健康风险评估

目前，人类健康风险评估主要依赖于动物研究，出于对动物研究的替代性、简化性和完善性的考虑，基于动物毒性评估人体健康风险是一个有争议的问题。因此有研究者开始对人体特殊的细胞进行离子液体暴露，以期评估离子液体对人体健康风险[93]。例如，以 IPC-81 白血病细胞和 C6 神经胶质瘤细胞为研究对象，基于咪唑阳离子的 10 种不同碳链长度离子液体的毒性效应的研究表明烷基链长度的增加导致离子液体的亲脂性增强，其在生物有机体细胞膜上吸附聚集的能力越强，使离子液体与细胞膜的磷脂双分子层和膜蛋白的疏水结构域表面产生强结合，从而使细胞生理功能受到影响[54]。当今生物学和毒理学的关键操作技术随着科学技术的进步不断更新，应用新的研究方法对人体健康风险进行评估是新的发展趋势。例如细胞培养技术的提高，使得人克隆结肠腺癌细胞系（Caco-2）、人宫颈癌细胞（HeLa）、人乳腺癌细胞（MCF）、人永生化成骨细胞（hFOB1.19）、人类胰腺癌细胞、人肝癌细胞、人肾癌肿瘤细胞、人类皮肤细胞等能够进行离体培养。这种毒性评估的细胞培养方法为研究离子液体的生物效应并预测其对人体健康的风险提供了快速简便的手段[94-96]。此外暴露科学也在迅速发展，例如流行病学研究正从单一的经验观察向复合暴露以及发病分子机制探究等分子流行病学转变。基于以上学科和技术的发展，离子液体对人体健康的风险评估有望减少动物实验等模拟实验，当前风险评估模式向更全面更直接的人体暴露实验转变。

21 世纪人体健康风险评估模式将加深对毒性机制的理解，而不仅仅是对毒性效应的单一识别。虽然机制探究的加深对改善人类健康风险评估具有巨大推动力，但目前离子液体的人体毒性机制研究相对薄弱。例如，离子液体种类繁多，如何将环境中广泛存在的离子液体进行机制化的化学品风险评估，需要一套整体方法，将离子液体筛查及其毒性效应作为一个整体框架，整合机制理解和预测筛查的新方法。目前基于体外细胞和模式动物的相关基础数据丰富，但缺少与之相契合的对人体健康评估的预测评估模型。另外，目前许多基础数据多来源于动物实验，其中大部分未经正式验证，同时物种间的差异性也会对数据的适用性提出挑战。因此在今后的离子液体的人体健康风险评估中，应结合统计学等学科，发展相关综合性分析模型，更好挖掘已获得的基础数据，预测离子液体的风险性；同时建立区分识别和量化动物实验差异性的新方法，将单一的个体暴露实验转化为多细胞、多组织、多器官的离体暴露实验，例如许多研究者使用体外暴露（细胞培养、类有机物、斑马鱼胚胎）和模型预测（QSAR、PBTK）的组合[97-99]，打破传统动物个体单一暴露模式，这将为离子液体人体健康风险评估提供很好的数据基础。

4.4 离子液体生态风险评估

4.4.1 离子液体的 P(M)BT 评估

P(M)BT 类化学物质是指具有持久性、迁移性、生物累积性和毒性的化学物质。根据欧洲《化学品注册、评估、许可和限制》指南（REACH 指南），大多数离子液体都有一些特定的毒理学效应，特别是其中属于“高度关注物质（SVHC）”的离子液体，应关注内分泌干扰性，致突变性、致癌性、致畸性，长期和慢性毒性，化学致敏潜力，生物积累和持久性。对于离子液体中阳离子和阴离子的无限可能组合及其在生物和环境中可能的降解产物，需要一种分层次的方法来筛选，REACH 指南中的 P(M)BT 评估方法为评估离子液体对环境和生物构成的潜在风险提供了可能性[100]。图 4-1 给出了对离子液体进行持久性、迁移性、生物积累性、毒性评估的框架。

4.4.1.1 持久性（P）评估

离子液体的化学和热稳定性使其在各领域有广泛的应用，然而这种稳定性也反映在它们较低的生物降解潜力上，当它们被释放到环境中时存在持久性的风险，因此有关离子液体生物降解的研究非常重要。

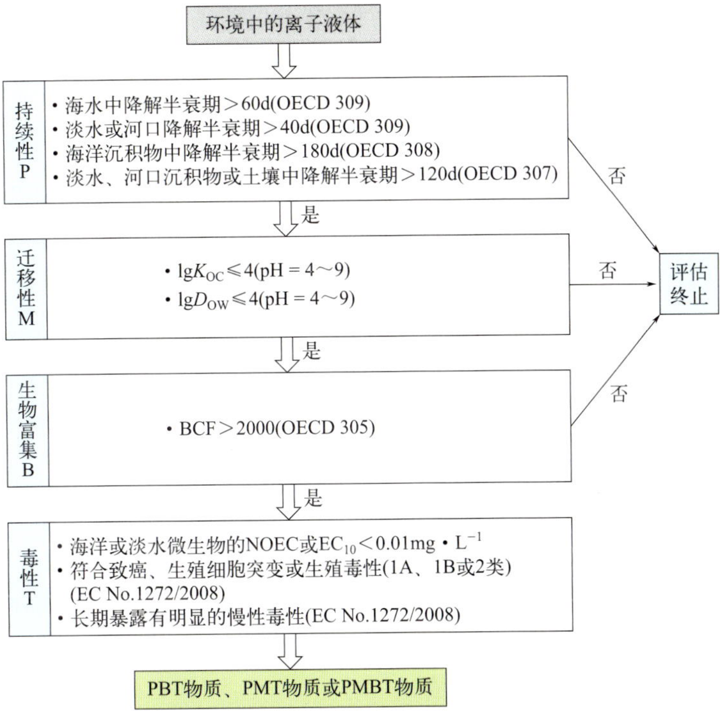

图 4-1 离子液体持久性、迁移性、生物积累性和毒性评估框架[100]

阳离子、烷基链长度以及阴离子的不同组合会影响离子液体的生物降解。有研究表明，阴离子为 I^-，碳链长度为己基和辛基的吡啶离子液体易于生物降解，而咪唑离子液体只能部分代谢；碳链长度为丁基的吡啶或咪唑离子液体都不可生物降解[101]。Stolte 等的研究也发现了类似的趋势，具有长烷基链（C_6 和 C_8）的化合物具有初级生物降解性，而对于烷基侧链较短的离子液体，未观察到生物降解性[102]。Neumann 等对 27 种具有不同烷基或功能化侧链的吗啉类阳离子、哌啶类阳离子、吡咯类阳离子、咪唑类阳离子、吡啶类阳离子和卤化物阴离子的离子液体的生物降解性进行了研究，证明了阳离子的类型和烷基侧链对离子液体的生物降解都有影响。在烷基侧链长度相同的情况下，与哌啶类和吗啉类阳离子相比，吡咯类和吡啶类阳离子的生物降解效果最好，以咪唑类阳离子为基础的离子液体最难被生物降解[103]。

随着烷基链的延长，生物降解的潜力增大，说明对生物降解的敏感性可能是由阳离子的疏水性驱动的。较长的烷基链更容易被生物体获得，并可能消除有机环和潜在结合位点之间的结构障碍，含有四个或更多碳原子的线型烷基链可能是加氧酶攻击的位点；此外，离子液体对微生物具有选择性压力，烷基链较长的离子液体对不参与生物降解作用的微生物具有较高的毒性，而参与生物降解的微生物可以利用离子液体作为碳源快速生长，从而使体系生物降解能力提高 [104-105]。

目前研究表明，在环境条件下通过水解降解离子液体的可能性不大，但光解可能影响离子液体在环境中的持久性。Calza 等研究发现 [Hmim][HSO_4] 和 [Emim][HSO_4] 离子液体对光降解的敏感性，在实验条件下，两种离子液体在光照后 4h 内均完全降解，但其转化产物的毒性高于其母体化合物；[Hmim][HSO_4] 在地表水（河流或湖泊）中的环境转化主要为光解，半衰期为一个月 [105]。另一研究也发现地表水中的光解可能是 1- 丁基 -4- 甲基吡啶四氟硼酸盐离子液体的潜在重要降解途径，直接光解的主要途径可能是羟基化、侧链缩短和开环，但降解产物比母体化合物毒性更大。侧链碳链长度越长越容易光解，吡啶阳离子比咪唑阳离子更容易光解，但阴离子类型对光催化降解的速度和程度几乎没有影响 [106-107]。由于有关离子液体直接光降解潜力的研究非常有限，因此在离子液体持久性评估时有必要对其光解进行进一步研究，因为非生物降解在一定程度上可能是离子液体在环境中降解的一种途径，同时还应分析可能的降解产物，因为降解产物可能比母体化合物对生物体更危险。

4.4.1.2 迁移性（M）评估

具有持久性（P）的离子液体，$\lg K_{OC} \leqslant 4$（pH=4 ～ 9）时，应进行迁移性评估 [108]。土壤吸附影响化合物的反应性、迁移性和生物有效性，而吸附平衡常数（K_d）是评估其环境行为的关键参数。离子液体的吸附与离子液体结构相关，离子液体在土壤中的吸附随着阳离子烷基侧链长度的增长而增加 [109-110]。Mrozik 等研究了六种咪唑基离子液体（两种带有羟基）和一种吡啶基离子液体在滨水地区土壤中的迁移率，发现长链离子液体的 K_d 值高于短链离子液体，羟基化离子液体的吸附最弱。除结构因素外，土壤或沉积物类型、有机质含量、阳离子交换容量、pH 值和离子强度等因素也会对离子液体的吸附产生影响，黏土和有机质的增加与离子液体的吸附增强相关[111]，阳离子交换能力高、有机物含量高的土壤对离子液体的吸附作用强[112-113]。Stepnowski 等的研究也证实了离子液体吸附对土壤中有机质含量的依赖性，同时 K_d 值随着 pH 值的增大而增大，这可能是由于带负电荷的土壤表面脱质子化，从而增强了其阳离子交换能力；当 Ca^{2+} 离子强度增加时，对离子液体的吸附减弱，可能是由于 Ca^{2+} 和离子液体阳离子之间的竞争吸附[113-114]。但是咪唑啉离子液体与有机碳含量高的土壤结合较弱且可逆，而在海洋沉积物上的吸附作用更强且不可逆[114]。

现有研究表明，离子液体在土壤中的迁移强烈依赖于其结构（以及与结构相关的物理化学性质）和土壤类型，疏水性较强的离子液体在有机质含量较高的土壤中的吸附量较高[113-115]。还需要进行更多的研究，尤其是阴离子对吸附的影响，以便更好地了解离子液体结构对其迁移性的影响。

4.4.1.3 生物累积性（B）评估

目前研究表明离子液体的生物和非生物降解性较差，因此有必要评估其生物累积性，然而目前关于离子液体生物累积性的研究很少。

辛醇 - 水分配系数（K_{OW}）是评价化合物脂溶性的重要参数。研究表明生物浓缩因子（BCF）小于 250 的化合物生物累积性的可能性较低[116]，当离子液体的 BCF 值远低于 250 时说明该离子液体不会在生物体内进行生物累积[117]。在一个简单的水生生物食物链（小球藻—贻贝和藤壶）的研究中，随着暴露时间的延长，第二营养级细胞内的离子液体浓度增加。虽然获得的 BCF 值不高（暴露 72h 后 BCF 值为 6.5），但超过该离子液体对供试生物 EC_{50} 约 6 倍，说明食物链可影响离子液体的生物积累过程[117-119]。K_{OW} 适用于非离子化合物的生物累积性（B）评估，但对离子化合物的生物累积性评估结果不可靠[117, 119]。Dolzonek 等研究了阳离子和阴离子之间的相互作用以及它们与生物膜脂质的结合，结果表明，离子液体在生物体内阳离子和阴离子的生物浓度可能远高于基于 K_{OW} 的预期值，并且强烈依赖于与其他离子的相互作用，认为膜 - 水分配系数（K_{MW}）可用于评价离子液体生物积累[120-121]。

基于 QSAR 模型的计算可以评估离子液体的生物累积性。根据 OECD

305 指南，对 BCF 的标准实验测定需要使用 100 多条鱼，非常昂贵和耗时。REACH 指南允许使用 QSAR 模型来预测 BCF 值，对于像离子液体这样种类数量多的化合物，QSAR 模型预测在离子液体的生物累积性评估中是一个非常有前景的工具。

4.4.1.4 毒性（T）评估

已有许多关于离子液体对不同生物组织水平生物体的毒性作用研究，包括离体细胞、酶、蛋白质和 DNA、微生物、植物和动物等。但目前的研究大多是针对单个物种和实验室受控条件下的短期实验，没有考虑多个物种间的相互作用以及自然环境条件的长期影响，而且关于离子液体的潜在致癌性、生殖细胞诱变性或生殖毒性的研究很少。由于离子液体数量庞大，采用活体实验评估它们的毒性既耗时又昂贵。采用 QSAR 模型预测离子液体的毒性对实验数据拟合性好，预测能力强[56-60, 70]，可预测离子液体阳离子和阴离子许多组合的毒性。

关于离子液体的持久性、迁移性、生物累积性和毒性的信息还不完整。目前研究结果普遍认为大多数所研究的离子液体不是“绿色溶剂”，因为大部分离子液体不可生物降解，具有一定的迁移性，并显示出对各种生物的高毒性，现有研究很难严格界定离子液体是否具有生物积累潜力。因此，进一步研究离子液体的生物积累性具有重要意义[122-123]。

4.4.2 离子液体生态风险评估框架

传统的离子液体研究主要集中在单一离子液体对模式生物的毒性评价，即“毒性效应评价”。开展离子液体在典型区域环境中的生态风险评估，首先从文献资料中获得离子液体的急慢性毒性试验数据，如果没有试验数据则可通过 QSAR 模型获得有害效应信息。将离子液体在典型环境不同介质中的暴露（浓度）水平与其有害效应的信息进行比较，得到合适的预测无效应浓度（PNEC）。通常采用离子液体在不同环境介质中的预测环境浓度（PEC）与预测无效应浓度（PNEC）直接进行比较得到风险表征比来定量表征其环境风险。当离子液体不能获得定量的风险表征或不能推导出确定的

PNEC 值时，可进行定性的环境风险评估[115]。图 4-2 为离子液体生态风险评估框架。

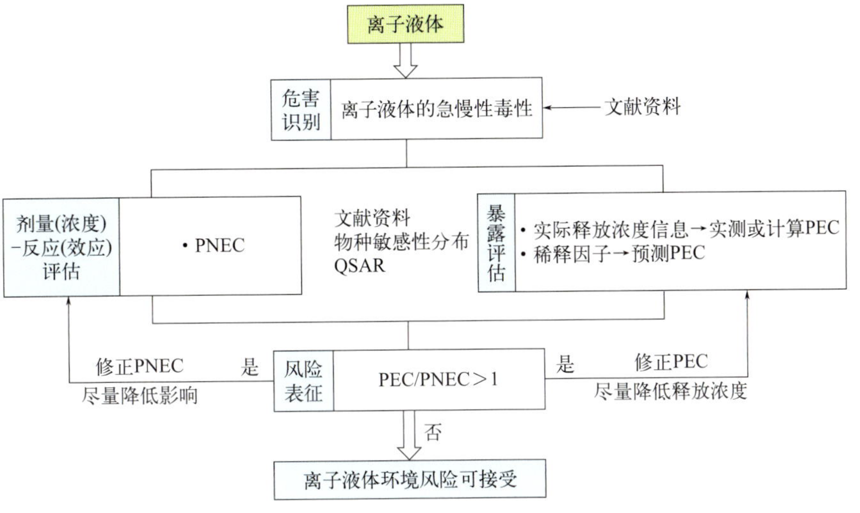

图 4-2　离子液体生态风险评估框架[115]

4.4.2.1　离子液体剂量-效应评估

近年来关于离子液体毒性效应的研究得到了广泛关注。毒性效应与离子液体的结构（阳离子、阴离子、阳离子侧链官能团和阳离子侧链烷基链长）密切相关。离子液体的阳离子部分（包括阳离子、阳离子侧链官能团和阳离子侧链烷基链长）是影响毒性的主要因素。大量文献证明，烷基侧链较长的离子液体比烷基侧链较短的离子液体毒性更大，随着烷基链长度的增加，阳离子和阴离子之间的相互作用力减弱，离子液体可以更易通过细胞壁和细胞膜渗透到生物体体内。

文献中有大量的毒性数据，提供了离子液体对不同目标物种的毒性评价的剂量 - 效应关系。比如水生环境的三个重要的营养水平是藻类、大型蚤和鱼类，通常进行藻类生长抑制试验来获得 EC_{50}、水蚤和鱼类的急性毒性试验确定 LC_{50}。通过 EC_{50} 或 LC_{50} 值除以评估系数（assessment factor, AF）得 PNEC 值，用 PNEC 值来表征离子液体的环境和生态毒理学效应。评估系数 AF 是对有限数量物种的测试数据外推到实际环境中的不确定性程度的一种表达，通常在预测 PNEC 的计算中取 AF 为 1000[124-125]。比如我们可以从藻类、水蚤和鱼类三个营养水平取文献报道的离子液体毒性 EC_{50} 值的几何平均值，计算该离子液体的预测无效应浓度（PNEC）。例如，以烷基链长度为 C_{10} 的咪唑离子液体为例 [125]，计算 PNEC 如下：

$$PNEC=[EC_{50}(藻)+EC_{50}(蚤)+EC_{50}(鱼)]/(3\times AF)$$

$$PNEC=14821.3/1000=14.82(\mu g\cdot L^{-1})$$

4.4.2.2 离子液体暴露评估

从以往的研究中获得离子液体的生态毒理学数据（如 EC_{50}、LC_{50}、LD_{50} 等）来分析其毒性大小。但仅测定和评价效应浓度（EC_{50}、LC_{50}、LD_{50} 等）不足以对离子液体进行风险评估，还应考虑该离子液体的暴露水平。如 [C_{10}mim]Br 对藻类的 EC_{50} 为 0.1μg • L^{-1}，对藻类的生长抑制明显，属于剧毒等级 [125]。但是如果我们不知道哪个环境区域有 [C_{10}mim]Br 暴露，不知道 [C_{10}mim]Br 在该区域的浓度，就无法判断 [C_{10}mim]Br 是否会对该水生生态环境有风险，而且不同生物敏感性不同，暴露的风险也不同 [125-127]。

离子液体被广泛用于特定用途，生产和使用过程中不可避免地会释放到环境中，从而对环境构成威胁，但目前关于离子液体的释放信息和数据以及环境浓度的分析报道较少。目前离子液体生态毒理学风险评估的重点是水环境，暴露浓度可用水中的预测环境浓度（PEC）表示，PEC 由离子液体的用量、废水处理过程中的去除率和稀释系数决定，如水体中的 6- 乙酰基 -1,1,2,4,4,7- 六甲基四氢化萘和六甲基苯并吡喃（HHCB）的欧盟标准 PEC 值分别为 3.0mg • L^{-1} 和 7.2mg • L^{-1}[128]。

4.4.2.3 有害离子液体累积影响评估

通常离子液体的毒理学测试是通过对单个离子液体进行单一物种测试。但是环境是由不同营养级的生物组成的，因此也有学者提出应进行有害离子液体的累积影响评估（CIAHILs）[129]。CIAHILs 体系是从标准的离子液体生态评估修改而来，考虑到离子液体的潜在应用和向环境释放的毒性，旨在提供对离子液体应用后长期积累影响的评估，以尽量减少对水生生物的潜在危害。如果观察到水生物种暴露于离子液体，即可获得暴露和影响数据，应用前文提到的Khan等提出的离子液体生态风险评估体系进行评估[115]；若没有离子液体的实际暴露数据，可使用CIAHILs方法来评估离子液体的生态风险。CIAHILs借助化学毒性分布（CTD）和物种敏感性分布（SSD）[129-131]，在现有生态风险评估方法的基础上，即使没有化学品进入环境的暴露数据，也能对毒性危害造成的风险进行概率评估[131-132]。如Khan等应用CIAHILs方法评估了4种离子液体对水生生态系统的风险，使用概率工具，通过化学毒性分布（CTD）评估单个离子液体对一组水生物种的影响，物种敏感性分布（SSD）评估一组离子液体对每个水生物种的影响，计算出[Bmim]Cl的可接受风险值为750×10^{-5}mmol • L^{-1}，[Bmim][BF_4]的可接受风险值为3200×10^{-5}mmol • L^{-1}[132]。CIAHILs为离子液体的生态风险评估提供了新的思路。

参考文献

[1] Kaiser K L E. The use of neural networks in QSARs for acute aquatic toxicological endpoints[J]. Journal of Molecular Structure, 2003, 622(1-2): 85-95.

[2] Moridani M Y, Galati G, O, Brien P J. Comparative quantitative structure toxicity relationships for flavonoids evaluated in isolated rat hepatocytes and HeLa tumor cells[J]. Chemico-Biological Interactions, 2002, 139(3): 251-264.

[3] Russom C L, Bradbury S P, Broderius S J, et al. Predicting modes of toxic action from chemical structure: acute toxicity in the fathead minnow (*Pimephales promelas*)[J]. Environmental Toxicology and Chemistry, 1997, 16(5): 948-967.

[4] Tunkel J, Mayo K, Austin C, et al. Practical considerations on the use of predictive models for regulatory purposes[J]. Environmental Science & Technology, 2005, 39(7): 2188-2199.

[5] Nendza M, Müller M, Wenzel A. Discriminating toxicant classes by mode of action: 4. Baseline and excess toxicity[J]. SAR and QSAR in Environmental Research, 2014, 25(5): 393-405.

[6] Quadri T W, Olasunkanmi L O, Fayemi O E, et al. Quantitative structure activity relationship and artificial neural network as vital tools in predicting coordination capabilities of organic compounds with metal surface: a review[J]. Coordination Chemistry Reviews, 2021, 446: 214101.

[7] Belfield S J, Enoch S J, Firman J W, et al. Determination of "fitness-for-purpose" of quantitative structure-activity relationship (QSAR) models to predict (Eco-) toxicological endpoints for regulatory use[J]. Regulatory Toxicology and Pharmacology, 2021, 123: 104956.

[8] Todeschini R, Consonni V. Handbook of molecular descriptors[M]. New York: John Wiley & Sons, 2008.

[9] Mauri A, Consonni V, Pavan M, et al. Dragon software: an easy approach to molecular descriptor calculations[J]. Match Communications in Mathematical & in Computer Chemistry, 2006, 56(2):237-248.

[10] Vera L, Guzman M, Ortega-Luoni P. QSPR study of corrosion inhibitors imidazolines[J]. Journal of the Chilean Chemical Society, 2006, 51(4): 1034-1035.

[11] Yap C W. Padel-descriptor: an open source software to calculate molecular descriptors and fingerprints[J]. Journal of Computational Chemistry, 2011, 32(7): 1466-1474.

[12] Begam B F, Kumar J S. Computer assisted QSAR/QSPR approaches—a review[J]. Indian Journal of Science and Technology, 2016, 9(8): 1-8.

[13] Roy K, Kar S, Das R N. A primer on QSAR/QSPR modeling: fundamental concepts[J]. Singapore: Springer, 2015.

[14] Chen B, Zhang T, Bond T, et al. Development of quantitative structure activity relationship (QSAR) model for disinfection byproduct (DBP) research: a review of methods and resources[J]. Journal of Hazardous Materials,

2015, 299: 260-279.

[15] Colovic M B, Krstic D Z, Lazarevic-Pasti T D, et al. Acetylcholinesterase inhibitors: pharmacology and toxicology[J]. Current Neuropharmacology, 2013, 11(3): 315-335.

[16] Cho C W, Stolte S, Yun S. Quantitative structure-activity relationships to estimate toxicity of ionic liquids (ILs) [M]//Encyclopedia of Ionic Liquids. Singapore: Springer, 2019.

[17] Arning J, Dringen R, Schmidt M, et al. Structure-activity relationships for the impact of selected isothiazol-3-one biocides on glutathione metabolism and glutathione reductase of the human liver cell line HepG2[J]. Toxicology, 2008, 246(2-3): 203-212.

[18] Torrecilla J S, GarcÍA J, Rojo E, et al. Estimation of toxicity of ionic liquids in leukemia rat cell line and acetylcholinesterase enzyme by principal component analysis, neural networks and multiple lineal regressions[J]. Journal of Hazardous Materials, 2009, 164(1): 182-194.

[19] Yan F, Xia S, Wang Q, et al. Predicting toxicity of ionic liquids in acetylcholinesterase enzyme by the quantitative structure–activity relationship method using topological indexes[J]. Journal of Chemical & Engineering Data, 2012, 57(8): 2252-2257.

[20] Das R N, Roy K. Predictive in silico modeling of ionic liquids toward inhibition of the acetyl cholinesterase enzyme of electrophorus electricus: a predictive toxicology approach[J]. Industrial & Engineering Chemistry Research, 2014, 53(2): 1020-1032.

[21] Kurtanjek Ž. Chemometric Versus random forest predictors of ionic liquid toxicity[J]. Chemical and Biochemical Engineering Quarterly, 2014, 28(4): 459-463.

[22] Sosnowska A, Barycki M, Zaborowska M, et al. Towards designing environmentally safe ionic liquids: the influence of the cation structure[J]. Green Chemistry, 2014, 16(11): 4749-4757.

[23] PaternÒ A, Bocci G, Cruciani G, et al. Cyto- and enzyme toxicities of ionic liquids modelled on the basis of volsurf+ descriptors and their principal properties[J]. SAR and QSAR in Environmental Research, 2016, 27(3): 221-244.

[24] Basant N, Gupta S, Singh K P. Predicting acetyl cholinesterase enzyme inhibition potential of ionic liquids using machine learning approaches: an aid to green chemicals designing[J]. Journal of Molecular Liquids, 2015, 209: 404-412.

[25] Cho C W, Yun Y S. Interpretation of toxicological activity of ionic liquids to acetylcholinesterase inhibition via in silico modelling[J]. Chemosphere, 2016, 159: 178-183.

[26] Peric B, Sierra J, MartÍ E, et al. Quantitative structure-activity relationship (QSAR) prediction of (Eco) toxicity of short aliphatic protic ionic liquids[J]. Ecotoxicology and Environmental Safety, 2015, 115: 257-262.

[27] Trush M M, Kovalishyn V, Ocheretniuk A D, et al. New 1, 3-oxazolylphosphonium salts as potential biocides: QSAR study, synthesis, antibacterial activity and toxicity evaluation[J]. Letters in Drug Design & Discovery, 2018, 15(12): 1259-1267.

[28] Pernak J, Kalewska J, KsyciŃska H, et al. Synthesis and anti-microbial activities of some pyridinium salts with alkoxymethyl hydrophobic group[J]. European Journal of Medicinal Chemistry, 2001, 36(11-12): 899-907.

[29] Couling D J, Bernot R J, Docherty K M, et al. Assessing the factors responsible for ionic liquid toxicity to aquatic organisms via quantitative structure-property relationship modeling[J]. Green Chemistry, 2006, 8(1): 82-90.

[30] Luis P, Ortiz I, Aldaco R, et al. A novel group contribution method in the development of a QSAR for predicting the toxicity (*Vibrio fischeri* EC_{50}) of ionic liquids[J]. Ecotoxicology and Environmental Safety, 2007, 67(3): 423-429.

[31] Luis P, Garea A, Irabien A. Quantitative structure-activity relationships (QSARs) to estimate ionic liquids ecotoxicity EC_{50} (*Vibrio fischeri*)[J]. Journal of Molecular Liquids, 2010, 152(1-3): 28-33.

[32] Viboud S, Papaiconomou N, Cortesi A, et al. Correlating the structure and composition of ionic liquids with their toxicity on *Vibrio fischeri*: a systematic study[J]. Journal of Hazardous Materials, 2012, 215: 40-48.

[33] Bruzzone S, Chiappe C, Focardi S E, et al. Theoretical descriptor for the correlation of aquatic toxicity of ionic liquids by quantitative structure-toxicity relationships[J]. Chemical Engineering Journal, 2011, 175: 17-23.

[34] Wang C, Wei Z, Wang L, et al. Assessment of bromide-based ionic liquid toxicity toward aquatic organisms and QSAR analysis[J]. Ecotoxicology and Environmental Safety, 2015, 115: 112-118.

[35] Ma S, Lv M, Deng F, et al. Predicting the ecotoxicity of ionic liquids towards *Vibrio fischeri* using genetic function approximation and least squares support vector machine[J]. Journal of Hazardous Materials, 2015, 283: 591-598.

[36] Yan F, Shang Q, Xia S, et al. Topological study on the toxicity of ionic liquids on *Vibrio Fischeri* by the

quantitative structure-activity relationship method[J]. Journal of Hazardous Materials, 2015, 286: 410-415.

[37] Grzonkowska M, Sosnowska A, Barycki M, et al. How the structure of ionic liquid affects its toxicity to *Vibrio fischeri*?[J]. Chemosphere, 2016, 159: 199-207.

[38] Das R N, Roy K, Popelier P L A. Interspecies quantitative structure-toxicity-toxicity (QSTTR) relationship modeling of ionic liquids. toxicity of ionic liquids to *V. fischeri*, *D. magna* and *S. vacuolatus*[J]. Ecotoxicology and Environmental Safety, 2015, 122: 497-520.

[39] Ghanem O B, Mutalib M I A, Lévêque J M, et al. Development of QSAR model to predict the ecotoxicity of *Vibrio fischeri* using COSMO-RS descriptors[J]. Chemosphere, 2017, 170: 242-250.

[40] Ghanem O B, Mutalib M I A, El-Harbawi M, et al. Effect of imidazolium-based ionic liquids on bacterial growth inhibition investigated via experimental and QSAR modelling studies[J]. Journal of Hazardous Materials, 2015, 297: 198-206.

[41] Das R N, Roy K. Computation of chromatographic lipophilicity parameter logk_{OW} of ionic liquid cations from "ETA" descriptors: application in modeling of toxicity of ionic liquids to pathogenic bacteria[J]. Journal of Molecular Liquids, 2016, 216: 754-763.

[42] Hodyna D, Kovalishyn V, Rogalsky S, et al. Antibacterial activity of imidazolium-based ionic liquids investigated by QSAR modeling and experimental studies[J]. Chemical Biology & Drug Design, 2016, 88(3): 422-433.

[43] Hodyna D, Kovalishyn V, Semenyuta I, et al. Imidazolium ionic liquids as effective antiseptics and disinfectants against drug resistant s. aureus: in silico and in vitro studies[J]. Computational Biology and Chemistry, 2018, 73: 127-138.

[44] He W, Yan F, Jia Q, et al. QSAR models for describing the toxicological effects of ILs against staphylococcus aureus based on norm indexes[J]. Chemosphere, 2018, 195: 831-838.

[45] Trush M M, Kovalishyn V, Ocheretniuk A D, et al. New 1,3-oxazolylphosphonium salts as potential biocides: QSAR study, synthesis, antibacterial activity and toxicity evaluation[J]. Letters in Drug Design & Discovery, 2018, 15(12): 1259-1267.

[46] Hodyna D, Kovalishyn V, Rogalsky S, et al. Imidazolium ionic liquids as potential anti-candida inhibitors: QSAR modeling and experimental studies[J]. Current Drug Discovery Technologies, 2016, 13(2): 109-119.

[47] Yan F, He W, Jia Q, et al. QSAR models for describing the toxicological effects of ils against candida albicans based on norm indexes[J]. Chemosphere, 2018, 201: 417-424.

[48] Ghanem O B, Mutalib M I A, El-Harbawi M, et al. Effect of imidazolium-based ionic liquids on bacterial growth inhibition investigated via experimental and QSAR modelling studies[J]. Journal of Hazardous Materials, 2015, 297: 198-206.

[49] Cho C W, Stolte S, Yun Y S. Comprehensive approach for predicting toxicological effects of ionic liquids on several biological systems using unified descriptors[J]. Scientific Reports, 2016, 6(1): 1-9.

[50] Paterno' A, Scire S, Musumarra G. A QSPR approach to the ecotoxicity of ionic liquids (*Vibrio fischeri*) using volsurf principal properties[J]. Toxicology Research, 2016, 5(4): 1090-1096.

[51] Das R N, Sintra T E, Coutinho J A P, et al. Development of predictive QSAR models for *Vibrio fischeri* toxicity of ionic liquids and their true external and experimental validation tests[J]. Toxicology Research, 2016, 5(5): 1388-1399.

[52] Cho C W, Park J S, Stolte S, et al. Modelling for antimicrobial activities of ionic liquids towards *Escherichia coli*, *Staphylococcus aureus* and *Candida albicans* using linear free energy relationship descriptors[J]. Journal of Hazardous Materials, 2016, 311: 168-175.

[53] Ghanem O B, Shah S N, Leveque J M, et al. Study of the antimicrobial activity of cyclic cation-based ionic liquids via experimental and group contribution QSAR model[J]. Chemosphere, 2018, 195: 21-28.

[54] Fatemi M H, Izadiyan P. Cytotoxicity estimation of ionic liquids based on their effective structural features[J]. Chemosphere, 2011, 84(5): 553-563.

[55] Zhao Y, Zhao J, Huang Y, et al. Toxicity of ionic liquids: database and prediction via quantitative structure-activity relationship method[J]. Journal of Hazardous Materials, 2014, 278: 320-329.

[56] Das R N, Roy K, Popelier P L A. Exploring simple, transparent, interpretable and predictive QSAR models for classification and quantitative prediction of rat toxicity of ionic liquids using OECD recommended guidelines[J]. Chemosphere, 2015, 139: 163-173.

[57] Sosnowska A, Grzonkowska M, Puzyn T. Global versus local QSAR models for predicting ionic liquids toxicity

against IPC-81 leukemia rat cell line: the predictive ability[J]. Journal of Molecular Liquids, 2017, 231: 333-340.

[58] Farahani S R, Sohrabi M R, Ghasemi J B. A detailed structural study of cytotoxicity effect of ionic liquids on the leukemia rat cell line IPC-81 by three dimensional quantitative structure toxicity relationship[J]. Ecotoxicology and Environmental Safety, 2018, 158: 256-265.

[59] Marina C B, Radošević K, Srček V G, et al. Cytotoxicity towards CCO cells of imidazolium ionic liquids with functionalized side chains: preliminary QSTR modeling using regression and classification based approaches[J]. Ecotoxicology and Environmental Safety, 2015, 112: 22-28.

[60] GarcÍA-Lorenzo A, tojo E, tojo J, et al. Cytotoxicity of selected imidazolium-derived ionic liquids in the human Caco-2 cell line. sub-structural toxicological interpretation through a QSAR study[J]. Green Chemistry, 2008, 10(5): 508-516.

[61] PaternÒ A, Bocci G, Goracci L, et al. Modelling the aquatic toxicity of ionic liquids by means of volsurf in silico descriptors[J]. SAR and QSAR in Environmental Research, 2016, 27(1): 1-15.

[62] Barycki M, Sosnowska A, Jagiello K, et al. Multi-objective genetic algorithm (MOGA) as a feature selecting strategy in the development of ionic liquids' quantitative toxicity-toxicity relationship models[J]. Journal of Chemical Information and Modeling, 2018, 58(12): 2467-2476.

[63] Gupta S, Basant N, Singh K P. Nonlinear QSAR modeling for predicting cytotoxicity of ionic liquids in leukemia rat cell line: an aid to green chemicals designing[J]. Environmental Science and Pollution Research, 2015, 22(16): 12699-12710.

[64] Salam M A, Abdullah B, Ramli A, et al. Structural feature based computational approach of toxicity prediction of ionic liquids: cationic and anionic effects on ionic liquids toxicity[J]. Journal of Molecular Liquids, 2016, 224: 393-400.

[65] Cao L, Zhu P, Zhao Y, et al. Using machine learning and quantum chemistry descriptors to predict the toxicity of ionic liquids[J]. Journal of Hazardous Materials, 2018, 352: 17-26.

[66] De Melo E B. A structure-activity relationship study of the toxicity of ionic liquids using an adapted ferreira-kiralj hydrophobicity parameter[J]. Physical Chemistry Chemical Physics, 2015, 17(6): 4516-4523.

[67] Ahmadi R, Hemmateenejad B, Safavi A, et al. Assessment of cytotoxicity of choline chloride-based natural deep eutectic solvents against human HEK-293 cells: a QSAR analysis[J]. Chemosphere, 2018, 209: 831-838.

[68] Hossain M I, Samir B B, El-Harbawi M, et al. Development of a novel mathematical model using a group contribution method for prediction of ionic liquid toxicities[J]. Chemosphere, 2011, 85(6): 990-994.

[69] Roy K, Das R N, Popelier P L A. quantitative structure-activity relationship for toxicity of ionic liquids to daphnia magna: aromaticity vs. lipophilicity[J]. Chemosphere, 2014, 112: 120-127.

[70] Roy K, Das R N, Popelier P L A. Predictive QSAR Modelling of algal toxicity of ionic liquids and its interspecies correlation with *Daphnia* toxicity[J]. Environmental Science and Pollution Research, 2015, 22(9): 6634-6641.

[71] Izadiyan P, Fatemi M H, Izadiyan M. Elicitation of the most important structural properties of ionic liquids affecting ecotoxicity in limnic green algae: a QSAR approach[J]. Ecotoxicology and Environmental Safety, 2013, 87: 42-48.

[72] Das R N, Roy K. Predictive modeling studies for the ecotoxicity of ionic liquids towards the green algae *Scenedesmus vacuolatus*[J]. Chemosphere, 2014, 104: 170-176.

[73] Singh K P, Gupta S, Basant N. Predicting toxicities of ionic liquids in multiple test species—an aid in designing green chemicals[J]. RSC Advances, 2014, 4(110): 64443-64456.

[74] Kar S, Das R N, Roy K, et al. Can toxicity for different species be correlated? the concept and emerging applications of interspecies quantitative structure-toxicity relationship (i-QSTR) modeling[J]. International Journal of Quantitative Structure-Property Relationships (IJQSPR), 2016, 1(2): 23-51.

[75] Cho C W, Yun Y S. Application of general toxic effects of ionic liquids to predict toxicities of ionic liquids to *Spodoptera frugiperda*, *Eisenia fetida*, *Caenorhabditis elegans*, and *Danio rerio*[J]. Environmental Pollution, 2019, 255: 113185.

[76] Abraham M H, Acree J W E. Descriptors for ions and ion-pairs for use in linear free energy relationships[J]. Journal of Chromatography A, 2016, 1430: 2-14.

[77] Sprunger L M, Gibbs J, Proctor A, et al. Linear free energy relationship correlations for room temperature ionic liquids: revised cation-specific and anion-specific equation coefficients for predictive applications covering a much larger area of chemical space[J]. Industrial & Engineering Chemistry Research, 2009, 48(8): 4145-4154.

[78] Cho C W, Stolte S, Yun Y S, et al. In silico prediction of linear free energy relationship descriptors of neutral and ionic compounds[J]. RSC Advances, 2015, 5(98): 80634-80642.
[79] Sprunger L M, Achi S S, Acree Jr W E, et al. Linear free energy relationship correlations for enthalpies of solvation of organic solutes into room-temperature ionic liquids based on the abraham model with ion-specific equation coefficients[J]. Industrial & Engineering Chemistry Research, 2009, 48(18): 8704-8709.
[80] Hoover K R, Flanagan K B, Acree, Jr W E, et al. Chemical toxicity correlations for several protozoas, bacteria, and water fleas based on the abraham solvation parameter model[J]. Journal of Environmental Engineering and Science, 2007, 6(2): 165-174.
[81] Cho C W, Ranke J, Arning J, et al. In silico modelling for predicting the cationic hydrophobicity and cytotoxicity of ionic liquids towards the leukemia rat cell line, *Vibrio fischeri* and *Scenedesmus vacuolatus* based on molecular interaction potentials of ions[J]. SAR and QSAR in Environmental Research, 2013, 24(10): 863-882.
[82] Cho C W, Preiss U, Jungnickel C, et al. Ionic liquids: predictions of physicochemical properties with experimental and/or DFT-calculated LFER parameters to understand molecular interactions in solution[J]. The Journal of Physical Chemistry B, 2011, 115(19): 6040-6050.
[83] Cho C W, Stolte S, Yun Y S. Validation and updating of QSAR models for partitioning coefficients of ionic liquids in octanol-water and development of a new LFER model[J]. Science of the Total Environment, 2018, 633: 920-928.
[84] Cho C W, Yun Y S. Correlating Toxicological effects of ionic liquids on *Daphnia magna* with in silico calculated linear free energy relationship descriptors[J]. Chemosphere, 2016, 152: 207-213.
[85] Cho C W, Jungnickel C, Stolte S, et al. Determination of LFER descriptors of 30 cations of ionic liquids—progress in understanding their molecular interaction potentials[J]. Chemphyschem, 2012, 13(3): 780-787.
[86] Sprunger L M, Acree J W E, Abraham M H. Linear free energy relationship (LFER) correlations for the solubilising characterisation of room temperature ionic liquids containing triethylsulphonium and 1-butyl-1-methylpyrrolidinium cations[J]. Physics and Chemistry of Liquids, 2010, 48(3): 385-393.
[87] Sprunger L M, Acree J W E, Abraham M H. Linear free energy relationship correlations for the solubilising characterisation of room temperature ionic liquids containing 1-hexyloxymethyl-3-methylimidazolium and 1,3-dihexyloxymethyl- imidazolium cations[J]. Physics and Chemistry of Liquids, 2010, 48(3): 394-402.
[88] Keyes R, Scovazzo P. Ammonium ionic liquid solubilities in water and micellar formation[J]. The Journal of Physical Chemistry B, 2017, 121(29): 7163-7172.
[89] Marciniak A, Wlazło M. Activity coefficients at infinite dilution and physicochemical properties for organic solutes and water in the ionic liquid trihexyl-tetradecyl-phosphonium tricyanomethanide[J]. The Journal of Chemical Thermodynamics, 2018, 120: 72-78.
[90] He Z Z, Zhai J Y, Mu H, et al. Thermodynamics and selectivity of separation based on activity coefficients at infinite dilution of various solutes in ionic liquid [HMMIM][BF_4][J]. The Journal of Chemical Thermodynamics, 2018, 125: 142-148.
[91] He Z Z, Ge M L, Jiao Y H, et al. Separation of binary mixtures based on gamma infinity data using [OMMIM][BF_4] ionic liquid and modelling of thermodynamic functions[J]. The Journal of Chemical Thermodynamics, 2019, 129: 22-29.
[92] Kang X, Zhao Y, Chen Z. Atom surface fragment contribution method for predicting the toxicity of ionic liquids[J]. Journal of Hazardous Materials, 2022, 421: 126705.
[93] Lanzoni A, Castoldi A F, Kass G E, et al. Advancing human health risk assessment[J]. EFSA Journal, 2019, 17: e170712.
[94] Meigs L. Animal testing and its alternatives—the most important omics is economics[J]. Alternatives to Animal Experimentation, 2018: 275-305.
[95] Leist M, Hartung T. Inflammatory findings on species extrapolations: humans are definitely no 70-kg mice[J]. Archives of Toxicology, 2013, 87(4): 563-567.
[96] Daneshian M, Busquet F, Hartung T, et al. Animal use for science in Europe[J]. Alternatives to Animal Experimentation, 2015, 32(4): 261-274.
[97] Leist M, Hartung T, Nicotera P. The dawning of a new age of toxicology[J]. Alternatives to Animal Experimentation, 2008, 25(2): 103-114.
[98] Leist M, Hasiwa N, Rovida C, et al. Consensus report on the future of animal-free systemic toxicity testing[J]. Alternatives to Animal Experimentation, 2014, 31(3): 341-356.

[99] Rovida C, Asakura S, Daneshian M, et al. Toxicity testing in the 21st century beyond environmental chemicals[J]. Alternatives to Animal Experimentation, 2015, 32(3): 171-181.

[100] Kowalska D, Maculewicz J, Stepnowski P, et al. Ionic liquids as environmental hazards-crucial data in view of future PBT and PMT assessment[J]. Journal of Hazardous materials, 2021, 403: 123896

[101] Docherty K M, Dixon J K, Kulpa C F. Biodegradability of imidazolium and pyridinium ionic liquids by an activated sludge microbial community[J]. Biodegradation, 2007, 18(4): 481-493.

[102] Stolte S, Abdulkarim S, Arning J, et al. Primary Biodegradation of ionic liquid cations, identification of degradation products of 1-methyl-3-octylimidazolium chloride and electrochemical wastewater treatment of poorly biodegradable compounds[J]. Green Chemistry, 2008, 10(2): 214-224.

[103] Neumann J, Steudte S, Cho C W, et al. Biodegradability of 27 pyrrolidinium, morpholinium, piperidinium, imidazolium and pyridinium ionic liquid cations under aerobic conditions[J]. Green Chemistry, 16(4): 2174-2184.

[104] Mena I F, Diaz E, Palomar J, et al. Cation and anion effect on the biodegradability and toxicity of imidazolium-and choline-based ionic liquids[J]. Chemosphere, 2020, 240: 124947.

[105] Calza P, Vione D, Fabbri D, et al. Imidazolium-based ionic liquids in water: assessment of photocatalytic and photochemical transformation[J]. Environmental Science & Technology, 2015, 49(18): 10951-10958.

[106] Calza P, Noe G, Fabbri D, et al. Photoinduced transformation of pyridinium-based ionic liquids, and implications for their photochemical behavior in surface waters[J]. Water Resources and Economics, 2017, 122: 194-206.

[107] Bedia J, Rodriguez J J, Moreno D, et al. Photostability and photocatalytic degradation of ionic liquids in water under solar light[J]. RSC Advances, 2019, 9(4): 2026-2033.

[108] Jungnickel C, Mrozik W, Markiewicz M, et al. Fate of ionic liquids in soils and sediments[J]. Current Organic Chemistry, 2011, 15(12): 1928-1945.

[109] Reinert L, Batouche K, Lévêque J M, et al. Adsorption of imidazolium and pyridinium ionic liquids onto montmorillonite: characterisation and thermodynamic calculations[J]. Chemical Engineering Journal, 2012, 209: 13-19.

[110] Matzke M, Thiele K, Muller A, et al. Sorption and desorption of imidazolium based ionic liquids in different soil types[J]. Chemosphere, 2009, 74(4): 568-574.

[111] Mrozik W, Jungnickel C, Ciborowski T, et al. Predicting mobility of alkylimidazolium ionic liquids in soils[J]. Journal of Soils and Sediments, 2009, 9(3): 237-245.

[112] Mrozik W, Jungnickel C, Paszkiewicz M, et al. Interaction of novel ionic liquids with soils[J]. Water, Air, & Soil Pollution, 2013, 224(11): 1-7.

[113] Stepnowski P, Mrozik W, Nichthauser J. Adsorption of alkylimidazolium and alkylpyridinium ionic liquids onto natural soils[J]. Environmental Science & Technology, 2007, 41(2): 511-516.

[114] Stepnowski P. Preliminary assessment of the sorption of some alkyl imidazolium cations as used in ionic liquids to soils and sediments[J]. Australian Journal of Chemistry, 2005, 58(3): 170-173.

[115] Khan M I, Zaini D, Shariff A M, et al. Framework for ecotoxicological risk assessment of ionic liquids[J]. Procedia Engineering, 2016, 148: 1141-1148.

[116] Klamt A, Huniar U, Spycher S, et al. Cosmomic: a mechanistic approach to the calculation of membrane—water partition coefficients and internal distributions within membranes and micelles[J]. The Journal of Physical Chemistry B, 2008, 112(38): 12148-12157.

[117] Ropel L, Belveze L, Aki S, et al. Octanol-water partition coefficients of imidazolium-based ionic liquids[J]. Green Chemistry, 2005, 7(2): 83-90.

[118] Latała A, Nędzi M, Stepnowski P. Toxicity of imidazolium and pyridinium based ionic liquids towards algae. *Chlorella vulgaris*, *Oocystis submarina* (Green Algae) and *Cyclotella meneghiniana*, *Skeletonema marinoi* (Diatoms)[J]. Green Chemistry, 2009, 11(4): 580-588.

[119] Nędzi M, Latała A, Nichthauser J, et al. Bioaccumulation of 1-butyl-3-methylimidazolium chloride ionic liquid in a simple marine trophic chain[J]. Oceanological and Hydrobiological Studies, 2013, 42(2): 149-154.

[120] Dolzonek J, Cho C W, Stepnowski P, et al. Membrane partitioning of ionic liquid cations, anions and ion pairs—estimating the bioconcentration potential of organic ions[J]. Environmental Pollution, 2017, 228: 378-389.

[121] Henneberger L, Goss K U, Endo S. Partitioning of organic ions to muscle protein: experimental data, modeling, and implications for in vivo distribution of organic ions[J]. Environmental Science & Technology, 2016, 50(13): 7029-7036.

[122] Zhu P, Kang X, Zhao Y, et al. Predicting the toxicity of ionic liquids toward acetylcholinesterase enzymes using novel QSAR models[J]. International Journal of Molecular Sciences, 2019, 20(9): 2186.
[123] Hale S E, Arp H P H, Schliebner I, et al. Persistent, mobile and toxic (PMT) and very persistent and very mobile (VPVM) substances pose an equivalent level of concern to persistent, bioaccumulative and toxic (PBT) and very persistent and very bioaccumulative(VPVB) substances under REACH[J]. Environmental Sciences Europe, 2020, 32: 155.
[124] Guo J, Sinclair C J, Selby K, et al. Toxicological and ecotoxicological risk-based prioritization of pharmaceuticals in the natural environment[J]. Environmental Toxicology and Chemistry, 2016, 35(6): 1550-1559.
[125] Mehrkesh A, Karunanithi A T. Life-cycle perspectives on aquatic ecotoxicity of common ionic liquids[J]. Environmental Science & Technology, 2016, 50(13): 6814-6821.
[126] Salvito D T, Senna R J, Federle T W. A Framework for prioritizing fragrance materials for aquatic risk assessment[J]. Environmental Toxicology and Chemistry, 2002, 21(6): 1301-1308.
[127] Mano B, Jesus F, Gonçalves F J M, et al. Applicability of heuristic rules defining structure-ecotoxicity relationships of ionic liquids: an integrative assessment using species sensitivity distributions (SSD)[J]. Green Chemistry, 2020, 22(18): 6176-6186.
[128] Santos J I, Gonçalves A M M, Pereira J L, et al. Environmental safety of cholinium-based ionic liquids: assessing structure-ecotoxicity relationships[J]. Green Chemistry, 2015, 17(9): 4657-4668.
[129] Khan M I, Zaini D, Shariff A M, et al. Estimation of safe environmental concentrations of ionic liquids towards bacteria by chemical toxicity distribution method[J]. IOP Conference Series: Materials Science and Engineering, 2018, 458: 012038
[130] Schuler L J, Rand G M. Aquatic risk assessment of herbicides in freshwater ecosystems of south florida[J]. Archives of Environmental Contamination and Toxicology, 2008, 54(4): 571-583.
[131] Kienzler A, Bopp S, Halder M, et al. Application of new statistical distribution approaches for environmental mixture risk assessment: a case study[J]. Science of the Total Environment, 2019, 693: 133510.
[132] Khan M I, Mubashir M, Zaini D, et al. Cumulative impact assessment of hazardous ionic liquids towards aquatic species using risk assessment methods[J]. Journal of Hazardous Materials, 2021, 415: 125364.

SERIE BOOKS ON **IONIC LIQUIDS**

IONIC LIQUIDS

5 环境中离子液体的去除技术

离子液体（ionic liquids，ILs）通常指在室温或接近室温条件下呈液态的离子化合物，一般是由体积较大的有机阳离子和体积相对较小的有机或无机阴离子构成[1]。自 Walden 在 1914 年首次报道离子液体以来，离子液体经历了从卤化铝酸盐型离子液体发展到咪唑阳离子、吡啶阳离子、季铵盐等形式的离子液体[2-3]，再到当前备受关注的功能化离子液体，迄今为止已报道的离子液体已达 4000 余种[4]。由于其具有几乎不挥发、熔点低和热稳定性高等独特的理化性质，离子液体被认为是绿色化学中理想的催化体系和最具前景的反应介质，目前正在被成功应用于有机合成、电化学、纳米材料合成、化工萃取分离、生物医药及能源环保等各个领域[5-9]。与传统有机溶剂相比，离子液体被认为是一种绿色溶剂，并且可以避免空气污染，但由于其水溶性较高和在自然环境中难以降解的性质，随着离子液体的发展及大量的工业应用，离子液体不可避免地进入水体或土壤环境[10-11]。与此同时，毒理学研究表明，离子液体对水生生物、陆生生物、微生物乃至人体细胞存在广泛的毒性，已成为一类新型的持久性污染物，其进入环境将会严重威胁人类健康及生态安全[12-13]。因此，寻找能够有效去除环境中离子液体的方法至关重要。

目前对离子液体的研究主要集中于应用合成、物化性质等方面，而有关其去除的报道则相对较少。有学者总结了去除环境中离子液体的方法主要有化学降解、生物降解和吸附法，如图 5-1[14]。由于离子液体自身的性质较为稳定，难以降解，随着对离子液体研究的深入，更多的研究人员也开始对其降解性进行了探索。本章综合阐述了离子液体在环境中去除及降解性方面的相关内容，系统地列举了相关的研究成果，为离子液体的进一步应用和研发提供了借鉴和依据。

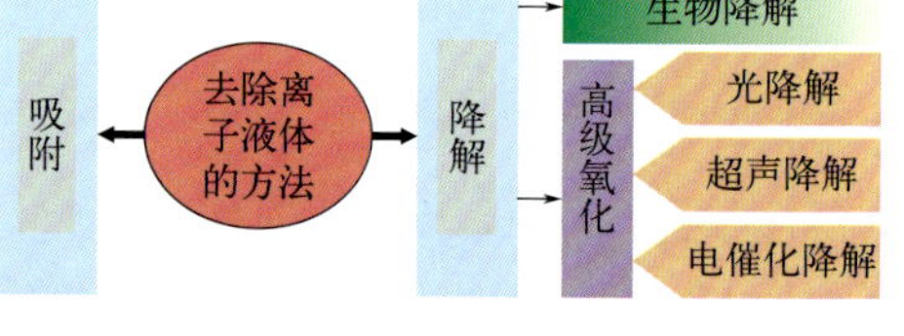

图 5-1　环境中离子液体去除的主要方法[14]

5.1 吸附去除

5.1.1 离子液体在土壤中的吸附行为

吸附是影响污染物在土壤环境中迁移归趋的重要过程[15]。近年来国内外学者对离子液体在土壤、黏土矿物和有机质中的吸附行为及机理均有研究，研究表明土壤性质和离子液体结构特征均会对离子液体在土壤中的吸附产生影响[16-20]，不同种类的离子液体在不同类型土壤中的吸附参数如表2-3所示[11]。

基于文献报道，离子液体吸附到土壤介质上的机制主要包括阳离子交换作用、氢键作用以及π-π电子供受体作用等[14]。离子液体在土壤中的吸附主要受土壤有机质含量、阳离子交换量（cation exchange capacity，CEC）、土壤类型、pH值和离子强度的影响。绝大多数土壤表面都带有负电荷，可以与离子液体的阳离子基团发生静电相互作用从而对离子液体进行吸附。阳离子交换量是影响离子液体在土壤中吸附行为的重要参数，低的阳离子交换量可引起离子液体的分散作用，对于吸附起主要作用的是阳离子交换量[19]。土壤有机质和黏土矿物是重要的土壤成分，共同影响着有机污染物的吸附行为[21]。Matzke等在研究咪唑类离子液体在黏土矿物（高岭土与蒙脱土）以及有机质中的吸附特征时发现，有机物和黏土矿物含量的增加均促进了土壤对离子液体的吸附，这说明静电作用和氢键作用是主要的吸附机理，同时由于高岭土表面负电荷数量较少且层间有较强的氢键作用以致不能膨胀发生层间吸附，因此对离子液体的吸附性能低于蒙脱土[22]。然而，各土壤成分之间往往相互作用，如有机质会覆盖在黏土矿物表面并同时掩蔽黏土矿物自身的有效吸附位点，从而影响黏土矿物对有机污染物的吸附[23]。这使得土壤各成分在吸附污染物过程中呈现出比较复杂的特征。由于土壤CEC是影响离子液体在土壤中吸附行为的重要参数，土壤有机质与黏土矿物均可提供阳离子交换点位[24]，而各土壤组分所提供的吸附点位与污染物之间的结合键的能量存在着非均一性的特点[25]，因此土壤有机质与黏土矿物在土壤吸附离子液体的过程中可能发挥着不同的作用。

离子液体的土壤吸附不仅受到土壤性质的影响，同时也会受到离子液体自身结构的影响，离子液体烷基链的长度对吸附的影响尤为显著。已有学者开展动力学实验研究咪唑类离子液体在土壤中的吸附特征，发现咪唑类离子液体的烷基链长直接决定了其疏水性大小，从而影响了其在土壤中的吸附特征[26]。烷基链较长的离子液体更容易吸附到土壤表面[20]。此外，Dong 等借助批实验与柱实验研究了几种不同类型的咪唑类离子液体与砂土之间的相互作用，发现随着离子液体阳离子部分烷基链长的增加，离子液体在砂土中的分配系数也随之增大[27]。除了烷基侧链长度影响外，离子液体的亲脂性强弱也会对土壤吸附产生影响。一般来说，亲脂性强的离子液体容易被土壤吸附。烷基侧链是否含有亲水基团和羟化基团是影响离子液体亲脂性大小的两个因素。当烷基侧链含有亲水基团时，离子液体在土壤中的移动性大，不易被吸附。当离子液体的烷基侧链被羟化时，也不易被土壤吸附，这是由于侧链的羟化基团可以强烈地改变化合物的极性，使其与土壤有机质的作用难以发生。但当土壤中有机质含量接近于零的时候，情况会有所变化，此时极性大的离子液体比极性小的更容易被土壤吸附，这是因为土壤中没有了有机质的存在，氢键成了离子液体与土壤的主要作用力[16,18,26]。当然影响离子液体吸附的不仅仅只有其阳离子基团，它的阴离子部分也可能对吸附产生影响。例如，Mrozik 等初步发现含有 $[BF_4]^-$ 的离子液体比含有 $[(CF_3SO_2)_2N]^-$ 的离子液体具有更高的吸附容量[20]，相关影响机制还需进一步研究。

离子液体在土壤中的吸附主要以阳离子交换作用为主，因此无机阳离子的存在会与离子液体抢占土壤可交换位点，从而影响其吸附过程。价态与水合离子半径是影响无机阳离子性质的两个主要因素。研究表明，二价无机阳离子可能比溶液中相同浓度的一价阳离子产生更大的竞争效应[28]，而水合离子半径越小的无机阳离子越趋向于吸附到土壤表面的吸附位点[29]。因此，共存无机阳离子的价态和水合离子半径均会影响离子液体在土壤中的吸附行为，但是目前关于无机阳离子的共存对离子液体吸附过程方面的影响研究还十分有限，在评估离子液体环境迁移行为时不可忽略此类离子的影响。

5.1.2 水体中离子液体的吸附去除

吸附法作为一种操作简单、成本低廉、可重复使用的水处理技术，被广泛应用于去除水体中的各种污染物，具有高效性和经济性，也被认为是从水体中去除离子液体污染物的最为绿色有效的方法。对于吸附法而言，吸附剂的选择至关重要。目前用于去除离子液体的吸附剂中，应用最广泛的主要有碳基材料，其次有蒙脱土、离子交换树脂、二氧化硅及其他新型吸附材料。

碳基材料具有较高的吸附性能及良好的环境兼容性，是最常用的去除水体中离子液体的吸附剂。活性炭由于具有较大的比表面和多孔性，以及廉价等优点，常被用作去除离子液体的有效吸附剂。据报道，活性炭吸附离子液体的影响因素包括材料的比表面积、孔结构参数、活性炭表面化学性质及离子液体的阴阳离子种类和大小，其吸附作用机制主要是静电相互作用和氢键相互作用[30-32]。在实际的水处理应用中活性炭同样也具有一些缺点，如活性炭具有短程无序的孔道结构、较高的微孔组成及较宽的孔径分布，这限制了其对大分子尺寸污染物的吸附，使污染物在其上的吸附 - 解吸平衡时间较长且再生困难[33]。如 Hassan 等调查了烷基取代基的链长对离子液体在活性炭上吸附的影响，结果表明：分子尺寸较大的十二烷基取代基双咪唑溴化物由于位阻效应而不能完全进入活性炭材料的内部孔道[31]。因此，有学者开始寻找其他高效碳基材料吸附剂以有效去除大分子或长烷基链取代基的离子液体。微孔炭（zeolite-templated carbon，ZTC）是一种以 Y 型分子筛为模板剂合成的有序孔炭材料，与传统的活性炭材料相比，微孔炭具有巨大的比表面积、均一的孔道结构和可调的孔径分布，其孔道开放而有序，利于吸附质分子的快速扩散和传递[34]。据报道，以分子筛为模板合成的有序微孔炭可以作为一种去除大分子尺寸离子液体污染物的有效吸附剂[35]。Zhang 等通过气相沉积法合成了有序微孔炭，并对四种不同的咪唑阳离子进行了吸附研究，结果表明合成的有序微孔炭由于具有开放有序且内部连通的孔道结构，对大分子尺寸离子液体 [C_{16}mim]Cl 展现了较高的吸附容量，并且有序微孔炭材料的开放有序的孔道结构，更利于 [C_{16}mim]Cl 在其孔道内部的快速扩散，从而缩短了该长链取代基的离子液体在有序微孔炭材料上吸附的平衡时间[36]。此外，活性炭材料往往由于其疏水的非极性表面性质而不利于对亲水性离子液体的吸附，导致其吸附能力较差。通过硝酸等氧化剂对活性炭材料进行氧化处理，从而改变其表面的亲疏水性，可以促进离子液体在活性炭材料上的吸附。例如，Palomar 等利用硝酸对活性炭 AC-MKU 进行氧化，显著提高其对亲水性离子液体 1- 丁基 -3- 甲基咪唑氯盐的吸附[30]。另一方面，活性炭具有短程无序的孔道结构及以微孔为主的孔径分布[37]，使其表面的氧化更倾向于发生在活性炭的外表面或中孔部分，从而弱化了活性炭的氧化效果。因此，为了强化对亲水性离子液体的吸附，中孔炭常常被进行氧化处理以引进亲水性的表面含氧官能团[38]。与活性炭相比，中孔炭由于具有大量的可达中孔，可以预期中孔炭开放有序的孔道结构有利于氧化剂进入其内表面发生氧化反应，因而产生大量的含氧官能团，这也利于对离子液体污染物的吸附去除。总之，活性炭及其他多孔碳基材料的结构和表面化学性质对离子液体的吸附发挥了重要作用。

除了以上这些常见的碳基吸附剂材料，还有其他的一些吸附剂也被应用到离子液体的吸附去除中。Gorman-Lewis 等研究了革兰氏阳性土壤杆菌、水铝矿、二氧化硅和 Na- 蒙脱土对水溶液中 [Bmim]Cl 的吸附性能，发现具有阳离子交换性质的蒙脱土具有良好的吸附能力，而其他 3 种吸附剂的吸附能力很差[39]。李雪辉等研究了酸改性膨润土对 [Bmim]Cl 离子液体的吸附作用，发现其对阳离子具有良好的吸附性能[40]。Reinert 等研究了离子液体在蒙脱土上的吸附，发现蒙脱土对离子液体的吸附主要是由于其层间的 Na^+ 和离子液体中的阳离子存在离子交换，而且蒙脱土吸附和离子液体的阳离子类型与侧烷基链长有着密切关系[41]。Choi 等利用含有不同官能团（亚胺乙酸、羧酸、磺酸等）的 12 种离子交换树脂对离子液体 [Emim][Ac] 进行去除研究，结果表明，交换树脂的官能团类型对离子液体 [Emim][Ac] 吸附有较大影响，其对离子液体的吸附容量大小顺序为：磺酸基团＞羧酸基团＞亚胺乙酸基团[42]。因此对于交换树脂来说，其表面的官能团种类和数量对离子液体的吸附起了决定性的作用，磺酸基团和羧酸基团的存在更能促进离子液体的吸附去除[43]。近年来，由金属离子或金属簇单元和桥联有机配体组成的金属有机骨架（metal-organic framework, MOF）材料，作为结晶多孔材料家族的重要成员之一，由于其独特的结构性质和各种各样的应用而吸引了科研工作者的广泛关注。与传统吸附剂相比，MOF 材料具有发达的孔隙结构、高的比表面积、多样的骨架构型和可化学修饰的有机官能团，这使其作为吸附剂在吸附相关领域的应用中具有明显的优势[44-46]。MOF 材料具有高度可设计的框架，可以通过调整有机配体的方式进行磺酸化，使其骨架中含有高活性的磺酸官能团，促进其对离子液体的吸附。

总而言之，吸附法作为一种操作简单、成本低廉、可重复使用的水处理技术，已经成功地应用于去除水体中的低浓度离子液体。但是目前对于离子液体的吸附研究多集中于小分子尺寸离子液体的吸附去除，而对于毒性更强的大分子尺寸离子液体的吸附去除研究较少。因此，面对离子液体的大规模应用带来的水环境压力，制备新型高效且有针对性去除离子液体的吸附剂具有十分重要的研究意义。

5.2 高级氧化技术

伴随 21 世纪所倡导的清洁技术和可持续发展的要求，离子液体被认为是继超临界流体和双水相之后的又一大类环境友好的“绿色溶剂”[47]，在许多行业中发挥着重要作用。但随着对离子液体应用研究的不断加深，离子液体作为新型环境友好型绿色溶剂其本身的绿色性问题已逐渐被人们所关注。已有研究表明，多数离子液体都具有毒性和腐蚀性，给环境以及生物体都会带来很大潜在危害。另外，离子液体的应用安全性及降解性还有待进一步研究证实。这些很大程度上限制了离子液体的更广泛开发和利用。据报道，大部分离子液体在自然环境中很难被降解，离子液体极低的蒸气压、良好的热稳定性等优点却给离子液体的降解造成一定的困难。因此，有必要对离子液体提出可行的降解应对措施，避免环境危害，为离子液体的可持续应用提供超前技术研究。国内外出现的降解方法主要分为化学法和生物法，但是目前对离子液体的研究多集中于其应用合成、物化性质及生物毒性等方面，而有关其降解去除的报道则相对较少。本章节综合阐述了离子液体在降解性方面的相关内容，系统地列举了相关的研究成果，为离子液体的进一步应用和研发提供了借鉴和依据。

由于离子液体具有较好的热稳定性和化学稳定性，于是随之而来的降解转化也成为当下十分值得关注的问题，但是大多数离子液体难以被生物降解，因此，人们把目光转向离子液体的化学高级氧化降解方法。在处理成分复杂、可生化性差的工业废水时，传统的水处理方法有着一定的局限，而高级氧化技术（advanced oxidation process，AOP）具有环境友好、高效、降解完全、适用范围广等一系列优点。它通过物理化学过程产生活性极高的中间体——羟基自由基（·OH），羟基自由基表现出极其优秀的氧化性能，能够降解水体中大部分的有机污染物，而且它本身不会对环境造成污染。这些特点正是降解离子液体所需要的，所以高级氧化技术在离子液体降解方面有着很广阔的应用前景。据此，已有学者尝试使用高级氧化方法使离子液体在水介质中氧化和分解，根据降解原理的不同，主要包括光催化降解法、超声裂解法、电化学降解法和芬顿 / 类芬顿等高级氧化技术。目前，关于离子液体的有效降解方法研究得较少，其中研究较多的是光降解法和化学氧化法，运用高级氧化作用来达到对离子液体的较好的降解效果。

高级氧化技术又称深度氧化技术，是通过化学或物理化学的方法将污染物直接氧化成无机物，或将其转化为低毒的易生物降解的中间产物。反应过程以产生具有强氧化能力的羟基自由基为特点，在一定反应条件下，能使难降解的有机物大分子氧化降解成低毒或无毒小分子物质。高级氧化降解可分为化学氧化、催化氧化、光化学氧化、光化学催化氧化、湿式氧化等方法。高级氧化过程区别于其他氧化方法的特点在于：

① 能产生非常活泼的羟基自由基，其氧化电极电位（2.80V）仅次于氟（2.87V），比 O_3、H_2O_2、$KMnO_4$ 等常用的强氧化剂的高，虽然羟基自由基的寿命很短，但其反应速率常数（106 ～ 109L·mol^{-1}·s^{-1}）很大，作为反应的中间产物可诱发后面的链反应，其作用总效果仍然很好，处理效率高。

② ·OH 可以直接与污染物作用，氧化过程中产生的一些中间产物可以继续与羟基自由基反应。近年来众多研究者通过芬顿、类芬顿、光催化氧化等方法对离子液体进行降解，取得了较好的降解效果。

5.2.1 光催化氧化

20 世纪 70 年代，Fujishima 和 Honda 研究报道了二氧化钛（TiO_2）电极能够分解水生成氢气[48]。从那之后，光催化氧化法逐渐开始受到学者们的关注。光催化氧化是利用半导体化合物（如 ZrO_2、ZnO、TiO_2、CdS、SnO_2、WO_3）受光照激发活化产生活性氧化物质来氧化降解有机污染物。光催化氧化可以在自然光下反应，所以它具有经济、环保等优点，同时又具有无毒、无害、无腐蚀性、成本低、稳定性好、无二次污染、可重复使用等优点而具有广阔的应用前景。近年来，该方法也开始被学者们应用到对各种不同的离子液体的降解转化过程中。

目前，已有一些利用光催化氧化降解离子液体的研究。2005 年，Stepnowski 等研究了以 [$C_n$mim] 为阳离子、以 Cl^- 或者 $[BF_4]^-$ 为阴离子的多种离子液体水溶液在三种常见光催化氧化体系（UV、UV/H_2O_2、UV/TiO_2）条件下的降解性。结果表明，所有离子液体均在 UV/H_2O_2 体系中的降解效率最高，同时，在该体系下 1- 丁基 -3- 甲基咪唑阳离子（$[Bmim]^+$）的离子液体降解效率较高，1- 己基 -3- 甲基咪唑阳离子（$[Hmim]^+$）和 1- 辛基 -3- 甲基咪唑阳离子（$[Omim]^+$）的离子液体降解效率相似，1- 乙基 -3- 乙基咪唑阳离子（$[Eeim]^+$）的离子液体降解性较差。该研究表明离子液体的光催化氧化降解性与其化学结构密切相关，特别是阳离子的结构，随着咪唑阳离子上烷基链长度增加，离子液体降解难度增加；当离子液体结构的对称性增加，降解难度增加，而阴离子结构对离子液体降解的影响较小[49]。2009 年，该研究组采用高效液相色谱和电喷雾电离质谱联用技术进一步分析了上述咪唑离子液体在不同光催化氧化条件下的降解产物，发现咪唑环上的烷基侧链越长，降解产物越复杂，该侧链主要进行羟基化反应，再逐步被氧化降解[50]。

Subramanian 等也发现在光催化氧化降解体系中，对称型的离子液体 $[C_2mim]^+$ 的阳离子取代基虽然只有乙基，但其可降解程度明显低于长链的 $[C_8mim]^+$ 的离子液体，而且相对而言，烷基链较长的咪唑类离子液体（如 $[C_8mim]^+$ 与 $[C_6mim]^+$ 等），光化学降解的效果较差[51]。除此之外，

Morawski 等也研究了咪唑类离子液体在 UV/H_2O_2 体系下的降解性，发现当用紫外光进行照射，或加入催化剂（如二氧化钛等）会极大提高氧化降解的效率，但随着阳离子烷基侧链长度的增加，离子液体的降解性却被提高[52]。之后，黄理荣的研究也得到相似的结果，在可见光条件下以 DCQ-X%TiO_2/SBA-15（X=10、20、30、40；DCQ 即 2,9- 二氯喹吖啶酮染料）为催化剂进行降解咪唑类离子液体的研究，结果表明 3 种离子液体光催化降解效率依次为 $[C_8mim]Br$（100%）＞ $[C_6mim]Br$（98%）＞ $[C_4mim]Br$（90%）[53]。Itakura 等通过联用水热矿化与光催化氧化对有机阳离子 $[C_2mim]^+$、$[C_4mim]^+$ 和无机阴离子 $[PF_6]^-$、$[BF_4]^-$、Br^- 组成的离子液体进行降解去除，研究表明用氢氧化物矿化剂水热处理（473K）能有效去除无机阴离子如 $[BF_4]^-$ 和 $[PF_6]^-$，而光催化可以有效降解离子液体的阳离子，这种耦合技术对去除水中的离子液体非常有效[54]。

常睿采用纳米 TiO_2 光催化与生物降解相结合的方法，考察了 3 种离子液体的降解过程，实验表明：在相同条件下，3 种离子液体光催化降解的速率依次为 $[C_4mim]Cl$ ＞ $[C_6mim]Cl \approx [C_8mim]Cl$；同时利用 HPLC-MS 鉴定了光催化降解产物的可能结构，发现光催化降解是咪唑开环氧化的过程，产生众多部分氧化的碎片，离子液体光催化预处理有利于提高其后续的活性污泥生物降解的性能[55]。Boutiti 等在光催化氧化体系 UV_{254}/H_2O_2 和 $UV_{300<\lambda<800}/TiO_2$ 中对离子液体 $[C_6mim]Cl$ 进行了降解研究，重点探讨了不同 pH 值以及不同 Cl^- 浓度对光催化降解反应体系的影响，研究发现引入紫外光能够提高离子液体的降解率；另外，针对不同 pH 值，UV_{254}/H_2O_2 体系在碱性条件下，降解速率（K）随着 pH 值增大而减小，相反，$UV_{300<\lambda<800}/TiO_2$ 体系在酸性条件下，K 值随着 pH 值减小而增大；对于不同 Cl^- 浓度而言，高浓度的 Cl^- 对 2 种体系降解离子液体都有很大的阻碍作用[56]。Katoh 和 Takahashi 等也研究了光催化降解咪唑类离子液体 [Bmim][TFSA]，结果表明激发状态下 $[Bmim]^+$ 能被高效降解，否则 $[Bmim]^+$ 相对较为稳定[57]。Le Rouzo 等采用 γ 射线为降解光源，考察了在不同的辐射光强、不同含水量及不同降解气氛下离子液体 $[Bu_3NC_1][TFSI]$ 的降解性能，发现在 50 天的降解时间内，离子液体 $[Bu_3NC_1][TFSI]$ 的降解率可达到 89%[58]。

以上研究都表明光催化氧化降解法能显著提高离子液体降解反应的速

率，但在反应体系中需要采用 TiO_2 等为催化剂或者 H_2O_2 作为氧化剂进行降解反应，这一过程虽然对环境污染小，但对光照要求较高，通常采用紫外光或者 γ 射线等非自然光源，能耗较大，不利于实际应用。

5.2.2 超声裂解法

超声波作为一种能量形式，具有方向性好、穿透能力强、声能集中、在水中传播距离远等特点，在医学、军事、工农业生产中应用广泛。此外，超声波产生的空化作用及引起的自由基反应在水处理领域已经显示出良好的优越性和独特性，超声裂解法是近年发展起来的一项新型的水处理技术[59]。超声裂解法是基于超声波辐射条件下产生的空化效应及由此引发的自由基氧化污染物的过程，利用超声裂解法去除水中的化学污染物，尤其是难降解的有机物，均已取得了较好的处理效果[60]。但截至目前只有少数有关应用超声裂解法降解离子液体的研究，而且主要都是结合其他传统高级氧化技术，利用超声辅助手段增强氧化降解离子液体。

据报道，已有研究者结合高级氧化降解的优势，利用超声等辅助手段增强降解反应。Li 等采用 H_2O_2 氧化与超声波耦合方式，实现了对系列离子液体的高效降解，并且对该过程的机理进行了相应的探讨[61]。通过比较研究 [$C_n$mim] 离子液体在超声（US）、H_2O_2、H_2O_2/ 乙酸、H_2O_2/US 及 H_2O_2/ 乙酸 /US 体系中的降解过程，发现 H_2O_2/ 乙酸 /US 体系中离子液体的降解效果最好。另外，50℃下，浓度为 2.5mmol • L^{-1} 的不同阴离子的 1,3- 二烷基咪唑离子液体在 H_2O_2/ 乙酸 /US 体系中降解 12h 后，其降解率为 93%，72h 后，其降解率可达 99%。该研究还认为离子液体的降解率几乎不受离子液体中阴离子（Cl^-、Br^-、$[PF_6]^-$ 及 $[BF_4]^-$）及烷基取代基碳链的长度的影响。此外，该研究还通过 GC-MS 考察了 1,3- 二烷基咪唑离子液体的降解产物，提出了可能的降解途径，结果显示，H_2O_2/ 乙酸 /US 体系降解 1,3- 二烷基咪唑离子液体的过程中可能发生的降解路径如图 5-2 所示，咪唑环上的 3 个 H 是首先被氧化的地方，此后连在 N 上的烷基断裂脱离咪唑环，氧化后的咪唑环上的 C—N 键的选择性断裂导致开环，形成降解的中间体，最终的降解产物是乙酰氧基乙酸和联二脲。

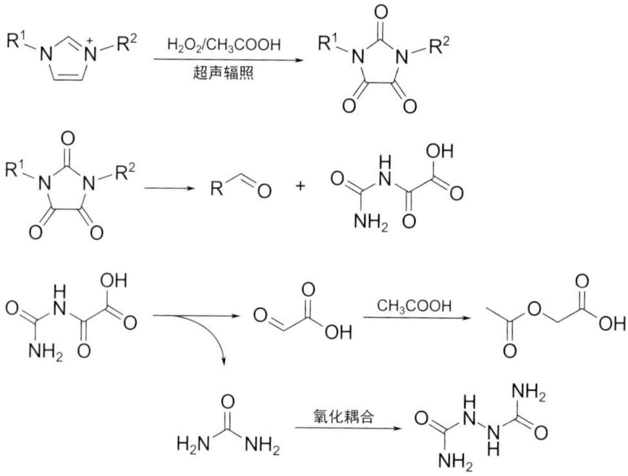

图 5-2　1,3- 二烷基咪唑离子液体的超声裂解可能途径 [61]

Zhou 等尝试应用超声辅助零价铁 / 活性炭（US-ZVI/AC）微电解方法降解 1- 烷基 -3- 甲基咪唑离子液体，吡咯类、吗啉类、哌啶类离子液体，以及一些功能性离子液体，并对其降解动力学过程、反应条件、中间产物及反应途径进行较系统的研究 [62-64]。该课题组首先以 1- 丁基 -3- 甲基咪唑氯盐（$[C_4mim]Cl$）离子液体为代表，研究了 US-ZVI/AC 降解离子液体的过程及其效果，确定了铁炭微电解法降解 $[C_4mim]Cl$ 的最佳条件为：炭铁比为 2∶1，炭、铁的浓度分别为 AC 6g • L^{-1}、ZVI 3g • L^{-1}，样品 pH=3；45kHz 的超声辅助能够显著提高 $[C_4mim]Cl$ 的降解效率；降解过程遵从准一级反应动力学规律；过量 • OH 清除剂的存在可以明显降低降解反应速率，但不能阻止降解反应的发生，说明 • OH 只是降解反应中起重要作用的活性组分之一。在降解 110min 时咪唑环的吸收带基本消失，$[C_4mim]Cl$ 的降解率为 95% 以上，总有机碳（TOC）去除率达到 81.2%。该研究进一步通过改变 1- 烷基 -3- 甲基咪唑类离子液体中阳离子的烷基链长，或改变 $[C_4mim]Cl$ 中的阴离子，研究了咪唑类离子液体的降解率与其结构的关系；采用 GC-MS 和 HPLC-MS 分析了 1- 烷基 -3- 甲基咪唑阳离子不同反应时间降解的中间产物，推测了降解机理。结果表明：在 US-ZVI/AC 微电解体系中，所研究的咪唑离子液体均能快速有效地降解；不同阴离子对 1- 丁基 -3- 甲基咪唑类离子液体的降解速率和降解率无影响，而不同侧链的咪唑离子液体 [$C_n$mim]Br（n=2、4、6、8、10）的降解速率稍有差异，即不同的烷基链长对降解的影响较小，降解反应遵从准一级反应动力学规律；在 1- 烷基 -3- 甲基咪唑阳离子的降解过程中，[$C_n$mim] 咪唑环上的 2-H、4-H、5-H 先被氧化生成 1- 烷基 -3- 甲基 -2,4,5- 三氧咪唑，然后咪唑开环生成 1- 烷基 -3- 甲基脲，再分解生成 *N*- 烷基甲酰胺，如图 5-3 所示。另外，在此过程中，81% 以上的 TOC 被去除，说明降解产物 *N*- 烷基甲酰胺还可以进一步降解 [62]。

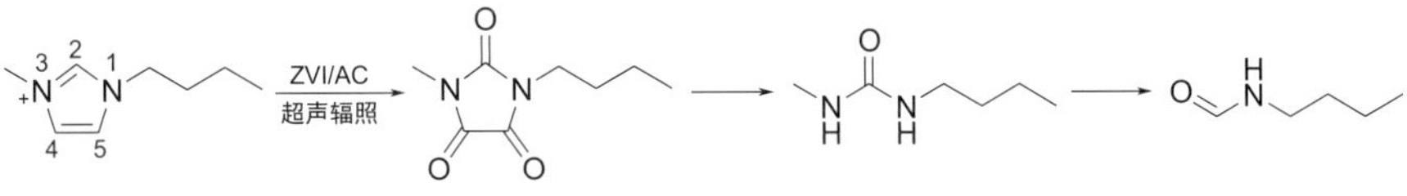

图 5-3　超声辅助零价铁 / 活性炭（US-ZVI/AC）微电解 [$C_n$mim] 离子液体的路径 [62]

除此之外，该课题组进一步分析了不同头基类型的离子液体（哌啶类、吡咯类及吗啉类）和功能离子液体 [1- 烯丙基 -3- 甲基咪唑氯盐（[Amim]Cl）、1- 丁基 -3- 甲基苯并咪唑溴盐（[Bmbim]Br）和四丁基铵氯盐（[TBA]Cl）在 US-ZVI/AC 微电解体系中的降解效能及中间产物，并推测其降解机理。结果显示，在 US-ZVI/AC 微电解体系中，不同头基类型的离子液体 1- 丁基 -1- 甲基哌啶溴盐（[C_4mpip]Br）、1- 丁基 -1- 甲基吡咯烷溴盐（[C_4mpyr]Br）和 *N*- 丁基 -*N*- 甲基吗啉溴盐（[C_4mmor]Br）也能有效降解，其降解效率与离子液体的头基类型有较大关系。与咪唑类离子液体不同的是，[C_4mpip]Br、[C_4mpyr]Br 和 [C_4mmor]Br 的氧化降解发生在侧链上，丁基侧链氧化成醇，而后又顺序氧化依次生成了醛和羧酸，然后与杂环脱离，生成了 *N*- 甲基杂环化合物。上述功能离子液体在 US-ZVI/AC 微电解体系中同样可以有效地降解。其中 [Amim]Cl 的降解途径与前述咪唑类离子液体阳离子的降解途径相似，即 [Amim]Cl 的咪唑环先氧化后开环，生成脲或甲酰胺；[Bmbim]Br 降解时，降解路径如图 5-4 所示，推测是苯环的引入导致降解过程与前述咪唑类离子液体产生差异；[TBA]Cl 的降解则通过逐步去除丁基来实现 [63]。

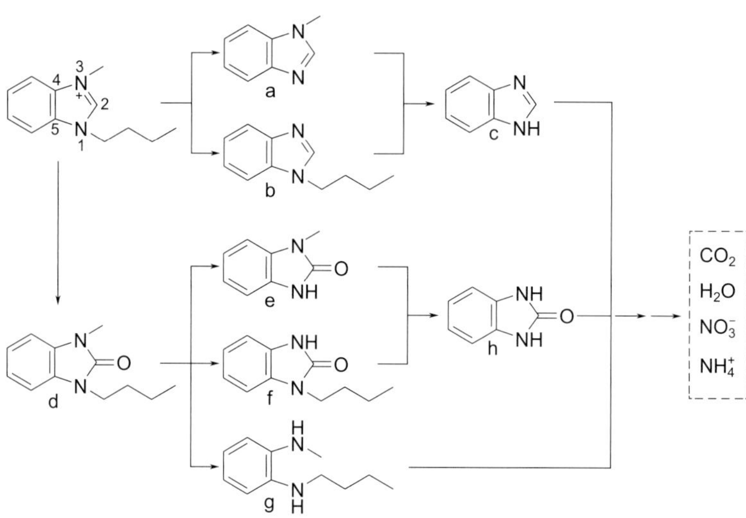

图 5-4 超声辅助零价铁 / 活性炭微电解 [Bmbim] 离子液体的路径 [64]

以上研究在铁炭内部微电解体系中辅以超声辐射，形成了比较复杂的氧化还原反应体系，对有机物的降解效果好，但反应机制多，机理研究相对困难。申园园还采用超声辅助 - 纳米零价铁 / 过氧化氢体系（US-nZVI/H_2O_2）对离子液体进行降解性研究 [65]。该研究首先以 1- 丁基 -3- 甲基咪唑溴盐（[C_4mim]Br）离子液体为研究对象，通过实验对超声波 - 纳米零价铁 / 过氧化氢体系氧化降解 [C_4mim]Br 的反应条件及反应动力学进行了研究。结果表明，US-nZVI/H_2O_2 体系可有效降解 [C_4mim]Br 离子液体 , 最优条件下反应 120min 后 [C_4mim]Br 去除效率达 90.8%，US-nZVI/H_2O_2 体系对 [C_4mim]Br 的降解主要以羟基自由基（ • OH）的氧化作用为主，其氧化降解过程符合二级反应动力学规律。接着研究了其他离子液体在 US-nZVI/H_2O_2 体系中的降解效率，结果显示：超声辅助 - 纳米零价铁 / 过氧化氢体系对咪唑类、吗啉类、吡咯类、吡啶类及哌啶类五种离子液体均具有明显的降解效果且都遵循二级反应动力学规律。其中，咪唑类离子液体阴阳离子的组成对其降解性有明显的影响，1- 烷基 -3- 甲基咪唑类离子液体的降解率随烷基侧链的增长而明显下降，阴离子类型对其降解率则没有显著的影响。

刘宁宁等采用 H_2O_2 和 TiO_2 两种具有环保、绿色效应的物质作为催化剂，

以超声 / 催化降解技术对水体中的 1- 甲基 -3- 丁基咪唑氯盐进行了处理，采用正交设计对实验条件进行了优化[66]。实验结果表明：在 20℃时，以过氧化氢作为催化剂在超声强度为 10% 时为最优条件，催化降解 1- 甲基 -3- 丁基咪唑氯盐的降解率较高，超声降解研究效果相对较好。

以上研究都表明在超声辅助高级氧化系统中，不同离子液体降解效果都非常显著，说明超声辅助是一种卓有成效且环境友好的离子液体去除方法，这些研究结果对于消除离子液体的环境影响、评价常用离子液体的环境行为具有重要的指导意义。

5.2.3 电化学降解法

近年来，电化学氧化法用于降解废水中污染物的研究不断增多，其基本原理主要是利用电极反应及其相关过程，通过直接或间接的氧化还原、凝聚絮凝、吸附降解和协同转化等作用降解目标污染物[67-68]。这种方法主要用于处理废水中的有机物、硝酸盐、重金属、颗粒物等。国内外应用电化学法降解离子液体的一些方法主要有铁炭微电解法、电解法等。其中铁炭微电解法工作原理主要是：将铁屑和炭颗粒浸没在酸性废水中时，铁、炭中组分作为电极，在铁和炭的之间形成无数个微小的原电池，并产生电极电位差，在废水中形成一个电场。这些细微的原电池是以电位低的铁作为阳极，电位高的炭作阴极，在废水电解质的水溶液中发生一系列的电化学反应。其反应过程如下：

阳极（Fe）：　$Fe - 2e^- \longrightarrow Fe^{2+}$　$E^0(Fe^{2+}/Fe) = -0.440V$

阴极（C）：　$2H^+ + 2e^- \rightarrow 2[H] \rightarrow H_2$　$E^0(H^+/H_2) = 0.000V$

反应过程中产生的 Fe^{2+} 和原子 [H]，均具有较高的化学活性，作用于废水时，可以改变废水中大分子有机物的结构和特性，使其发生断链、开环等过程。电解法则主要是利用直流电进行溶液氧化还原反应的过程。电解法的优点主要有：过程中产生的 · OH 可以无选择地与废水中的有机污染物反应，将其降解为二氧化碳、水等无机物质，也不会产生二次污染；电化学过程反应的能量效率高，一般在常温常压下就可进行；电解法既可以单独处理废水，还可以与其他处理相结合；此外，电解法的设备及其操作一般也比较简单，易于操作。

目前，国内外已有一些应用电化学法降解离子液体的报道。Kroon 等用量子化学计算预测了 *N*- 丁基 -*N*- 甲基吡咯烷双（三氟甲磺酰基）亚胺盐（[C_4mpyr][TFSI]）和 [C_4mim][BF_4] 离子液体在高电压下阴极上的电化学分解产物，并通过 GC-MS 技术鉴定，用实验证实了这些产物的存在 [69]。[C_4mpyr][TFSI] 的量子化学计算预测，当电子加到 [C_4mpyr]$^+$ 上时，产生的自由基是不稳定的，预计有三个分解途径：最可能的情况是，分解为甲基吡咯和一个丁基自由基；较小可能的是，通过开环分解为二丁基甲基自由基；可能性最小的是，分解成丁基吡咯和一个甲基自由基。各种途径可能得到的产物经实验证实都存在，分别是甲基吡咯、辛烷、辛烯、2- 丁醇、二丁甲胺和丁基吡咯。当电子加到 [C_4mim]$^+$ 上时，生成稳定的 1- 丁基 -3- 甲基咪唑自由基，该自由基将不会分解。与 [C_4mim]$^+$ 不同，该自由基无共轭、少有芳香性，未成对电子主要定域在两个 N 之间的那个 C 上，很可能通过两个自由基偶合形成二聚体。经 ^{1}H NMR 和 ^{13}C NMR 检测，证实了 1- 丁基 -3- 甲基咪唑二聚体的存在，与预测一致。

Stolte 等采用电化学的方法降解难生物降解的离子液体，反应 4h 后，[Bmim]$^+$ 完全被降解。离子液体的电解发生在双电池电解槽的阴极上，同时电解产物的结果在实验中得到证实 [70]。Haerens 等从离子液体在电化学应用中的稳定性角度出发，对氯化胆碱离子液体在电解时的分解情况进行了相关研究 [71]。结果表明，当电压大于电化学窗口（4 ～ 6V）时，氯化胆碱离子液体类似物会发生电化学分解，对其分解产物和机理进行了研究，并建议为了防止离子液体的分解，加入所谓的“牺牲剂”（如甲酸、水等）。实验用阴阳极同池和阴阳极分池两种电解方式，电解 0h、6h 和 192h 后分别取样，顶空（HS）-GC-MS 分析分解产物，并对选择的样品的一个分解产物——2- 甲基 -1,3- 二氧戊烷进行定量分析。阴阳极同池时检出的分解产物为：乙醛、乙醇、三甲胺、二氯甲烷、氯仿、2- 甲基 -1,3- 二氧戊烷和乙二醇。在分开的电解池中电解时，阳极上的分解产物为 2- 甲基 -1,3- 二氧戊烷、乙醛和少量氯仿，阴极为三甲胺，无二氯甲烷产生。同时分析了其可能的生成机理：有些产物涉及阳极或阴极上的一个反应，有些是两电极上形成产物的连续反应。与氯作用的产物如一氯甲烷、二氯甲烷、氯仿被检测到，实验分析阳极无氯气释放，光度法发现溶液中有 Cl_3^- 存在。电解液加甲酸可减少离子液体的分解，水的存在可以减少氯化物的生成。张瑶等使用铁炭微电解法降解 [Bmim][PF_6][72] 和 [Bmim][BF_4][73]，发现影响铁炭微电解降解这两种咪唑类离子液体的因素有炭铁比、pH 值、反应时间，在最优条件下 [Bmim][PF_6] 和 [Bmim][BF_4] 的去除率可分别达到 90% 和 80% 以上。Fabiańska 等合成了硼掺杂金刚石电极材料，将其用于系列咪唑类及吡啶类离子液体的电化学降解，并进一步分析了离子液体阳离子结构及电解质对降解效率的影响 [74]。结果发现阳离子结构对电化学降解过程有较大影响，吡啶类离子液体较咪唑类离子液体易于电化学降解，实验中降解速率大小顺序为：[Bmmpy]Cl≈[Bmpy]Cl ＞ [Phmim]Cl≈[Bmim]Cl。实验还发现以 NaCl 作为电解质的条件下离子液体可达到完全降解，而 Na_2SO_4 为电解质时仅能达到 85%，且以 NaCl 或 Na_2SO_4 为电解质时，离子液体降解率达到 85% 时分别需要消耗 8.15kW • h • m^{-3}、16.3kW • h • m^{-3} 的电能。Siedlecka 等研究了咪唑离子液体在电解体系 PbO_2 阳极的降解性，所有检测离子液体在 240min 内均被有效地氧化降解，降解率最高达到 97%。随着阳离子烷基侧链的增加，离子液体的降解难度增大。采用液质联用技术分析其降解过程，主要是通过 • OH 与阳离子侧链作用使其裂解，然后通过 • OH 再使咪唑环开环降解 [75]。Siedlecka 等又采用 4 种类型的阳极材料（IrPt、IrO_2、PbO_2、BDD）对 [C_4mim]Cl 进行电解研究。实验发现硼掺杂金刚石（BDD）氧化降解效率最高，表明 BDD 是目前最有希望降解离子液体的阳极材料 [76]。Zhou 等用超声辅助 - 零价铁 / 活性炭微电解体系降解 1- 烷基 -3- 甲基咪唑离子液体，吡咯类、吗啉类、哌啶类离子液体，以及一些功能性离子液体，发现铁炭微电解法降解咪唑离子液体时，TOC 的去除率在 110min 内达到 80% 以上，烷基链长和阴离子的种类对咪唑离子液体的降解速率影响不明显。该类离子液体的反应过程中首先生成了 1- 烷基 -3- 甲基 -2,4,5- 三氧咪唑，然后形成 1- 烷基 -3- 甲基脲，最后分解成 *N*- 烷基甲酰胺。该小组还进一步研究了不同头基类型离子液体 [C_4mmor]Br（*N*- 丁基 -*N*- 甲基吗啉溴盐）、[C_4mpyr]Br（*N*- 丁基 -*N*- 甲基吡咯烷溴盐）和 [C_4mpip]Br（*N*- 丁基 -*N*- 甲基哌啶溴盐）的降解效率和降解途径。结果表明 [C_4mmor]Br、[C_4mpyr]Br、[C_4mpip]Br 的氧化降解主要发生在侧链上，其 TOC 去除率在69.6%～73.8%之间[62-63]。Gao等应用等离子电解法降解废水中咪唑类离子液体[77]。离子液体既是污染物又作为电解液，在600V条件下，电解120min，浓度为0.1～0.4g・L^{-1}的离子液体易被降解，降解率达到95%以上。$[C_4mim]Cl$和$[C_6mim]Cl$较易被降解，$[C_2mim]Cl$比较稳定，较难被降解。阴离子对降解速率有影响，相应离子液体的降解速度顺序为：$Cl^- > Br^- > Ac^- \approx [BF_4]^-$。电解过程中产生的氧原子、・OH以及$H_2O_2$对离子液体的降解均具有重要作用。Qin等将合成的$AuPd/Fe_3O_4$纳米颗粒与3D电化学体系相结合降解$[C_2mim]$离子液体[78]。研究表明在pH=3、120mA、1g・L^{-1}的$AuPd/Fe_3O_4$条件下反应90min后$[C_2mim]^+$能够完全降解。Bocos等证实了电Fenton法对$[C_4mim][OTf]$降解的可行性[79]。实验小组分别尝试在体系中加入$NaNO_3$、Na_2SO_4、NaCl这3种电解质加以比较，结果发现加入这3种电解质后对降解速率的影响（加快）为：$NaNO_3 > Na_2SO_4 > NaCl$。随后他们又研究了$NaNO_3$浓度与降解率的关系，认为在0.075mol・L^{-1} $NaNO_3$条件下仅需要很少的电能就能在45min内将$[C_4mim][OTf]$完全降解。Poza-Nogueiras等报道了1,3-双（2,4,6-三甲基苯基）咪唑氯盐离子液体在非均相Fenton体系中的降解情况[80]。以FeAS（藻酸盐凝胶球铁）为催化剂，该离子液体2h内TOC的去除率达到76.89%，同时阐述了离子液体的降解途径。

电化学降解法具有无污染、后处理反应简单等优点。但是也存在着一些问题，比如需要相应的电极材料去降解污染物，反应过程中加入电解质，也可能会对环境造成污染。因此从节能及降解效率的角度，NaCl更适宜作为电化学氧化降解的电解质，但是电解过程中可能产生对人体及环境有害的卤化物。所以接下来的研究需寻找更为适宜的电解质。电Fenton氧化法的主要优点是能够自动地产生过氧化氢，在提高反应速率的同时降低了反应的成本。但目前所用的阴极材料多是石墨等，这些材料导电效率差，过氧化氢产率不高，寻找新型高效的阴极材料将是关注的焦点。

5.2.4 （类）芬顿氧化降解技术

芬顿（Fenton）氧化法是目前国内外应用前景比较广的一种废水处理

技术[81]。该方法是一种物理化学的处理过程，主要是利用 Fe^{2+} 和 H_2O_2 组成的 Fenton 试剂来处理废水，通过催化分解 H_2O_2 产生羟基自由基（•OH）[式（5-1）～式（5-4）] 来氧化分解污染物，并将其降解为小分子、CO_2 和 H_2O 等，因而具有操作简单、反应条件温和、氧化降解效率高、适用范围广等优点，特别是用于处理高浓度、毒性大、难降解的工业有机废水[82]。Fenton 试剂的强氧化能力主要是因为反应过程中产生大量的•OH，它具有的仅次于氟的氧化电位（E^0=2.8eV）使得其在作为反应过程中的中间产物时，可以诱发产生后面一系列的链反应（通常•OH 与水中有机物的反应速率常数为 $10^8 \sim 10^{10} m^{-1} \cdot s^{-1}$），此外，它具有比其他氧化剂更强的氧化电极电位，是一种具有较高电负性和电子亲和能的氧化剂。研究还发现，Fenton 反应过程中产生的•OH 还具有很低的选择性，通常可以与多数污染物发生反应，并将污染物氧化降解为无污染的物质而不产生二次污染（有时甚至可以用于处理降解 10^{-9} 数量级的污染物），与现在国际上要求的环境友好型具有较好的一致性。

$$Fe^{2+} + H_2O_2 \longrightarrow Fe^{3+} + OH^- + \cdot OH \tag{5-1}$$

$$Fe^{2+} + \cdot OH \longrightarrow Fe^{3+} + OH^- \tag{5-2}$$

$$Fe^{3+} + H_2O_2 \longrightarrow Fe^{2+} + H^+ + HO_2 \cdot \tag{5-3}$$

$$H_2O_2 + HO_2 \cdot \longrightarrow O_2 + H_2O + \cdot OH \tag{5-4}$$

Fenton 氧化法既可以单独用于降解污染物，又可以与其他的处理方法相结合来作为生化处理的前处理。近年来，将 Fenton 氧化技术与其他方法联合使用构成的类 Fenton 法，如光 /Fenton、微电解 /Fenton 和电 /Fenton 等也是处理废水的一类常用的高级氧化方法。

在离子液体降解的研究过程中，众多学者选择采用氧化性极强的 Fenton 和类 Fenton 氧化降解技术，并取得了较好的降解效果。Siedlecka 等对应用类 Fenton 氧化法降解咪唑类离子液体进行了系统的研究，并深入探讨了阴离子及咪唑环上烷基侧链长度对降解效率的影响[83-85]。首先考察了类 Fenton（H_2O_2/Fe^{3+}）氧化方法对氯化 1- 丁基 -3- 甲基咪唑离子液体（$[C_4mim]Cl$）的降解，并分析了 Fe^{3+} 浓度、H_2O_2 浓度及 pH 值对降解效率的影响。结果表明：H_2O_2 氧化能力较低，$[C_4mim]Cl$ 难以在双氧水单独存在时被有效降解，而类 Fenton 氧化体系可以显著降解 $[C_4mim]Cl$，当溶液中 $[C_4mim]Cl$ 的浓度为 1mmol • L^{-1}、Fe^{3+} 的浓度为 1.5mmol • L^{-1}、H_2O_2 浓度为 100mmol • L^{-1} 并且溶液 pH 值为 3 时，氧化降解反应进行 90min 后，$[C_4mim]Cl$ 的降解率可达 97.3%；过量的 Fe^{3+} 及 H_2O_2 将与羟基自由基（• OH）反应，从而阻碍降解反应的进行，当 H_2O_2 与 Fe^{3+} 摩尔比＜50 时，Fe^{2+} 可能被 • OH 氧化产生 Fe^{3+}，或者进一步推动 H_2O_2 分解，从而降低降解速率，在该实验中 H_2O_2 与 Fe^{3+} 摩尔比为 67 ～ 200；研究还调查了该类 Fenton 体系的降解机理，认为该反应在过量 H_2O_2 存在的情况下发生的是一个氧化还原过程。

为了调查反应过程中可能存在的氧化剂及可能的反应路径，该类 Fenton 反应在分别加入氯仿作为还原剂的清除剂以及加入异丙醇作为 • OH 的捕捉剂的条件下被重复进行。结果显示，在该类 Fenton 反应中，• OH 并不是唯一的氧化剂，没有 • OH 存在时，$[C_4mim]Cl$ 仍可以被非 • OH 的自由基氧化降解。反应中加入过量的氯仿阻碍了 $[C_4mim]Cl$ 的降解，这说明降解过程中存在还原剂。此外，该研究还通过 ^1H NMR 对该类 Fenton 反应过程中可能产生的中间产物进行了研究，结果表明，该降解过程中所产生的 • OH 可以攻击咪唑环上三个碳原子中的任意一个 [83]。

随后又探究了离子液体所含阴离子 (Cl^-、$[C(CN)_3]^-$、$[CF_3SO_3]^-$) 和溶液中所含阴离子（$[C_5F_{11}O_2]^-$、$[C_7F_{15}O_2]^-$ 和 $[C_9F_{19}O_2]^-$）对类 Fenton 氧化降解阳离子为 $[C_4mim]^+$ 的咪唑类离子液体的影响 [85]。研究发现，阴离子对 $[C_4mim]^+$ 降解速率的影响如下：$Cl^- > [C(CN)_3]^- > [CF_3SO_3]^-$。这些阴离子是通过以下两种方式影响离子液体降解效率的：与 $[C_4mim]^+$ 竞争 • OH，或者与 Fe^{3+}/Fe^{2+} 形成络合物。当氟化有机阴离子（$[C_5F_{11}O_2]^-$、$[C_7F_{15}O_2]^-$、$[C_9F_{19}O_2]^-$）在水液中存在时，$[C_4mim]^+$ 的降解被明显抑制，因为带正电的咪唑环与带负电的高氟离子之间有较强的相互作用，含 $[C_5F_{11}O_2]^-$ 和 $[C_9F_{19}O_2]^-$ 的离子液体的降解率下降，是由于离子间作用增强；高氯酸对离子液体降解过程也有显著影响，此外这些有机阴离子可以通过与带正电的 $[C_4mim]^+$ 和带负电的酸根相互作用来抑制 $[C_4mim]^+$ 的降解。

与此同时，还研究了离子液体的结构与降解的关系，认为离子液体的降解速率与其结构及头基类型有关，其中二烷基咪唑氯盐类离子液体的降解效率随着咪唑环上烷基侧链的增长而降低，吡啶类离子液体比咪唑类离子液体降解效率低；羧酸根的分析显示，单羧酸、双羧酸或氨基羧酸可能是咪唑和吡啶离子液体的降解副产物，羧酸根产生的量与烷基链的长度有关，$[C_4mim]Cl$ 降解时，产生的羧酸根浓度最高，$[C_6mim]Cl$ 和 $[C_8mim]Cl$ 降解时，产生的羧酸根浓度最低，而 $[C_4mpy]Cl$ 降解时产生的羧酸根浓度比 $[C_4mim]Cl$ 降解时低，但比 $[C_6mim]Cl$ 和 $[C_8mim]Cl$ 降解时高 [84]。

Domínguez 等探讨了不同碳链长度（C_2 ～ C_{16}）以及不同阴离子（Cl^-、$[CH_3SO_3]^-$、$[CH_3SO_4]^-$、$[CH_3CO_2]^-$）咪唑类离子液体在 Fenton 体系下的降解情况 [86]。结果发现，除了 1- 丁基 -3- 甲基咪唑乙酸盐（$[C_4mim][CH_3CO_2]$）外，70℃下，在不到 5min 的时间内，咪唑类离子液体能够完全降解并且在反应 4h 之后 TOC（总有机碳）减少了 60%；但在 $[C_4mim][CH_3CO_2]$ 降解过程中有铁沉淀出现从而抑制了反应过程。之后，他们又研究了咪唑类离子液体在 Fenton 氧化体系中的降解动力学，从反应温度、催化剂用量、离子液体的初始浓度、H_2O_2 的用量这 4 个方面进行研究，结果表明 $[C_4mim]Cl$ 在 1.5min 能够完全降解 [87]。

Munoz 等研究了包括胆碱和季铵类在内的脂肪族和芳香族离子液体在 Fenton 体系中的降解，并且评估了该体系下 TOC 和 COD（化学需氧量）去除率以及氧化产物短链有机酸的生态毒性，研究表明芳香族离子液体要比脂肪族离子液体更容易被氧化降解，其最高的 COD 减少量达到 80%，最高的矿化去除率达到 78%[88]。之后还研究了 1- 乙基 -3- 甲基咪唑氯盐（$[C_2mim]Cl$）、1- 丁基 -1- 甲基 - 吡咯烷氯盐 ($[C_4mpyr]Cl$)、四丁基铵氯盐（[TBN]Cl）、及四丁基鏻氯盐（[TBP]Cl）4 种离子液体在 Fenton 氧化体系中的降解，实验探索了不同温度和不同催化剂浓度的影响，结果表明离子液体在 70℃下，反应 5min 内能够完全降解 [89]。Zhou 等研究了应用超声耦合类芬顿（nZVI/H_2O_2）降解 1- 烷基 -3- 甲基咪唑溴盐（$[C_nmim]Br$，n=2、4、6、8、10）的可能性，结果发现，该类离子液体的烷基侧链链长对降解速率有着较大的影响，其顺序为：$[C_2mim]Br > [C_4mim]Br > [C_6mim]Br > [C_8mim]Br > [C_{10}mim]Br$。研究还进一步对降解中间产物进行了分析，提出了这些离子液体的降解途径 [90]。

Gomez-Herrero 等研究 $[C_6mim]Cl$ 和 $[C_4mpyr]Cl$ 类离子液体在 Fenton 体系下的降解性，证实了在 70℃条件下，反应体系中加入化学计量的 H_2O_2，可以实现这两类离子液体的降解，TOC 和 COD 的去除率随着 H_2O_2 计量的增加而增加；$[C_6mim]^+$ 和 $[C_4mpyr]^+$ 的降解路径是反应体系中产生的·OH 进攻导致开环以及短链有机酸的形成，在化学计量的 H_2O_2 下，部分离子液体可被氧化为 CO_2 和 H_2O[91]。魏梁等研究采用 Fenton 氧化法降解水体中离子液体，选用的 3 种离子液体均含有苯酚阴离子，即 [TMGH][PhO]、$[P_{4,4,4,4}]$[PhO] 和 [Hmim][PhO]。通过单因素影响实验，确定 Fenton 氧化法降解离子液体 [TMGH][PhO] 的最佳条件，以 100mL 离子液体水溶液为例，体系 pH 值为 4.0，H_2O_2 的浓度为 0.75%，$FeSO_4$ 的浓度为 0.25%，反应时间为 30min，降解率可达 85.34%。在此最优条件下，Fenton 法处理 $[P_{4,4,4,4}]$[PhO] 和 [Hmim][PhO] 离子液体废水，降解率可达 80% 以上[92]。

高级氧化降解法主要是利用氧化还原体系或者电解体系实现对离子液体的降解。一般来讲，随着离子液体阳离子烷基侧链长度的增加，离子液体的化学降解难度增加。离子液体的降解主要通过形成·OH 自由基，使烷基侧链逐步被氧化降解，再发生开环降解。高级氧化降解法能快速有效地降解离子液体，Fenton 法及类 Fenton 法在其中显示了较强优势，能在较短时间内达到较高的降解效率，但同时也存在着不足。例如，铁元素以离子形式存在于反应液中，难以回收利用，且容易流失，并对环境造成二次污染。

5.3 生物降解法

离子液体有着极好的化学和热力学稳定性，这一优势使其具有很大的应用潜力，但却对离子液体的用后处理带来了消极的影响。离子液体一旦作为工业溶剂大规模使用，不可避免地流失和废弃会对环境中的生物体产生危害。目前，国内外大多主要集中于离子液体的物化性质及其使用范围的研究上，而关于离子液体有效降解方法的报道很少。为了消除由于离子液体的应用可能对环境带来的影响，人们试图用生物降解的方法，依赖微生物降解离子液体，考察离子液体的生物降解性，以期最大限度地发挥离子液体“绿色”优势。

所谓生物降解，指通过生物的作用而使目标物质分子链断裂变为小分子的作用，也指化学物质在细胞内所进行的氧化作用，有时也称为细胞呼吸。微生物对污水中有机污染物质的净化过程，实质上是一种类似于微生物培养的过程，有机污染物质作为培养基被消耗，微生物则依赖分解有机污染物质而得以生存与繁殖。这一方法的优点是无需大量使用化学试剂及光、电能等，环境友好且能耗低，但同时也有着处理周期长，含氟离子液体的毒性将严重抑制三羧酸循环，从而对现有含氟离子液体的降解效率较低，且生物降解处理方式还存在着反应器占地面积大、需要培养与筛选特殊的细菌或微生物等缺点。一般来讲，化学降解法主要靠氧化剂催化作用，而生物降解法主要靠微生物及生物酶来降解物质。生物降解法更具有环保性，因此更具有发展潜力。

5.3.1 离子液体的生物降解

实现离子液体的降解是离子液体大规模使用必须解决的问题，而与化学降解需要某种氧化方法辅助不同，生物降解完全依赖于微生物的降解，更有利于环境保护，因此生物降解是最具潜力的解决办法。生物降解法主要通过引入可以提供酶解位点的基团，或者单加氧酶将离子液体阳离子烷基侧链甲基末端氧化为羟基、醛基，形成羧基，再进行 β- 氧化的过程。

5.3.1.1 烷基链上引入酯基或酰氨基的离子液体

2002 年，Gathergood 和 Scammells 率先采用密闭瓶实验（closed bottle test, OECD 301D）和 CO_2 顶空实验法（ISO 14593）研究了一系列离子液体的生物降解性[93]。经过 28 天的实验，发现以 $[Bmim]^+$ 为阳离子，阴离子为 $[BF_4]^-$、Br^-、$[PF_6]^-$、$[N(CN)_2]^-$ 和 $[TFSI]^-$（除了 $[OcSO_4]^-$）的离子液体几乎不能被生物降解（降解率为 0% ～ 1%），而且阴离子的降解效率关系为 $[OcSO_4]^- > [PF_6]^- > [BF_4]^- > Br^-$；此外，他们还认为离子液体不仅不能提供微生物生长所必需的碳能源，还对微生物的生长起了很大的抑制作用。Garcia 等采用密闭瓶实验法（OECD 301D）研究了一系列以 $[Bmim]^+$ 为阳离子的离子液体的生物降解性，发现这些离子液体几乎不被微生物降解，而且经过 28 天，也没有发现 $[Bmim]^+$ 被降解的迹象，并指出 $[Bmim]^+$ 离子液体不能被归为易生物降解物质 [94]。Wells 和 Coombe 采用 5 天生化需氧量（BOD_5）和实验法（OECD 301F）考察了以咪唑、吡啶、季铵和季鏻（C_6 ～ C_{18}）为阳离子，$[PF_6]^-$、Cl^-、$[(EtO)_2PO_2]^-$、$[N(SO_2CF_3)_2]^-$、$[MeSO_4]^-$ 等为阴离子的 10 种离子液体的生物降解性，通过实验发现这些离子液体的生物降解性较差，尤其是带有较短碳链（C 数≤ 4）的吡啶及咪唑离子液体甚至不能被生物降解 [95]。上述这些研究都认为以 $[Bmim]^+$ 为阳离子的离子液体的生物降解性较差。

基于此，研究者开始将注意力转向设计、合成一些易生物降解的离子液体结构。这种设计主要参考 Boethling 方法，在离子液体结构中引入酯基、酰氨基、羟基、醛基以及羧基等官能团作为生物酶的攻击位点，进而增大其降解性。其中，酯基和酰氨基最先被深入研究和探讨。与普通的二烷基咪唑离子液体相比，引入易被酶水解的官能团可以增进离子液体的可生化性。

Gathergood 等借鉴洗涤剂和季铵盐型表面活性剂的结构降解性原理，在咪唑阳离子的侧链上引入酯基或酰氨基而合成了一系列咪唑类离子液体，并进行离子液体的生物降解研究 [96]。结果发现与传统的咪唑类离子液体如 1- 丁基 -3- 甲基咪唑四氟硼酸盐（$[Bmim][BF_4]$）和 1- 丁基 -3- 甲基咪唑六氟磷酸盐（$[Bmim][PF_6]$）相比，在咪唑烷基侧链上引入可以酶解的酯基的离子液体的降解性有显著提高，经过 28 天，甚至可以被降解 60% ～ 70%。在 3- 甲基 -1-(烷氧羰基甲基) 咪唑溴盐系列的离子液体中，当烷基链为丁基、戊基、己基或辛基时，对应的离子液体最易被生物降解；而当取代基为酰胺类似物时，离子液体的生物降解性没有明显提高。其原因可能是微生物还可通过一种额外的水解途径来降解含有酯键的离子液体，即微生物产生的水解酶催化离子液体中的酯键水解，生成咪唑部分与相应的伯醇，伯醇可通过脂肪酸 β- 氧化途径进行代谢，进而实现其有效降解。在此基础上，Gathergood 等又考察了阴离子对离子液体降解性的影响，在阳离子结构中均引入相同酯基，而采用不同的阴离子 [97]。结果表明，不同阴离子的生物降解效率的关系是 $[PF_6]^- > [BF_4]^- > Br^-$，并且发现辛基硫酸阴离子（$[OcSO_4]^-$）易生物降解，其降解率可以达到 49% ～ 56%。

Harjani 等采用 CO_2 顶空实验法（ISO 14593）研究了一系列吡啶类离子液体，当在阳离子中引入酯基，离子液体也呈现明显的生物降解性[98]。Morrissey 等也采用顶空试验法（ISO 14593）考察了 15 种离子液体的生物降解性，其中 6 种离子液体的生物降解率超过 60%（图 5-5），这些离子液体被归为易生物降解物质[99]。

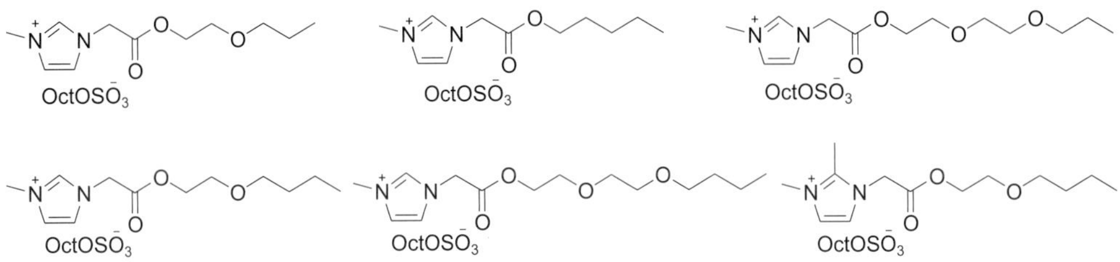

图 5-5 6 种易生物降解离子液体[99]

国内也有学者进行过相关的研究，戴宁等分析了 3- 甲基 -1- 辛基咪唑六氟磷酸盐 ([Omim][PF_6]) 和 3- 甲基 -1-(戊酯基) 己基咪唑溴化物这两种离子液体的生物降解性，以 [Omim][PF_6] 离子液体为 C、N、P 营养源驯化活性污泥，考察驯化前后不同活性污泥接种微生物时离子液体的生物降解性[100]。结果表明：[Omim][PF_6] 的生物降解率比较低，难以生物降解，通过在支链部分添加酯基，可以在一定程度上提高离子液体的生物降解性；此外，咪唑类离子液体中的咪唑环较难被降解，在 [Omim][PF_6] 的生物降解中产生 1- 甲基咪唑的积累，通过延长停留时间，可以得到进一步降解。2014 年，吴梦瑶和胡翔通过驯化活性污泥法考察 [Hmim][PF_6] 的生物降解性，降解率可达 90% 以上[101]。

5.3.1.2 不同阳离子烷基链链长的离子液体

2007 年，Docherty 等在生物降解离子液体的研究中取得了新的突破，他们用 OECD DOC 消减实验 (die-away test) 法测定了活性污泥对 6 种离子液体的生物降解性[102]。结果表明：当阳离子为咪唑或吡啶，其侧链基团为丁基时，无论是吡啶类还是咪唑类离子液体均不能被降解；当阳离子为吡啶，侧链为己基或者辛基时，离子液体能够完全被降解；当阳离子为咪唑，侧链为己基或者辛基时，离子液体只有部分被降解，且降解效率随烷基侧链的增长而增大。虽然烷基链长度的增加是毒性增强的直接原因，但侧链对降解性的影响不是绝对的，仅对某些亲脂性离子液体比较重要，然而降解效果与阳离子取代烷基的类别和链长短都有关系，且咪唑基离子液体比吡啶基离子液体更难以被生物降解。

Stolte 等也致力于研究烷基侧链结合官能团的离子液体的生物降解性，他们的研究也有同样发现。他们采用密闭瓶实验法（OECD 301D），接种 2 种不同类型的接种物（冷冻干燥的细菌混合物和来自废水处理厂的活性污泥微生物），考察了阳离子为咪唑和吡啶类的离子液体的降解性[70]。研究发现，当烷基侧链上的碳原子数为 6 和 8 时，离子液体具有明显的降解性；然而，当烷基侧链上的碳原子数少于 6 时，即使在其侧链中引入羟基或酯基等基团，离子液体仍无明显降解现象。该研究还采用液质联用（LC-MS）技术检测了咪唑类离子液体的降解产物，并分析了该类离子液体潜在的降解机制，如图 5-6 所示，主要通过单加氧酶使咪唑阳离子烷基侧链的甲基末端形成羟基，

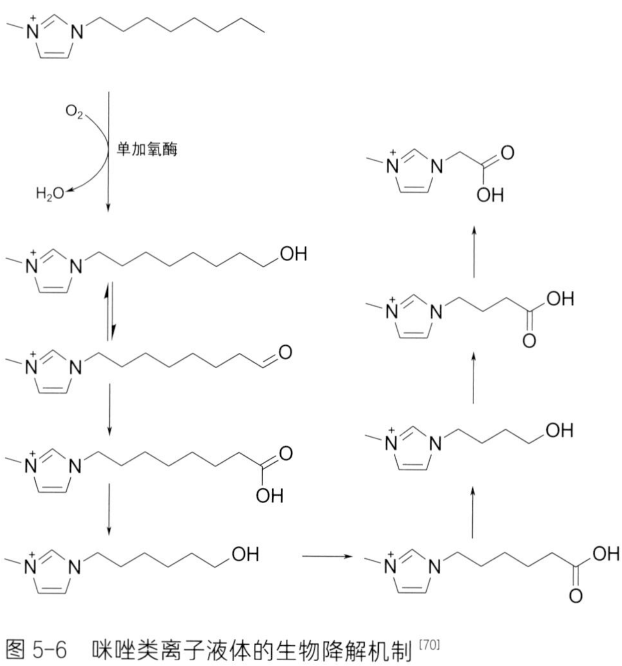

图 5-6　咪唑类离子液体的生物降解机制[70]

至 C_{12}、C_{16}、C_{18} 时，离子液体会对微生物产生毒性影响，影响微生物基团的活性，从而导致这些离子液体难以被降解 [102-103]。两组研究者实验方法的主要不同之处是离子液体浓度的不同，那么是否由于离子液体浓度过高而造成对微生物的毒性则需要进一步深入研究。

另外，很多研究都报道了离子液体在细胞、微生物、植物、动物中的毒性数据。牧辉等研究了 $[C_8mim][PF_6]$ 对普通小球藻、大型蚤和斑马鱼的毒性影响。实验证实了普通环境微生物对 $[C_8mim][PF_6]$ 的降解性较差这一结论。经过驯化的活性污泥上清液作为接种微生物 , 可提高 $[C_8mim][PF_6]$ 的降解率 [112]。因此，离子液体自身毒性对微生物降解性是否具有影响，以及对于被降解的离子液体其合适的浓度范围，则需要进行更加深入的研究和探讨。

5.4 小结

实现离子液体的降解是离子液体大规模使用必须解决的问题，而生物降解是最具潜力的解决办法。生物降解法是最具应用前景的方法之一，当有可以提供酶解位点的基团，如酯基等，离子液体易被降解。如果没有提供酶解位点的基团，离子液体则主要通过单加氧酶将咪唑阳离子烷基侧链甲基末端氧化为羟基，再氧化为醛基，形成羧基，然后进行 β- 氧化过程，使其侧链裂解，但在多数研究中，咪唑环并未开环。对于吡啶类离子液体，同样通过侧链末端羟基的形成使侧链裂解，当降解至甲基吡啶后，再进行吡啶环开环，使吡啶类离子液体完全被降解。对于离子液体的生物降解，需要适当增加烷基侧链的长度，烷基侧链越长，离子液体越易被降解；同时要降低阳离子结构的对称性，尽量设计直链烷烃等。还要引入易降解的功能基团等，来提供潜在的生物酶催化水解位点。此外，还要通过筛选微生物来降解离子液体。比如直接利用微生物以离子液体为碳源或氮源来降解离子液体，或者通过共代谢降解，利用一种易于摄取的初级底物作为碳源和能量来源，对离子液体进行共代谢；也可以采用植物和微生物联合法，利用植物与其根际微生物共同组成的系统所具有的吸收及代谢能力，降解环境中的离子液体。

咪唑类或吡啶类离子液体的阳离子能形成一个环状闭合的封闭的共轭体系，氮原子的强吸电子作用使环上碳原子电子云密度急剧下降，而较低的电子云密度使阳离子不易被氧化，导致离子液体的阳离子化学稳定性较强，使离子液体的降解较难。化学降解法能够较好地降解咪唑、吡啶、季铵、季鏻类离子液体，主要通过 UV/H_2O_2 体系、Fe^{3+}/H_2O_2 体系、电解体系及结合超声裂解辅助实现对离子液体的降解。一般来讲，随着离子液体阳离子烷基侧链长度的增加，离子液体的化学降解难度增大。离子液体的降解主要通过形成 $\cdot OH$，使烷基侧链逐步被氧化降解，再使咪唑环开环降解。因此，要实现离子液体的化学降解，需要对离子液体的化学结构进行设计，适当控制烷基链的长度。

综上所述，离子液体降解性的研究将为设计、合成环境友好型离子液体提供理论基础，将为环境中离子液体的降解提供基础理论数据，将为离子液体大规模生产和应用提供科学参考。

参考文献

[1] Welton T. Room-temperature ionic liquids: solvents for synthesis and catalysis[J]. Chemical Reviews, 1999, 99: 2071-2083.

[2] Walden P. Molecular weights and electrical conductivity of several fused salts[J]. Bullit Academy Imperial Science, 1914(8): 405-422.

[3] Dong K, Liu X, Dong H, et al. Multiscale studies on ionic liquids[J]. Chemical Review, 2017, 117: 6636-6695.

[4] 刘瑞霞，石亚楠，张瑞锐，等. 离子液体的环境行为和安全性探讨 [J]. 科学通报，2019, 64: 3158-3164.

[5] Rogers R, Seddon K. Ionic liquids—solvents of the future?[J]. Science, 2003, 302: 792-793.

[6] Wilkes J. Properties of ionic liquid solvents for catalysis[J]. Journal of Molecular Catalysis A: Chemical, 2004, 214: 11-17.

[7] Plechkova N, Seddon K. Applications of ionic liquids in the chemical industry[J]. Chemical Society Reviews, 2008, 37: 123-150.

[8] Egorova K, Gordeev E, Ananikov V. Biological activity of ionic liquids and their application in pharmaceutics and medicine[J]. Chemical Review, 2017, 117: 7132-7189.

[9] Moshikur R, Chowdhury M, Moniruzzaman M, et al. Biocompatible ionic liquids and their applications in pharmaceutics[J]. Green Chemistry, 2020, 22: 8116-8139.

[10] Cevasco G, Chiappe C. Are ionic liquids a proper solution to current environmental challenges?[J]. Green Chemistry, 2014, 16: 2375-2385.

[11] 宋萍，施凯顺，邱宇平. 离子液体的土壤环境行为研究进展 [J]. 环境科学与技术，2014, 37: 231-236.

[12] Pham T, Cho C, Yun Y. Environmental fate and toxicity of ionic liquids: a review[J]. Water Research, 2010, 44: 352-372.

[13] Luo Y, Wang Q, Lu Q, et al. An ionic liquid facilitates the proliferation of antibiotic resistance genes mediated by class Ⅰ integrons[J]. Environmental Science & Technology Letters, 2014, 1: 266-270.

[14] Amde M, Liu J, Pang L. Environmental application, fate, effects, and concerns of ionic liquids: a review[J]. Environmental Science & Technology, 2015, 49: 12611-12627.

[15] Michael B, Arnold C, Müller S, et al. Sorption and desorption behavior of organotin compounds in sediment-pore water systems[J]. Environmental Science & Technology, 2001, 35: 3151-3157.

[16] Gorman D, Fein J. Experimental study of the adsorption of an ionic liquid onto bacterial and mineral surfaces[J]. Environmental Science & Technology, 2004, 38: 2491-2495.

[17] Stepnowski P, Mrozik W, Nichthauser J. Adsorption of alkylimidazolium and alkylpyridinium ionic liquids onto natural soils[J]. Environmental Science & Technology, 2007, 41: 511-516.

[18] Beaulieu J, Tank J, Kopacz M. Sorption of imidazolium-based ionic liquids to aquatic sediments[J]. Chemosphere, 2008, 70: 1320-1328.

[19] Mrozik W, Jungnickel C, Ciborowski T, et al. Predicting mobility of alkylimidazolium ionic liquids in soils[J]. Journal of Soils and Sediments, 2009, 9: 237-245.

[20] Mrozik W, Kotłowska A, Kamysz W, et al. Sorption of ionic liquids onto soils: experimental and chemometric studies[J]. Chemosphere, 2012, 88: 1202-1207.

[21] Tong F, Gu X, Gu C, et al. Insights into tetrabromobisphenol A adsorption onto soils: Effects of soil components and environmental factors[J]. Science of the Total Environment, 2015, 536: 582-588.

[22] Matzke M, Thiele K, Müller A, et al. Sorption and desorption of imidazolium based ionic liquids in different soil types[J]. Chemosphere, 2009, 74: 568-574.

[23] Ahangar A G, Smernik R, Kookana R, et al. Separating the effects of organic matter-mineral interactions and organic matter chemistry on the sorption of diuron and phenanthrene[J]. Chemosphere, 2008, 72: 886-890.

[24] Droge S, Goss K U. Development and evaluation of a new sorption model for organic cations in soil: contributions from organic matter and clay minerals[J]. Environmental Science & Ttechnolog, 2013, 47: 14233-14241.

[25] Khan Z, Anjaneyulu Y. Influence of soil components on adsorption-desorption of hazardous organics-development of low cost technology for reclamation of hazardous waste dumpsites[J]. Journal of Hazardous Materials, 2005, 118: 161-169.

[26] Studzińska S, Myroslav S, Buszewski B. Study of sorption kinetics of some ionic liquids on different soil types[J]. Chemosphere, 2008, 71: 2121-2128.

[27] Dong Z, Wei L, Xu S, et al. Transport of imidazolium-based ionic liquids with different anion/cation species in sand/soil columns[J]. Ecotoxicology and Environmental Safety, 2018, 147: 480-486.

[28] Niedbala A, Schaffer M, Licha T, et al. Influence of competing inorganic cations on the ion exchange equilibrium of the monovalent organic cation metoprolol on natural sediment[J]. Chemosphere, 2013, 90: 1945-1951.

[29] Sočo E, Kalembkiewicz J. Comparison of adsorption of Cd(Ⅱ) and Pb(Ⅱ) ions on pure and chemically modified fly ashes[J]. Chemical and Process Engineering-Inzynieria Chemiczna I Procesowa, 2016, 37: 215-234.

[30] Palomar J, Lemus J, Gilarranz M, et al. Adsorption of ionic liquids from aqueous effluents by activated carbon[J]. Carbon, 2009, 47: 1846-1856.

[31] Hassan S, Duclaux L, Lévêque J, et al. Effect of cation type, alkyl chain length, adsorbate size on adsorption kinetics and isotherms of bromide ionic liquids from aqueous solutions onto microporous fabric and granulated activated carbons[J]. Journal of Environmental Management, 2014, 144: 108-117.

[32] Lemus J, Neves C, Marques C, et al. Composition and structural effects on the adsorption of ionic liquids onto activated carbon[J]. Environmental Science-Processes & Impacts, 2013, 15: 1752-1759.

[33] Ji L, Liu F, Xu Z, et al. Adsorption of pharmaceutical antibiotics on template-synthesized ordered micro- and mesoporous carbons[J]. Environmental Science & Technology, 2010, 44: 3116-3122.

[34] Davis M. Ordered porous materials for emerging applications[J]. Nature, 2002, 417: 813-821.

[35] Zhang L, Zhang J, Fu H, et al. Microporous zeolite-templated carbon as an adsorbent for the removal of long alkyl-chained imidazolium-based ionic liquid from aqueous media[J]. Microporous and Mesoporous Materials, 2018, 260: 59-69.

[36] Zhang L, Cao W, Alvarez P, et al. Oxidized template-synthesized mesoporous carbon with pH-dependent adsorption activity: a promising adsorbent for removal of hydrophilic ionic liquid[J]. Applied Surface Science, 2018, 440: 821-829.

[37] Ji L, Liu F, Xu Z, et al. Zeolite-templated microporous carbon as a superior adsorbent for removal of monoaromatic compounds from aqueous solution[J]. Environmental Science & Technology, 2009, 43: 7870-7876.

[38] Sánchez-Sánchez A, Suárez-GarcíaA F, Martínez-Alonso A, et al. Surface modification of nanocast ordered mesoporous carbons through a wet oxidation method[J]. Carbon, 2013, 62: 193-203.

[39] Gorman-Lewis D, Fein J. Experimental study of the adsorption of an ionic liquid onto bacterial and mineral surfaces[J]. Environmental Science & Technology, 2004, 38: 2491-2495.
[40] 李雪辉，李帅，王芙蓉，等．酸改性膨润土对 [BMIM]Cl 离子液体的吸附 [J]. 化工学报，2007, 58: 1489-1493.
[41] Reinert L, Batouche K, Lévêque J, et al. Adsorption of imidazolium and pyridinium ionic liquids onto montmorillonite: characterisation and thermodynamic calculations[J]. Chemical Engineering Journal, 2012, 209: 13-19.
[42] Choi S B, Won S, Yun Y. Use of ion-exchange resins for the adsorption of the cationic part of ionic liquid, 1-ethyl-3-methylimidazolium[J]. Chemical Engineering Journal, 2013, 214: 78-82.
[43] Li L, Wang Y, Qi X. Adsorption of imidazolium-based ionic liquids with different chemical structures onto various resins from aqueous solutions[J]. RSC Advances, 2015, 5: 41352-41358.
[44] Xiang S, He Y, Zhang Z, et al. Microporous metal-organic framework with potential for carbon dioxide capture at ambient conditions[J]. Nature Communication, 2012, 3(1): 1-9.
[45] Hasan Z, Jhung S. Removal of hazardous organics from water using metal-organic frameworks (MOFs): plausible mechanisms for selective adsorptions[J]. Journal of Hazardous Materials, 2015, 283: 329-339.
[46] Wang B, Lv X, Feng D, et al. Highly stable Zr(Ⅳ)-based metal-organic frameworks for the detection and removal of antibiotics and organic explosives in water[J]. Journal of the American Chemical Society, 2016, 138: 6204-6216.
[47] 齐航，周海梅，吕坪，等．离子液体的化学降解性研究进展 [J]. 河南科技大学学报（医学版），2018, 36: 317-320.
[48] Fujishima A, Honda K. Electrochemical photolysis water at a semiconductor electrode[J]. Nature, 1972, 238: 37-38.
[49] Stepnowski P, Zaleska A. Comparison of different advanced oxidation processes for the degradation of room temperature ionic liquids[J]. Journal of Photochemistry and Photobiology A: Chemistry, 2005, 170: 45-50.
[50] Czerwicka M, Stolte S, Müller A, et al. Identification of ionic liquid breakdown products in an advanced oxidation system[J]. Journal of Hazardous Materials, 2009, 171: 478-483.
[51] Subramanian B, Yang Q, Yang Q, et al. Photodegradation of pentachlorophenol in room temperature ionic liquids[J]. Journal of Photochemistry and Photobiology A: Chemistry, 2007, 192: 114-121.
[52] Morawski A, Janus M, Goc-Maciejewska I, et al. Decomposition of ionic liquids by photocatalysis[J]. Polish Journal of Chemistry, 2005, 79: 1929-1935.
[53] 黄理荣．光催化降解咪唑类离子液体及其机理研究 [D]. 广州：华南理工大学，2014.
[54] Itakura T, Hirata K, Aoki M, et al. Decomposition and removal of ionic liquid in aqueous solution by hydrothermal and photocatalytic treatment[J]. Environmental Chemistry Letters, 2009, 7: 343-345.
[55] 常睿．咪唑类及吡啶类离子液体降解性的研究 [D]. 北京：北京化工大学，2010.
[56] Boutiti A, Zouaghi R, Bendjabeur S, et al. Photodegradation of 1-hexyl-3-methylimidazolium by UV/H_2O_2 and UV/TiO_2: influence of pH and chloride[J]. Journal of Photochemistry and Photobiology A: Chemistry, 2017, 336: 164-169.
[57] Katoh R, Takahashi K. Photo-degradation of imidazolium ionic liquids[J]. Radiation Physics and Chemistry, 2009, 78: 1126-1128.
[58] Rouzo L, Lamouroux C, Dauvois V, et al. Anion effect on radiochemical stability of room-temperature ionic liquids under gamma irradiation[J]. Dalton Trans, 2009, 31: 6175-6184.
[59] 谢冰．超声波作用下有机污染物的降解 [J]. 水处理技术，2000, 26: 114-119.
[60] 赵德明，史惠祥，汪大翚．复频超声波氧化降解苯酚废水 [J]. 化工学报，2003, 54: 570-574.
[61] Li X, Zhao J, Li Q, et al. Ultrasonic chemical oxidative degradations of 1,3-dialkylimidazolium ionic liquids and their mechanistic elucidations[J]. Dalton Trans, 2007, 19: 1875-1880.
[62] Zhou H, Shen Y, Lv P, et al. Degradation of 1-butyl-3-methylimidazolium chloride ionic liquid by ultrasound and zero-valent iron/activated carbon[J]. Separation and Purification Technology, 2013, 104: 208-213.
[63] Zhou H, Lv P, Shen Y, et al. Identification of degradation products of ionic liquids in an ultrasound assisted zero-valent iron activated carbon micro-electrolysis system and their degradation mechanism[J]. Water Research, 2013, 47: 3514-3522.
[64] Zhou H, Lv P, Qi H, et al. Removal of residual functionalized ionic liquids from water by ultrasound-assisted zero-valent iron/activated carbon[J]. Environmental Technology, 2019, 40: 2504-2512.

[65] 申园园 . 超声辅助 - 纳米零价铁 / 过氧化氢降解离子液体 [D]. 洛阳 : 河南科技大学 , 2013.
[66] 刘宁宁 , 焦学枫 , 郭鑫 , 等 . 1- 甲基 -3- 丁基咪唑氯盐的超声降解研究 [J]. 辽宁化工 , 2016, 45: 1149-1150.
[67] 周明华 , 吴祖成 , 汪大翠 . 难生化降解芳香化合物废水的电催化处理 [J]. 环境科学 , 2003, 24: 121-124.
[68] Körbahti B, TanyolaçA. Electrochemical treatment of simulated textile wastewater with industrial components and Levafix Blue CA reactive dye: optimization through response surface methodology[J]. Journal of Hazardous Materials, 2008, 151: 422-431.
[69] Kroon M, Buijs W, Peters C, et al. Decomposition of ionic liquids in electrochemical processing[J]. Green Chemistry, 2006, 8: 241-245.
[70] Stolte S, Abdulkarim S, Arning J, et al. Primary biodegradation of ionic liquid cations, identification of degradation products of 1-methyl-3-octylimidazolium chloride and electrochemical wastewater treatment of poorly biodegradable compounds[J]. Green Chemistry, 2008, 10: 214-224.
[71] Haerens K, Matthijs E, Binnemans K, et al. Electrochemical decomposition of choline chloride based ionic liquid analogues[J]. Green Chemistry, 2009, 11: 1357-1367.
[72] 张瑶 , 胡翔 , 李春喜 , 等 . 铁炭微电解法降解 1- 丁基 -3- 甲基咪唑六氟磷酸盐 [J]. 环境化学 , 2010, 29: 92-95.
[73] 张瑶 , 胡翔 , 李春喜 , 等 . 铁炭微电解法降解 1- 丁基 -3- 甲基咪唑四氟硼酸盐的研究 [J]. 环境工程学报 , 2010, 4: 2727-2730.
[74] Fabiańska A, Ossowski T, Bogdanowicz R, et al. Electrochemical oxidation of ionic liquids at highly boron doped diamond electrodes[J]. Physica Status Solidi A-applications and Materials Science, 2012, 209: 1797-1803.
[75] Siedlecka E, Stolte S, Gołębiowski M, et al. Advanced oxidation process for the removal of ionic liquids from water: the influence of functionalized side chains on the electrochemical degradability of imidazolium cations[J]. Separation and Purification Technology, 2012, 101: 26-33.
[76] Siedlecka E, Fabiańska A, Stolte S, et al. Electrocatalytic oxidation of 1-butyl-3-methylimidazolium chloride: effect of the electrode material[J]. International Journal of Electrochemical Science, 2013, 8: 5560-5574.
[77] Gao J, Chen L, He Y, et al. Degradation of imidazolium-based ionic liquids in aqueous solution using plasma electrolysis[J]. Journal of Hazardous Materials, 2014, 265: 261-270.
[78] Qin Y, Sun M, Liu H, et al. AuPd/Fe_3O_4-based three-dimensional electrochemical system for efficiently catalytic degradation of 1-butyl-3-methylimidazolium hexafluorophosphate[J]. Electrochimica Acta, 2015, 186: 328-336.
[79] Bocos E, González-Romero E, Pazos M, et al. Application of electro-Fenton treatment for the elimination of 1-Butyl-3-methylimidazolium triflate from polluted water[J]. Chemical Engineering Journal, 2017, 318: 19-28.
[80] Poza-Nogueiras V, Arellano M, Rosales E, et al. Heterogeneous electro-Fenton as plausible technology for the degradation of imidazolinium-based ionic liquids[J]. Chemosphere, 2018, 199: 68-75.
[81] 陶长元 , 丁小红 , 刘作华 , 等 . Fenton 类氧化技术处理有机废水的研究进展 [J]. 化学研究与应用 , 2007, 19: 1177-1180.
[82] Wang J, Wang S. Reactive species in advanced oxidation processes: Formation, identification and reaction mechanism[J]. Chemical Engineering Journal, 2020, 401: 126158.
[83] Siedlecka E, Mrozik W, Kaczyński Z, et al. Degradation of 1-butyl-3-methylimidazolium chloride ionic liquid in a Fenton-like system[J]. Journal of Hazardous Materials, 2008, 154: 893-900.
[84] Siedlecka E, Stepnowski P. The effect of alkyl chain length on the degradation of alkylimidazolium- and pyridinium-type ionic liquids in a Fenton-like system[J]. Environmental Science and Pollution Research, 2009, 16(4): 453-458.
[85] Siedlecka E, Gołębiowski M, Kaczyński Z, et al. Degradation of ionic liquids by Fenton reaction: the effect of anions as counter and background ions[J]. Applied Catalysis B: Environmental, 2009, 91: 573-579.
[86] Domínguez C, Munoz M, Quintanilla A, et al. Degradation of imidazolium-based ionic liquids in aqueous solution by Fenton oxidation[J]. Journal of Chemical Technology & Biotechnology, 2014, 89: 1197-1202.
[87] Domínguez C, Munoz M, Quintanilla A, et al. Kinetics of imidazolium-based ionic liquids degradation in aqueous solution by Fenton oxidation[J]. Environmental Science and Pollution Research, 2018, 25: 34811-34817.
[88] Munoz M, Domínguez C, Pedro Z, et al. Role of the chemical structure of ionic liquids in their ecotoxicity and reactivity towards Fenton oxidation[J]. Separation and Purification Technology, 2015, 150: 252-256.
[89] Munoz M, Domínguez C, Pedro Z, et al. Ionic liquids breakdown by Fenton oxidation[J]. Catalysis Today, 2015, 240: 16-21.
[90] Zhou H, Shen Y, Lv P, et al. Degradation pathway and kinetics of 1-alkyl-3-methylimidazolium bromides

oxidation in an ultrasonic nanoscale zero-valent iron/hydrogen peroxide system[J]. Journal of Hazardous Materials, 2015, 284: 241-52.

[91] Gomez-Herrero E, Tobajas M, Rodriguez J. Removal of imidazolium- and pyridinium-based ionic liquids by Fenton oxidation[J]. Environmental Science and Pollution Research, 2018, 25: 34930-34937.

[92] 魏梁，冯瑶，唐玲，等. Fenton 氧化法处理功能化离子液体废水的研究 [J]. 广东化工，2019, 46: 6-8.

[93] Gathergood N, Scammells P. Design and preparation of room-temperature ionic liquids containing biodegradable side chains[J]. Australian Journal of Chemistry, 2002, 55: 557-560.

[94] Garci M, Gathergood N, Scammells P. Biodegradable ionic liquids: Part Ⅱ. Effect of the anion and toxicology[J]. Green Chemistry, 2005, 7: 9-14.

[95] Wells A, Coombe V. On the freshwater ecotoxicity and biodegradation properties of some common ionic liquids[J]. Organic Process Research & Development, 2006, 10: 794-798.

[96] Gathergood N, Garcia M, Scammells P. Biodegradable ionic liquids: Part Ⅰ. Concept, preliminary targets and evaluation[J]. Green Chemistry, 2004, 6: 166-175.

[97] Gathergood N, Scammells P, Garcia M. Biodegradable ionic liquids: Part Ⅲ. The first readily biodegradable ionic liquids[J]. Green Chemistry, 2006, 8: 156-160.

[98] Harjani J, Singer R, Garcia M, et al. The design and synthesis of biodegradable pyridinium ionic liquids[J]. Green Chemistry, 2008, 10: 436-438.

[99] Morrissey S, Pegot B, Coleman D, et al. Biodegradable, non-bactericidal oxygen-functionalised imidazolium esters: a step towards “greener” ionic liquids[J]. Green Chemistry, 2009, 11: 475-483.

[100] 戴宁，张凤君，陈继，等. 离子液体 [Omim]PF_6 的生物降解性研究 [J]. 环境科学，2009, 30: 480-483.

[101] 吴梦瑶，胡翔. 一株降解 1- 己基 -3- 甲基咪唑六氟磷酸盐微生物的筛选与鉴定 [J]. 高校化学工程学报，2014, 28: 431-437.

[102] Docherty K, Dixon J, Kulpa C. Biodegradability of imidazolium and pyridinium ionic liquids by an activated sludge microbial community[J]. Biodegradation, 2007, 18: 481-493.

[103] Docherty K, Joyce M, Kulacki K et al. Microbial biodegradation and metabolite toxicity of three pyridinium-based cation ionic liquids[J]. Green Chemistry, 2010, 12: 701-712.

[104] Kumar S, Ruth W, Sprenger B, et al. On the biodegradation of ionic liquid 1-Butyl-3-methylimidazolium tetrafluoroborate[J]. Chimica Oggi-Chemistry Today, 2006, 24: 24-26.

[105] Liwarska-Bizukojc E, Gendaszewska D. Removal of imidazolium ionic liquids by microbial associations: study of the biodegradability and kinetics[J]. Journal of Bioscience and Bioengineering, 2013, 115: 71-75.

[106] Deng Y, Beadham I, Ghavre M, et al. When can ionic liquids be considered readily biodegradable? Biodegradation pathways of pyridinium, pyrrolidinium and ammonium-based ionic liquids[J]. Green Chemistry, 2015, 17: 1479-1491.

[107] Harjani J, Singer R, Garcia M, et al. Biodegradable pyridinium ionic liquids: design, synthesis and evaluation[J]. Green Chemistry, 2009, 11: 83-90.

[108] Pham T, Cho C, Jeno C, et al. Identification of metabolites involved in the biodegradation of the ionic liquid 1-butyl-3-methylpyridinium bromide by activated sludge microorganisms[J]. Environmental Science & Technology, 2009, 43: 516-521.

[109] Zhang C, Wang H, Malhotra S, et al. Biodegradation of pyridinium-based ionic liquids by an axenic culture of soil Corynebacteria[J]. Green Chemistry, 2010, 12: 851-858.

[110] Zhang C, Malhotra S, Francis A. Toxicity of imidazolium- and pyridinium-based ionic liquids and the co-metabolic degradation of *N*-ethylpyridinium tetrafluoroborate[J]. Chemosphere, 2011, 82: 1690-1695.

[111] 张文林，唐聪，闫佳伟. 离子液体的生物毒性及降解性研究 [J]. 江苏农业科学，2019, 47: 204-208.

[112] 牧辉，彭新晶，戴宁，等. 离子液体 [C_8mim]PF_6 对水生生物的毒性作用 [J]. 中国环境科学，2009, 29: 1196-1201.

SERIE BOOKS ON **IONIC LIQUIDS**

IONIC LIQUIDS

6

离子液体的设计及合成

随着世界环境问题日益严重，绿色化学、绿色发展逐渐成为关注的焦点。从源头解决环境污染问题是可持续发展的重点。离子液体的出现、研究及发展为这一理念带来了新活力。离子液体，被认为是一种环境友好型的新型有机溶剂和功能材料，可以替代传统某些有毒的有机溶剂，已经应用于多个领域。随着离子液体研究和应用的持续深入发展，离子液体的种类迅速增加，相应的合成方法和手段也更加多样化。

$AlCl_3$ 型离子液体是研究最早的离子液体，由咪唑或吡啶的卤化物盐与卤化铝按一定比例混合而成，但由于其热稳定性和化学稳定性较差，尤其是对水和湿气敏感，需要在真空或惰性气体中合成和处理，且对许多物质有腐蚀性，因此，非 $AlCl_3$ 型离子液体是目前研究的重点。

离子液体的合成方法主要取决于目标离子液体的结构和组成，没有固定方法可循。因此，对下述方法的归类仅为了便于问题的阐述，类别包括常规离子液体的合成、绿色离子液体的合成等。

6.1 常规离子液体的合成

6.1.1 一步法

一步法（直接合成法）合成离子液体，是指由亲核试剂——叔胺（吡啶、咪唑和吡咯等）与卤代烃或酯类（硫酸酯、羧酸酯、碳酸酯和磷酸酯等）发生亲核加成反应，或者利用叔胺的碱性与酸发生中和反应而一步得到目标离子液体。

6.1.1.1 亲核加成反应

（1）叔胺与卤代烃反应

叔胺与卤代烃发生亲核加成反应生成季铵卤化物型离子液体，同时也是合成其他非卤化物型离子液体的前体。

Sun 等合成了吡咯类卤化物离子液体 2- 甲基 -1- 丙基吡咯烷碘盐。将 2- 甲基吡咯、碘甲烷与乙腈混合，混合后的产物在 70℃氮气气氛下搅拌 24h。通过蒸馏除去溶剂，固体产物用汽油洗涤 3 次，最后在室温下真空干燥 48h，得到 2- 甲基 -1- 丙基吡咯烷碘盐，产率为 96%。另以此方法合成了 2- 甲基 -1- 丁基吡咯烷碘盐，产率为 89%[1]。

任慧平合成了数种吡啶类卤化物离子液体。将吡啶、碘甲烷和环己烷混合后，加热回流，冷凝管上方连接干燥管，很快在液体中出现淡黄色油状液体，逐渐转变为白色不溶的固体，继续反应 4 ～ 5h，反应完成后除去有机溶剂，用乙腈重结晶，真空干燥后得到碘化 *N*- 甲基吡啶，产率为 91.7%。另以此方法合成了 *N*- 乙基吡啶溴盐、*N*- 丁基吡啶溴盐、*N*- 己基吡啶溴盐、*N*- 辛基吡啶溴盐、*N*- 十二烷基吡啶溴盐及 *N*- 十六烷基吡啶溴盐，产率为 45.3% ～ 85%[2]。

赵宇采用一步法合成溴化 1- 烷基 -3- 甲基咪唑离子液体，分别将溴取代烷烃溴丁烷、溴辛烷、溴十六烷与 *N*- 甲基咪唑等物质的量混合，加热至 75℃，磁力搅拌 24h，使其完全季铵化，之后将均相淡黄色黏性液体取出，加入大量乙酸乙酯洗去未反应的单体，可观察到含丁基和十六烷基的淡黄色液体立即变为浑浊液。将浑浊液倒入布氏漏斗进行真空抽滤，收集白色粉末，洗涤数次后将白色粉末放入真空烘箱干燥过夜。而含辛基的离子液体因其特殊的不对称结构，会和乙酸乙酯分层，使用分液漏斗分液，清洗数次，放入真空烘箱干燥过夜，即得到 1- 丁基 -3- 甲基咪唑溴盐 [Bmim]Br、1- 辛基 -3- 甲基咪唑溴盐 [C_8min]Br、1- 十六烷基 -3- 甲基咪唑溴盐 [C_{16}min]Br[3]。

Dimitrijević 等合成了 1- 烷基 -3- 乙基咪唑溴盐：将等物质的量的 1- 乙基咪唑和 1- 溴烷烃混合后，氮气气氛下低温搅拌 72h，冷却至室温后，利用乙酸乙酯液 - 液萃取纯化目标产物，最后在 70℃下真空干燥 72h 以上，得到目标离子液体 [4]。

（2）叔胺与酯反应

烷基咪唑与硫酸、磷酸、乙酸等的烷基酯发生烷基化反应，一步合成离子液体。

Wasserscheid 等报道了一种酯基功能化离子液体的新方法。以 α, β- 不饱和酯为烷基化试剂，烷基咪唑先经过酸处理，再与 α, β- 不饱和酯进行

Michael 加成反应得到目标离子液体。在质子化反应时引入所需的阴离子，无需复分解反应，且合成的功能化离子液体产率高。如果将酯换为甲基丙烯基酮或者丙烯腈，可合成含有酮羰基 / 氰基官能团的离子液体 [5]。

Holbrey 等合成了 10 种烷基硫酸盐离子液体。例如，将 1- 烷基咪唑与硫酸二甲酯 / 硫酸二乙酯在甲苯中发生烷基化反应，此时甲苯为惰性溶剂，可作为稀释剂和热沉剂来调节和控制反应过程。由于产物离子液体不溶于甲苯，形成两相：离子液体和甲苯。在 70℃下减压干燥产物混合盐，最后真空干燥得到 1,3- 二烷基咪唑硫酸盐离子液体 [6]。

Yang 等以相似方法合成了 1- 乙基 -3- 甲基咪唑硫酸盐离子液体。将等物质的量的硫酸二乙酯逐滴加入在氮气下冰浴中冷却的 1- 甲基咪唑甲苯溶液中，滴加速度使反应温度保持在 313.15K 以下，溶液由澄清快速变浑浊，生成离子液体，然后分成两相：甲苯和离子液体。硫酸二乙酯全部加入后，将反应混合液在室温下搅拌 2h。静置后倒掉上层有机甲苯相，下层离子液体相用甲苯洗涤三次，在 75℃下减压干燥移除残余有机溶剂，最后真空干燥得到无色 1- 乙基 -3- 甲基咪唑硫酸盐离子液体 [7]。

王均凤研究了 5 种磷酸酯类离子液体的设计及合成。例如，将等物质的量的咪唑和磷酸酯混合加入圆底烧瓶中，并置于油浴锅内，配有冷却水回流，加热油浴锅至 150℃，反应 12h 后，自然冷却至室温，得到浅棕色透明产物，利用乙醚萃取除去未反应的原料，纯化产物，并通过旋转蒸发器除去挥发性杂质，得到目标离子液体，产率可达 97%。另合成了 1 种硫酸酯类离子液体，将等物质的量的硫酸二乙酯缓慢滴加到 *N*- 甲基咪唑和甲苯的混合溶液中，由于此过程放热，需在冰水浴中进行，控制体系温度低于 40℃，滴加完毕后，在室温下搅拌 1h，得到的混合物分成两相，上相为甲苯，下相为离子液体，利用甲苯纯化并用旋转蒸发器除去易挥发杂质，得到无色透明离子液体，为 1- 乙基 -3- 甲基咪唑硫酸乙酯盐，产率大于 91%[8]。

（3）叔膦与卤代烃反应

叔膦与卤代烃发生亲核加成反应合成季鏻卤化物类离子液体。

Bradaric 等合成了三己基十四烷基鏻氯化物离子液体。将等物质的量的三己基膦和 1- 氯代十四烷混合，在 140℃氮气气氛下搅拌 12h，充分反应后，将混合物在真空下干燥，移除挥发性组分如己烯、十四烯异构体和过量的1- 氯代十四烷，得到透明淡黄色离子液体，产率为98%。此方法还可以用于合成其他十四烷基鳞卤化物[9]。

赵三虎等合成了5种季鳞卤化物离子液体。在氮气气氛下，将溴乙烷用恒压滴液漏斗滴加到装有三丁基膦的反应瓶中，持续搅拌。滴加完毕后，缓缓升温至体系微微回流。反应24h后，自然冷却至室温，有大量白色晶体析出。向反应瓶内加入环己烷，加热回流5min后自然冷却，抽滤，将产物在室温下真空干燥，得白色离子液体溴化乙基三丁基鳞，产率为97%。另外，使用此方法还合成了溴化正丙基三丁基鳞、溴化正丁基三丁基鳞、溴化正辛基三丁基鳞和溴化正癸基三丁基鳞等离子液体[10]。

Chaverrra等通过向线性伯氯代烷烃中加入三辛基膦，合成了三辛基（烷基）氯化鳞离子液体。合成过程在圆底烧瓶中进行，该烧瓶浸没在温度控制和磁力搅拌的液体硅浴中。在氮气气氛下，将氯代烷烃和三辛基膦先后加入圆底烧瓶中，并持续滴入磷化氢，当温度达到145℃时，反应停留18h，后经纯化步骤移除过量卤代烃。合成的产物溶解在正己烷中并与蒸馏水混合，持续搅拌，实现相分离，重复三次后，用旋转蒸发移除正己烷，再经真空干燥48h，得到目标离子液体[11]。

6.1.1.2 酸碱中和反应

通过有机碱与相应的酸进行中和反应合成离子液体，该方法操作简单，成本低，无副产物，产品易纯化，避免了置换反应引起的无机盐杂质问题和大量有机溶剂消耗问题，且常以水作为溶剂。常见的酸有盐酸、硝酸、硫酸、磷酸、甲酸、乙酸、苯甲酸、四氟硼酸、六氟磷酸、三氟乙酸、六氟甲烷磺酸等，有机碱有咪唑、*N*- 甲基咪唑、吡啶、乙酰胺、己内酰胺、二乙醇胺、三乙胺等。目前，通过酸碱中和法合成的离子液体超过百种。

孙志敏开展了12种多胺类离子液体的合成研究，见表6-1，所用有机碱为乙二胺、二亚乙基三胺、三亚乙基四胺、四亚乙基五胺等，酸为甲酸、乙酸、丙酸、乳酸等。在冰水浴中将同物质的量的酸滴入有机胺中，持续搅拌3h，随后用乙酸乙酯多次洗涤，经过减压蒸馏和真空干燥（60℃、48h），得到多胺离子液体[12]。

表6-1 酸碱中和反应后的离子液体产物

序号	产物	序号	产物
1	乙二胺丙酸盐	7	三亚乙基四胺甲酸盐
2	乙二胺乳酸盐	8	三亚乙基四胺乳酸盐
3	二亚乙基三胺甲酸盐	9	四亚乙基五胺甲酸盐
4	二亚乙基三胺乙酸盐	10	四亚乙基五胺乙酸盐
5	二亚乙基三胺丙酸盐	11	四亚乙基五胺丙酸盐
6	二亚乙基三胺乳酸盐	12	四亚乙基五胺乳酸盐

Hirao 等在研究中，通过将溶解在乙醇中的氟硼酸滴入相应的叔胺（单环或双环含氮有机碱）中合成了 21 种氟硼酸盐（表 6-2）。其中“1”到“14”及“21”利用滴入过量的无水乙醚进行纯化，“15”和“16”则是用过量的甲苯洗涤，“17”和“18”分别用乙腈和甲醇再结晶，“1”到“19”都是在 60℃真空下干燥 48h，而“20”和“21”通过冻干法获得，并在室温下真空干燥。由于反应剧烈放热，需要在低温或者冰水浴中进行 [13]。表 6-2 为所用有机胺。

表6-2 中和反应中的有机胺

序号	有机胺	序号	有机胺	序号	有机胺
1	2- 甲基吡咯	8	2,6- 二甲基吡啶	15	2,3- 二甲基吲哚
2	1- 乙基 -2- 苯基吲哚	9	*N*, *N*- 二甲基环己胺	16	2- 甲基吲哚
3	1,2- 二甲基吲哚	10	*N*, *N*- 二甲基环己基甲胺	17	吡咯
4	1- 乙基咔唑	11	1- 甲基吲哚	18	咔唑
5	2,4- 二甲基吡啶	12	1- 甲基吡咯	19	1- 甲基咪唑
6	2,3- 二甲基吡啶	13	1- 甲基吡唑	20	1- 乙基哌啶
7	3,4- 二甲基吡啶	14	1- 甲基苯并吡唑	21	1- 甲基吡咯

王均凤在利用亲核加成反应合成 6 种酸酯类离子液体的基础上，又进一步利用酸碱中和反应合成 4 种醇胺盐类离子液体。例如，向冰水浴中的三口烧瓶中加入二乙醇胺，边搅拌边滴入浓盐酸，调节滴加速度，控制反应体系温度低于 38℃，待反应结束后，利用旋转蒸发器除去残余氯化氢和溶剂水等可挥发的杂质，最后得到无色透明二乙醇胺盐酸盐离子液体 [14]。

Hossain 等利用乙醇胺和有机酸合成了 8 种羟胺类离子液体。在典型的合成过程中，将有机酸加入乙醇胺中，由于反应过程放热，因此装配有回流冷凝器。在氮气气氛下，室温搅拌 2h，然后加热至 60℃，以确保完全反应，得到无色羟胺类离子液体。包括盐酸乙醇胺甲酸、乙酸及乳酸盐，双（2- 羟基乙基）铵甲酸、乙酸及乳酸盐，2- 羟基 -*N*-（2- 羟基乙基）-*N*- 甲基乙胺乙酸盐及乳酸盐，产率为 70% ～ 90%[13]。

一步法的亲核加成反应和酸碱中和反应具有原子经济性、高转化率、高选择性等特点，进而实现资源有效利用和避免资源浪费。一步法反应可通过 100% 原子经济性反应合成离子液体，最大限度地利用反应原料和节约资源，最大限度地减少废物排放，因而最大限度地减少环境污染。

6.1.2 两步法

两步法合成离子液体，第一步先由叔胺与卤代烃反应合成季铵的卤化物盐，第二步将卤素离子替换为目标阴离子，可通过络合反应、复分解反应、离子交换或电解法等实现。

6.1.2.1 阴离子络合反应

阴离子络合反应主要利用卤素离子与过渡金属卤化物的络合反应生成单核或多核的络合阴离子。其中，络合离子的分布主要取决于卤素离子与金属盐的摩尔比。

$AlCl_3$ 类离子液体的合成只需将季铵的卤化物盐与 $AlCl_3$ 按一定的摩尔比混合，该反应为放热反应，应将二者缓慢分批加入，防止过热。例如，将 2mol $AlCl_3$ 缓慢加入 1mol 盐酸三甲胺 $(CH_3)_3NHCl$ 中，在干燥空气中持续搅拌，反应过程放热，形成浅褐色液体后再搅拌 1h，得到目标离子液体 $[(CH_3)_3NH][Al_2Cl_7]$[15]。

Wang 等合成了 1- 丁基 -3- 甲基咪唑四氯合铁酸盐（$[Bmim][FeCl_4]$），将等物质的量的 1- 丁基 -3- 甲基咪唑氯盐（[Bmim]Cl）与无水 $FeCl_3$ 混合，在 30℃下接触 3h，发生放热固态反应得到深棕色离子液体，用少量二氯甲烷进行萃取，之后干燥去除残留二氯甲烷，最后 60℃真空干燥 24h 得到透明棕色离子液体 $[Bmim][FeCl_4]$[16]。

邢素华等合成了 3 种金属络合银离子型功能化离子液体。例如，在真空条件下，将含有 [Bmim]Cl 的圆底烧瓶置于油浴中，加热至 70℃时，加入

等物质的量的 $ZnCl_2$，搅拌反应 8h，得到黄色、澄清的 [Bmim][$ZnCl_3$]。并用同样的方法合成了 [Bmim][$FeCl_4$] 和 [Bmim][$Zn(Ac)_3$][17]。

6.1.2.2 复分解反应

复分解反应是离子液体合成的最常用的方法，它是将分别含有目标阴阳离子的两种电解质，通过复分解反应得到目标离子液体。该方法的重点是提高复分解反应的完成度，提高离子液体的产率，也有利于提纯。促进复分解反应的方法包括形成新相，如新的液相、沉淀，或改换反应溶剂使产物选择性沉淀析出。

Paul 等合成了 1- 丁基 -3- 甲基咪唑六氟磷酸盐（[Bmim][PF_6]）。在冰水浴中，将六氟磷酸水溶液缓慢滴入 [Bmim]Cl 水溶液中，持续搅拌 1h 以上，防止放热反应过快，控制反应体系温度。随后在室温下搅拌 24h，除去上层酸性溶液后，用水清洗下层黏性离子液体部分以确保中性，再用丙酮或乙腈稀释产物，然后用活性炭处理至少 48h，用硅藻土干燥若干次，再 60℃真空干燥 12h，除去残余有机溶剂和水，得到 [Bmim][PF_6][18]。

Li 等合成了 1- 丁基 -3-(三甲基硅基) 咪唑六氟磷酸盐（[C_4tmsim][PF_6]）。在氮气气氛下，将等物质的量的 1- 溴丁烷与 1-(三甲基硅基) 咪唑混合，配有回流冷凝器。加入甲苯溶剂混合均匀后，70℃搅拌 18h，形成中间体 1- 丁基 -3-(三甲基硅基) 咪唑溴盐（[C_4tmsim]Br）。将 [C_4tmsim]Br 与六氟磷酸钾混合后，持续搅拌 4h，降到室温后倒掉水相，用水清洗数次，去除溴离子，随后 110℃真空干燥，去除残余水、溶剂和未反应的试剂，最终得到 [C_4tmsim][PF_6][19]。

刘海燕等基于微波辐射合成了 1- 丁基 -3- 甲基咪唑四氟硼酸盐离子液体。首先以 *N*- 甲基咪唑和溴代正丁烷为原料，在反应瓶中混合均匀，辅以微波辐射，合成 1- 丁基 -3 甲基咪唑溴盐（[Bmim]Br）。随后将 [Bmim]Br 和四氟硼酸钠在反应瓶中混合均匀，以一定功率加热 30s 后，取出反应瓶，搅拌 30s，重复上述操作直至反应瓶内出现无色透明溶液和白色溴化钠晶体。将产品冷却至室温，加入二氯甲烷，抽滤除去溴化钠和残余四氟硼酸钠。色谱柱分离后，低温下用去离子水反复洗涤二氯甲烷相，去除水相中的 Br^-，旋转蒸发除去二氯甲烷，45℃真空干燥 24h，得到无色透明目标离子液体，产率为84.2%[20]。

聂涛设计合成了新型含羰基钴聚醚咪唑类功能化离子液体。例如，首先以环氧乙烷和咪唑为原料反应得到中间体，再经烷基化合成氯代1-丁基-3-聚乙二醇咪唑盐，然后与硼氢化钾还原法制备的四羰基钴钾进行复分解反应合成功能化离子液体1-丁基-3-聚乙二醇咪唑四羰基钴。另以此法合成了1-乙基-3-聚乙二醇咪唑四羰基钴和1-苄基-3-聚乙二醇咪唑四羰基钴[21]。

6.1.2.3 离子交换法

离子交换法是将含目标阳离子的原料配成水溶液，通过含目标阴离子的交换树脂进行离子交换反应，得到目标离子液体的水溶液，通过蒸发水分得到最终产物。此方法的缺陷是树脂的交换容量小，需要反复再生处理，交换过程不充分时会影响产物纯度，而且离子液体也可能残留在树脂孔内，影响产品的洗涤过程和回收率。

Wasserscheid等以此法合成了1-丁基-3-甲基咪唑硫酸盐离子液体$[Bmim]_2[SO_4]$。将[Bmim]Cl水溶液通过离子交换树脂Amberlyst A27（硫酸型）得到$[Bmim]_2[SO_4]$水溶液，然后蒸发脱水，湿的残余物溶解在乙腈中，在旋转蒸发器中蒸发乙腈溶液除去水分，以上步骤重复三次，直到残余物不溶于乙腈。反应混合物在氩气下过滤，用乙腈洗两次，50℃高真空干燥过夜，除去水分，得到白色结晶粉末$[Bmim]_2[SO_4]$，产率为80%。另以此法合成了1-辛基-3-甲基咪唑双(三氟甲磺酰基)亚胺盐（$[Omim][(CF_3SO_2)_2N]$）、1-丁基-3-甲基咪唑双(三氟甲磺酰基)亚胺盐（$[Bmim][(CF_3SO_2)_2N]$）、1-丁基-3-甲基咪唑四硫酸氢根合硼酸盐（$[Bmim][B(HSO_4)_4]$）、1-辛基-3-甲基咪唑四硫酸氢根合硼酸盐（$[Omim][B(HSO_4)_4]$）[22]。

刘涛采用阴离子交换树脂法合成了一系列烷基咪唑类碱性离子液体，将1-丁基-3-甲基咪唑溴盐（[Bmim]Br）的水溶液通过装有活化过的氯型717阴离子交换树脂的色谱柱进行离子交换后，与苯甲酸发生酸碱中和反应，反应12h后，旋转蒸发除去反应生成的水分，真空70℃下干燥48h，得到无色、黏稠、透明离子液体1-丁基-3-甲基咪唑苯甲酸盐（$[Bmim][C_6H_5COO]$）。另以类似方法合成了其他离子液体，如[Bmim][HCOO]、

[Bmim][CH_3COO]、[Bmim][CH_3CH_2COO]、[Bmim][$CH_3(CH_2)_2COO$]、[Bmim][$CH_3CH(OH)COO$] 和 [Bmim][NO_3] 等[23]。

齐林林通过离子交换方式制备出了多种聚合硝酸化离子液体。例如，将 1- 乙烯基 -3- 乙基咪唑溴盐离子液体水溶液通过 IRA-900 阴离子交换树脂，静置 12h 使离子交换充分后，用水冲洗树脂，直至流出液为中性，此时树脂颜色由白色变为深褐色，洗出液为黄色透明液体。然后用稀硝酸中和洗出液，使洗出液中 OH^- 转化为 NO_3^-。然后 70℃旋转蒸发洗出液，得到棕黑色黏稠液体即为硝酸化离子液体单体，再将其聚合得到聚 (1- 乙烯基 -3- 乙基咪唑硝酸盐)。另以相似方法合成了聚 (1- 乙烯基 -3- 丁基咪唑硝酸盐)、聚 (1- 乙烯基 -3- 己基咪唑硝酸盐) 及聚 (1- 乙烯基 -3- 癸基咪唑硝酸盐)[24]。

Dinares 等合成了一系列 1,2,3- 三唑阳离子基离子液体。将三唑阳离子盐的甲醇溶液缓慢通过 Amberlyst A-26 离子交换树脂，随后用溶剂冲洗。洗出液干燥后得到残留物，在装配有五氧化二磷和氢氧化钾的烘箱中 60℃真空干燥 , 得到最终产物离子液体。以此方法合成了 1- 丁基 -3- 甲基三唑阳离子的乙酸盐、甲基磺酸盐、四苯基硼酸盐、六氟磷酸盐、三氟甲磺酸盐及四氟硼酸盐，1- 苄基 -3- 甲基三唑阳离子的乙酸盐、甲磺酸盐、六氟磷酸盐、三氟甲磺酸盐及四氟硼酸盐，产率为 90% ～ 97%[25]。

6.1.2.4 电解法

传统的两步法不可避免地有少量（1%～5%）卤离子存在于离子液体中，影响其使用，此外还需要使用有机溶剂，并产生等物质的量的副产物。为解决此问题，Moulton 提出了采用电化学技术合成高纯离子液体的方法，该技术的基本思路是选取含有目标阳离子的化合物，如季铵盐、季鏻盐以及含氮杂环、含硫杂环的化合物，其中的阴离子可以通过电解氧化成氯气、二氧化碳或氮气等，同时选取含有目标阴离子的化合物如乙酸、硝酸，其中的阳离子可以通过电解还原成氢气、氨气或氮气等。通过电解所形成的气体从电化学反应池中移去，剩下的目标阴、阳离子通过电化学反应池中的离子交换膜形成最终的离子液体。采用电化学技术合成的离子液体在经过除水后纯度能达到 99.999%，卤离子（如氯离子）含量可低于 100μg • g^{-1}，金属离子（如钠离子）含量可低于 20μg • g^{-1}，是一种充分利用离子液体导电性质从而合成高纯离子液体的方法[26]。

曹友洪利用电解法合成了数种甲基咪唑类离子液体。例如，将 1- 丁基 -3- 甲基咪唑溴盐（[Bmim]Br）的水溶液加入阳极室，将三氟甲磺酸溶液配成水溶液加入阴极室，其中，电解反应器选用玻璃材料，隔膜为阳离子交换膜，阴极、阳极材料均为石墨。用绝缘电线平行正对着固定在电解槽上，保持石墨电极最大的正对面积平行置于电解槽中，以一定的电流密度电解，反应结束后，将阴极室液体在 60℃下减压旋蒸，得到目标离子液体 [Bmim][OTf]。另用类似方法合成了 1- 辛基 -3- 甲基咪唑四氟硼酸盐（[Omim][BF_4]）、1- 辛基 -3 甲基咪唑乳酸盐（[Omim][$CH_3CH(OH)COO$]）、1- 丁基 -3- 甲基咪唑硝酸盐（[Bmim][NO_3]）等[27]。

6.1.3 合成过程的辅助技术

6.1.3.1 微波强化

离子液体的常规合成方法往往需要使用有机溶剂，而且需要数小时甚至几十小时的加热回流。微波强化的原理是电磁场的快速变化引起极性分子不断改变方向，从而引起分子的摩擦发热，属于体相加热技术。微波加热升温快，引起分子的不断转动，也是一种分子级别的搅拌作用，因此，可以在不使用溶剂的情况下，极大地提高反应速率，甚至是产率和选择性，某些反应可从几十个小时缩短至几分钟完成。

Varma 等首次报道在家用微波炉中合成一系列卤化咪唑类离子液体，不仅大幅度缩短了反应时间，由数小时到几分钟，而且不需要使用有机溶剂，减少环境污染[28]。

Gravotto 等通过微波和超声复合技术合成了 11 种含咪唑类、吡啶类、吡咯类阳离子及卤代烃基阴离子的离子液体，如 1- 丁基 -3- 甲基咪唑六氟磷酸盐（[C_4mim][PF_6]）、1- 辛基 -3- 甲基咪唑四氟硼酸盐（[C_8mim][BF_4]）、1- 辛基 -3- 甲基咪唑三氟甲磺酸盐（[C_8mim][OTf]）、1- 辛基吡啶双（三氟甲磺酰基）亚胺盐（[C_8py][TFSI]），见表 6-3，产率为 86% ～ 97%[29]。

表6-3　一锅法合成的离子液体

序号	离子液体	序号	离子液体	序号	离子液体
1	[C_8mim][PF_6]	5	[C_8py][PF_6]	9	[C_4mim][PF_6]
2	[C_8mim][BF_6]	6	[C_8py][BF_6]	10	[C_4mim][BF_6]
3	[C_8mim][OTf]	7	[C_8py][OTf]	11	[C_4mim][OTf]
4	[C_8min][TFSI]	8	[C_8py][TFSI]		

6.1.3.2　超声波强化

超声波借助超声空化作用可以在液体内部形成局部的高温高压微环境，而且由于超声波的搅拌作用可以极大地提高反应速率尤其是非均相化学反应的反应速率。采用超声技术后，得到的产品纯度比传统方法的更高。

Namboodiri 等利用实验室超声清洗器制备了多种 1,3- 二烷基咪唑卤化物。例如，在超声作用下，1- 氯丁烷和 1- 甲基咪唑混合物的反应温度由 22℃升到 80℃并稳定在 80℃，由于反应过程放热，使反应温度进一步升到 115℃，混合物由透明转为不透明（乳化）时，证明离子液体生成。此反应过程很快，无需额外的有机溶剂。类似地，当 1- 氯丁烷换为 1- 氯辛烷时，反应温度先升到 100℃，当离子液体形成时，反应温度进一步升到 125℃。用此方法也可合成丁基、己基和辛基双阳离子盐，且产品的纯度高于传统加热方法，这可能是由于当固体产物开始形成时，反应物的混合和传热效率降低 [30]。

张存等利用超声辅助合成羧甲基吡啶离子液体，将氯乙酸和吡啶混合物置于反应器内，500W、40kHz 超声下反应 2.5h，过滤后用二氯甲烷洗涤，真空干燥得到中间产物氯化 *N*- 羧甲基吡啶，在超声作用下将浓硫酸滴加到中间产物，直至固体消失，真空干燥后，得到目标 *N*- 羧甲基吡啶硫酸氢盐离子液体 [31]。

Rezki 等将 3- 吡啶甲醛与对氟苯胺的混合物溶解在乙醇和盐酸的混合溶液中，超声辐射 1h 后，得到中间产物，把含此产物的乙腈溶液与功能化卤代烃混合，超声辐射 2 ～ 4h 后，得到目标离子液体。相比于传统合成方法，超声辐射让合成过程由数十小时缩短至数小时 [32]。

6.2 绿色离子液体的合成

目前，离子液体的合成原料相对比较昂贵，且多为不可再生原料，部分具有危害性。因此，从自然资源中广泛易得的原料制备无毒、生物相容性好、生物可再生的离子液体得到了相关研究人员的关注。

6.2.1 绿色化学源制备离子液体

碳酸二甲酯是一种有效的有机合成原料，可以提供羰基、甲基、甲氧基、酯基等，相比于硫酸二甲酯具有更低的毒性，在生产中具有使用安全、方便、低污染、易运输等特点，因此被认为是一种有发展前景的绿色原料。在过去的十年间，基于碳酸盐的离子液体合成已发展成为一个广泛适用的、绿色无卤的工业生产过程。

Kalb 等通过大量实验将氮、磷、硫等亲核试剂与碳酸二烷基或二芳基酯发生季铵化生成季烷基或芳基碳酸酯，并利用量子化学计算 16 种典型碳酸基离子液体的热力学函数，成功地验证了该方法的可行性[33]。在后续研究中，以碳酸二甲酯和 *N*- 乙基咪唑为原材料，采用一种改善时空产率的连续流动方法合成了基于碳酸甲酯盐的离子液体（1- 丁基 -1- 甲基吡咯烷碳酸甲酯盐和 1- 乙基 -3- 甲基咪唑碳酸甲酯盐），此技术是目前用于合成纯度高、更环保和无卤化物离子液体的先进工艺之一[34]。

Maton 等以碳酸二甲酯、烷基咪唑为反应原材料，通过季铵化合成其相应的带有碳酸甲酯阴离子的离子液体，如 1- 乙基 -3- 甲基咪唑碳酸氢盐、1- 乙基 -2- 异丙基 -3,4,5- 三甲基咪唑双氰胺盐、1- 乙基 -2- 异丙基 -3,4,5- 三甲基咪唑双 (三氟甲磺酰基) 亚胺盐等。所制备的离子液体通过离子交换反应得到阴离子为其他类型离子的离子液体。第一步反应所得到的碳酸甲酯盐复分解仅产生气态副产物，且这些碳酸甲酯盐可以通过与水反应转化为碳酸氢盐，避免卤素离子的干扰问题，具有对环境友好、污染少等特点[35]。

6.2.2 绿色生物源制备离子液体

以易获得的胆碱、脂肪酸、氨基酸、碳水化合物等生物源为原材料合成离子液体，具有环境毒性小、与环境兼容性好、原料广泛、易生物降解等特点。近年来，以氯化胆碱为原料制备胆碱离子液体受到广泛关注，其阴离子组分有氨基酸根、有机酸根、无机酸根等。胆碱离子液体具有成本低、原材料易得、合成工艺易放大等特点，目前在化学合成及材料合成等领域有广泛的应用。

6.2.2.1 脂肪酸离子液体

徐丹以四丁基氢氧化鏻和三己基十四烷基溴化鏻为基础，通过向离子液体阴离子部分引入具有柔性结构的长链脂肪酸根，设计合成了3类13种新型长链脂肪酸离子液体，具有强碱、亲酯、低黏、宽液程等特点。这三类脂肪酸离子液体：一是以四丁基鏻为阳离子和饱和脂肪酸根为阴离子；二是以三己基十四烷基鏻为阳离子和饱和脂肪酸为阴离子；三是以四丁基鏻为阳离子和不饱和长链脂肪酸根为阴离子。合成方法包括两种：第一种，将等物质的量的四丁基氢氧化鏻与脂肪酸在45℃下发生酸碱中和从而生成脂肪酸离子液体；第二种，先将三己基十四烷基溴化鏻用强碱型柱子交换后，再与相应的脂肪酸进行酸碱中和反应[36]。

基于量子化学计算法，从电子水平上系统研究了离子液体结构与碱性的关系，提出了两种增强离子液体碱性的方法：一是削弱阴阳离子间的相互作用；二是采用阴离子键合策略。初步考察了该离子液体对典型酸性有机分子的萃取性能，显示了较强的有机分子萃取能力，其对苯酚的分配系数高达736.6，是同期离子液体的42倍。

楚文娟等在低温（3～20℃）恒温水浴中，利用酸碱中和反应，将胆碱与脂肪酸（甲酸、乙酸、丙酸和正丁酸）物质的量之比为1:2的胆碱氢氧化物水溶液（48%）滴加至脂肪酸水溶液中，搅拌反应48h。在55℃下旋转蒸发除去水分，所得离子液体于70℃真空干燥48h，即得胆碱脂肪酸离子液体。研究其对微晶纤维素、木聚糖、木质素等的溶解性能。研究表明，该类离子液体对木质素的溶解度达到192.0mg・g^{-1}，具有较强的溶解能力，对木聚糖的溶解能力较弱，溶解度不超过 30mg · g^{-1}，而对微晶纤维素几乎不溶，溶解度低于 3mg · g^{-1}，通过研究脂肪酸碳链数目对木质素的提取率的影响，找到一种对木质素的提取率高达 61.2% 的胆碱丙酸盐离子液体。该类离子液体可作为一类潜在的有效分离木质素的环境友好型离子液体 [37]。

Battez 等以三辛基甲基溴化铵为阳离子和 3 种脂肪酸（辛酸、月桂酸和棕榈酸）为阴离子，合成了三种新型脂肪酸离子液体。主要合成方法包括：一是酯的形成，将等物质的量的氢氧化钠水溶液加入脂肪酸乙醇溶液中，持续搅拌 12h，并通过旋转蒸发、干燥，得到目标产物；二是复分解反应，将上述产物酯水溶液与三辛基甲基溴化铵的甲苯溶液混合，持续搅拌 24h 后，所得的离子液体经水洗纯化；三是溶剂移除，通过旋转蒸发移除残余溶剂，得到橙黄色液体产物，产率可达 95%。并对离子液体的密度、黏度、毒性及生物降解等性质进行了研究 [38]。

Tampucci 等将等物质的量的天然疏水性脂肪酸羧酸盐与 1,1,3,3- 四甲基胍混合，在无其他溶剂的情况下，在 60℃下反应 1h 合成了一系列脂肪酸质子离子液体，为白色固体，产率达到 99%，并考察其作为药物传递系统的能力。证明了该离子液体可与 D-α- 生育酚聚乙二醇琥珀酸酯结合形成纳米尺寸自组装胶束，能够封装抗癌药物，并以 pH 值为触发机制，实现在癌变组织释放药物，并且在局部使用后能够在作用部位（如皮肤）产生有效的药物剂量。该系统被认为是一种潜在的可用于皮肤癌治疗的药物传递系统 [39]。

Ramajo 等借鉴 Battez 团队合成离子液体的方法，以三辛基甲基溴化铵和四己基溴化铵为阳离子，己酸、辛酸、月桂酸、棕榈酸、硬脂酸和油酸等脂肪酸为阴离子，合成了 8 种脂肪酸离子液体，同样得到了橙黄色液体产物，产率达到 95%。并从润滑剂的角度出发，研究该类离子液体的热稳定性 [40]。

张展等研究了 20 种氨基酸降低卷烟烟气中巴豆醛和氰化氢含量的效果，发现精氨酸、赖氨酸对降低氰化氢和巴豆醛的释放量有突出效果。另考虑成本及使用情况，选定赖氨酸为阴离子和氢氧化胆碱为阳离子，合成了胆碱赖氨酸盐（[Ch][Lys]）离子液体，并用 SiO_2 进行固载，得到 [Ch][Lys]/SiO_2 复合材料。该材料对卷烟烟气中氰化氢和巴豆醛具有较好的选择性降低作用，释放量分别降低 83% 和 29%，为烟草减害技术提供一定的参考 [41]。

Ali 制备了一系列具有生物相容性的无卤素胆碱脂肪酸基离子液体，并研究了它们在水溶液中的胶束性质。将等物质的量的脂肪酸（油酸、亚油酸和芥酸）和氢氧化胆碱混合后，室温下搅拌 24h 完成中和反应，通过 40℃、20kPa 旋转蒸发后，冷冻干燥 48h，得到目标产物。通过张力测量、电导测量和动态光散射测量等方法研究了离子液体的表面活性[42]。

在安艳霞团队合成了一系列低毒且可生物降解的胆碱类离子液体的基础上，选用几种典型的胆碱氨基酸盐和胆碱羧酸盐离子液体作为预处理溶剂。选用的离子液体的合成方法为，在 25℃搅拌下将等物质的量的 46% 的氢氧化胆碱水溶液滴入氨基酸水溶液中，反应完成后，经过旋转蒸发、真空干燥，得到目标离子液体。研究其对 Kraft 木质素的预处理机制，阐明该类离子液体对 Kraft 木质素结构及性质的影响。首次探讨了该类离子液体预处理水稻秸秆后进行组分分离的可能性，并对离子液体的重复利用进行了研究，随后，对比研究了不同预处理方法萃取的木质素的结构和性质，最后从该类离子液体预处理水稻秸秆后的残渣中分离出残余木质素。研究了残余木质素对酶的非特异性吸附及纤维素和纤维二糖水解的影响，首次结合残余木质素的结构，阐明了残余木质素对纤维素酶解的影响机制。同时，建立了绿色、经济、高效的木质纤维素预处理及组分分离的新工艺[43]。

6.2.2.2 氨基酸离子液体

氨基酸离子液体中的氨基酸及氨基酸衍生物既可以作为阳离子也可以作为阴离子。通过修饰或改变氨基酸侧链可以合成具有特定性质的氨基酸离子液体。如改变氨基酸基团、碳酰基团等功能性基团，可调节氨基酸离子液体的手性、疏水性、离子导电性、熔点等。

根据氨基酸组分不同，氨基酸离子液体可分为：①阴离子氨基酸离子液体，对应的常见阳离子包括胆碱类、季铵盐类、季鳞盐类、咪唑类等；②阳离子氨基酸离子液体，对应的阴离子多为无机酸、有机酸等；③氨基酸低共熔离子液体，此时的氨基酸可作为氢键给体和氢键受体（盐组分）。据现有报道可知，与咪唑类和吡啶类离子液体相比，氨基酸离子液体表现出更低的生物毒性，且具有高热稳定性、低黏度、可重复使用、生物相容性强等特点。由于氨基酸易于以低成本大量制备，而且氨基酸离子液体的合成过程不涉及高压或高温，通常在室温和大气压下即可合成，因此，有望在生物、医学、医药科学以及润滑油工业等领域中应用[44-45]。

（1）阴离子氨基酸离子液体

Fukumoto 和 Ohno 等首次合成了以 20 种天然氨基酸（谷氨酸、甘氨酸、丙氨酸、天冬氨酸、组氨酸、赖氨酸、丝氨酸、缬氨酸、异亮氨酸等）作为阴离子（见表 6-4），以 1- 乙基 -3- 甲基咪唑（$[Emim]^+$）作为阳离子的氨基酸离子液体。将 1- 乙基 -3- 甲基咪唑氯盐通过阴离子交换树脂，转化为 1- 乙基 -3- 甲基咪唑氢氧盐，然后与氨基酸（AA）发生酸碱中和，得到对应的 [Emim][AA] 离子液体。在室温下为液态，近乎无色透明，能够和多种有机溶剂（甲醇、氯仿等）互溶[46-47]。

表6-4 氨基酸阴离子

序号	阴离子	序号	阴离子	序号	阴离子
1	甘氨酸 [Gly]	8	赖氨酸 [Lys]	15	精氨酸 [Arg]
2	丙氨酸 [Ala]	9	苏氨酸 [Thr]	16	天冬酰胺 [Asp]
3	蛋氨酸 [Met]	10	苯丙氨酸 [Phe]	17	谷氨酰胺 [Gln]
4	缬氨酸 [Val]	11	色氨酸 [Trp]	18	天冬氨酸 [Asp]
5	异亮氨酸 [Ile]	12	组氨酸 [His]	19	谷氨酸 [Glu]
6	亮氨酸 [Leu]	13	酪氨酸 [Tyr]	20	脯氨酸 [Pro]
7	丝氨酸 [Ser]	14	半胱氨酸 [Cys]		

胆碱氨基酸离子液体在捕捉 CO_2 方面具有明显优势，Bhattacharyya 团队以商用且廉价的二甲基乙醇胺为原料合成了 18 种胆碱氨基酸离子液体。如在氮气气氛中，将二甲基乙醇胺和烷基溴的混合物搅拌 3 ～ 5h，温度为 50 ～ 60℃。反应完成后，用旋转蒸发器除去未反应的烷基溴等，得到二甲基乙醇胺的溴化季铵盐。将此溴化盐溶解在装填 IRN-78 碱性树脂的水中，搅拌整晚。随后，将上述水溶液通过 IRN-78 碱性树脂得到氢氧化季铵盐溶液，与对应氨基酸进行酸碱中和反应，干燥脱水后，得到胆碱氨基酸离子液体。未反应的氨基酸通过甲醇移除，然后在 0℃保存整晚。并以相似的方法，合成了乙醚功能化胆碱氨基酸离子液体，且提高了离子液体捕捉 CO_2 的能力[48]。

此外，王兵也研究了 6 种季铵盐氨基酸离子液体对 CO_2 的捕捉能力。

具体合成步骤以离子液体四乙铵L-脯氨酸盐为例，将L-脯氨酸水溶液滴入四乙基氢氧化铵水溶液中，持续搅拌，反应温度为25℃。反应24h后，在60℃下减压蒸发除水，再加入乙腈，低温放置12h，结晶析出未反应的L-脯氨酸，过滤，将滤液减压蒸发除去乙腈，得到离子液体四乙基铵L-脯氨酸盐。以此方法另合成了四乙基铵的L-肌氨酸盐、L-蛋氨酸盐、L-丙氨酸盐、β-丙氨酸盐及甘氨酸盐。并考察了四乙基铵的β-丙氨酸盐、L-丙氨酸盐、甘氨酸盐及L-脯氨酸盐捕捉H_2S的能力[49]。

Song等以5种氨基酸（L-丝氨酸、L-苏氨酸、L-缬氨酸、L-亮氨酸和L-赖氨酸）和四丁基氢氧化铵为原料，通过酸碱中和合成了5种氨基酸离子液体，典型合成工艺为将等物质的量的四丁基氢氧化铵水溶液滴入氨基酸水溶液中，室温下搅拌12h，蒸发水分，最后在80℃真空干燥48h以上，得到目标离子液体，并考察其作为润滑剂的特点及优势。相比于传统含磷、卤素、硫润滑剂，该离子液体的结构中只含有C、N、O、H，更加“绿色”、更加环保，其合成过程无副产物产生。无卤素的特性，使得该离子液体具有更高的水解稳定性和更低的腐蚀性。在运动摩擦过程中，该离子液体在金属表面形成物理吸附层进而表现出良好的润滑性能[50]。

康宁在避免使用价格昂贵的氢氧化胆碱基础上，利用一锅法合成了5种胆碱基氨基酸离子液体（胆碱甘氨酸盐、胆碱丝氨酸盐、胆碱脯氨酸盐、胆碱组氨酸盐及胆碱苯丙酸盐等），核心思想为通过氨基酸和氢氧化钾的中和反应生成氨基酸钾盐，再利用其与氯化胆碱、目标产物离子液体和副产物氯化钾在乙醇中溶解度的差异，进行复分解反应，从而得到纯化后的目标离子液体。典型过程包括，将氢氧化钾溶于乙醇，并在25℃氮气保护下将上述溶液与氯化胆碱、氨基酸持续搅拌，随后经过过滤、旋转蒸发、洗脱、过滤、旋转蒸发、真空干燥，得到胆碱基氨基酸离子液体，并应用于重质油矿分离[51]。

（2）阳离子氨基酸离子液体

阳离子氨基酸离子液体有两种制备方法：一是以氨基酸为原料与相应的酸中和一步制备；二是以氨基酸酯盐酸盐为原料与相应的目标酸盐进行交换制备。比较简易的方法是使用银盐，反应完全后过滤除去氯化银，经过简单纯化即可得到产品，但银盐费用较高；也可以使用相应酸的钠盐、钾盐或锂盐在甲醇等有机溶剂中进行复分解反应。

Tao 等利用一步酸化法合成了 17 种氨基酸离子液体，见表 6-5[52]。具体合成过程以丙氨酸硝酸盐（[Ala][NO_3]）为例，将硝酸滴入丙氨酸水溶液中，加热到 60℃，反应 24h 后，收集固体产物，用甲醇 / 乙醚重结晶后，60℃真空干燥，得到 [Ala][NO_3]。另将酯化后的氨基酸进行复分解反应得到 22 种氨基酸酯离子液体，见表 6-6。具体合成过程以丙氨酸甲酯硝酸盐（[AlaC_1][NO_3]）为例，氮气保护下，温度为 0℃时，将氯化亚砜滴入丙氨酸甲醇溶液中，加热至 40℃，持续搅拌 2h。然后将浓缩的溶液加入乙醚中，收集沉淀物，用甲醇 / 乙醚重结晶后，60℃真空干燥，得到丙氨酸甲酯盐酸盐（[AlaC_1]Cl）。将 [AlaC_1]Cl 和 $AgNO_3$ 分别溶解在甲醇中，并将二者混合，过滤沉淀物，过滤后的水溶液经 60℃真空干燥，然后再用甲醇 / 醚纯化，得到白色固体 [AlaC_1][NO_3]。

表6-5　氨基酸盐

序号	离子液体	序号	离子液体	序号	离子液体
1	[Gly]Cl	7	[Ala][PF_6]	13	[Pro][NO_3]
2	[Gly][NO_3]	8	[Ala][CF_3COO]	14	[Pro][BF_4]
3	[Gly][BF_4]	9	$[Ala]_2[SO_4]$	15	[Pro][PF_6]
4	[Gly][PF_6]	10	[Val][NO_3]	16	$[Pro]_2[SO_4]$
5	[Ala][NO_3]	11	[Ile][NO_3]	17	[Pro][CF_3COO]
6	[Ala][BF_4]	12	[Thr][NO_3]		

表6-6　氨基酸酯盐

序号	离子液体	序号	离子液体	序号	离子液体
1	[GlyC_1][NO_3]	9	[AlaC_1][Lac]	17	[SerC_1][NO_3]
2	[GlyC_2][NO_3]	10	[AlaC_2][NO_3]	18	[ProC_1][NO_3]
3	[AlaC_1][NO_3]	11	[AlaC_2][Lac]	19	[ProC_1][BF_4]
4	[AlaC_1][BF_4]	12	[ValC_1][NO_3]	20	[ProC_1][PF_6]
5	[AlaC_1][PF_6]	13	[LeuC_1][NO_3]	21	[ProC_1][Lac]
6	[AlaC_1][TFSI]	14	[IleC_1][NO_3]	22	[ProC_2][NO_3]
7	[AlaC_1][SCN]	15	[PheC_1][NO_3]		
8	[AlaC_1][Ace]	16	[ThrC_1][NO_3]		

注：C_1 表示甲酯；C_2 表示乙酯。

Tao 等在上述研究的基础上，简化了制备过程，合成了一系列以氨基酸及其衍生物为阳离子的新型离子液体。如等物质的量的硝酸滴入脯氨酸（Pro）水溶液中，60℃反应 24h，然后 60℃真空干燥，得到离子液体 [Pro][NO_3]；将等物质的量的 $AgNO_3$、甘氨酸甲酯盐酸盐（[GlyC_1]Cl）的甲醇溶液混合，反应完成后，过滤沉淀物，过滤后的液体经 60℃真空干燥，干燥后的产物用甲醇 / 乙醚纯化，再经真空干燥 24h 以上，得到离子液体 [GlyC_1][NO_3]。用上述方法合成了 20 种氨基酸离子液体，见表 6-7，其中 [ProC_4][NO_3] 为脯氨酸丁酯硝酸盐，[ProC_2][Sac] 为脯氨酸乙酯糖精盐。进一步考察了这些离子液体的热稳定性、相行为、黏性及混合性等。

表6-7　氨基酸及其衍生物为阳离子的氨基酸离子液体

序号	离子液体	序号	离子液体	序号	离子液体
1	[Pro][NO_3]	8	[ThrC_1][NO_3]	15	[ValC_1][Sac]
2	[GlyC_1][NO_3]	9	[SerC_1][NO_3]	16	[LeuC_1][Sac]
3	[AlaC_1][NO_3]	10	[ProC_1][NO_3]	17	[IleC_1][Sac]
4	[ValC_1][NO_3]	11	[ProC_2][NO_3]	18	[ThrC_1][Sac]
5	[LeuC_1][NO_3]	12	[ProC_3][NO_3]	19	[ProC_1][Sac]
6	[IleC_1][NO_3]	13	[ProC_4][NO_3]	20	[ProC_2][Sac]
7	[PheC_1][NO_3]	14	[AlaC_1][Sac]		

王晓丹等参考 Tao 的研究合成了 3 种无色氨基酸硫酸氢盐离子液体 [Gly][HSO_4]、[Ala][HSO_4]、[Glu][HSO_4]，产率分别为 97.6%、96.8%、98.5%，将其在 80℃真空干燥 24h，随后用于催化合成阿司匹林。当催化剂为 [Glu][HSO_4] 时，阿司匹林产率可达 84.8%[53]。

卿海群也采用与 Tao 文献类似的方法，合成了 4 种阳离子性氨基酸离子液体。以合成 [Pro][CF_3COO] 离子液体为例，将等物质的量的三氟乙酸溶液滴入脯氨酸水溶液中，混合后 60℃搅拌 24h，反应完成后经旋转蒸发除去水分，最后用少量乙腈 / 甲醇溶液洗涤三次除去过量氨基酸，滤液经 50℃真空干燥 12h，得到浅黄色固体 [Pro][CF_3COO]。其他 3 种离子液体 [Pro][NO_3]、$[Pro]_2[SO_4]$、[Phe][CF_3COO] 也按此步骤合成。此类离子液体手性选择性强且对多种药物对映体有拆分能力[54]。

Dong 等在氨基酸（脯氨酸、丙氨酸或甘氨酸）水溶液中滴入等物质的量的硫酸，常温搅拌 1h，真空干燥后，得到氨基酸离子液体（脯氨酸硫酸氢盐、丙氨酸硫酸氢盐或甘氨酸硫酸氢盐），产率为 99%。将合成的离子液体用于催化戊酸与乙醇发生酯化反应，生成可作为潜在生物燃料的戊酸乙酯。其中脯氨酸硫酸氢盐具有最高的催化活性，转化率接近 100%，这为氨基酸离子液体催化鱼油脂肪酸乙酯化反应提供了依据 [55]。

Wang 等将等物质的量的氨基酸（甘氨酸、亮氨酸、苏氨酸、丙氨酸、缬氨酸、赖氨酸、苯丙氨酸或天冬氨酸）和盐酸溶解在水中，60℃持续搅拌 1h，配有冷凝回流装置。随后，用旋转蒸发去除溶剂，得到的粗产物经乙腈和甲醇的混合液洗涤后，50℃真空干燥 12h，得到对应氨基酸盐酸盐。当盐酸替换为硫酸时，合成了甘氨酸硫酸氢盐离子液体。将上述离子液体应用于催化甲壳素生物质 *N*- 乙酰 -D- 氨基葡萄糖转化为 3- 乙酰氨基 -5- 乙酰基呋喃（^3A_5AF），转化率在 50% 以上。^3A_5AF 是一种平台化合物，可用于含氮精细化学品的合成，此研究为贝类渔业废弃物转化为具有附加值的平台化合物提供了新的绿色途径 [56]。

6.2.2.3 糖基离子液体

目前，以糖类作为原材料提取的平台化合物 γ- 戊内酯和二氢左旋葡萄糖酮已经可以在市场中购买到，从糖类中制备低毒可持续的化学品已经吸引了大量的研究。而且碳水化合物的本质是手性的，表明它具有制备绿色先进功能材料的特性。

然而，糖的高密度官能团限制了其在离子液体合成方面的应用。目前，由碳水化合物合成离子液体主要有两种方法：一是含酸性（碱性）基团的糖与相应的碱性（酸性）化合物的酸碱中和反应；二是基于糖基上的一个官能团与离子附属物发生的选择性衍生化。通常来看，第一种方法主要涉及中和反应，当碳水化合物具有酸性（如糖醛酸）或碱性（如葡萄糖胺）时，中和法比较常用，且比第二种方法简单。但在多数情况下衍生法更加普遍，由于不同碳水化合物具有不同功能化和立体化学的特点，因此，此合成方法的选择主要依赖前驱体材料的性质。后续，主要按照不同碳水化合物进行划分。

（1）D- 半乳糖

D- 半乳糖是一种非常常见的天然单糖，存在于糖蛋白、糖脂和蛋白多糖中，是葡萄糖的C-4外聚物，工业上可通过乳糖的酶解得到，是乳制品工业的副产品。从2011年到现在，只有少量研究报道了利用D-半乳糖合成离子液体。基于羟基选择性衍生化引入阳离子附属物的原理形成了两种合成方法。

Jayachandra等在干燥的乙腈中搅拌单糖衍生物（D-半乳糖和D-核糖），加入*N*-甲基咪唑，回流反应混合物，反应完成后，减压蒸馏出溶剂，得到的粗化合物用二乙醚洗涤，得到目标的糖基离子液体，回收率可达71%[57]。并又进一步合成了疏水性D-半乳糖基离子液体，首先游离仲醇羟基被$ZnCl_2$和H_2SO_4选择性保护，随后游离伯醇羟基被碘取代，完成碘化，进一步与含氮亲核试剂（*N*-甲基咪唑等）在乙腈回流条件下反应6天后，得到目标离子液体，通过复分解反应进行简单的离子交换，提高离子液体的疏水性，产率可达82%，并用于Cd^{2+}的去除，去除率达到98%[58]。该反应的缺点是反应速度慢，需要几天的加热回流才能实现完全转化和良好的产率，最后阴离子与合适的钾盐或锂盐发生复分解致使离子液体具有更疏水的特性。反应是在水中完成，形成的产物会沉淀析出。

与上述方法相比，Qiao等制备糖基离子液体时所用方法有略微不同。在该研究中，D-半乳糖与HBr发生过乙酰化反应，随后在双分子亲核取代反应下与含硫亲核试剂发生反应，得到硫代半乳糖苷，经过1,2-二溴乙烷衍生化、叔胺取代后，得到季铵盐，最后经过脱乙酰作用合成目标离子液体[59]。此方法非常耗时，衍生化过程很长，衍生化、叔胺取代及脱乙酰后的3种产物都需要通过硅胶柱层析，其中，被用于季铵化反应的叔胺还没有商业化。Dmochowska团队提出了一种类似但更简便的合成路线。在过氧乙酰半乳糖的异构碳上选择性引入2-溴乙氧基，得到2-溴乙基-四-*O*-乙酰基-*β*-半乳糖苷，然后经过叔胺取代、甲醇/甲醇钠酯化得到目标离子液体。该方法比较简单，消耗时间短[60]。

Ahmad等以D-半乳糖的衍生物对硝基苯-*α*-D-吡喃半乳糖苷为初始原料，在吡啶中与乙酸酐发生过乙酰化反应，随后经过一系列反应，包括还原反应、与4-二甲氨基丁酸耦合、脱乙酰反应及质子化作用等，得到目标产物。此方法选择的初始原料与之前的方法不同，但也需要用色谱法进行纯化[61]。

（2）D- 木糖

D- 木糖是在植物中大量发现的戊糖，主要来源于半纤维素。Ferlin 等在 2013 年首次报道了 D- 木糖合成离子液体的研究。该方法为，D- 木糖的半乙酰化产物与炔丙醇反应后得到炔基化合物，随后经过 1,3- 偶极环加成反应，与四氟硼酸三乙酯发生季铵化与脱乙酰化反应，得到目标离子液体。该工艺的缺点在于，为获得良好的产率需要在 1,3- 偶极环加成反应过程中大量使用铜盐 [62]。

Gatard 等以 D- 木糖衍生物 β- 糖苷为原料，先后通过与叠氮乙酸甲酯反应，与四丁基氢氧化铵反应完成酯基水解，得到目标手性离子液体。此外，作者还通过选用不同的羟基酯实现对中间体选择性异构体衍生化，然后用四烷基氢氧化鏻或四烷基氢氧化铵水解，得到目标阴离子木糖衍生离子液体。该方法不需要色谱纯化，并且提供了一种合成阴离子糖基离子液体的技术路线 [63]。

Jayachandra 等使用一种比较复杂的方法来合成目标离子液体，包括木糖羟基（如缩醛化合物）的选择性保护与脱保护过程，随后进行对甲苯磺酸酯游离醇的活化、咪唑亲核反应的开环、与碘甲烷的季铵化及阴离子复分解反应，得到具有相同阳离子糖基自由基的不同离子液体 [64-65]。该方法最大的缺点就是反应时间长且需要柱色谱法纯化部分化合物。

（3）D- 葡萄糖酸

D- 葡萄糖酸是一种 D- 葡萄糖氧化后的天然有机酸，主要来源于厨余垃圾，具有两种形式：环状葡萄糖酸 -δ- 内酯和线形 D- 葡萄糖酸。葡萄糖酸及其衍生物来自自然界中细菌和霉菌氧化葡萄糖，可在哺乳动物体内作为碳水化合物代谢的中间体被发现。通常这些化合物都是无毒的，可在无氧 / 有氧条件下生物降解。

葡萄糖酸已经广泛应用于新型离子液体的合成。葡萄糖酸可作为一种环保且可持续的原料来源，且其结构有利于化学选择衍生化。且可以避免保护与脱保护过程。而且，以自由酸形式存在的葡萄糖酸不需要衍生化，可与碱性化合物直接进行酸碱中和合成离子液体。线形 D- 葡萄糖酸的酸碱中和 - 复分解反应已经引起了广泛关注，通过中性盐的阴离子交换得到有机阳离子的氢氧化物，进而合成目标离子液体以及水等易除去的副产物。

作为一个典型的案例，Costa 等以市售 1- 甲基 -3- 烷基咪唑氯化物（溴化物）为原料，将其溶解在甲醇中，通过阴离子交换柱得到目标氢氧化物。并将得到的溶液加入溶解在甲醇里的葡萄糖酸中，持续搅拌 1 ～ 2h，通过减压法移除溶剂后得到纯净目标离子液体。此方法可以快速、便捷地合成不同的离子液体，但该合成过程只发生在阴离子侧，具有一定的局限性。这主要是因为，糖类化合物具有特殊性质，需要通过保护与脱保护过程来实现羟基的选择性改性 [66]。

Zhi 等提供了一种基于酰胺的合成方法，该酰胺由葡萄糖酸 -δ- 内酯的羧基衍生化生成，在侧链处存在亲核氮。最后通过侧链亲核氮的季铵化过程，得到目标离子液体。通常情况下，酰胺的合成过程比较简单，经过简单的纯化后可得到产率 85% ～ 95% 的化学纯产品 [67]。

Billeci 等提供了一种以葡萄糖酸 -δ- 内酯为原料合成离子液体的方法，当反应温度为 60℃时，该原料与 *N*, *N*- 二甲基乙二胺在甲醇中反应 24h，随后将产物与溴代异辛烷在甲醇中通过回流发生季铵化，最终经过纯化得到目标离子液体。该方法简单且有效，但反应耗时长且需要纯化过程 [68]。

（4）D- 葡萄糖醛酸、D- 半乳糖醛酸、乳糖酸和氨基葡萄糖

糖醛酸是从尿液分离出来的一类单糖，其羧酸来源于伯羟基的氧化。糖醛酸中的 D- 葡萄糖醛酸、D- 半乳糖醛酸来源于植物生物质，是多糖的主要组成部分。D- 葡萄糖醛酸主要来源于天然树胶，而 D- 半乳糖醛酸主要来源于天然果胶。目前，D- 葡萄糖醛酸和 D- 半乳糖醛酸通常与碱性离子化合物（氢氧化物和碳酸氢盐）结合，通过酸碱中和反应来合成新型离子液体，此方法与葡萄糖酸的酸碱中和反应相似。

Ferlin 等以 D- 葡萄糖醛酸和 D- 半乳糖醛酸为原料通过简单的酸碱中和，合成一系列新型离子液体。在此研究中，商用的糖醛酸与四丁基氢氧化铵结合得到高产率的目标离子液体。此工艺成本低、合成时间短、产率高且不需要纯化，反应过程仅以乙醇和丙酮作为反应介质。然而，只有改变阳离子部分才能获得不同结构的离子液体。理论上，可以通过改性糖类来实现结构多样性，但需要更多的化工过程来支撑 [69]。Xu 等利用类似的方法，以（−）- 奎尼酸和克林霉素等含糖化合物为阴离子，合成了一些不常见的离子液体 [70]。

乳糖酸是一种来源于乳糖氧化的二糖，由 D- 葡萄糖酸和 β-D- 半乳糖组成。类似于其他糖酸类化合物，乳糖酸也可以通过简单、低成本的方法合成新型离子液体。合成方法主要包括两种：一是与二胺发生羧基的化学选择性反应得到酰胺，最后经过季铵化得到目标产物；二是与碱性离子化合物发生酸碱中和反应生成目标离子液体。

与以往的酸碱中和反应略有不同，Iranpour 等以碱性糖类和酸性试剂为原料合成葡萄糖胺基离子液体 [71-73]。葡萄糖胺是一种氨基单糖，是甲壳素多糖和壳聚糖的主要组成部分，主要来源于虾壳、蟹壳甲壳素的水解。

Iranpour 等选用市售 D- 氨基葡萄糖盐酸盐为原料，通过与 NaOH 酸碱中和得到游离胺，随后与甲酸进行酸碱中和得到目标离子液体。该方法包括了之前报道的酸碱中和反应的优势和缺陷 [71]。

（5）异己糖醇

异甘露糖醇和异山梨醇分别来源于玉米油加工过程中产生的废弃物 D- 甘露醇和 D- 山梨醇的脱水，是两种价格低廉且可再生的商用手性化合物，其特征结构包括双环和两个羟基。其中，异甘露糖醇的官能团属于 *endo*- 构型，异山梨醇的官能团属于 *exo*-C_3/*endo*-C_6 构型。这些化合物的衍生化主要包括：一是羟基的双重衍生化；二是单个羟基的选择性衍生化。

从 2011 年至今，只有少量研究报道了基于此类化合物的离子液体的合成。这些研究工作主要是通过羟基官能团的直接衍生化，从而引入离去基团（甲苯磺酸盐或三氟甲磺酸盐），然后与含氮亲核试剂进行取代反应，得到目标离子化合物。在不改变阳离子的情况下，通过阴离子复分解反应得到多种离子液体。

在一个典型的合成过程中，da Scilva 等以异甘露糖醇为原料合成了一些新型离子液体，关键是异甘露糖醇与过量的对甲苯磺酰氯在吡啶溶剂中反应，实现两个羟基的初始衍生化以及引入甲苯磺酸盐。该反应中双对甲苯磺酰衍生物为主要产物，还有少量单对甲苯磺酰衍生物 [74]。通过柱色谱法纯化，双对甲苯磺酰衍生物与 1- 烷基咪唑发生亲核取代，获得目标产物。其中，阴离子的亲核取代提高了离子液体的产量。该方法的主要缺陷是在初始衍生化过程，使用过量的对甲苯磺酰氯不能只获得双甲苯磺酰化物，而且产率不高。此外由于产物需要柱色谱法纯化，不适宜扩大规模。

Carcedo 等使用一种相似的方法合成离子液体，通过在吡啶溶剂中进行异甘露糖醇与过量对甲苯磺酰氯反应，然后利用再结晶化得到较高产率的化学纯产物，然后与 1- 甲基咪唑发生季铵化反应，再经过复分解反应，得到最终目标产物离子液体。由于合成过程中不需要柱色谱法，有利于扩大规模，此方法更符合与离子液体相关的绿色化学理论 [75]。

Sikora 等也发现，异甘露糖醇与三氟甲磺酸酐的单衍生化产率低，且产物需要柱色谱法进行纯化。以异山梨醇为原料时，也没有实现选择性衍生化，得到了 1∶1 比例的三氟甲磺酸单酯，这主要是由于甲基从形成的季铵盐迁移到反应混合物中过量的胺，最终发生了两种胺之间的甲基交换 [76]。

M’Sahel 通过 1,3- 偶极环加成反应引入叠氮基构建杂化化合物，随后与烷基碘化物发生季铵化生成离子化合物，再经过阴离子复分解反应，得到目标离子液体 [77]。在与三氟甲磺酸酐的反应中，对甲苯磺酰氯与异山梨醇不能发生选择性衍生化。如前文报道，异山梨醇的甲苯磺酰化后的产物是 *endo*- 对甲苯磺酰化衍生物、*exo*- 对甲苯磺酰化衍生物与双对甲苯磺酰化衍生物的混合物 [78]。因此，需要纯化过程来提高产率。

Zullo 等利用一种不同的合成方法，以异甘露糖醇和异山梨醇为原料制备新型离子液体。在该研究中，作者保留了母体糖类衍生物的天然立体化学结构，通过简单的双酯化反应将异甘露糖醇和异山梨醇转化为 6- 喹啉羧酸酯，随后经过重结晶得到高产率的纯化产物。利用碘甲烷或碘丁烷将纯化产物烷基化得到离子衍生物，最后通过阴离子交换转化为目标离子液体 [79]。相比于其他方法，该方法操作步骤少，不需要色谱法纯化，提供了更加绿色的异己糖醇基离子液体的合成方法。通过改变羧酸和烷基化试剂，可以轻易地实现提高离子液体产量及不同离子液体的合成。

（6）D- 葡萄糖和葡甲胺

D- 葡萄糖是自然界中最丰富的单糖，工业上可通过酶或酸水解淀粉获得。目前，在离子液体的合成过程中葡萄糖是使用最多的糖。葡萄糖的衍生化主要是基于糖端基的选择性反应，此反应可在不保护的糖上直接实现，或是在不保护的糖过乙酰化后完成。主要包括两个反应过程：一是引入卤代烷基链；二是溴取代羟基。

Cuthbert 等提出了一种引入烯丙基取代基来合成聚合离子化合物的方法，通过葡萄糖的 Fischer 糖基化，然后对糖进行过乙酰化，得到过乙酰化的 α- 烯丙基葡萄糖苷，柱色谱法纯化后，通过添加 PH_3 实现磷原子的双烷基化，进而引入阳离子部分。为了尽可能得到伯膦，减少仲膦和叔膦的产生，PH_3 的添加过程需要严格控制反应条件。纯化时，需要在氮气气氛下进行，避免产物被氧化。通过纯化产物的磷原子与 4- 乙烯基苄氯的季铵化反应引入可聚合苯乙烯基得到目标离子化合物，随后依次经过脱乙酰化、脱保护及聚合反应，得到对应的高分子离子衍生物。该方法合成路线复杂，需要大量纯化步骤[80]。

此外，与 D- 半乳糖和 D- 木糖相似，D- 葡萄糖通过选择性糖基化反应在糖类端基位引入单卤化、双卤化烷基链，随后卤素基团与叔胺发生亲核取代后得到目标离子液体[81-82]。当初始原料为全乙酰化糖时，最后还需要进行脱乙酰化来获得目标脱保护的离子液体。

为了合成多种 D- 葡萄糖基离子液体，除了通过传统的与无机盐的复分解反应之外，越来越多地使用引入阴离子（如除草剂、氨基酸等）的特殊方法。在一个典型的合成过程中，Pernak 等通过引入除草剂阴离子合成了一些葡萄糖基离子液体。如前文 D- 半乳糖和 D- 木糖所述，β-D- 葡萄糖通过乙酰化反应选择性生成 β- 端基乙酸盐，随后与 2- 溴乙醇进行糖基化[83]。在该方法中，卤乙醇的加入产生了微量的二糖和三糖，需要柱色谱法纯化。随后与不同的叔胺进行反应，得到离子溴化物，再进行柱色谱纯化。最后，与除草剂阴离子钾盐进行阴离子复分解反应，得到目标离子液体。

Goh 等使用同样的方法，在过乙酰化葡萄糖的异头位置引入支链长链[84]。在脱乙酰化后，考虑到伯羟基比仲羟基具有更高的反应活性，利用三苯基膦和 *N*- 溴代琥珀酰亚胺实现对葡萄糖的选择性溴化，随后对其进行过乙酰化，减弱粗产物的极性，便于进行色谱法纯化。再与含氮亲核试剂发生双分子亲核取代反应完成脱乙酰化，得到目标离子液体。该研究者提出，对初始材料进行不同的选择性衍生化可以得到不同的离子液体。然而该方法具有明显不足，控制步骤较多，包括不同的保护 - 脱保护过程、合成含氮亲核试剂及数次纯化过程。

另外一种方法是在乙酰化葡萄糖的异头位置处选择性引入溴原子，随后通过双分子亲核取代反应得到卤化糖的衍生物，该反应通过季铵化反应直接引入末端含氮阳离子基团（咪唑或吡啶），或通过双分子亲核取代反应直接引入功能化侧链，进而得到最终离子衍生物[85-86]。

Jha 等根据此方法以葡萄糖为原料合成了一系列 1,2,3- 三咪唑离子液体。在二甲基亚砜溶液中，通过双分子亲核取代反应向溴化后的 *O*- 乙酰基 -D- 葡萄糖中引入叠氮基，随后进行 1,3- 偶极环加成反应。作者以呋喃糖苷型的 D- 葡萄糖衍生物作为炔烃的载体，该衍生物是葡萄糖选择性保护得到的 1,2-5,6- 二 -*O*- 异亚丙基 -*α*-D- 呋喃葡萄糖，随后与炔丙基溴进行游离醇的衍生化反应，再通过二氧戊环的选择性水解（铈催化反应）及三氮唑与甲基碘的季铵化反应得到目标离子液体[87]。

通过与叠氮化钠进行 1,3- 偶极环加成反应，铈介导呋喃糖的部分脱保护作用及杂环与碘甲烷的甲基化，炔烃也可用于直接合成离子液体[88]。此反应过程比较耗时，为了得到最终产物需要不同的色谱法纯化，且部分反应步骤产率较低。此外，1,3- 偶极环加成反应需要大量的铜盐来实现良好的转化率。其他研究工作提供了一种相似的合成策略，*O*- 乙酰基溴代糖直接与吡啶反应，或与咪唑和烷化剂反应，得到目标离子液体衍生物[89]。

这些合成策略的关键在于溴化反应和季铵化反应，其中季铵化反应非常依赖所用试剂。而关于溴化糖的制备，首先涉及用乙酸酐和催化量的高氯酸制备乙酰化葡萄糖（或其他糖），然后与原位生成的溴化氢反应[90]。随后对粗产物进行简单的重结晶，可以得到良好的产率。

Zhou 等提出一种制备 Brønsted 酸离子液体的方法，通过糖基溴化物与 1- 甲基咪唑反应，随后与氯磺酸反应，得到目标离子液体。该方法的优势和缺陷都比较明显，需要强酸试剂，反应环境受限，但反应过程简单且不需要纯化[91]。

与上述方法有少许不同，Reiss 等以烷基 -*β*- 吡喃葡萄糖苷和甲基 -*α*- 吡喃葡萄糖苷为原料，利用葡萄糖苷伯羟基的选择性衍生化合成了一系列新型含吡啶离子液体[92]。该方法首先是伯羟基的选择性保护，随后进行醇基的甲基化或乙基化。通过伯羟基位的脱保护转化为三氟酸基、甲酸基或甲苯磺酸基，然后用吡啶进行亲核取代，得到目标离子液体。该方法利用简单策略设计合成新型离子液体，并可以通过引入烷基链和官能团来改性离子液体。该方法的缺陷也比较明显，合成步骤多，包括保护和脱保护，且需要柱色谱法纯化。

Brzeczek 等提出了一种更简单的合成策略，以商用甲基 -α- 吡喃葡萄糖苷为原料合成了一系列新型葡萄糖基离子液体 [93]。特别是，该合成过程只有一种中间产物需要柱色谱法纯化，更符合绿色化学的理念。

Chen 等提供了一种含吡啶聚合物功能化合成聚离子液体的方法，通过聚合物与 3- 溴丙基 -α-D- 葡萄糖发生双分子亲核取代反应得到聚合离子化溴化物，再进行盐复分解反应得到疏水性更高的目标产物 [94]。

N- 甲基 -D- 葡萄糖胺，另称葡甲胺，可通过葡萄糖与甲胺和氢气在高温高压下发生还原性氨基化得到，价格低廉且已商业化 [95-96]。目前通过季铵化反应，葡甲胺已被广泛用于合成新型离子液体，该反应可通过一 / 两步双烷基化或单烷基化，随后酸碱中和反应来实现。后一种方法比较简单，不需要预先的游离羟基保护，最后的复分解反应引入特定的阴离子，特别是引入聚合三氟甲烷磺酰衍生阴离子。

在典型的合成过程中，Joshi 等以商用葡甲胺为原料合成目标离子液体 [97]。当反应温度为 50 ～ 55℃时，葡甲胺与溴代癸烷、碳酸钠在甲醇中反应 48h。加入过量甲醇，反应 45min 后，移除甲醇及未反应的葡甲胺，加入乙酸乙酯，经过过滤、干燥、重结晶、干燥，得到的产物用于后续合成目标离子液体。目标离子液体的合成包括两个独立过程：一是与溴代癸烷直接反应；二是与 HCl 发生中和反应，再通过脱乙酰化得到产物。该方法反应快，耗时短，不需要纯化过程，这些特点也说明了葡甲胺被广泛用于离子液体的合成的原因。

（7）其他单糖

还有一些其他单糖被用于合成离子液体。其中，D- 核糖是 RNA 的重要组成物质之一，可以通过 D- 葡萄糖的发酵大规模获得。目前，只有少量报道涉及 D- 核糖基离子液体的合成。比较通用的方法是，仲羟基的选择性保护，然后将游离的伯醇转化为离去基团。双分子亲核取代反应后，与含氮亲核试剂发生置换反应，得到所需的离子液体。

Jayachandra 等根据上述方法成功合成了目标离子化合物。在选择性保护后，游离羟基的衍生化反应固定了离去基团，随后与 1- 甲基咪唑反应，得到阳离子相同和阴离子不同的 3 种离子液体。该合成策略实现经过简单的加工或者结晶化后可以得到化学纯的中间体和最终产物。拓展该方法，可用于合成多种新型离子液体 [57]。Dmochowska 等使用一种非常相似的方法，在 D- 核糖选择性保护后，游离羟基转化为甲磺酸基团，随后与三甲基胺发生双分子亲核取代反应，得到目标离子液体 [98]。

（8）二糖类

在不同的技术路线下，以单糖为原料合成离子液体的研究已有一定的报道，而关于二糖基离子液体的研究和报道相对较少。二糖是由两个不同的单糖分子缩合而成，含有更多的羟基。因此，在合成过程中，除了需用色谱法纯化及合成过程冗长外，羟基的化学选择性及区域选择性也是主要难点之一。

蔗糖是食物中常用的糖，是 α-D- 吡喃葡萄糖分子 C_1 和 β-D- 呋喃果糖分子 C_2 以糖苷键连接的二糖。Sahiner 等以蔗糖为原料合成了离子液体微凝胶，首先通过蔗糖分子的交联反应合成蔗糖微凝胶，然后将醇羟基转化为氨基实现对微凝胶的功能化，随后与盐酸的中和反应得到离子微凝胶，通过复分解反应得到疏水性更强的目标产物离子液体微凝胶 [99]。

乳糖是 α-/β-D- 吡喃葡萄糖 C_4 和 β-D- 半乳糖 C_1 以糖苷键连接的二糖，是乳制品加工工业的副产物。在三氟化硼 - 乙醚中，Salman 等将 β- 乳糖衍生化产物 β- 乳糖八乙酸酯与 1,3- 二溴 -2- 丙醇反应得到二卤烷基糖苷，随后与咪唑烷发生双分子亲核取代反应得到离子化合物，最后通过脱乙酰化得到疏水性更强的糖基离子液体 [100]。

木糖苷为 β- 吡喃木糖的 C_1 与另一个 β- 吡喃木糖的 C_4 以糖苷键连接的二糖，Gatard 等以木糖苷为原料合成了数种新型离子液体。该研究以榉木木聚糖为原料，通过酶促糖基化得到两种木糖苷酯的混合物，其中酯基选择性地与一个单位的 β- 吡喃木糖的异构碳相连。最后利用季铵盐或季鏻盐纯化和水解木糖苷酯的混合物，得到新型双糖类离子液体 [63]。该合成策略利用化学酶法从生物质中合成新型离子液体，以酶为催化剂提高了生物质的利用率，更符合绿色化学的理念。绿色离子液体的设计及合成符合可持续发展理念，为拓展离子液体的应用提供基础，为挖掘离子液体的潜在应用价值提供可能。

参考文献

[1] Sun J, MacFarlane D R, Forsyth M. A new family of ionic liquids based on the 1-alkyl-2-methyl pyrrolinium cation[J]. Electrochimica Acta, 2003, 48(12): 1707-1711.

[2] 任慧平 . 绿色溶剂——离子液体的合成、表征及应用 [D]. 济南 : 山东师范大学 , 2007.

[3] 赵宇 . 离子液体共沉淀制备磁性粒子的研究 [D]. 北京 : 北京化工大学 , 2013.

[4] Dimitrijević A, Zec N, Zdolsek N, et al. Aqueous bipHasic system formation using 1-alkyl-3-ethylimidazolium bromide ionic liquids as new extractants[J]. Journal of Industrial and Engineering Chemistry, 2016, 40: 152-160.

[5] Wasserscheid P, Driessen-holscher B, van Hal R, et al. New, functionalised ionic liquids from Michael-type reactions—a chance for combinatorial ionic liquid development. Chemical Communications, 2003, (16): 2038-2039.

[6] holbrey J D, Reichert W M, Swatloski R P, et al. Efficient, halide free synthesis of new, low cost ionic liquids: 1,3-dialkylimidazolium salts containing methyl- and ethyl-sulfate anions[J]. Green Chemistry, 2002, 4(5): 407-413.

[7] Yang J Z, Lu X M, Gui J S, et al. A new theory for ionic liquids—the interstice model part 1. The density and surface tension of ionic liquid EMISE[J]. Green Chemistry, 2004, 6(11): 541-543.

[8] 王均凤 . 含离子液体体系热力学性质的测定及模型化研究 [D]. 北京 : 北京化工大学 , 2008.

[9] Bradaric C J, Downard A, Kennedy C, et al. Industrial preparation of pHospHonium ionic liquids[J]. Green Chemistry, 2003, 5(2): 143-152.

[10] 赵三虎 , 王豆 , 王敏 , 等 . 季膦离子液体促进的 Morita-Baylis-Hillman 反应 [J]. 有机化学 , 2015, 35(4): 865-874.

[11] Chaverra D E, Restrepo-Baena O J, Ruiz M C. Cobalt extraction from sulfate/chloride media with trioctyl(alkyl) phosphonium chloride ionic liquids[J]. Acs Omega, 2020, 5(11): 5643-5650.

[12] 孙志敏 . 胺基功能化离子液体的合成及用于捕捉高炉煤气中 CO_2 的基础研究 [D]. 鞍山 : 辽宁科技大学 , 2012.

[13] hossain M I, El-harbawi M, Noaman Y A, et al. Synthesis and anti-microbial activity of hydroxylammonium ionic liquids[J]. Chemosphere, 2011, 84(1): 101-104.

[14] hirao M, Sugimoto h, Ohno h. Preparation of novel room - temperature molten salts by neutralization of amines[J]. Journal of the Electrochemical Society, 2000, 147(11): 4168-4172.

[15] Sherif F G, Shyu L J, Greco C C. Linear alxylbenzene formation using low temperature ionic liquid [Z]. Google Patents, 1998.

[16] Wang h, Yan R Y, Li Z X, et al. Fe-containing magnetic ionic liquid as an effective catalyst for the glycolysis of poly(ethylene terepHthalate)[J]. Catalysis Communications, 2010, 11(8): 763-767.

[17] 邢素华 , 丁靖 , 虞大红 , 等 . 金属络合阴离子型离子液体的合成、性能及对 CO_2 的捕集 [J]. 华东理工大学学报 (自然科学版), 2014, 40(3): 273-278.

[18] Paul A, Mandal P K, Samanta A. How transparent are the imidazolium ionic liquids? A case study with 1-methyl-3-butylimidazolium hexafluorophosphate, [bmim][PF_6][J]. Chemical PHysics Letters, 2005, 402(4-6): 375-379.

[19] Li Z J, Wei Q, Yuan R, et al. A new room temperature ionic liquid 1-butyl-3-trimethylsilylimidazolium hexafluorophosphate as a solvent for extraction and preconcentration of mercury with determination by cold vapor atomic absorption spectrometry[J]. Talanta, 2007, 71(1): 68-72.

[20] 刘海燕 , 丁伟 , 曲广淼 , 等 . 基于微波辐射的 1- 丁基 -3- 甲基咪唑氟硼酸盐离子液体的合成 [J]. 大庆石油学院学报 , 2008(3): 49-52.

[21] 聂涛 . 含羰基金属的温控功能化离子液体制备表征及催化作用 [D]. 青岛 : 青岛科技大学 , 2013.

[22] Wasserscheid P, Sesing M, Korth W. hydrogensulfate and tetrakis(hydrogensulfato)borate ionic liquids: synthesis and catalytic application in highly Bronsted-acidic systems for Friedel-Crafts alkylation[J]. Green Chemistry, 2002, 4(2): 134-138.

[23] 刘涛 . 碱性离子液体催化酯交换反应的研究 [D]. 郑州 : 河南大学 , 2015.

[24] 齐林林 . 聚合离子液体催化硫醚选择性空气氧化的研究 [D]. 大连 : 大连理工大学 2019.

[25] Dinares I, Mesquida N, Ibanez A, et al. Azolium-based systems: application of an anion exchange resin (A-form) method and ^{1}H NMR analysis of the charged-assisted(C-H)$^+$ anion hydrogen bonds[J]. Arkivoc, 2014: 85-102.

[26] Moulton R. Electrochemical process for producing ionic liquids [Z]. Google Patents, 2006.

[27] 曹友洪 . 电解法制备离子液体及其应用研究 [D]. 上海 : 华东理工大学 , 2010.

[28] Varma R S, Namboodiri V V. An expeditious solvent-free route to ionic liquids using microwaves[J]. Chemical Communications, 2001, (7): 643-644.
[29] Cravotto G, Boffa L, Lévêque J M, et al. A speedy one-pot synthesis of second generation ionic liquids under ultrasound and/or microwave irradiation[J]. Australian Journal of Chemistry, 2007, 60(12): 946-950.
[30] Namboodiri V V, Varma R S. Solvent-free sonochemical preparation of ionic liquids[J]. Organic letters, 2002, 4(18): 3161-3163.
[31] 张存，王峰，潘小玉，等 . 超声辅助合成羧甲基吡啶功能化离子液体 [J]. 高校化学工程学报，2013, 27(02): 266-271.
[32] Rezki N, Al-Sodies S A, Messali M, et al. Identification of new pyridinium ionic liquids tagged with schiff bases: design, synthesis, in silico ADMET predictions and biological evaluations[J]. Journal of Molecular Liquids, 2018, 264: 367-374.
[33] Kalb R S, Stepurko E N, Emel'yanenko V N, et al. Carbonate based ionic liquid synthesis (CBILS (R)): thermodynamic analysis[J]. Physical Chemistry Chemical Physics, 2016, 18(46): 31904-31913.
[34] Kalb R S, Damm M, Verevkin S P. Carbonate based ionic liquid synthesis (CBILS (R)): development of the continuous flow method for preparation of ultra-pure ionic liquids[J]. Reaction Chemistry & Engineering, 2017, 2(4): 432-436.
[35] Maton C, Van hecke K, Stevens C V. Peralkylated imidazolium carbonate ionic liquids: synthesis using dimethyl carbonate, reactivity and structure[J]. New Journal of Chemistry, 2015, 39(1): 461-468.
[36] 徐丹 . 离子液体碱性调控机制及强碱亲脂性离子液体的合成、表征与分离性能研究 [D]. 杭州：浙江大学，2014.
[37] 楚文娟，李文伟，程向红，等 . [胆碱][脂肪酸] 盐离子液体的合成及对烟梗木质素的选择性提取 [J]. 广东化工，2016, 43(20): 32-33.
[38] Battez A h, Rivera N, Blanco D, et al. Physicochemical, traction and tribofilm formation properties of three octanoate-, laurate-and palmitate-anion based ionic liquids[J]. Journal of molecular liquids, 2019, 284: 639-646.
[39] Tampucci S, Guazzelli L, Burgalassi S, et al. pH-responsive nanostructures based on surface active fatty acid-protic ionic liquids for imiquimod delivery in skin cancer topical therapy[J]. Pharmaceutics, 2020, 12(11): 1078-1085.
[40] Ramajo B, Blanco D, Rivera N, et al. Long-term thermal stability of fatty acid anion-based ionic liquids[J]. Journal of Molecular Liquids, 2021, 328: 115492-115501.
[41] 张展，陈俭，马宇平，等 . 胆碱 - 赖氨酸离子液体选择性降低卷烟烟气中的氰化氢和巴豆醛 [J]. 烟草科技，2016, 49(06): 50-57.
[42] Ali M K, Moshikur R M, Wakabayashi R, et al. Synthesis and characterization of choline-fatty-acid-based ionic liquids: a new biocompatible surfactant[J]. Journal of Colloid and Interface Science, 2019, 551: 72-80.
[43] 安艳霞 . 基于胆碱离子液体的木质纤维素预处理、酶解及其机制的研究 [D]. 广东：华南理工大学，2016.
[44] 唐飞 . 功能化室温离子液体的制备及其在分离领域中的应用 [D]. 长沙：湖南大学，2009.
[45] 付广俊 . 氨基酸离子液体的合成及在高效液相手性拆分中的应用 [D]. 郑州：郑州大学，2013.
[46] Fukumoto K, Yoshizawa M, Ohno h. Room temperature ionic liquids from 20 natural amino acids[J]. Journal of the American Chemical Society, 2005, 127(8): 2398-2399.
[47] Ohno h, Fukumoto K. Amino acid ionic liquids[J]. Accounts of chemical research, 2007, 40(11): 1122-1129.
[48] Bhattacharyya S, Shah F U. Ether functionalized choline tethered amino acid ionic liquids for enhanced CO_2 capture[J]. Acs Sustainable Chemistry & Engineering, 2016, 4(10): 5441-5449.
[49] 王兵 . 季胺基氨基酸离子液体吸收 H_2S 和 CO_2 的研究 [D]. 北京：北京化工大学，2017.
[50] Song Z H, Liang Y M, Fan M J, et al. Ionic liquids from amino acids: fully green fluid lubricants for various surface contacts[J]. Rsc Advances, 2014, 4(37): 19396-19402.
[51] 康宁 . 氨基酸离子液体强化碳酸盐重质油矿分离过程及机理 [D]. 天津：天津大学，2019.
[52] Tao G h, He L, Sun N, et al. New generation ionic liquids: cations derived from amino acids[J]. Chemical Communications, 2005(28): 3562-3564.
[53] 王晓丹，范洪涛，崔天放，等 . 氨基酸离子液体清洁催化合成阿司匹林 [J]. 材料导报，2012, 26(18): 81-83.
[54] 卿海群 . 氨基酸类离子液体的合成及其拆分芳香酸对映体的研究 [D]. 长沙：中南大学，2014.
[55] Dong L L, He L, Tao G h, et al. high yield of ethyl valerate from the esterification of renewable valeric acid catalyzed by amino acid ionic liquids[J]. Rsc Advances, 2013, 3(14): 4806-4813.
[56] Wang J, Zang h J, Jiao S L, et al. Efficient conversion of *N*-acetyl-D-glucosamine into nitrogen-containing

compound 3-acetamido-5-acetylfuran using amino acid ionic liquid as the recyclable catalyst[J]. Science of the Total Environment, 2020, 710: 136293-136300.

[57] Jayachandra R, Reddy S R. Synthesis of D-ribose and D-galactose derived chiral ionic liquids as recyclable chiral solvent for michael addition reaction[J]. Trends in Carbohydrate Research, 2015, 7(4): 60-67.

[58] Jayachandra R, Reddy S R, Lakshmipathy R. D-galactose based hydrophobic ionic liquid: a new adsorbent for the removal of Cd^{2+} ions from aqueous solution[J]. Environmental Progress & Sustainable Energy, 2019, 38: 139-145.

[59] Qiao W h, Zhou M, Luo L M. Synthesis and characterization of novel cationic lipids derived from thio galactose[J]. Journal of Surfactants and Detergents, 2014, 17(2): 261-268.

[60] Dmochowska B, Piosik J, Woziwodzka A, et al. Mutagenicity of quaternary ammonium salts containing carbohydrate moieties[J]. Journal of Hazardous Materials, 2011, 193: 272-278.

[61] Ahmad M U, Ali S M, Ahmad A, et al. Carbohydrate mediated drug delivery: Synthesis and characterization of new lipid-conjugates[J]. Chemistry and Physics of Lipids, 2015, 186: 30-38.

[62] Ferlin N, Gatard S, Van Nhien A N, et al. Click reactions as a key step for an efficient and selective synthesis of D-xylose-based ILs[J]. Molecules, 2013, 18(9): 11512-11525.

[63] Gatard S, Plantier-Royon R, Rémond C, et al. Preparation of new β-D-xyloside-and β-D-xylobioside-based ionic liquids through chemical and/or enzymatic reactions[J]. Carbohydrate Research, 2017, 451: 72-80.

[64] Jayachandra R, Reddy S R. A remarkable chiral recognition of racemic mosher's acid salt by naturally derived chiral ionic liquids using ^{19}F NMR spectroscopy[J]. Rsc Advances, 2016, 6(46): 39758-39761.

[65] Jayachandra R, Reddy S R, Balakrishna. Natural sugars derived chiral ionic liquids for asymmetric Michael addition reaction[J]. Chemistryselect, 2016, 1(10): 2341-2353.

[66] Costa A, Forte A, Zalewska K, et al. Novel biocompatible ionic liquids based on gluconate anion[J]. Green Chemistry Letters Reviews, 2015, 8(1): 8-12.

[67] Zhi L F, Li Q X, Li Y L, et al. Adsorption and aggregation properties of novel star-shaped gluconamide-type cationic surfactants in aqueous solution[J]. Colloid and Polymer Science, 2014, 292(5): 1041-1050.

[68] Billeci F, Gunaratne h Q N, D' Anna F, et al. A magnetic self-contained thermochromic system with convenient temperature range[J]. Green Chemistry, 2019, 21(6): 1412-1416.

[69] Ferlin N, Courty M, Gatard S, et al. Biomass derived ionic liquids: synthesis from natural organic acids, characterization, toxicity, biodegradation and use as solvents for catalytic hydrogenation processes[J]. Tetrahedron, 2013, 69(30): 6150-6161.

[70] Xu h, Du Y X, Feng Z J, et al. Synthesis of a chiral ionic liquid, cholinium-clindamycin phosphate, as sole chiral selector in capillary electrophoresis[J]. Journal of Chromatography A, 2020, 1615: 460721.

[71] Iranpour P, Ajamian M, Safavi A, et al. Synthesis of highly stable and biocompatible gold nanoparticles for use as a new X-ray contrast agent[J]. Journal of Materials Science-Materials in Medicine, 2018, 29(5): 1-9.

[72] Sitanggang A B, Wu h S, Wang S S, et al. Effect of pellet size and stimulating factor on the glucosamine production using Aspergillus sp BCRC 31742[J]. Bioresource Technology, 2010, 101(10): 3595-3601.

[73] Liu L, Liu Y F, Shin h D, et al. Microbial production of glucosamine and *N*-acetylglucosamine: advances and perspectives[J]. Applied Microbiology and Biotechnology, 2013, 97(14): 6149-6158.

[74] da Silva M, Pereira M M A. New chiral imidazolium ionic liquids from isomannide[J]. Carbohydrate Research, 2011, 346(2): 197-202.

[75] Carcedo C, Knight J C, Pope S J A, et al. Chiral silver and gold rings: synthesis and structural, spectroscopic, and photophysical properties of Ag and Au metallamacrocycles of bridging NHC ligands[J]. Organometallics, 2011, 30(9): 2553-2562.

[76] Sikora K, Nowacki A, Liberek B, et al. Methyl transfer in quaternary alkylammonium salts, derivatives of 1,4∶3,6-dianhydrohexitols[J]. Journal of Molecular Structure, 2020, 1206: 127701-127708.

[77] M'Sahel M, Obadia M M, Medimagh R, et al. Biosourced 1,2,3-triazolium ionic liquids derived from isosorbide[J]. New Journal of Chemistry, 2016, 40(1): 740-747.

[78] Lemieux R U, McInnes A G. The preferential tosylation of the endo-5-hydroxyl group of 1,4∶3,6-dianhydro-D-glucitol[J]. Canadian Journal of Chemistry-Revue Canadienne De Chimie, 1960, 38(1): 136-140.

[79] Zullo V, Gorecki M, Guazzelli L, et al. Exploiting isohexide scaffolds for the preparation of chiral ionic liquids tweezers[J]. Journal of Molecular Liquids, 2021, 322: 114528-114535.

[80] Cuthbert T J, hisey B, harrison T D, et al. Surprising antibacterial activity and selectivity of hydrophilic

polyphosphoniums featuring sugar and hydroxy Substituents[J]. Angewandte Chemie—International Edition, 2018, 57(39): 12707-12710.

[81] Kopitzki S, Jensen K J, Thiem J. Synthesis of benzaldehyde-functionalized glycans: a novel approach towards glyco-SAMs as a tool for surface plasmon resonance studies[J]. Chemistry—A European Journal, 2010, 16(23): 7017-7029.

[82] Saada M C, Ombouma J, Montero J L, et al. Thiol-ene click chemistry for the synthesis of highly effective glycosyl sulfonamide carbonic anhydrase inhibitors[J]. Chemical Communications, 2013, 49(50): 5699-5701.

[83] Pernak J, Czerniak K, Biedziak A, et al. Herbicidal ionic liquids derived from renewable sources[J]. Rsc Advances, 2016, 6(58): 52781-52789.

[84] Goh E W, heidelberg T, hussen R S D, et al. Imidazolium-linked azido-functionalized guerbet glycosides: multifunctional surfactants for biofunctionalization of vesicles[J]. Acs Omega, 2019, 4(16): 17039-17047.

[85] Tewes F, Schlecker A, harms K, et al. Carbohydrate-containing *n*-heterocyclic carbene complexes[J]. Journal of Organometallic Chemistry, 2007, 692(21): 4593-4602.

[86] Bay S, huteau V, Zarantonelli M L, et al. Phosphorylcholine-carbohydrate-protein conjugates efficiently induce hapten-specific antibodies which recognize both Streptococcus pneumoniae and neisseria meningitidis: a potential multitarget vaccine against respiratory infections[J]. Journal of Medicinal Chemistry, 2004, 47(16): 3916-3919.

[87] Jha A K, Jain N. Synthesis of glucose-tagged triazolium ionic liquids and their application as solvent and ligand for copper(Ⅰ) catalyzed amination[J]. Tetrahedron Letters, 2013, 54(35): 4738-4741.

[88] Yuan R, Wang Y J, Fang Y, et al. The first direct synthesis of chiral Troger's bases catalyzed by chiral glucose-containing pyridinium ionic liquids[J]. Chemical Engineering Journal, 2017, 316: 1026-1034.

[89] Zhou Z G, Yuan Y Y, Xie Y R, et al. Green, efficient and reusable bis(imidazolium) ionic liquids promoted Pd-catalyzed aqueous suzuki reaction for organic functional materials[J]. Catalysis Letters, 2018, 148(9): 2696-2702.

[90] Barczaimartos M, Korosy F. Preparation of Acetobrome-Sugars[J]. Nature, 1950, 165(4192): 369-369.

[91] Zhou Q J, Wan Y, Zhang X X, et al. The first example of glucose-containing carbene Brønsted acid synthesis and catalysis: efficient synthesis of five substituted tetrahydropyridines[J]. Tetrahedron, 2015, 71(38): 7070-7072.

[92] Reiss M, Brietzke A, Eickner T, et al. Synthesis of novel carbohydrate based pyridinium ionic liquids and cytotoxicity of ionic liquids for mammalian cells[J]. Rsc Advances, 2020, 10(24): 14299-14304.

[93] Brzeczek-Szafran A, Erfurt K, Blacha-Grzechnik A, et al. Carbohydrate ionic liquids and salts as all-in-one precursors for N-doped carbon[J]. Acs Sustainable Chemistry & Engineering, 2019, 7(24): 19880-19888.

[94] Chen J, Li D, Bao C Y, et al. Controlled synthesis of sugar-containing poly(ionicliquid)s[J]. Chemical Communications, 2020, 56(25): 3665-3668.

[95] Dunn P J. The importance of green chemistry in process research and development[J]. Chemical Society Reviews, 2012, 41(4): 1452-1461.

[96] Gabdrakhmanov D R, Valeeva F G, Syakaev V V, et al. Novel supramolecular system based on a cationic amphiphile bearing glucamine fragment: structural behavior and hydrophobic probe binding[J]. Mendeleev Communications, 2015, 25(3): 174-176.

[97] Joshi M D, Chalumot G, Kim Y W, et al. Synthesis of glucaminium-based ionic liquids and their application in the removal of boron from water[J]. Chemical Communications, 2012, 48(10): 1410-1412.

[98] Dmochowska B, Sikora K, Chojnacki J, et al. *N*, *N*, *N*-Trimethyl-*N*-(methyl 5-deoxy-2, 3-*O*-isopropylidene-β-D-ribofuranosid-5-yl) ammonium 4-methylbenzenesulfonate sesquihydrate[J]. Acta Crystallographica Section E: Structure Reports Online, 2013, 69(7): 1019-1020.

[99] Sahiner N, Sagbas S. Sucrose based ionic liquid colloidal microgels in separation of biomacromolecules[J]. Separation and Purification Technology, 2018, 196: 191-199.

[100] Salman A A, Goh E W, heidelberg T, et al. Bis-(alkylimidazolium)-glycosides-promising materials for easy vesicle preparation[J]. Journal of Molecular Liquids, 2016, 222: 609-613.

SERIE BOOKS ON **IONIC LIQUIDS**

IONIC LIQUIDS

7

离子液体的风险管理和未来挑战

离子液体因替代传统的有机溶剂在传统的化学反应和分离过程中起着重要的作用，并且可以有效改善有机溶剂产生的环境污染。然而，随着离子液体研究的不断深入，发现某些离子液体对细菌和真菌具有显著的毒性效应，甚至也会显现出一定的细胞毒性作用。因此，在设计离子液体时，应充分考虑其毒性及生态毒理风险评估。目前，越来越多的科学工作者认识到离子液体的潜在毒性，并指出其风险管理尤为重要，离子液体研究未来也面临一定的挑战。

7.1 离子液体的生态风险

随着离子液体合成应用研究的不断增加，大规模商业化生产成为可能，目前离子液体已实现在工业上使用。例如，法国石油协会在 1998 年批准制备聚丁烯过程中可以使用离子液体，德国巴斯夫公司在 2003 年首次大规模使用离子液体来研发 BASIL。由于其逐渐在工业生产和研究中大量使用，离子液体难免会被排放到环境中，并因其较强的水溶性和较低的降解能力而能长期存在于环境中，威胁环境安全甚至人类健康，其安全评价逐渐受到广泛关注。

7.1.1 离子液体的毒性研究现状

20 世纪 90 年代，对水和空气都稳定的离子液体首次被合成，从而引发了人们对其深入研究，且研究范围越来越广泛，除有机反应外还涉及环境、化工、制药、食品和能源等领域，然而这些化合物的大量应用可能会威胁环境安全，已经受到人们的广泛关注。欧盟 RESCH 法规要求提供关于离子液体的安全信息，并综合其降解率、水溶解度、生命 / 非生命体的传递、固相上的吸收以及毒性等方面认定离子液体为有害化学品。当前，离子液体对水生生物、土壤生物以及细胞的毒性已有较多研究，表明了离子液体可能并不是完全“绿色”产品。例如，虽然离子液体因其绿色、污染小等特点而替代传统有机溶剂应用在各个领域，然而有研究表明离子液体对水体大型蚤的毒性比传统有机溶剂更大[1]，同时丙酮会影响离子液体的亲水性，从而会影响生物摄食而减小离子液体对贻贝的毒性[2]，这些都表明离子液体的应用可能仍然会引起环境风险。

离子液体在一定的浓度和暴露时间内会对微生物、动植物均产生一定的毒性，威胁其生存。离子液体进入土壤环境后，会威胁土壤微生物以及动植物安全。研究表明，咪唑类离子液体会影响土壤微生物群落功能多样性[3]，并对土壤酶活性和微生物群落多样性具有显著的毒性作用[4]，这些都说明离子液体会影响土壤生物多样性，从而可能会改变土壤物理化学性质和土壤肥力，影响土壤动植物安全。已有多项研究表明，离子液体对农作物如小麦和蚕豆的生长有抑制作用，并能引起细胞的氧化损伤[5-6]。高浓度离子液体暴露下，小麦细胞内抗氧化系统已经不能有效地清除植物体内过量的活性氧（ROS）[7]。即使离子液体浓度很低，离子液体仍然会影响蚕豆幼苗的生长，并发现细胞氧化损伤可能是造成毒性的主要原因[8]。离子液体还会对赤子爱胜蚓（*Eisenia fetida*）造成氧化胁迫与损伤[9]。此外，离子液体对斑点叉尾卵巢细胞的毒性随着离子液体浓度增大而增强，细胞毒性强弱与阴离子类型及阳离子侧链长度有关，而且细胞形态发生明显变化[10]。这些都说明了离子液体的毒性可能与其离子属性、烷基链长度等结构特性有关，分子结构更复杂的离子液体毒性可能更大[11]。

一般而言，离子液体的毒性与阳离子有关，含芳香烃的咪唑类和吡啶类离子液体比哌啶类似物的总体毒性要高[12]，不同生物之间也会对离子液体表现出不同的毒性耐性。离子液体的大量生产不可避免地会经直接或间接途径进入环境，不可避免地会与环境中的微生物接触，影响微生物安全。研究表明，胍盐离子液体对费氏弧菌（*Vibrio fischeri*）的毒性比季鳞盐类和咪唑盐类离子液体更大[13]。另有研究发现吡咯类离子液体对费氏弧菌的毒性小于咪唑类和吡啶类[14]，而咪唑类离子液体的毒性又小于季鳞盐类离子液体[15]。类似地，离子液体进入水环境后，首先会与水体重要初级生产者藻类相互作用，影响藻类生长安全。藻类作为水体重要的初级生产者，对于维持生态稳定和平衡具有重要的作用，并会通过食物链进入高等水生生物或人体内，引起生态风险或健康风险。同时，藻类因其易于培养和经济成本低等特点也是常见的水生毒理受试生物。研究发现咪唑类离子液体对斜生栅藻的毒性大于吡啶类[16]。Jin 等研究也发现咪唑类和吡啶类离子液体对蛋白核小球藻（*Chlorella pyrenoidosa*）生长均表现出抑制作用，且咪唑类离子液体毒性更大[17]。离子液体还会对水生生物产生影响，如会引起斑马鱼肝脏内活性氧与脂质氧化产物的显著增加，同时还会造成一定的 DNA 损伤[18]。而不同阳离子的离子液体表现出的毒性不一样，例如，季铵盐类离子液体对斑马鱼的毒性大于咪唑类、吡啶类和季鏻盐类离子液体[19]。

离子液体的毒性还与其烷基链长度有关，一般而言烷基链长度越长，其毒性越大。例如，季鏻盐类和咪唑盐类离子液体对费氏弧菌（*V. fischeri*）的毒性会随着碳链长度增加而增大，而胍盐类离子液体的毒性却没有显著变化[20]。咪唑盐类离子液体对真菌和球菌的毒性也会随着碳链长度增加而增大，但对杆菌的毒性却正好相反[20]。吡啶溴盐类离子液体对大肠埃希菌、金黄色葡萄球菌、枯草芽孢杆菌、荧光假单胞杆菌和酿酒酵母的毒性均会随着碳链长度增加而增大[21]。另外，已有许多研究致力于离子液体对微生物的毒性，如乳酸菌、梭状芽孢杆菌、青海弧菌等，随着其毒性效应及机制的不断阐述，其研究已日渐完善。类似地，离子液体对其他生物的毒性也与烷基链长度有关，例如，咪唑溴盐类离子液体对藻类的毒性也会随着烷基侧链长度增加而增大[22]。咪唑氯化离子液体对水稻生长及其感光系统有毒性作用，并且其毒性随着烷基链长度增加而增大[23]。咪唑类离子液体对大麦生长的抑制作用与其疏水性呈正相关[7]，烷基链长度增加会加重离子液体对生物的毒性可能是由于离子液体与生物之间相互作用的增强，碳链长度较短的离子液体水溶性较大，导致与生物表面的吸附作用较弱且更易被生物所排泄[24]。然而，有研究发现当离子液体的碳链增加到一定长度后，过大的分子量会影响生物吸收，导致吸收量下降，从而使其毒性随着链长增加而降低[25]。研究表明，当咪唑硝酸盐离子液体碳链长度从 C_2 增加到 C_8 时，其对蚯蚓的急性毒性逐渐增大，而当碳链长度增加到 C_{10} 时，其毒性开始逐渐减小[26]。然而，这种效应会因离子液体和受试生物不同而会有所变化，并没有呈现出相应的规律，仍需大量实验探索去揭示离子液体对土壤动物的毒性规律。

此外，离子液体中的阴离子可决定离子液体的物化性质，如黏度、溶解度等，但不会影响其生态毒性[27]，但当阳离子毒性较小时，阴离子则对离子液体的整体毒性有很大影响，尤其是有较强亲脂性或不稳定的阴离子[28]。阴离子为单原子的离子液体其毒性一般小于阴离子为大尺寸的离子液体，如 $[C_4min][BF_4]$ 对发光细菌的毒性 EC_{50} 为 3.1μmol • L^{-1}，而 $[C_4min]Br$ 的毒性 EC_{50} 为 3.27μmol • L^{-1}[29]。另外，离子液体中阴离子对毒性的贡献也会因受试生物不同而表现出不同的重要性。Matzke 等发现离子液体阴离子在其对羊角月牙藻（*Selenastrum capricornutum*）的毒性中起着重要的作用[30]。不同阴离子离子液体对斑马鱼的毒性也不同，其中硝酸盐类离子液体对斑马鱼的毒性随着碳链长度增加而变大[31]。离子液体对不同农作物（如小白菜、黄瓜和玉米）的影响不同，其对黄瓜的影响最大，卤素阴离子因具有较强的细胞膜穿透能力而能对作物造成更大的毒性[32]。然而，李俊峰等的研究表明离子液体的阴离子对其毒性影响较小[33]，不同阴离子的咪唑类离子液体对小麦幼苗损伤几乎没有差异[34]，这些都表明离子液体中阴离子对其毒性的贡献仍然需要进一步研究。

7.1.2 离子液体的风险管理

离子液体进入环境后会产生一定的风险，不仅要对其毒性进行评估，同时要采取相应的管理政策对其在环境中的污染进行防控，从而减小其产生的环境风险。当前，离子液体的毒性评估方法主要分为三种：第一种是选择受试对象，根据试验方法定量测定毒性或定性直观观察毒性作用；第二种是建立恰当的数学模型；第三种是利用艾姆氏实验（Ames test）检测离子液体诱变性[35]。通过这些手段可以对离子液体的风险性进行判定，从而为制定更为完善的风险管理政策奠定坚实的理论基础。

离子液体的风险评价一般可以通过暴露评估和效应评估来进行（图 7-1）。效应评估直接与离子类型有关，暴露效应可以通过选取更为绿色的离子液体来减小其带来的环境风险。根据上述毒性现状结果可以看出，离子液体中阳离子部分、烷基链长以及阴离子是引起其毒性的主要原因。虽然离子液体被设想成绿色溶剂，但其毒性行为使其在工程领域的应用需要谨慎，造成其在主要工业过程中的应用并不广泛。在评价离子液体风险时，其最小毒性值的预测以及无效应浓度的计算尤为重要。离子液体的毒性水平一般可以通过对所有营养层级上的生物进行实验来评价，以水体环境为例，需要关注藻类、大型蚤和鱼类的毒性效应，从而明晰不同离子液体的最小毒性值。而无效应浓度计算中，可以应用评价因子和 EC_{50} 值来进行计算，一般而言，离子液体环境浓度低于其无效应浓度则被认为其处于安全环境。

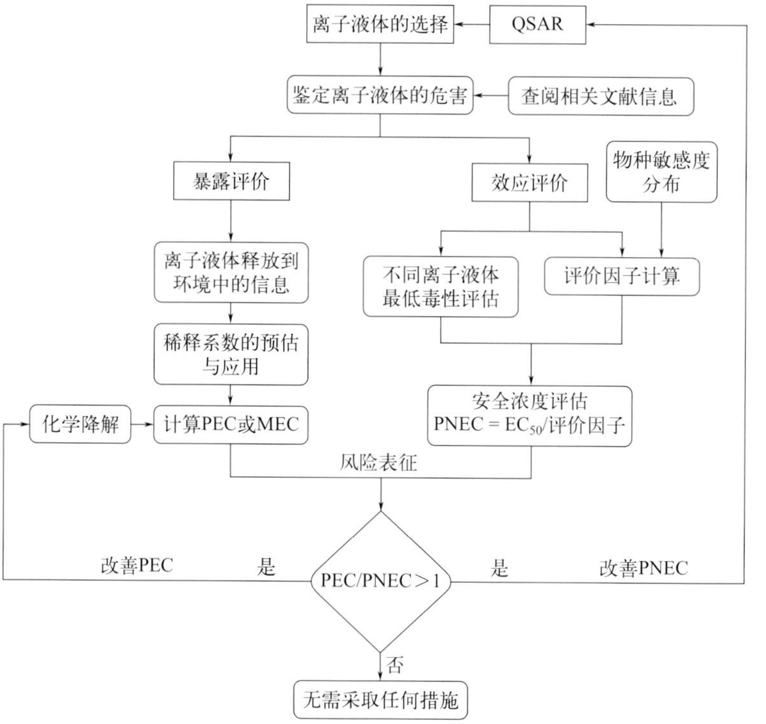

图 7-1　离子液体风险评价框架

一般而言，化学处理工厂为了某些特定应用而使用离子液体，最后流向水环境中的出水可能包含未处理或处理过的离子液体，从而会引起环境风险的担忧。因此，离子液体也可以通过减少其暴露来降低其带来的环境风险，但这需要离子液体的释放信息。由于其在工厂中并没有大规模应用，所以需要对其在环境中的浓度进行预测，该浓度是由离子液体使用量、污水处理厂的去除率以及稀释因子决定的。因此，未来需要时刻监测这些有毒离子液体进入水体和陆地环境中的浓度，从而能控制这些有毒物质的释放。

此外，离子液体的绿色设计也会减小其带来的环境风险，其设计与其毒性和生物降解相关（表 7-1）。有些不易生物降解的离子液体会同时具有高毒性，而烷基侧链更短的离子液体更安全，但是由于缺乏生物降解以及不易被有机质和黏土矿物吸附而表现出持久性和移动性的高风险。因此，可通过离子液体新型阴阳离子的选择或烷基链结构的调控以减小其环境风险。为了提高环境友好离子液体的数量，需要寻找自然离子液体和低共熔溶剂。这些新化合物包含精心选择的源于自然的材料，如有机酸、氨基酸、糖类或尿素，基于每种成分的特性，可被认为是完全无毒以及可生物降解的。例如，胆碱离子作为离子液体的阳离子制备离子液体，表现出低毒性且易被生物降解[36]。

表7-1　绿色离子液体合成的基本准则

<table>
<tr><th rowspan="2">项目</th><th colspan="2">烷基链</th><th colspan="2">阳离子</th><th colspan="2">阴离子</th></tr>
<tr><th>推荐</th><th>不推荐</th><th>推荐</th><th>不推荐</th><th>推荐</th><th>不推荐</th></tr>
<tr><td>毒性</td><td>引入短极性侧链</td><td>引入长疏水性烷基链</td><td>使用吗啉和吡啶离子</td><td>使用咪唑离子</td><td rowspan="2">使用烷基硫酸盐、烷基苯磺酸盐、磺酸盐和有机酸盐</td><td rowspan="2">使用含氟元素的离子液体</td></tr>
<tr><td>生物降解</td><td>引入长疏水性烷基链</td><td>在侧链上引入极性官能团</td><td>使用吡啶离子</td><td>使用咪唑离子</td></tr>
</table>

7.2 离子液体面临的挑战

离子液体是一类具有极强结构可设计性的化学物质，目前离子液体在环境领域中发展迅速，主要研究绿色离子液体的制备、环境应用及其可能产生的生态环境风险，重点聚焦在离子液体的环境风险研究。从分子作用靶点、引起的中间过程以及最终导致的有害影响等角度出发，建立和发展生态环境风险与健康效应评估方法并应用于实践，定量评价离子液体对生态系统和人体健康的影响，确定其剂量 - 效应关系，为制定环境质量标准，进而为预防离子液体对生态系统与人类的潜在危害提供科学依据。

7.2.1 离子液体的绿色制备

离子液体是绿色可持续发展的新溶剂，20 世纪 80 年代，1,3- 二烷基咪唑盐类离子液体的合成，大大扩展了离子液体的范围；BASF 在 2003 年开发出基于离子液体的 BASIL 工艺，陆续推进离子液体产业化进程；2020 年，中国科学院过程工程研究所研究发现离子液体可分离回收氨气，实现氨气的分离与资源化利用，而且无污染物排放，证明其是一种绿色可持续发展的新溶剂。从离子液体的发展进程可以看出，离子液体发展非常迅速，但当前仍处于市场培育阶段，大部分应用市场待开发。离子液体作为新兴行业，具有环保严苛、规模化生产技术等准入门槛，其绿色无污染的特性尤其被看重，未来制备绿色离子液体也会逐渐成为该领域的重要研究方向之一。

当前大部分研究表明市场生产的离子液体会对生物产生一定的抑制作用，生物降解性较差，并且其毒性或生物降解率与其杂环部分、阴阳离子相关。因此，我们可以通过改变它们的化学结构来设计更稳定或可以完全生物降解且具有低毒性的离子液体。例如，吗啉头部基团表现出低毒性，且离子液体与头部基团相连的短极性侧链也表现出低毒性。为了构建新型离子液体，明晰离子液体的结构 - 毒性关系是关键，可利用 QSAR 等毒理模型评估离子液体的毒性或生物降解性，从而可以避免新离子液体的生产和测试成本。正如上文所言，离子液体的毒性与其阳离子烷基链长度有关，但同时阳离子芳香环、极性头部基团、分子大小以及侧链也是影响其毒性效应的重要因素。然而，由于离子液体毒性、生物降解途径和行为研究有限，尚不能对其进行总体概括。同时，一些诸如吸附潜力、生化需氧量、pH 值和盐度等参数因会干扰离子液体的环境行为，所以设计离子液体时也需要时刻注意。

7.2.2 功能化离子液体的制备与应用

随着离子液体的发展，21 世纪初，功能化离子液体的研究与开发是当前离子液体研究的新方向和增长点。可以根据所需要的物理化学性质，在离子液体中嫁接一些功能基团以适应所需的功能化需要。由于功能化离子液体的物理化学性质可设计性，因此具有较为广阔的应用前景。例如，功能化离子液体可应用于重金属离子废水等污染控制领域中，其可以作为萃取剂取代有机溶剂来处理含金属离子的工业废水，可以有效规避大量使用助萃剂带来的环境风险。然而，有关功能化离子液体的萃取机理目前尚不清晰，亟须通过相关计算化学软件和实验结合从微观层面上深入阐述。同时，含重金属的实际工业废水水质可能比较复杂，功能化离子液体的萃取性能可能受到多方面因素影响，如何提高其萃取性能也是未来值得关注的方向。

另外，功能化离子液体还可作为一种新型吸收剂应用于碳捕集领域，但目前其在二氧化碳共聚为聚碳酸酯方面的应用研究仍然较少。开发功能化离子液体的复配体系以及合成新型的固态吸附剂都可以拓展功能化离子液体的应用，同时改善离子液体的合成工艺会降低其价格成本。然而，制备功能化离子液体的同时，也需要考虑功能化离子液体的环境风险，保障其在生产生活中应用的同时，尽量减小其带来的环境风险。

7.2.3 离子液体的复合毒性效应与机理

离子液体会引起多种生物靶分子的作用而产生毒性效应，实际环境中的微小影响都可能会影响该环境中生物体内的遗传物质，虽然生物有机体可以通过如抗氧化酶系统、特异基因表达等调控和修复系统来保护器官正常的代谢体系平衡，但当超过该阈值时，就会引起生物有机体的生长发育受阻，甚至死亡。特别是，离子液体的化学特性及其暴露位点和时间会引起生物有机体不同细胞器或者不同次序基因变化，从而使生物表现出不同的症状，若选择特定生物可能会错误理解离子液体的毒性。因此，迫切需要在细胞、生物化学和分子水平上从相关联的分子过程关键的调控组分和靶基因上开展毒性研究。

实际环境中可能存在一种或多种污染物，组分十分复杂，每种物质的环境行为、理化性质均不同，在生物体内的代谢和作用位点也各不相同。离子液体进入环境后，势必会与这些污染物产生复合污染。因此，离子液体与其他污染物的复合污染毒性效应很难依照单一化合物的效应进行评估分析，某些离子液体可能在环境中呈现低毒性，但是与其他污染物相互作用后反而表现出更大的毒性，这使得离子液体的环境风险变得更为复杂。此外，目前环境基准或标准制定都是依据单一污染物暴露效应、指标和剂量 - 效应阈值，因而对实际环境污染中离子液体的生态风险评价存在偏差。因此，在未来的研究中，需要重视离子液体的毒理学研究，尤其是需要深入研究其联合毒性和剂量 - 效应关系，从而为其环境风险评价奠定坚实的工作基础。

参考文献

[1] Costa S P F, Pinto P, Saraiva M, et al. The aquatic impact of ionic liquids on freshwater organisms[J]. Chemosphere, 2015, 139: 288-294.

[2] Tsarpali V, Goutas A, Karyda A, et al. The role of acetone in the [Omim]BE_4 -mediated adverse effects on tissues of mussels, human lymphocytes and the fruit fly drosophila melanogaster[J]. Journal of Hazardous Materials, 2017, 333: 339-347.

[3] Guo P P, Zhu L S, Wang J h, et al. Effects of alkyl-imidazolium ionic liquid [Omim]Cl on the functional diversity of soil microbial communities[J]. Environmental Science and Pollution Research, 2015, 22(12): 9059-9066.

[4] Sun X, Zhu L, Wang J, et al. Toxic effects of ionic liquid 1-octyl-3-methylimidazolium tetrafluoroborate on soil enzyme activity and soil microbial community diversity[J]. Ecotoxicology and Environmental Safety, 2017, 135: 201-208.

[5] Liu T, Zhu L, Xie H, et al. Effects of the ionic liquid 1-octyl-3-methylimidazolium hexafluorophosphate on the growth of wheat seedlings[J]. Environmental Science and Pollution Research, 2014, 21(5): 3936-3945.

[6] Liu T, Zhu L, Wang J, et al. Phytotoxicity of imidazolium-based ILs with different anions in soil on Vicia faba seedlings and the influence of anions on toxicity[J]. Chemosphere, 2016, 145: 269-276.

[7] Bubalo M C, Hanousek K, Radošević K, et al. Imidiazolium based ionic liquids: effects of different anions and alkyl chains lengths on the barley seedlings[J]. Ecotoxicology and environmental safety, 2014, 101: 116-123.

[8] Liu T, Zhu L S, Wang J H, et al. Biochemical toxicity and DNA damage of imidazolium-based ionic liquid with different anions in soil on Vicia faba seedlings[J]. Scientific Reports, 2015, 5.

[9] Liu X Y, Zhang S M, Wang J H, et al. Biochemical responses and DNA damage in earthworms (*Eisenia fetida*) induced by ionic liquid [Omim]PF_6[J]. Environmental Science and Pollution Research, 2016, 23(7): 6836-6844.

[10] Radosevic K, Cvjetko M, Kopjar N, et al. In vitro cytotoxicity assessment of imidazolium ionic liquids: biological effects in fish channel catfish ovary (CCO) cell line[J]. Ecotoxicology and Environmental Safety, 2013, 92: 112-118.

[11] Viboud S, Papaiconomou N, Cortesi A, et al. Correlating the structure and composition of ionic liquids with their toxicity on *Vibrio fischeri*: a systematic study. Journal of hazardous Materials, 2012, 215: 40-48.

[12] Quraishi K S, Bustam M A, Krishnan S, et al. Ionic liquids toxicity on fresh water microalgae, *Scenedesmus quadricauda*, *Chlorella vulgaris* & *Botryococcus braunii*; selection criterion for use in a two-phase partitioning bioreactor (TPPBR)[J]. Chemosphere, 2017, 184: 642-651.

[13] Ventura S P, Marques C S, Rosatella A A, et al. Toxicity assessment of various ionic liquid families towards *Vibrio fischeri* marine bacteria[J]. Ecotoxicology and environmental safety, 2012, 76: 162-168.

[14] Hernández-Fernández F, Bayo J, de Los Ríos A P, et al. Discovering less toxic ionic liquids by using the Microtox® toxicity test[J]. Ecotoxicology and environmental safety, 2015, 116: 29-33.

[15] Bado-Nilles A, Diallo A O, Marlair G, et al. Coupling of OECD standardized test and immunomarkers to select the most environmentally benign ionic liquids option—towards an innovative “safety by design” approach[J]. Journal of Hazardous Materials, 2015, 283: 202-210.

[16] Fan h, Liu h, Dong Y, et al. Growth inhibition and oxidative stress caused by four ionic liquids in *Scenedesmus obliquus*: role of cations and anions[J]. Science of the Total Environment, 2019, 651: 570-579.

[17] Jin M, Wang H, Li Z, et al. Physiological responses of *Chlorella pyrenoidosa* to 1-hexyl-3-methyl chloride ionic liquids with different cations[J]. Science of the Total Environment, 2019, 685: 315-323.

[18] Dong M, Zhu L, Zhu S, et al. Toxic effects of 1-decyl-3-methylimidazolium bromide ionic liquid on the antioxidant enzyme system and DNA in zebrafish (*Danio rerio*) livers[J]. Chemosphere, 2013, 91(8): 1107-1112.

[19] Pretti C, Chiappe C, Pieraccini D, et al. Acute toxicity of ionic liquids to the zebrafish (*Danio rerio*)[J]. Green Chemistry, 2006, 8(3): 238-240.

[20] Pernak J, Sobaszkiewicz K, Mirska I. Anti-microbial activities of ionic liquids[J]. Green Chemistry, 2003, 5(1): 52-56.

[21] Docherty K M, Kulpa Jr C F. Toxicity and antimicrobial activity of imidazolium and pyridinium ionic liquids[J]. Green Chemistry, 2005, 7(4): 185-189.

[22] Ma J M, Cai L L, Zhang B J, et al. Acute toxicity and effects of 1-alkyl-3-methylimidazolium bromide ionic liquids on green algae[J]. Ecotoxicology and Environmental Safety, 2010, 73(6): 1465-1469.

[23] Liu h, Zhang S, Zhang X, et al. Growth inhibition and effect on photosystem by three imidazolium chloride ionic liquids in rice seedlings[J]. Journal of Hazardous Materials, 2015, 286: 440-448.

[24] Silva F A, Siopa F, Figueiredo B F, et al. Sustainable design for environment-friendly mono and dicationic cholinium-based ionic liquids[J]. Ecotoxicology and Environmental Safety, 2014, 108: 302-310.

[25] Megaw J, Thompson T P, Lafferty R A, et al. Galleria mellonella as a novel in vivo model for assessment of the toxicity of 1-alkyl-3-methylimidazolium chloride ionic liquids[J]. Chemosphere, 2015, 139: 197-201.

[26] Shao Y, Du Z, Zhang C, et al. Acute toxicity of imidazole nitrate ionic liquids with varying chain lengths to earthworms (*Eisenia foetida*)[J]. Bulletin of Environmental Contamination and Toxicology, 2017, 99(2): 213-217.

[27] Biczak R, Pawłowska B, Bałczewski P, et al. The role of the anion in the toxicity of imidazolium ionic liquids[J]. Journal of hazardous Materials, 2014, 274: 181-190.

[28] Stolte S, Arning J, Bottin-Weber U, et al. Anion effects on the cytotoxicity of ionic liquids[J]. Green Chemistry, 2006, 8(7): 621-629.

[29] Garcia M T, Gathergood N, Scammells P J. Biodegradable ionic liquids Part Ⅱ. Effect of the anion and toxicology[J]. Green Chemistry, 2005, 7(1): 9-14.

[30] Matzke M, Stolte S, Thiele K, et al. The influence of anion species on the toxicity of 1-alkyl-3-methylimidazolium ionic liquids observed in an (eco) toxicological test battery[J]. Green Chemistry, 2007, 9(11): 1198-1207.

[31] Zhang C, Zhu L, Wang J, et al. The acute toxic effects of imidazolium-based ionic liquids with different alkyl-chain lengths and anions on zebrafish (*Danio rerio*)[J]. Ecotoxicology and environmental Safety, 2017, 140: 235-240.

[32] 杨芬芬，孟洪，李春喜，等. 离子液体对三种农作物发芽和生长的毒性研究 [J]. 环境工程学报，2009, 3(4): 751-754.

[33] 李俊峰，胡翔，李春喜. 咪唑类 ILs 对天然水体中斜生栅藻的毒性效应 [J]. 环境科学与技术，2010, 33(3): 37-40.

[34] Xu Y, Wang J, Zhu L, et al. Physiological and biochemical responses of wheat (*Triticum aestivum* L.) seedlings to three imidazolium-based ionic liquids in soil[J]. Chemosphere, 2018, 191: 81-88.

[35] Stepnowski P, Skladanowski A, Ludwiczak A, et al. Evaluating the cytotoxicity of ionic liquids using human cell line HeLa[J]. Human & Experimental Toxicology, 2004, 23(11): 513-517.

[36] Hou X D, Liu Q P, Smith T J, et al. Evaluation of toxicity and biodegradability of cholinium amino acids ionic liquids[J]. Plos One, 2013, 8(3): e59145.

序号	离子液体简称	中文全称	结构式
1	$[Amim][BF_6]$	1- 烯丙基 -3- 甲基咪唑六氟磷酸盐	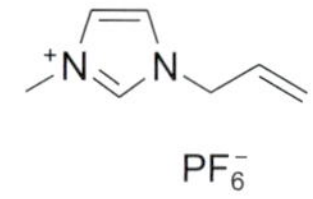
2	[Amim]Cl	1- 烯丙基 -3- 甲基咪唑氯盐	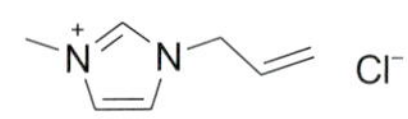
3	Aliquat-336/ $[N_{8,8,8,1}]a$	甲基三辛基铵氯盐	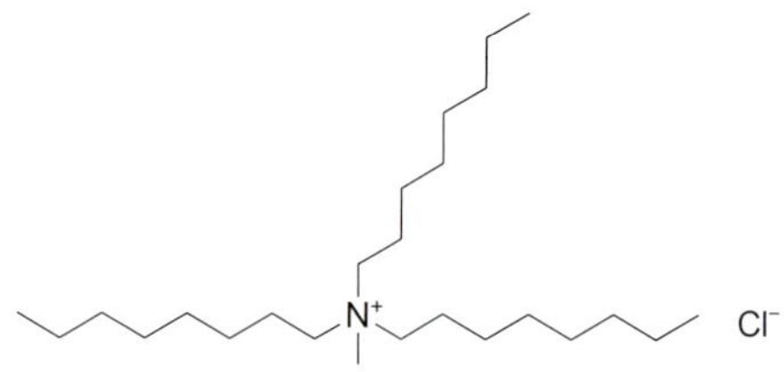
4	$[N_{8,8,8,1}]_2[MnCl_4]$	二 (甲基三辛基铵) 氯锰酸盐	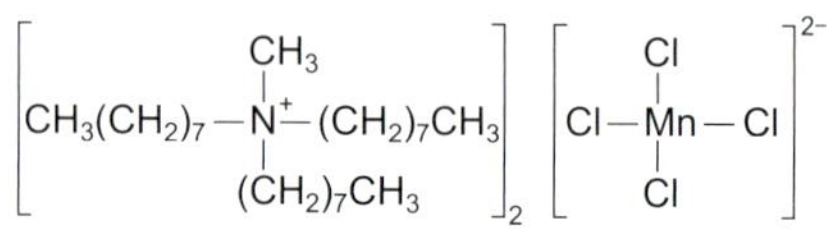
5	$[N_{8,8,8,1}][TS]$	甲基三辛基铵硫代水杨酸盐	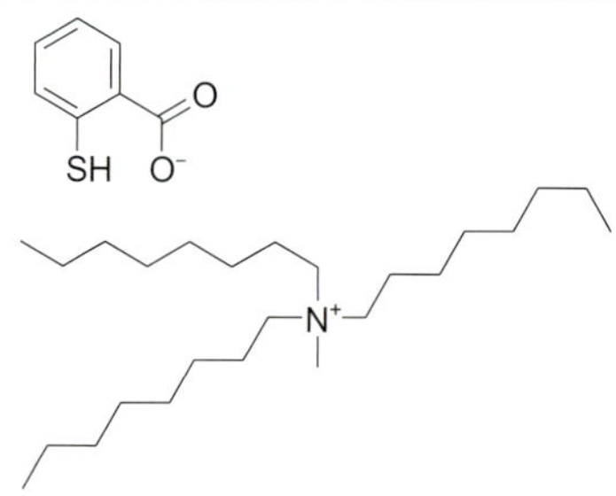
6	$[N_{8,8,8,1}][MTBA]$	甲基三辛基铵苯甲酸盐	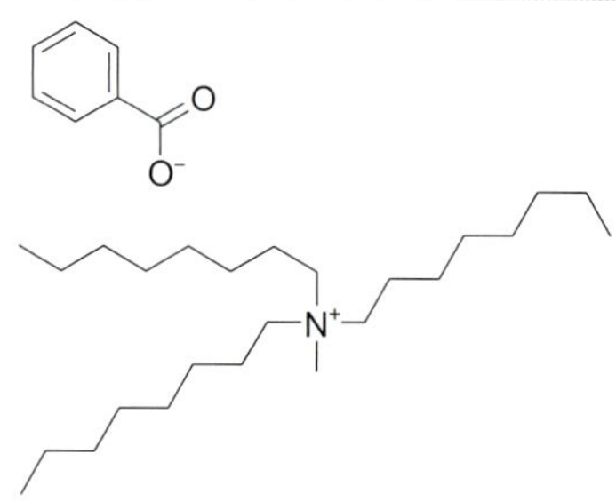
7	$[(Bbnim)_2C_{12}]$ $[TFSI][FeCl_3Br]$	1,12- 二 (1- 苄基苯并咪唑) 十二烷双 (三氟甲磺酰基) 亚胺盐溴三氯合铁酸盐	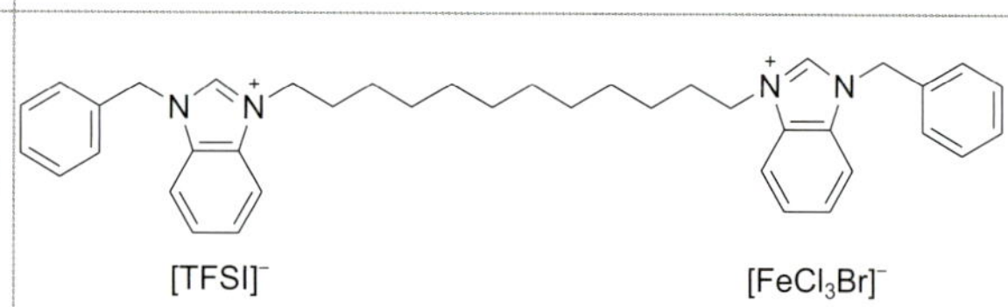

续表

序号	离子液体简称	中文全称	结构式
8	$[BF_4]^-$	四氟硼酸阴离子	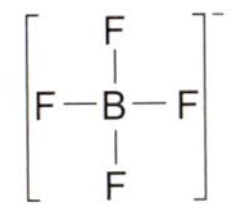
9	[Bmbim]Br	1- 丁基 -3- 甲基苯并咪唑溴盐	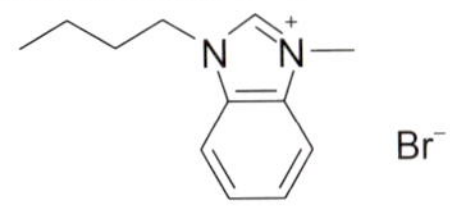
10	$[Bmim]^+$/$[C_4C_1im]^+$/$[C_4mim]^+$	1- 丁基 -3- 甲基咪唑阳离子	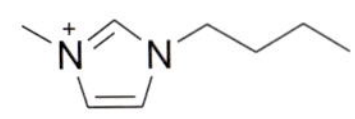
11	[Bmim]Cl/$[C_4mim]Cl$	1- 丁基 -3- 甲基咪唑氯盐	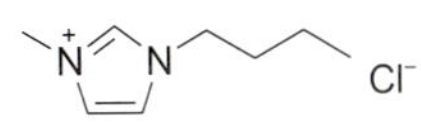
12	[Bmim]Br/$[C_4mim]Br$	1- 丁基 -3- 甲基咪唑溴盐	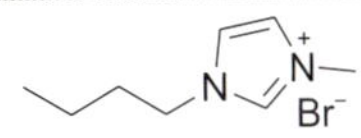
13	$[Bmim][BF_4]$/$[C_4C_1im][BF_4]$/$[C_4mim][BF_4]$	1- 丁基 -3- 甲基咪唑四氟硼酸盐	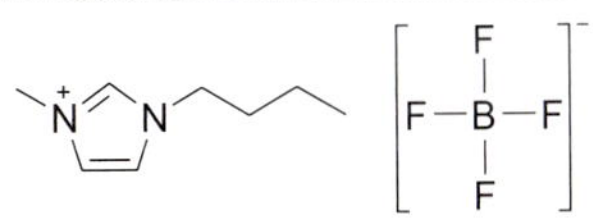
14	$[Bmim][N(CN)_2]$	1- 丁基 -3- 甲基咪唑双氰胺盐	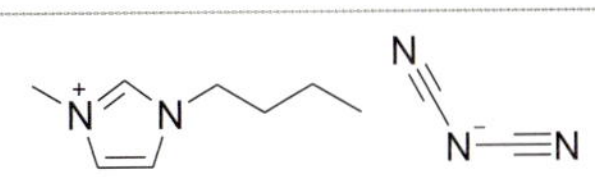
15	[Bmim][His]	1- 丁基 -3- 甲基咪唑组氨酸盐	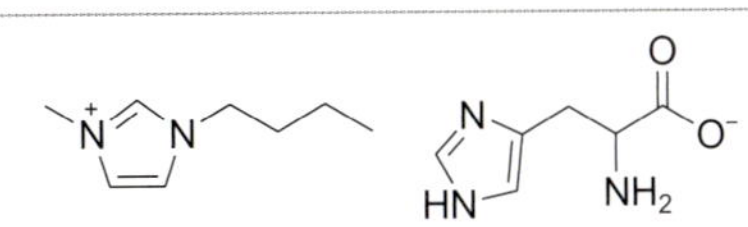
16	[Bmim][OH]	1- 丁基 -3- 甲基咪唑氢氧化物	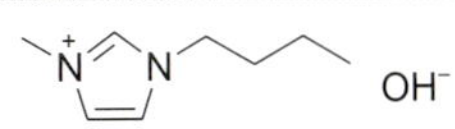
17	$[Bmim][PF_6]$/$[C_4C_1im][PF_6]$/$[C_4mim][PF_6]$	1- 丁基 -3- 甲基咪唑六氟磷酸盐	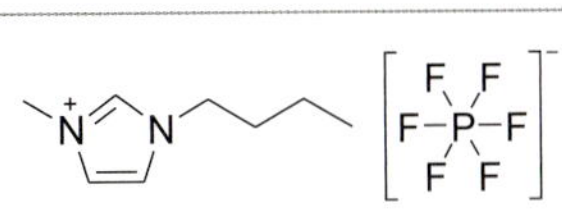
18	[Bmim][OTf] $[C_4mim][OTf]$/	1- 丁基 -3- 甲基咪唑三氟甲磺酸盐	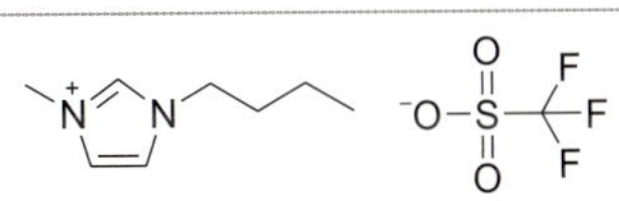
19	$[Bmim][SbF_6]$	1- 丁基 -3- 甲基咪唑六氟锑酸盐	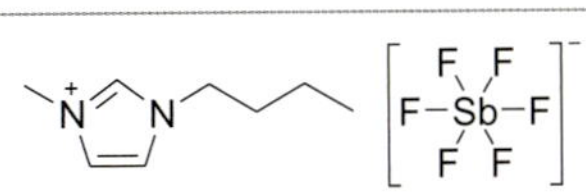
20	$[Bmmim][PF_6]$	1- 丁基 -2,3- 二甲基咪唑六氟磷酸盐	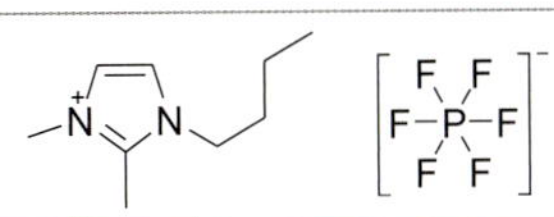

续表

序号	离子液体简称	中文全称	结构式
21	[Bmpy]Cl/ $[C_4mpy]Cl$	1- 丁基 -3- 甲基吡啶氯盐	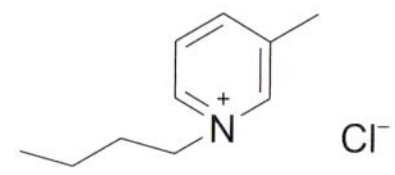
22	[Bmpy]Br	1- 丁基 -3- 甲基吡啶溴盐	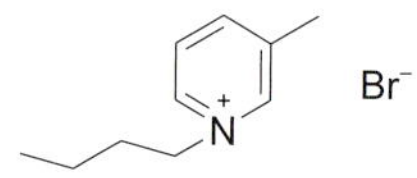
23	$[B(CN)_4]^-$	四氰硼酸阴离子	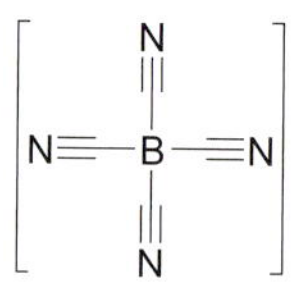
24	$[Bpy]^+/[C_4py]^+$	*N*- 丁基吡啶阳离子	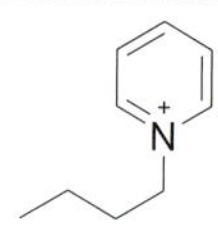
25	$[Bpy]Br/[C_4py]Br$	*N*- 丁基吡啶溴盐	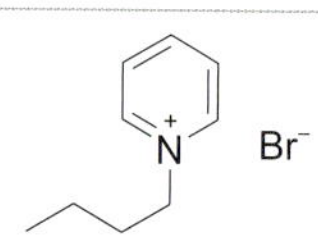
26	$[Bmpy][BF_4]$	1- 丁基 -3- 甲基吡啶四氟硼酸盐	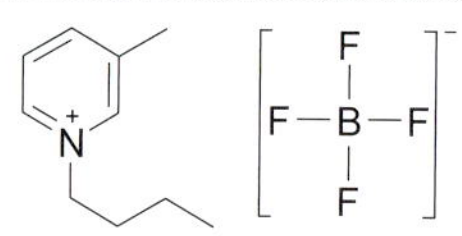
27	[BTDA]Cl	十四烷基二甲基苄基氯盐	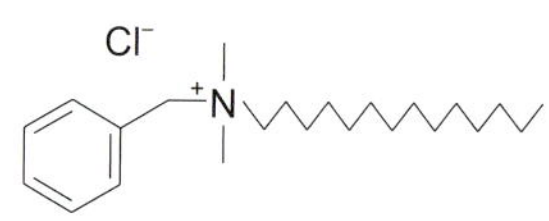
28	$[Bu_3PC_2][Sac]$	三 (正丁基)(2- 乙氧基 -2- 氧代乙基) 鏻糖精酸盐	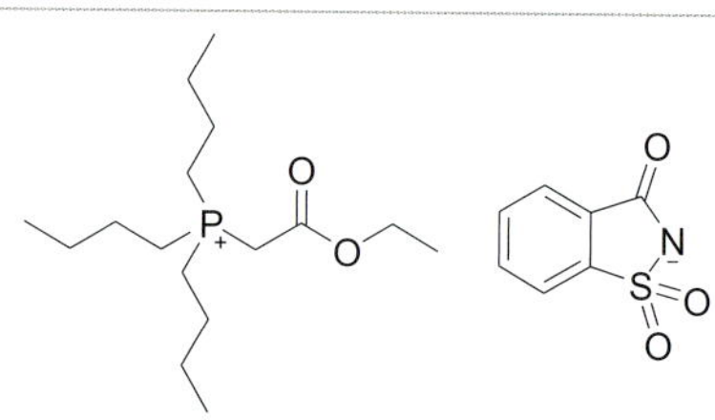
29	$[Bu_3PC_4][Sac]$	三 (正丁基)(4- 乙氧基 -4- 氧代丁基) 鏻糖精酸盐	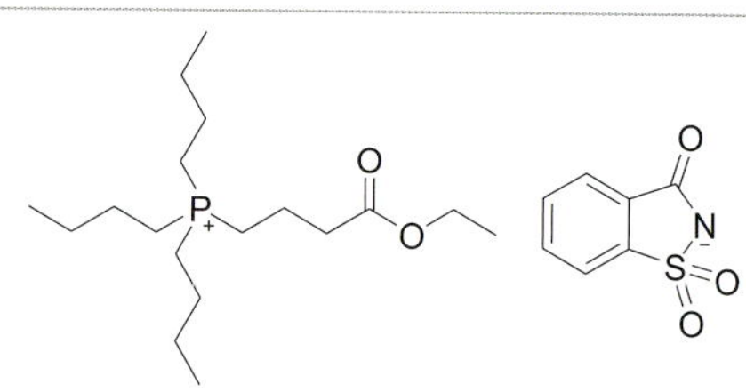

续表

序号	离子液体简称	中文全称	结构式
30	$[Bu_3NC_2][Sac]$	三(正丁基)(2-乙氧基-2-氧代乙基)铵糖精酸盐	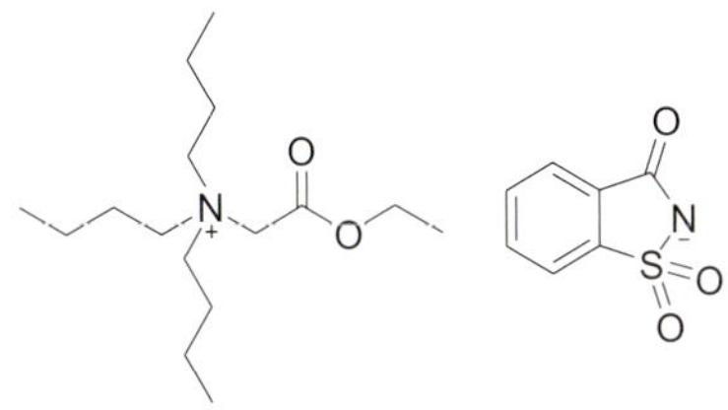
31	$[Bu_3NC_4][Sac]$	三丁基(3-乙氧羰基丙基)铵糖精酸盐	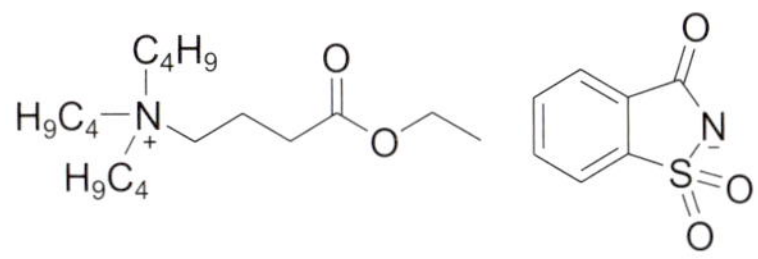
32	$[C_1C_1im][DMP]$	1,3-二甲基咪唑二甲基磷酸盐	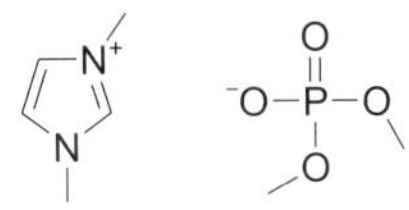
33	$[C_2C_1im]^+$	1-乙基-3-甲基咪唑阳离子	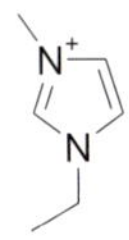
34	$[C_2C_1im][BF_4]$/ $[C_2mim][BF_4]$	1-乙基-3-甲基咪唑四氟硼酸盐	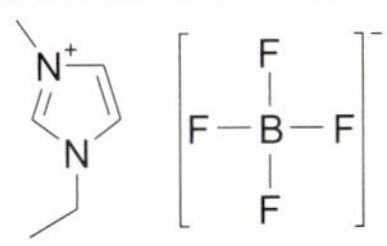
35	$[C_2C_1im]/AlCl_4$	1-乙基-3-甲基咪唑四氯合铝酸盐	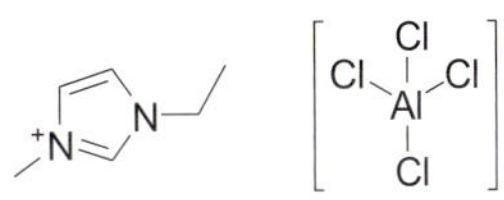
36	$[CF_3CO_2]^-$	三氟乙酸阴离子	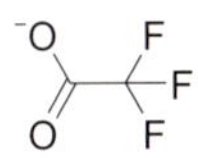
37	$[C_2OC_2mim]Cl$	1-(2-乙氧基乙基)-3-甲基咪唑氯盐	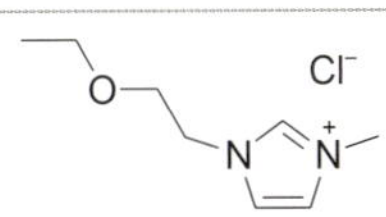
38	$[C_1OC_2mim]Cl$	1-(2-甲氧基乙基)-3-甲基咪唑氯盐	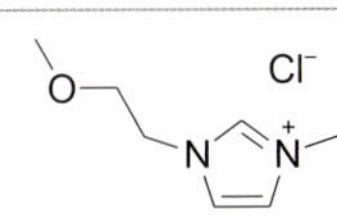
39	$[C_2NH_2mim][BF_4]$	1-(2-氨基乙基)-3-甲基咪唑四氟硼酸盐	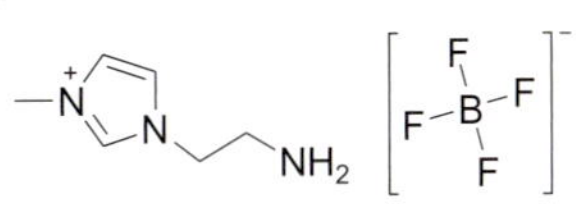

续表

序号	离子液体简称	中文全称	结构式
40	$[C_2mim]^+$	1- 乙基 -3- 甲基咪唑阳离子	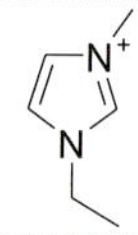
41	$[C_2mim]Br$	1- 乙基 -3- 甲基咪唑溴盐	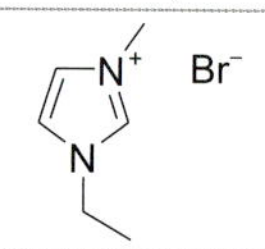
42	$[C_2mim]Cl$	1- 乙基 -3- 甲基咪唑氯盐	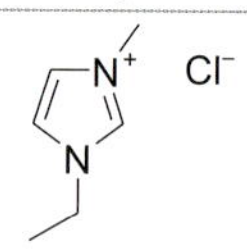
43	$[C_2OHmim]Cl$	1- 羟基乙基 -3- 甲基咪唑氯盐	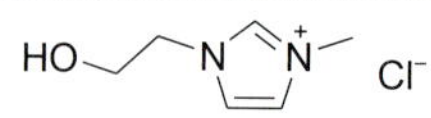
44	$[C_2mim]_2[Co(SCN)_4]$	1- 乙基 -3- 甲基咪唑四异硫氰酸钴	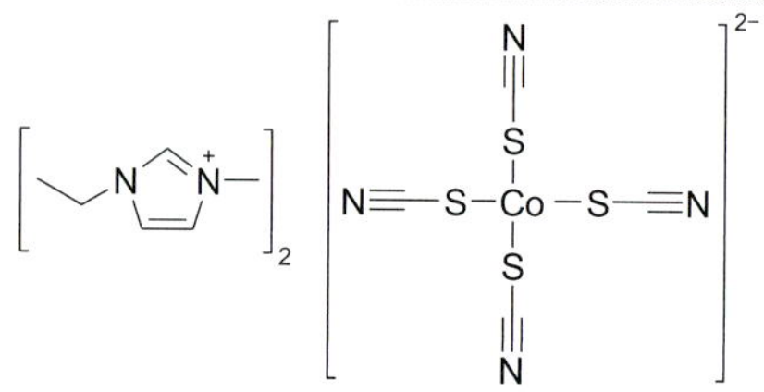
45	$[C_2mim][NO_3]$	1- 乙基 -3- 甲基咪唑硝酸盐	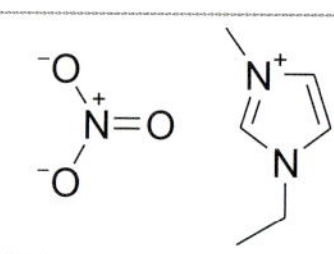
46	$[C_nmim][TFSI]$（n = 2, 3, 4, 5, 6, 7, 8, 10, 12）	1- 烷基 -3- 甲基咪唑双 (三氟甲磺酰基) 亚胺盐	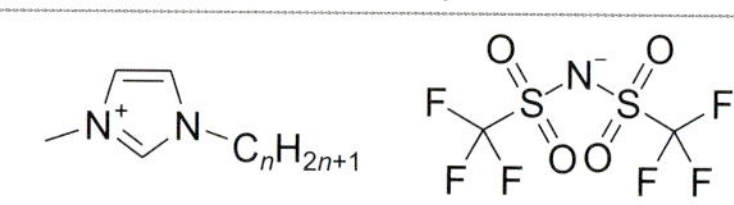
47	$[C_2Clmim]Cl$	1-(2- 氯乙基)-3- 甲基咪唑氯盐	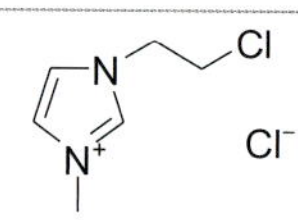
48	$[C_2Clmim][TFSI]$	1-(2- 氯乙基)-3- 甲基咪唑双 (三氟甲磺酰基) 亚胺盐	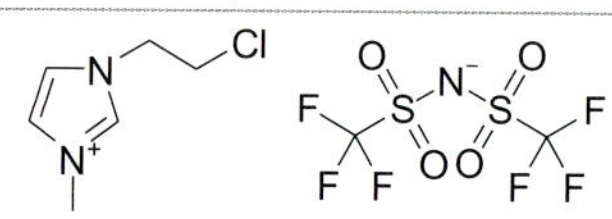
49	$[CF_3SO_3]^-$/ $[OTf]^-$	三氟甲磺酸阴离子	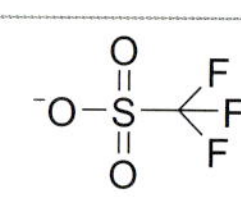
50	$[PFSI]^-$	双 (五氟乙磺酰基) 亚胺阴离子	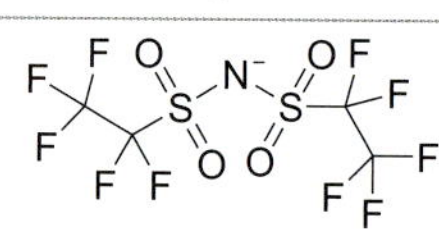

续表

序号	离子液体简称	中文全称	结构式
51	$[(C_2F_5)_3PF_3]^-$	三氟三（五氟乙基）磷酸阴离子	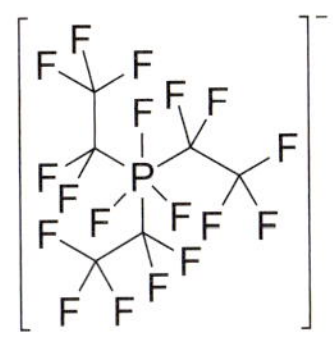
52	$[C_2OHmim]$[TFSI]	1-羟基乙基-3-甲基咪唑双（三氟甲磺酰基）亚胺盐	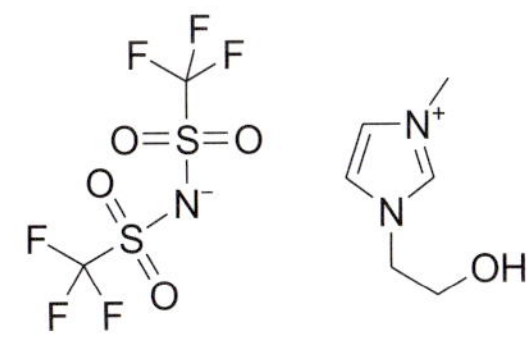
53	$[C_4mim]$[Ac]	1-丁基-3-甲基咪唑乙酸盐	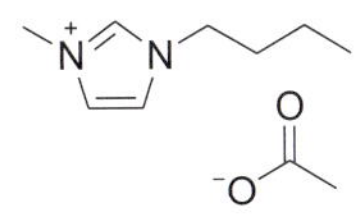
54	$[C_4C_1im][HSO_4]$	1-丁基-3-甲基咪唑硫酸氢盐	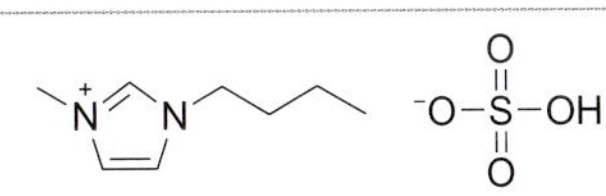
55	$[C_4C_1im]$[TFSI]/[Bmim][TFSI]/$[C_4mim]$[TFSI]	1-丁基-3-甲基咪唑双（三氟甲磺酰基）亚胺盐	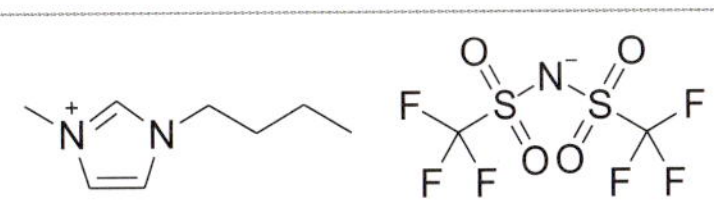
56	$[C_4mmor]$Br	*N*-丁基-*N*-甲基吗啉溴盐	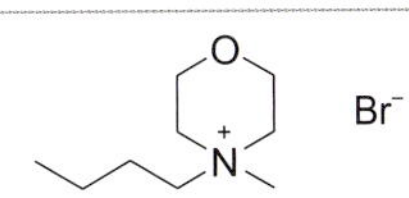
57	$[C_4mpip]$Br/[Mbpip]Br	*N*-丁基-*N*-甲基哌啶溴盐	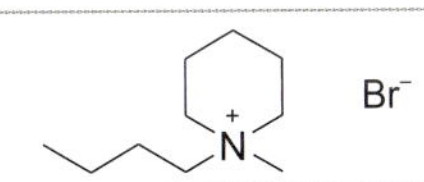
58	$[C_4mim]$F/[Bmim]F	1-丁基-3-甲基咪唑氟盐	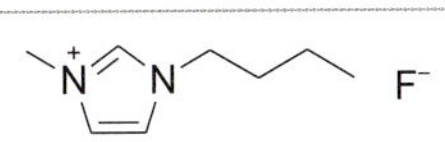
59	$[C_4mim][NO_3]$/$[Bmim][NO_3]$	1-丁基-3-甲基咪唑硝酸盐	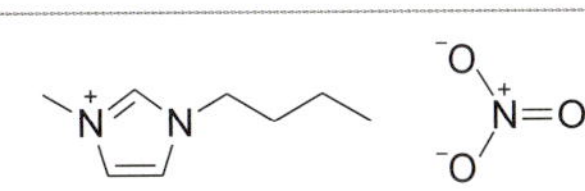
60	$[C_4mim][C_7H_5O_2]$	1-丁基-3-甲基咪唑苯甲酸酯	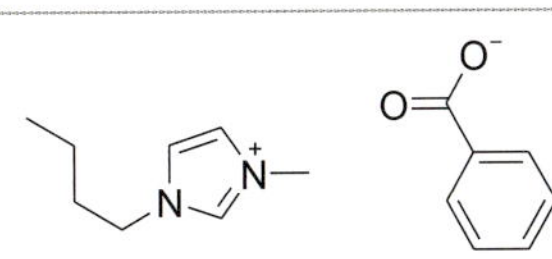
61	$[C_4mpyr]^+$	*N*-丁基-*N*-甲基吡咯烷阳离子	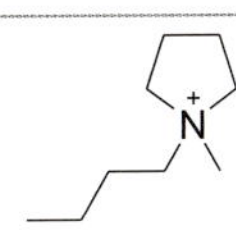

续表

序号	离子液体简称	中文全称	结构式
62	$[C_4mpy]^+$	1-丁基-3-甲基吡啶阳离子	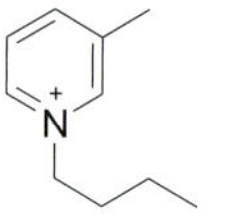
63	$[C_4mpyr][TFSI]$/$[P_{1,4}yr][TFSI]$	*N*-丁基-*N*-甲基吡咯烷双(三氟甲磺酰基)亚胺盐	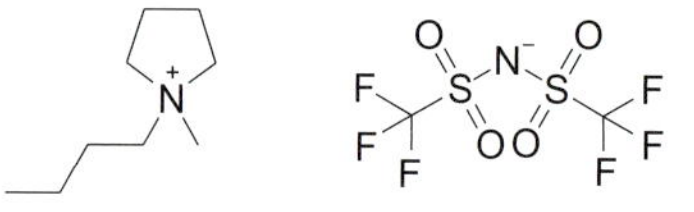
64	$[C_4mpyr]Br$/$[Mbpyr]Br$	*N*-丁基-*N*-甲基吡咯烷溴盐	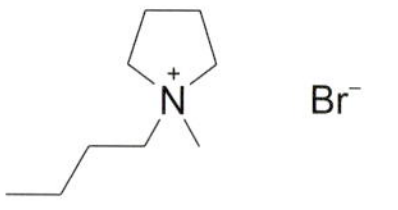
65	$[C_4mpyr]Cl$/$[Mbpyr]Cl$	*N*-丁基-*N*-甲基吡咯烷氯盐	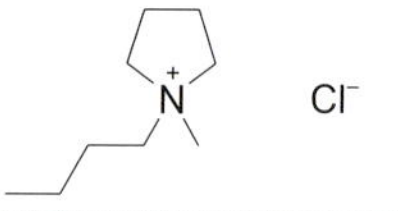
66	$[C_4mpyr][BF_4]$	*N*-丁基-*N*-甲基吡咯烷四氟硼酸盐	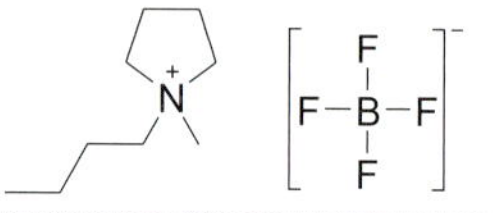
67	$[3C_6PC_{14}][FeCl_4]$	三己基十四烷基鳞四氯合铁酸盐	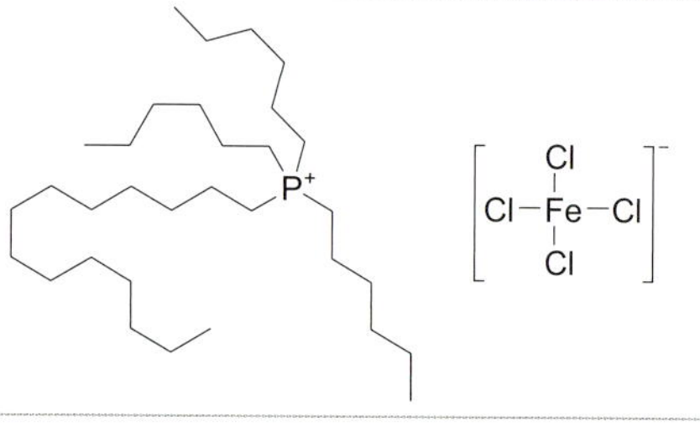
68	$[C_6mim]^+$/$[Hmim]^+$	1-己基-3-甲基咪唑阳离子	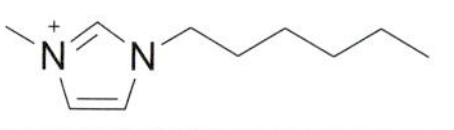
69	$[C_6mim][NO_3]$/$[Hmim][NO_3]$	1-己基-3-甲基咪唑硝酸盐	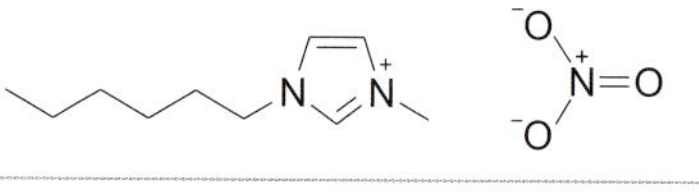
70	$[C_6mim]Br$	1-己基-3-甲基咪唑溴盐	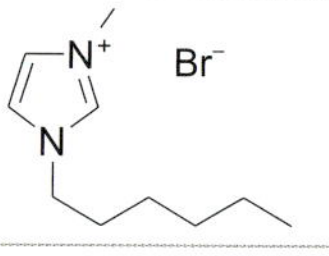
71	$[C_6mim]Cl$/$[Hmim]Cl$	1-己基-3-甲基咪唑氯盐	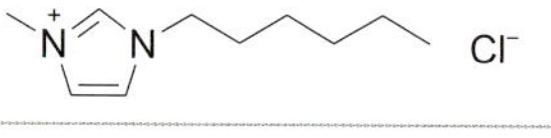
72	$[C_6C_1im][TFSI]$/$[C_6mim][TFSI]$	1-己基-3-甲基咪唑双(三氟甲磺酰基)亚胺盐	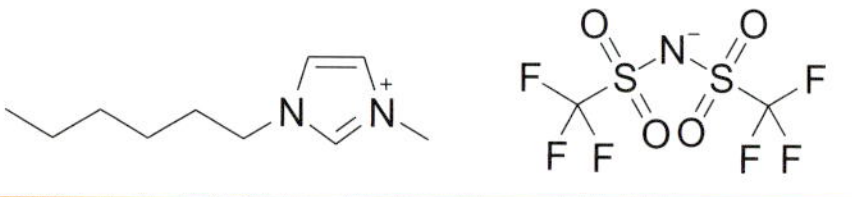

续表

序号	离子液体简称	中文全称	结构式
73	$[C_6mim][BF_4]$	1- 己基 -3- 甲基咪唑四氟硼酸盐	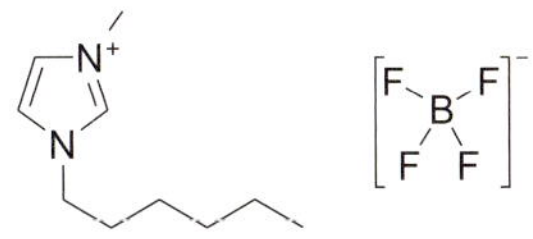
74	$[C_6mim][(C_2F_5)_3PF_3]$/ $[C_6mim][FAP]$/ [Hmim][FAP]	1- 己基 -3- 甲基咪唑三氟三 (五氟乙基) 磷酸盐	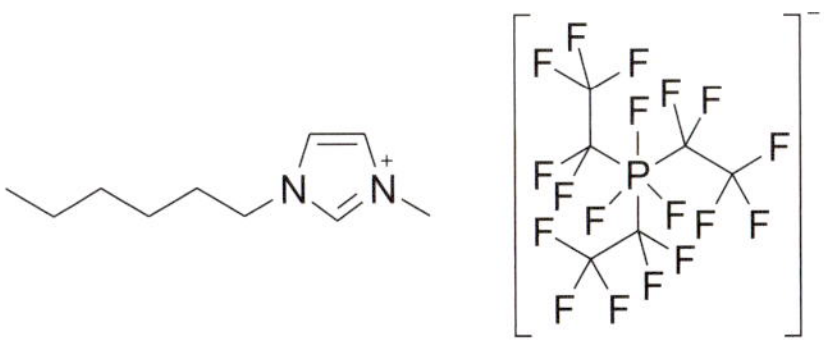
75	$[C_6mim][PF_6]$/ $[Hmim][PF_6]$	1- 己基 -3- 甲基咪唑六氟磷酸盐	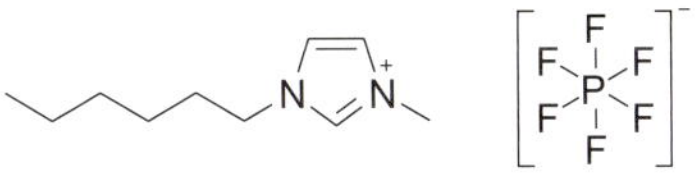
76	$[C_8mim]Cl$/ [Omim]Cl	1- 辛基 -3- 甲基咪唑氯盐	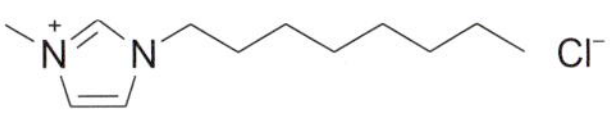
77	$[C_8mim]Br$	1- 辛基 -3- 甲基咪唑溴盐	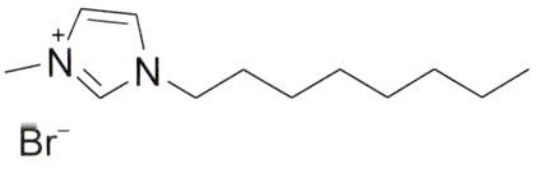
78	$[C_8mim][NO_3]$	1- 辛基 -3- 甲基咪唑硝酸盐	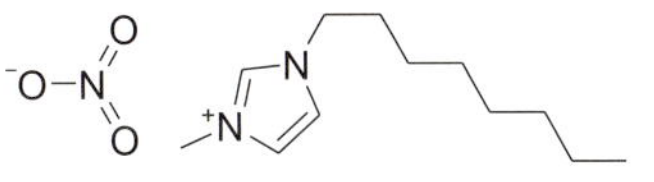
79	$[C_8mim]I$	1- 辛基 -3- 甲基咪唑碘盐	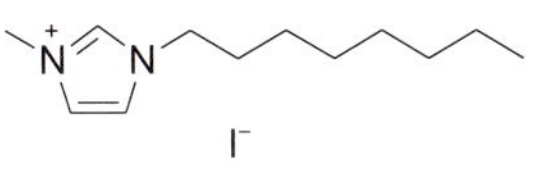
80	$[C_8mim][BF_4]$	1- 辛基 -3- 甲基咪唑四氟硼酸盐	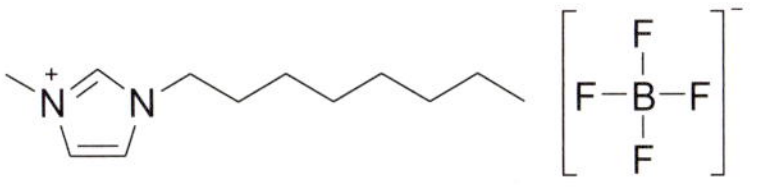
81	$[C_8mim][PF_6]$/ $[Omim][PF_6]$	1- 辛基 -3- 甲基咪唑六氟磷酸盐	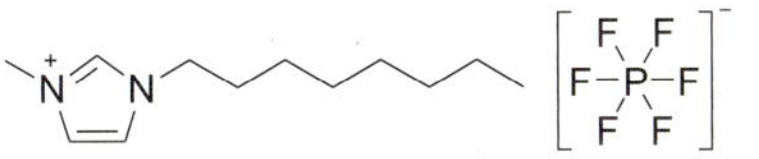
82	$[C_8mpy]Cl$	1- 辛基 -3- 甲基吡啶氯盐	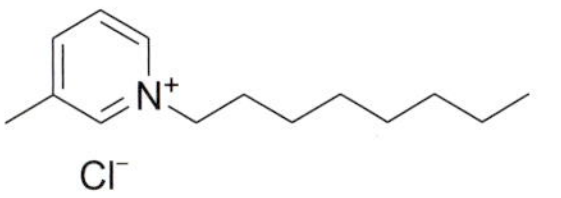
83	$[C_8mpy]Br$/ [Ompy]Br	1- 辛基 -3- 甲基吡啶溴盐	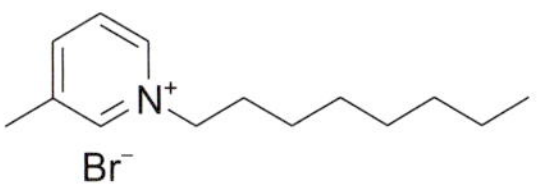

续表

序号	离子液体简称	中文全称	结构式
84	$[C_8C_1im][TFSI]$/ $[C_8mim][TFSI]$	1-辛基-3-甲基咪唑双(三氟甲磺酰基)亚胺盐	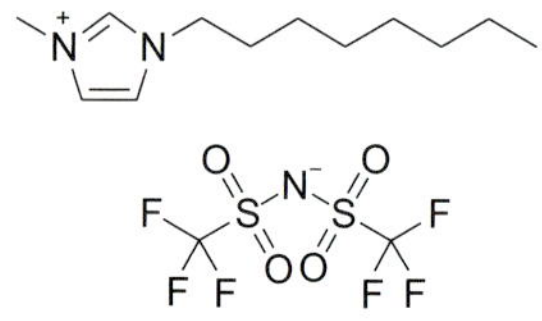
85	$[C_{10}mim]Br$	1-癸基-3-甲基咪唑溴盐	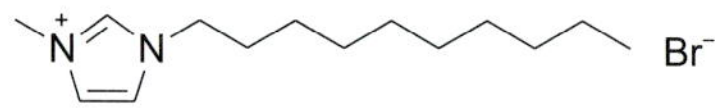
86	$[C_{10}mim]Cl$	1-癸基-3-甲基咪唑氯盐	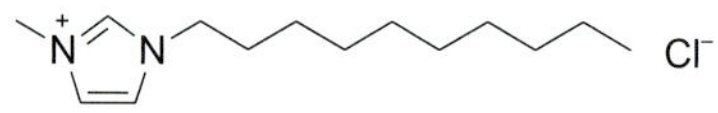
87	$[C_{10}mim][NO_3]$	1-癸基-3-甲基咪唑硝酸盐	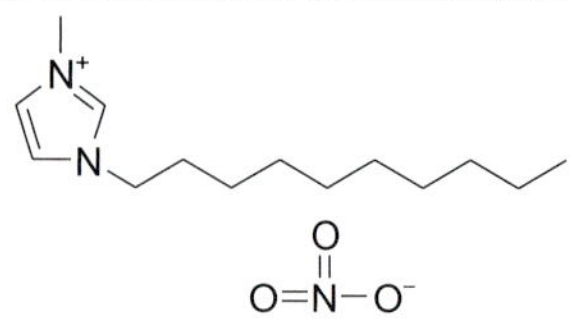
88	$[C_{10}mim][BF_4]$	1-癸基-3-甲基咪唑四氟硼酸盐	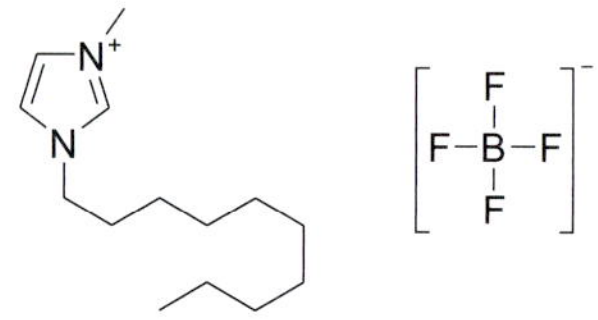
89	$[C_{10}mim][OTf]$	1-癸基-3-甲基咪唑三氟甲磺酸盐	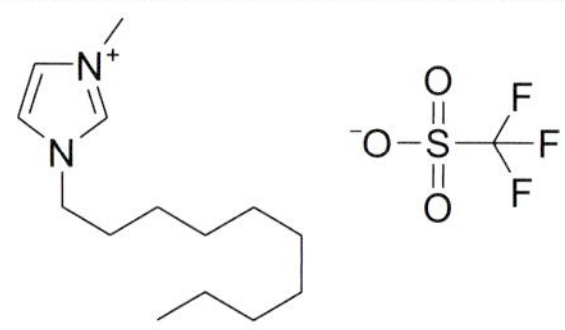
90	$[C_{10}py]Br$	*N*-癸基吡啶溴盐	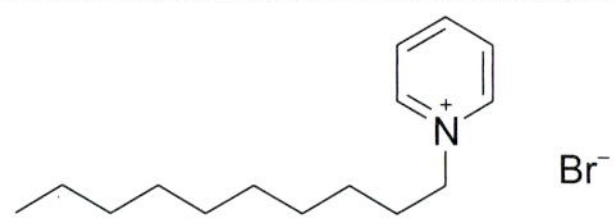
91	$[C_{12}mim]Cl$	1-十二烷基-3-甲基咪唑氯盐	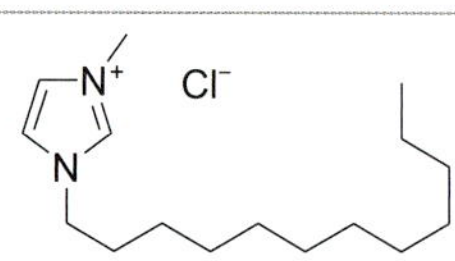
92	$[C_{12}mim]Br$	1-十二烷基-3-甲基咪唑溴盐	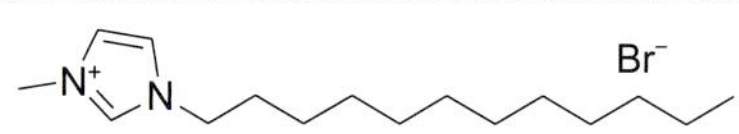
93	$[C_{12}mim][NO_3]$	1-十二烷基-3-甲基咪唑硝酸盐	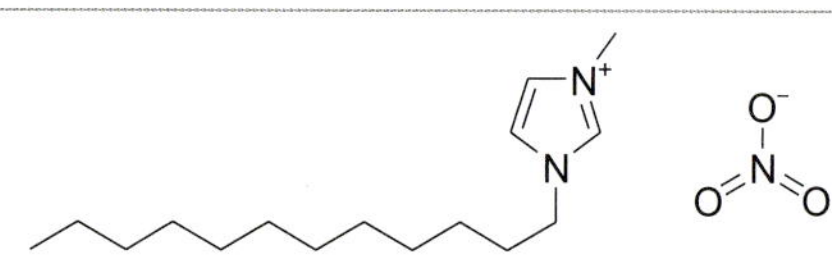

续表

序号	离子液体简称	中文全称	结构式
94	$[C_{14}mim]Br$	1- 十四烷基 -3- 甲基咪唑溴盐	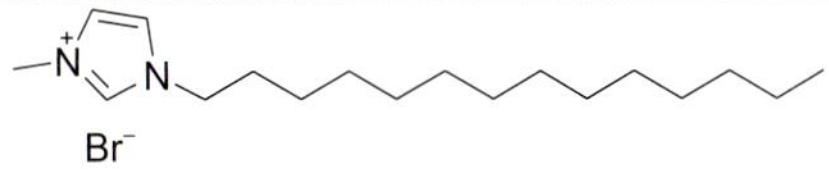
95	$[C_{16}mim]Cl$	1- 十六烷基 -3- 甲基咪唑氯盐	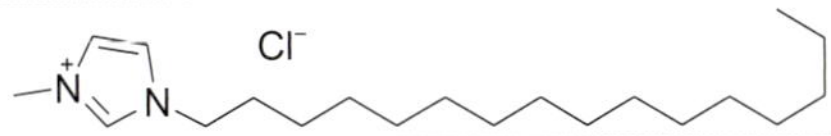
96	$[C_{16}mim]Br$	1- 十六烷基 -3- 甲基咪唑溴盐	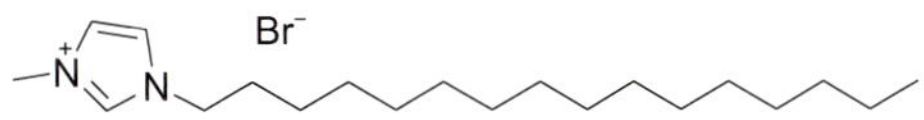
97	$[C_{16}mim][TFSI]$	1- 十六烷基 -3- 甲基咪唑双 (三氟甲磺酰基) 亚胺盐	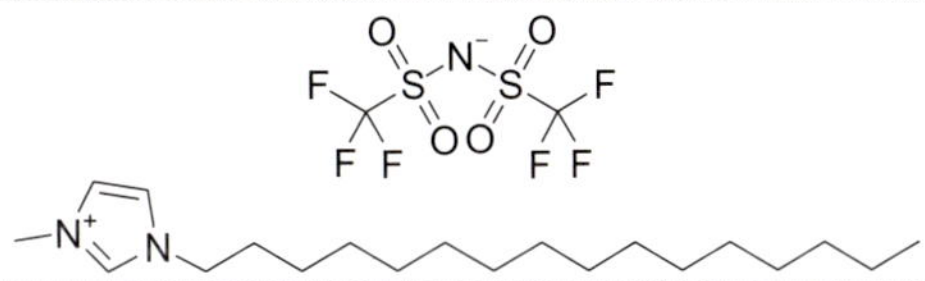
98	$[C_{18}mim]Cl$	1- 十八烷基 -3- 甲基咪唑氯盐	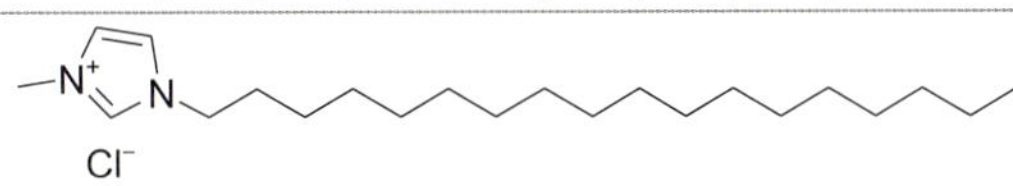
99	$[C_nmim]Br$	1- 烷基 -3- 甲基咪唑溴盐	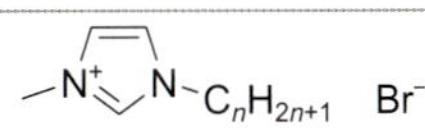
100	$[C_npy]Cl$	1- 烷基吡啶氯盐	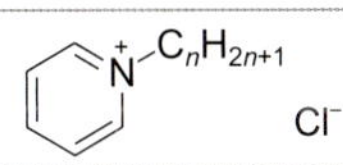
101	$[C_nmim][BF_4]$	1- 烷基 -3- 甲基咪唑四氟硼酸盐	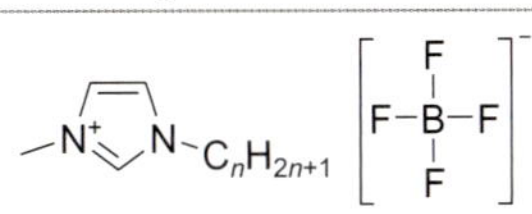
102	$[C_nmim]Cl$	1- 烷基 -3- 甲基咪唑氯盐	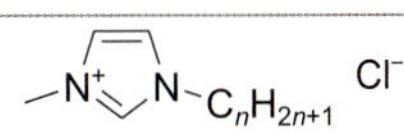
103	$[C_nmim][PF_6]$	1- 烷基 -3- 甲基咪唑六氟磷酸盐	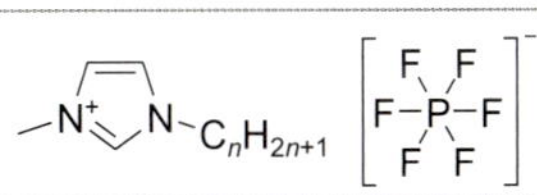
104	$[C(CN)_3]^-$	三氰基甲烷阴离子	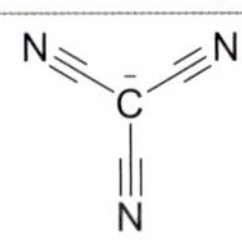
105	$[(CF_3SO_2)_2N]^-$/ $[TFSI]^-$	双 (三氟甲磺酰基) 亚胺阴离子	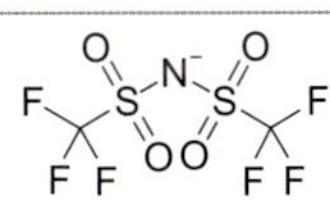
106	$[C_nmim][TPB]$ （n=2 ～ 10）	1- 烷基 -3- 甲基咪唑四苯基硼酸盐	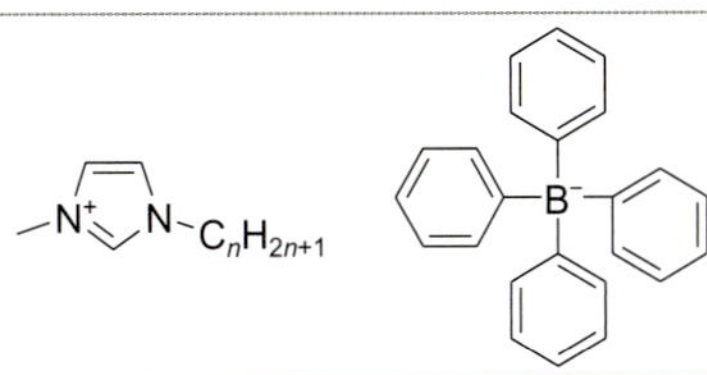

续表

序号	离子液体简称	中文全称	结构式
107	[$C_n$immen][BF_4]	3-[L-薄荷醇甲氧基]-1-烷基咪唑四氟硼酸盐	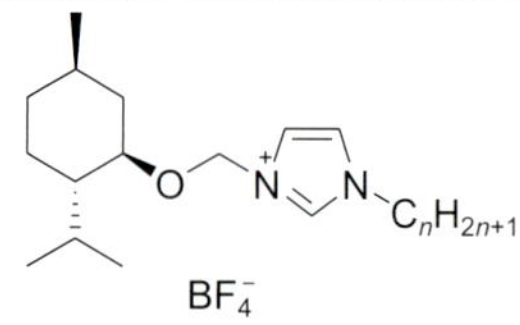
108	[DDA][Sac]	二癸基二甲基铵糖精酸盐	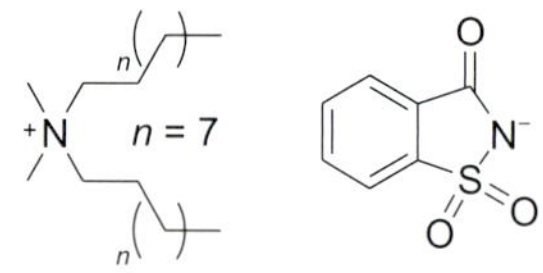
109	$[Dmim]^+$	1-癸基-3-甲基咪唑阳离子	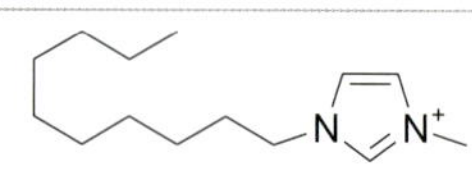
110	[Emim][TFSI]	1-乙基-3-甲基咪唑双(三氟甲磺酰基)亚胺盐	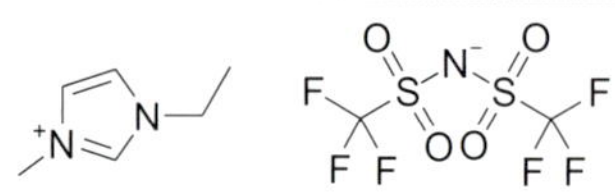
111	[Emim][Ac]	1-乙基-3-甲基咪唑乙酸盐	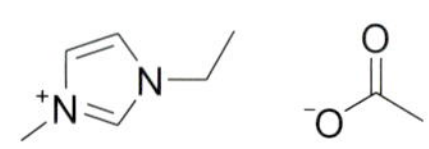
112	[Emim][Lys]	1-乙基-3-甲基咪唑赖氨酸盐	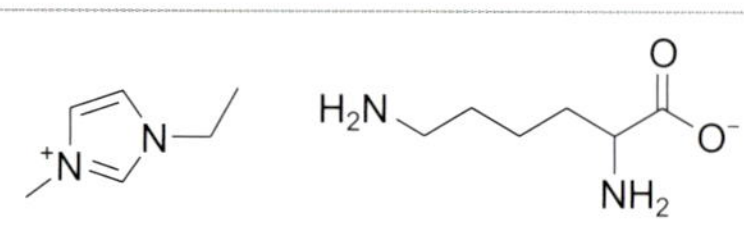
113	$[Epy]^+$	*N*-乙基吡啶阳离子	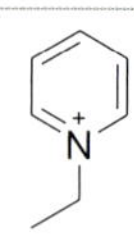
114	[Epy][BF_4]	*N*-乙基吡啶四氟硼酸盐	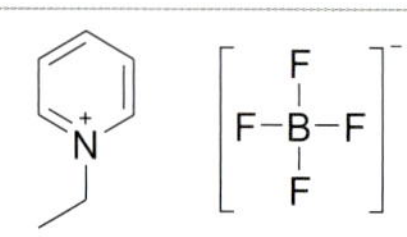
115	[Epy][CF_3COO]	*N*-乙基吡啶三氟乙酸盐	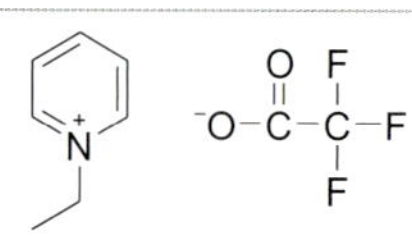
116	[$EtNH_3$][NO_3]	乙铵硝酸盐	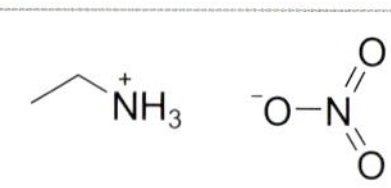
117	[$EtNH_3$][HSO_4]	乙铵硫酸氢盐	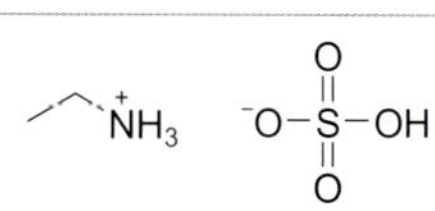

续表

序号	离子液体简称	中文全称	结构式
118	[$EtNH_3$][$CH_3CH(OH)COO$]	乙铵乳酸盐	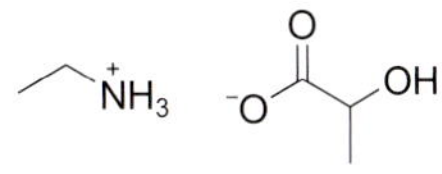
119	[Et_2NEmim][SCN]	1-(2- 二乙氨基乙基)-3- 甲基咪唑硫氰酸盐	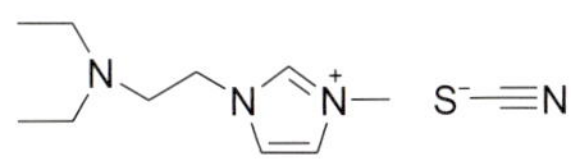
120	[ETA][NO_3]	乙醇铵硝酸盐	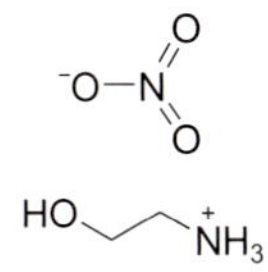
121	[$H(C_2F_4)SO_3$]$^-$	1,1,2,2- 四氟乙基磺酸阴离子	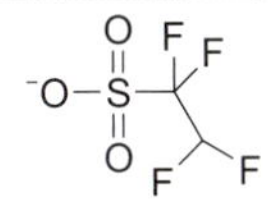
122	[C_2Clim]Cl	3-(2- 氯乙基)-1- 氢咪唑氯盐	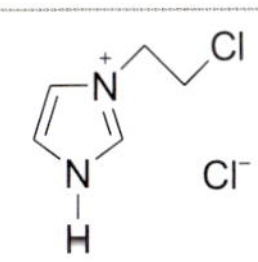
123	[C_2OHmim]$^+$/[HOC_2mim]$^+$/[HOEmim]$^+$	1-(2- 羟基乙基)-3- 甲基咪唑阳离子	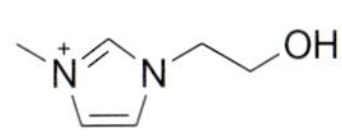
124	[HOPmim]$^+$/[C_3OHmim]$^+$	1-(3- 羟基丙基)-3- 甲基咪唑阳离子	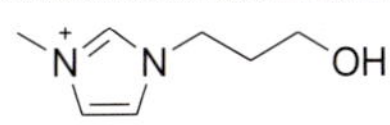
125	[C_3OHmim]Cl	1-(3- 羟基丙基)-3- 甲基咪唑氯盐	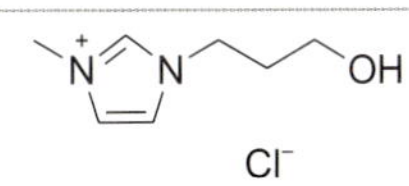
126	[Hmim][PhO]	1- 己基 -3- 甲基咪唑苯酚盐	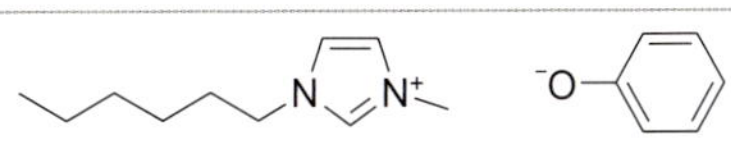
127	[Hmpy]Br	1- 己基 -3- 甲基吡啶溴盐	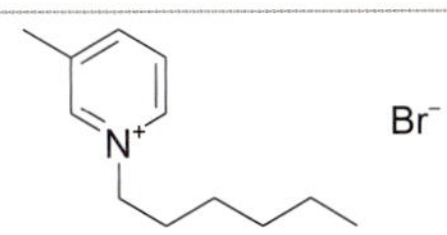
128	[Hmpy]Cl	1- 己基 -3- 甲基吡啶氯盐	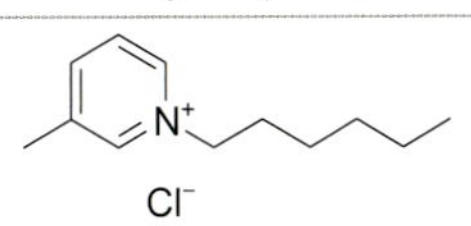
129	[Hnoc]Cl/$ZnCl_2$ 1∶n (n=1,2,3)	N- 辛基己内酰胺氯锌酸盐	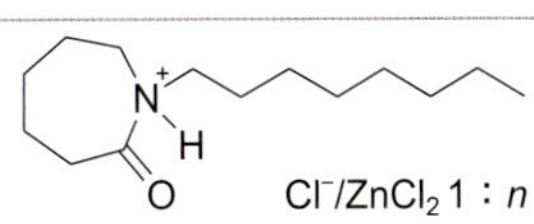

续表

序号	离子液体简称	中文全称	结构式
130	$[Hpy]^+$	*N*- 己基吡啶阳离子	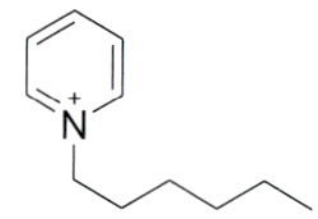
131	[Hpy]Br	*N*- 己基吡啶溴盐	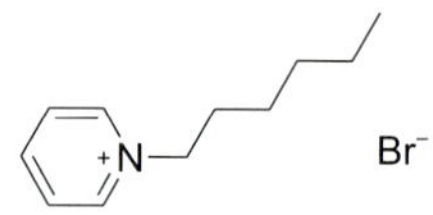
132	$[HOC_2mim][NO_3]$	1-(2- 羟基乙基)-3- 甲基咪唑硝酸盐	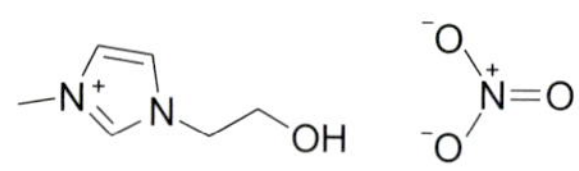
133	$[HOC_2mim][BF_4]$	1-(2- 羟基乙基)-3- 甲基咪唑四氟硼酸盐	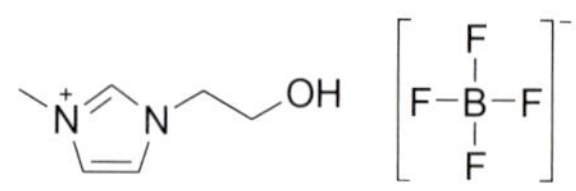
134	$[H_2PO_4]^-$	磷酸二氢阴离子	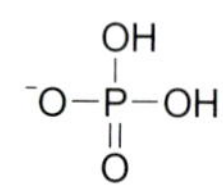
135	$[(IBAC_4S]$ $[HSO_4]$	*N*- 异丁基 -(4- 磺酸丁基)-1- 铵硫酸氢盐	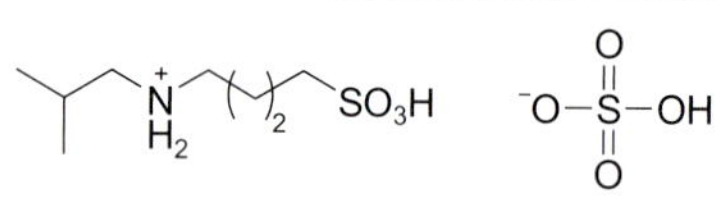
136	$[(HSO_3)C_3C_1im]$ $[HSO_4]$	1-(3- 磺酸丙基)-3- 甲基咪唑硫酸氢盐	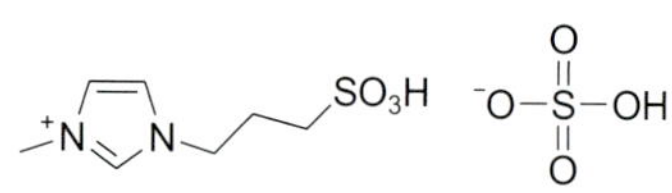
137	$[(HSO_3)C_4C_1im]$ $[HSO_4]$	1-(4- 磺酸丁基)-3- 甲基咪唑硫酸氢盐	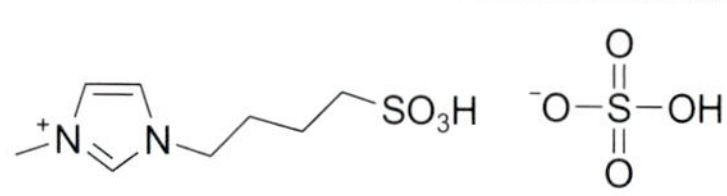
138	$[(HSO_3)C_3mmim]$ $[HSO_4]$	2,3- 二甲基 -1-(3- 磺酸丙基) 咪唑硫酸氢盐	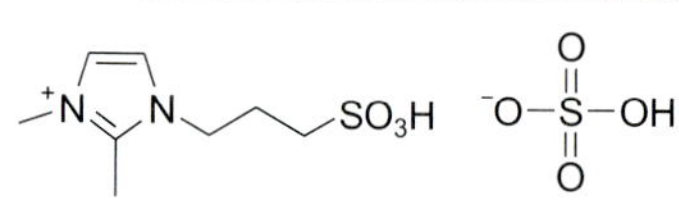
139	$[(HSO_3)C_3mmim]$ [OTf]	2,3- 二甲基 -1-(3- 磺酸丙基) 咪唑三氟甲磺酸盐	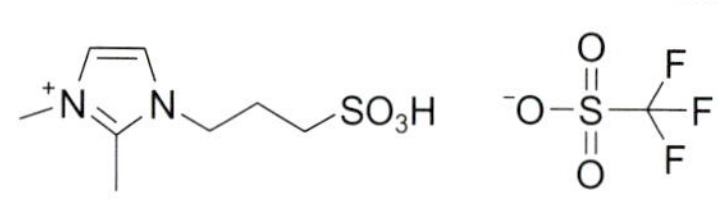
140	$[Emim][N(CN)_2]$	1- 乙基 -3- 甲基咪唑双氰胺盐	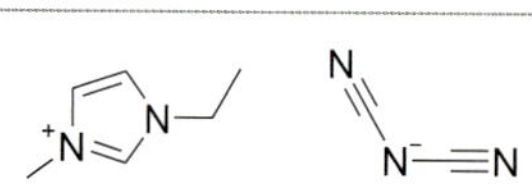

续表

序号	离子液体简称	中文全称	结构式
141	[Emim][C(CN)$_3$]	1-乙基-3-甲基咪唑三氰基甲烷盐	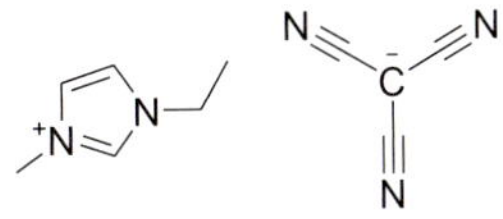
142	Li[TFSI]	双(三氟甲磺酰基)亚胺锂盐	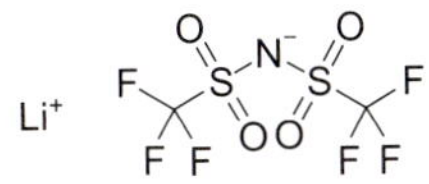
143	[MeBu$_3$N][TFSI]/[N$_{4,4,4,1}$][TFSI]	甲基三丁基铵双(三氟甲磺酰基)亚胺酸盐	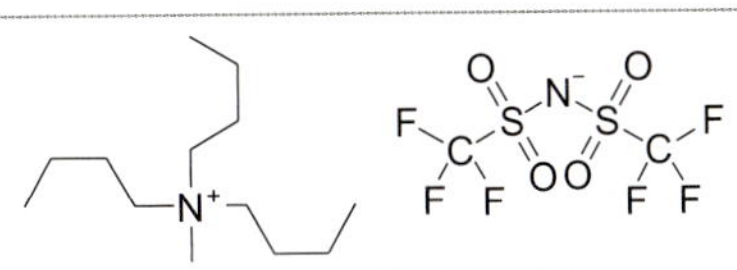
144	[Memor]Br	*N*-甲基-*N*-乙基吗啉溴盐	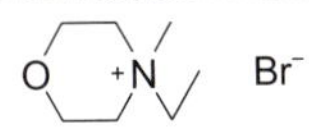
145	[MOEmim][BF$_4$]/[MeOCH$_2$CH$_2$mim][BF$_4$]	1-(2-甲氧基乙基)-3-甲基咪唑四氟硼酸盐	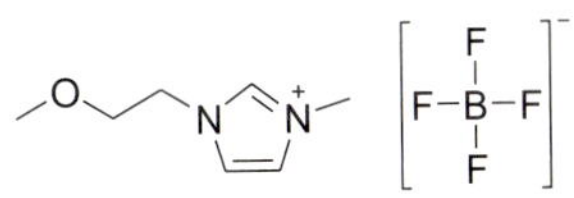
146	[MeOCH$_2$CH$_2$mim][N(CN)$_2$]	1-(2-甲氧基乙基)-3-甲基咪唑双氰胺盐	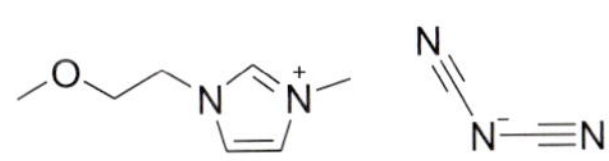
147	[Mptaz][OTf]	1-丙基-4-甲基-1,2,4-三唑三氟甲磺酸盐	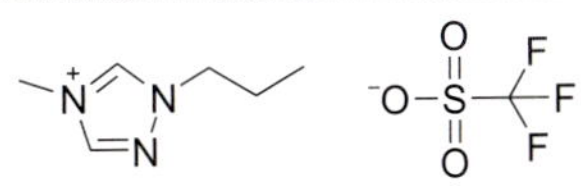
148	[Mptaz][TFSI]	1-丙基-4-甲基-1,2,4-三唑双(三氟甲磺酰基)亚胺盐	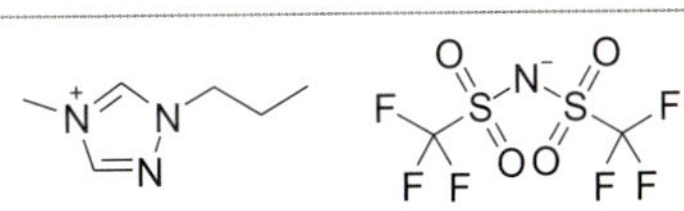
149	[Mpmor]Br	*N*-甲基-*N*-丙基吗啉溴盐	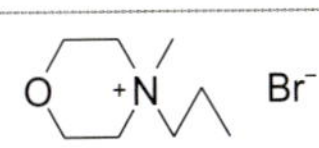
150	[Mepyr]Br	*N*-甲基-*N*-乙基吡咯烷溴盐	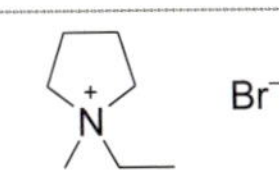
151	[Mepip]Br	*N*-甲基-*N*-乙基哌啶溴盐	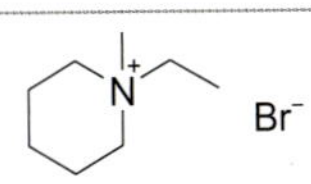
152	[3-Mebupy][N(CN)$_2$]	*N*-丁基-3-甲基吡啶双氰胺盐	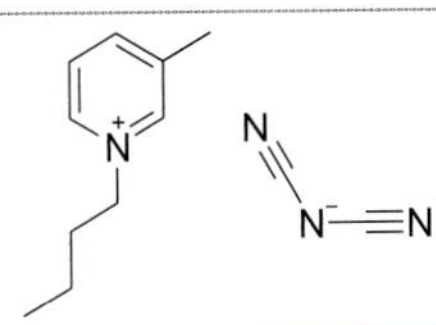

续表

序号	离子液体简称	中文全称	结构式
153	[4-Mebupy][BF_4]	*N*- 丁基 -4- 甲基吡啶四氟硼酸盐	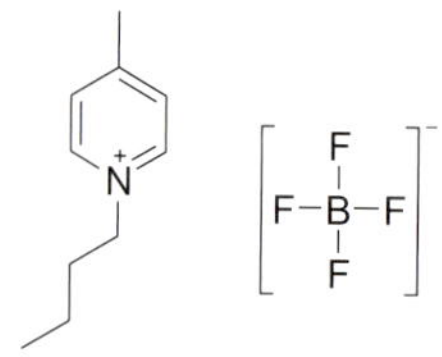
154	[Mppip]Br	*N*- 甲基 -*N*- 丙基哌啶溴盐	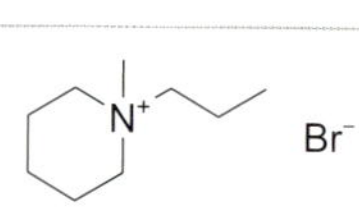
155	[Mppyr]Br	*N*- 甲基 -*N*- 丙基吡咯烷溴盐	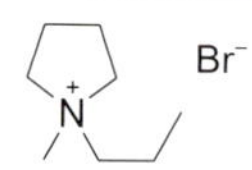
156	$M8OI^+$/[C_8mim]$^+$/[Omin]$^+$	1- 辛基 -3- 甲基咪唑阳离子	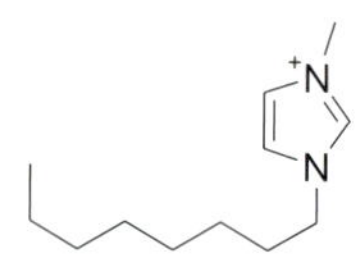
157	[$N(CN)_2$]$^-$	双氰胺阴离子	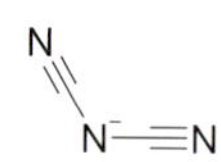
158	[NH_4][PF_6]	六氟磷酸铵	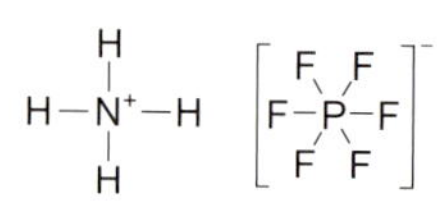
159	[TFSI]$^-$	双 (三氟甲磺酰基) 亚胺阴离子	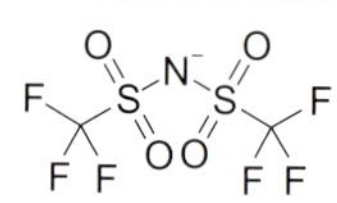
160	[$N_{4,4,4,4}$]Cl	四丁基铵氯盐	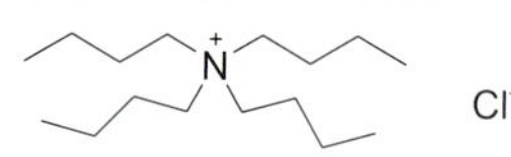
161	[$N_{8,8,8,B}$][$FeCl_3Br$]	苄基三辛基铵溴三氯合铁酸盐	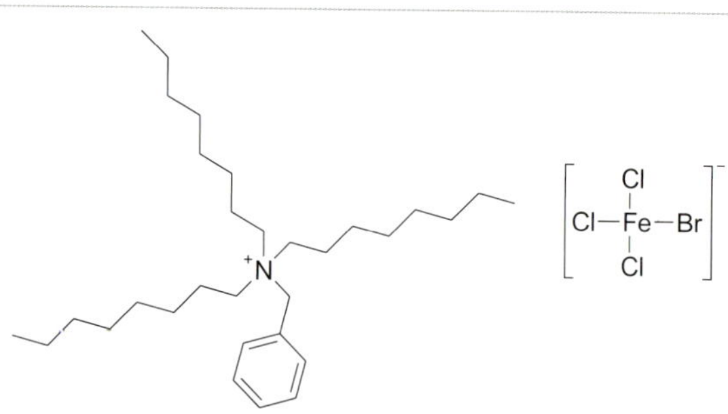

续表

序号	离子液体简称	中文全称	结构式
162	$[N_{8,8,8,MOB}][FeCl_3Br]$	甲氧基苄基三辛基铵溴三氯合铁酸盐	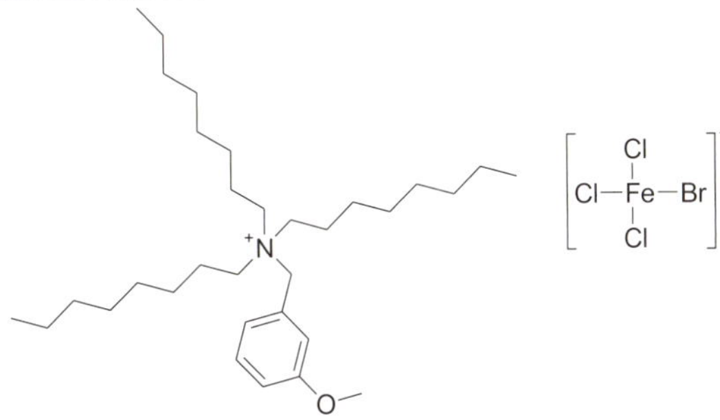
163	$[Nmim]^+$	1- 壬基 -3- 甲基咪唑阳离子	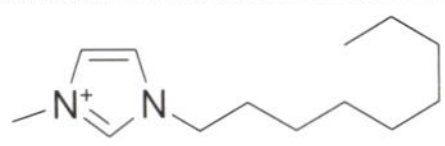
164	$[Ac]^-$	乙酸阴离子	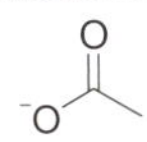
165	[Opy]Br	*N*- 辛基吡啶溴盐	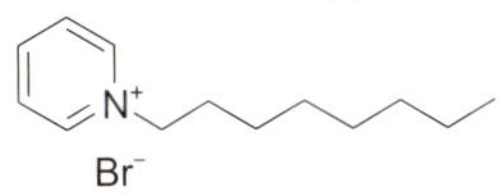
166	$[PF_6]^-$	六氟磷酸阴离子	
167	[Phmim]Cl	1- 苯基 -3- 甲基 - 咪唑氯盐	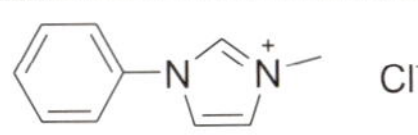
168	$[C_3mpip][TFSI]$	*N*- 甲基 -*N*- 丙基哌啶双 (三氟甲磺酰基) 亚胺盐	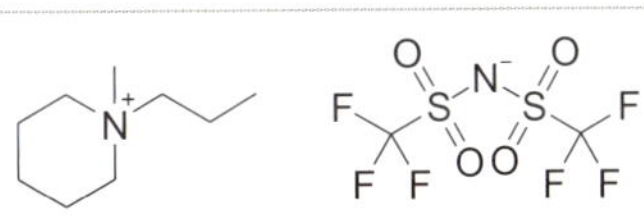
169	$[Pmpip]^+$	*N*- 甲基 -*N*- 丙基哌啶阳离子	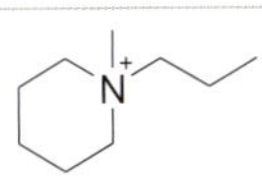
170	$[Bmpip]^+$	*N*- 丁基 -*N*- 甲基哌啶阳离子	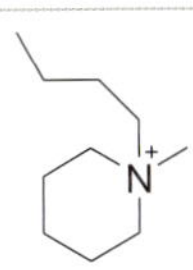
171	$[C_4mpyr][PF_6]$	1- 丁基 -1- 甲基吡咯烷六氟磷酸盐	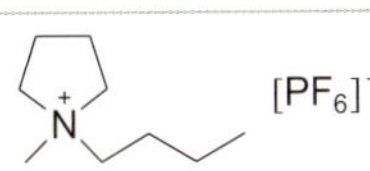
172	$[C_4mpip][PF_6]$	1- 丁基 -1- 甲基哌啶六氟磷酸盐	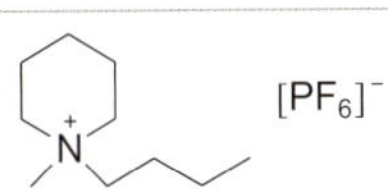

续表

序号	离子液体简称	中文全称	结构式
173	$[P_{4,4,4,4}][PhO]$	四丁基鏻苯酚酸盐	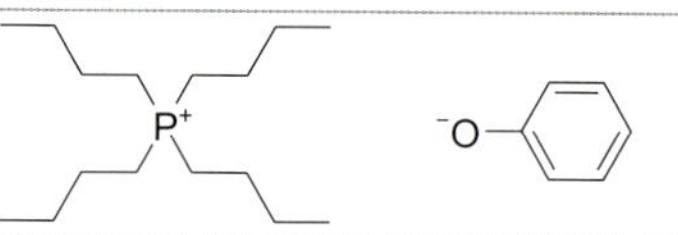
174	$[P_{6,6,6,14}][TFSI]$	三己基十四烷基鏻双（三氟甲磺酰基）亚胺盐	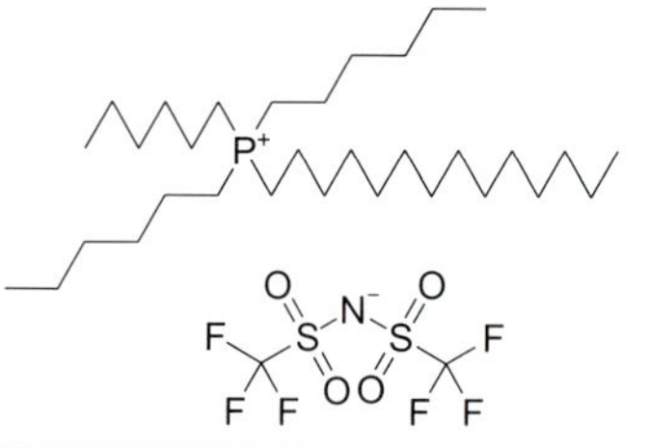
175	$[P_{6,6,6,14}]_2[MnCl_4]$	三己基十四烷基鏻四氯锰酸盐	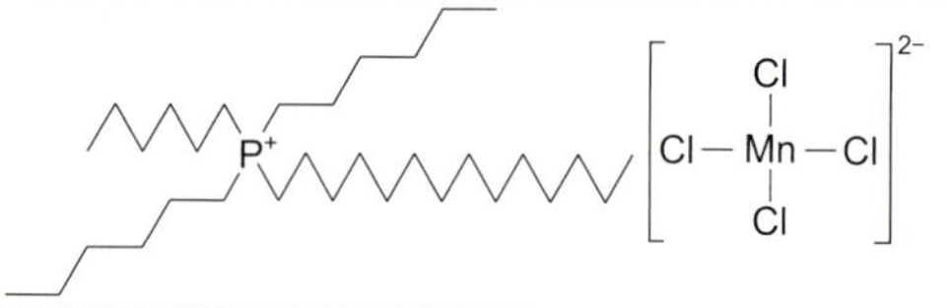
176	$[P_{6,6,6,14}][Mn(hFacac)_3]$	三己基十四烷基鏻三（六氟乙酰丙酮）锰酸盐	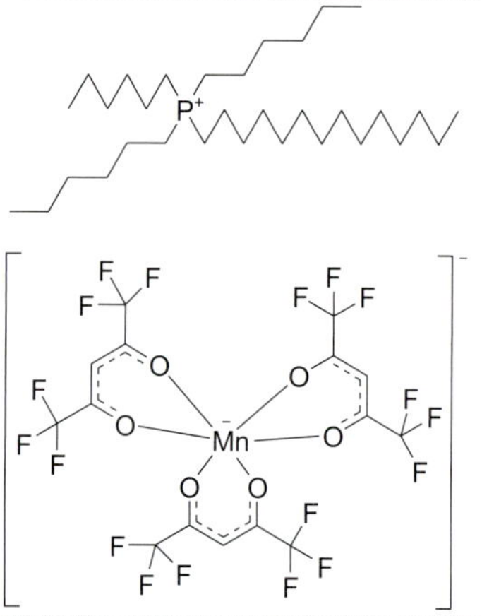
177	P（[Vbnim][TFSI]）	聚 3- 乙烯基 -1- 苄基咪唑双（三氟甲磺酰基）亚胺盐	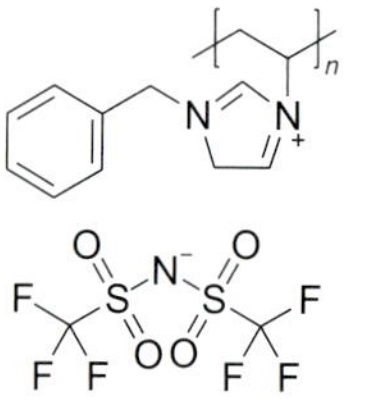
178	$[B4mpy][PF_6]$	1- 丁基 -4- 甲基吡啶六氟磷酸盐	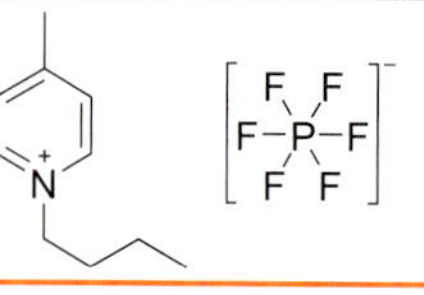

续表

序号	离子液体简称	中文全称	结构式
179	[Pmpyr][TFSI]/[$P_{1,3}$yr][TFSI]	N-甲基-N-丙基吡咯烷双(三氟甲磺酰基)亚胺盐	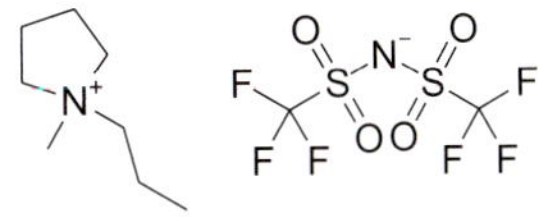
180	$[SbF_6]^-$	六氟锑酸阴离子	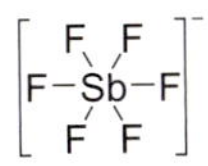
181	$[TEA]^+$/$[N_{2,2,2,2}]^+$	四乙基铵阳离子	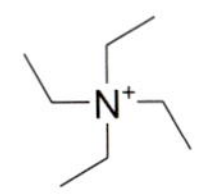
182	$[TPA]^+$/$[N_{3,3,3,3}]^+$	四丙基铵阳离子	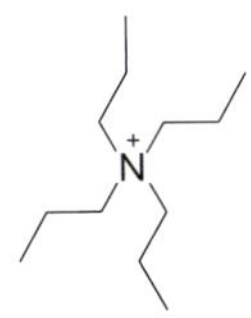
183	[TEA][BF_4]	四乙基铵四氟硼酸盐	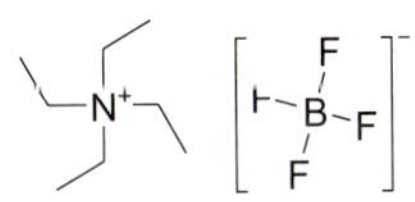
184	$[TBA]^+$/$[N_{4,4,4,4}]^+$	四丁基铵阳离子	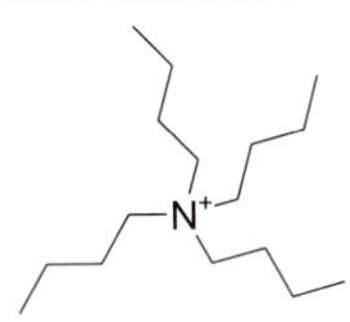
185	[TBA][BF_4]	四丁基铵四氟硼酸盐	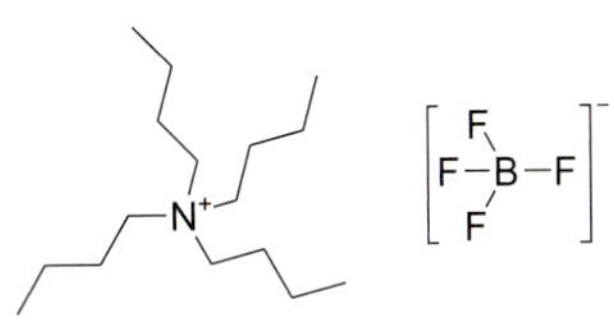
186	[TBA][PF_6]	四丁基铵六氟磷酸盐	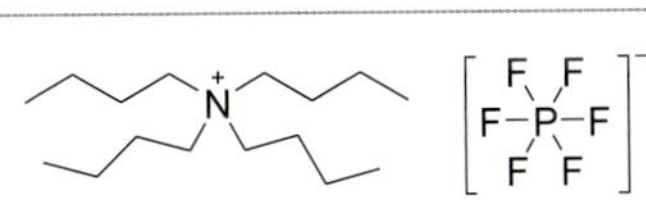
187	[TBA]Cl/[TBN]Cl	四丁基铵氯盐	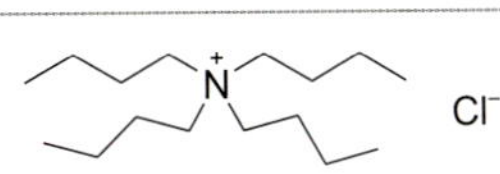
188	[TBP]Cl/[$P_{4,4,4,4}$]Cl	四丁基鏻氯盐	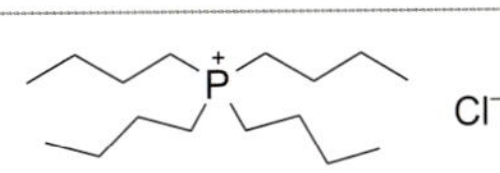

续表

序号	离子液体简称	中文全称	结构式
189	[THA][BF_4]/[$N_{6,6,6,6}$]Cl	四己基铵四氟硼酸盐	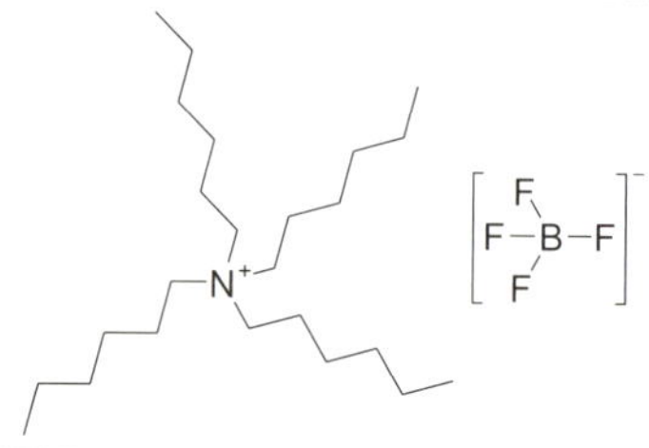
190	[THA][PF_6]/[$N_{6,6,6,6}$][PF_6]	四己基铵六氟磷酸盐	
191	[TMGH][PhO]	四甲基胍苯酚盐	
192	[TOA][BF_4]/[$N_{8,8,8,8}$][BF_4]	四辛基铵四氟硼酸盐	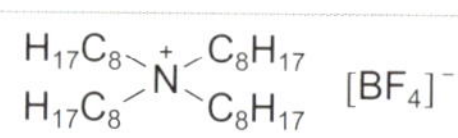
193	[TEA]Cl	四乙基铵氯盐	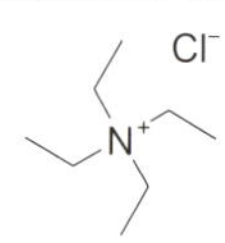
194	[TEA]Br	四乙基铵溴盐	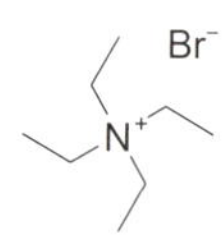
195	$[TMA]^+$/$[N_{1,1,1,1}]^+$	四甲基铵阳离子	
196	[TMA][PF_6]	四甲基铵六氟磷酸盐	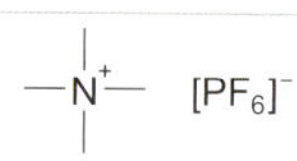
197	[TMG][L]	1,1,3,3-四甲基胍乳酸盐	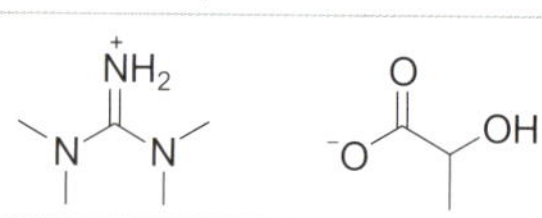
198	THPC	四羟甲基鏻氯盐	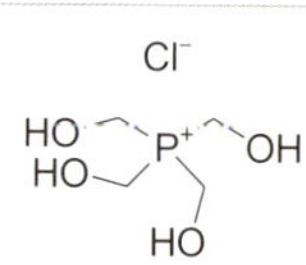

A

B

C

D

F

G

H

J

L

M

Q

R

S

T

W

X

Y

Z